U0193048

第2卷

从初等数学到高等数学

彭翕成 著

中国科学技术大学出版社

内 容 简 介

本书希望在中学数学和高等数学之间搭一座桥梁.以中学数学为起点,逐步展示高等数学的基本思想和方法,便于大学新生快速适应高度抽象的高等数学.反过来,介绍如何把握高等数学的高观点,更好地服务于中学数学的教与学.

本书用数学分析、线性代数和高等几何等现代数学的思想方法解释和理解中学数学,力求用通俗易懂的语言,深入浅出地揭示现代数学的思想方法,找出现代数学与中学数学的结合点,从高观点来引领初等数学,指导中学数学教学.

本书案例翔实,思想新颖,方法简明.可启迪读者的思维,开阔读者的视野,提高读者提出问题、分析问题与解决问题的能力,适合高中学生(学有余力)和教师、师范生以及数学教育研究者参考.

图书在版编目(CIP)数据

从初等数学到高等数学.第2卷/彭翕成著.—合肥:中国科学技术大学出版社,2023.3
(2023.9重印)

ISBN 978-7-312-05601-7

Ⅰ.从… Ⅱ.彭… Ⅲ.数学教学—教学研究 Ⅳ.O1-4

中国国家版本馆 CIP 数据核字(2023)第 031691 号

从初等数学到高等数学(第2卷)
CONG CHUDENG SHUXUE DAO GAODENG SHUXUE (DI 2 JUAN)

出版	中国科学技术大学出版社
	安徽省合肥市金寨路 96 号,230026
	http://press.ustc.edu.cn
	https://zgkxjsdxcbs.tmall.com
印刷	安徽省瑞隆印务有限公司
发行	中国科学技术大学出版社
开本	787 mm×1092 mm 1/16
印张	19.75
字数	429 千
版次	2023 年 3 月第 1 版
印次	2023 年 9 月第 2 次印刷
定价	58.00 元

前　言

本书第 1 卷于 2017 年初出版.第 1 卷断断续续写了十多年.原想着第 2 卷会快一些,两三年内能出版吧.结果一晃五六年过去了,第 1 卷也已重印七次.

这几年,隔三差五就有人来问:第 2 卷出版了吗? 来问第 2 卷,说明对第 1 卷还是认可的.

第 2 卷拖了这么久,主要是因工作需要,我进入了智能解答这一领域,研究如何利用计算机自动解题和出题.其中我花时间最多,也取得一定成果的是点几何恒等式解题,该方法能用一行等式证明难度颇大的几何竞赛题,并发现原题中多余条件,同时能举一反三,从一个命题扩展得到多个命题,让人感受到"一招制敌、一剑封喉"的解题快感.

这里所说的一行,是指一个恒等式,而不是指物理意义上的一行.有些题比较简单,直接计算,简短一行内能出答案,这种情况不在此列.有的题目难度大,条件复杂,一个恒等式能解决,但写起来要写两三行,这种情况却属于我们所说的一行解题.一行解题最后呈现的是一个恒等式,但得到这个恒等式却未必容易,通常需要一些准备.在本书中,尽量完整写出思考和准备过程,尽管会让人感觉很啰唆.事实上,擦去这些过程,并不影响证明的严谨性,只是会让读者觉得过于神奇.

一行解题中的恒等式浓缩了题目条件和结论,以及从条件到结论的推理关系.这听起来有点不可思议.从我们的常识来说,题干由若干条件和结论组成,条件看起来是零散的,条件之间存在隐藏的逻辑关系,而解答正是要把这些隐藏的逻辑关系找出来,隐藏关系显现化的过程常常需要引入其他定理来说明,这样才能将零散的条件(每个条件至少要用一次)串成一个完整的逻辑链,完成证明.这"必然"使得解答比题干要长,有的要长几倍甚至十几倍.一道两三行的几何题,证明需要一两页的,并不少见.这真的是必然的吗? 我们的研究就否定了这一看法.

i

在研究几何题的同时,我也考虑:其他问题,如代数题、不等式、三角函数等,也能一行解决吗? 经过几年的探索,取得了一些进展.本书里多个章节介绍了用不同方法得到恒等式的思路,供读者参考.陈计先生的《代数不等式》被一些网友称为"神作",只是看懂神作当然不易.本书可能会帮助到大家一点点.

此外,本书还记录了我对初数和高数的一些思考.高数在初数中的应用可分为两种:一种是直接应用高数知识,如直接使用泰勒展开式、拉格朗日乘数法,这些招数一用,便如同开挂,一眼就被人看出你在"放大招";另一种是高数知识的化用,譬如线性代数中的基本思想——线性表示,若使用得当,则可不露痕迹地解决很多问题,且不会被认为使用了超纲知识.个人更倾向于后者.

本书的写作目的在第1卷已交代清楚,主要是希望研究初数和高数之间的联系,为师范生和中学数学老师提供一些资料.让人高兴的是,第1卷出版不久,就被一些高校选作本科生、研究生的教材以及中学老师的进修参考资料.让我意想不到的是,这书更多是被高中生买去,读者中甚至还有初中生和小学生.现在卷成这个样子了吗?

一些中学生向我表达了对此书的喜爱.我表示感谢.我认为本书更适合师范生和中学老师看,但并不意味着中学生不能看.事实表明,中学生也能看懂其中绝大部分内容.如果对中学数学知识掌握较好,且学有余力,看看也会有所收获.通过和一些中学生接触,我发现他们通过各种渠道自学,知识面之广,令人惊叹.

需要强调的是,某些中学生基础并不是太好,但也在学习高数,可能听信了一些传言,认为学一点高数,就能降维打击高考题,秒破压轴题.学习高数,再去看初数,确实能让人有一种居高临下之感,有些题确实也能一眼看穿,但不能盲目夸大这些.毕竟基础不牢,地动山摇.建议中学生读者根据自身情况,选择性地使用本书.

至于有小学生表示已看完第1卷,我只能说,以我的资质,不配给他提建议.

本书是否还有第3卷? 可能有吧.

李有贵、李鸿昌两位老师校对了本书初稿,使本书得到了进一步的优化,在此表示感谢.

彭翕成

2022 年暑假于武汉南湖

ii

目　　录

1. 求和符号 ∑

数学的一大特点就是公式多.越学,公式越多、越复杂.相对初等数学,高等数学的抽象程度高.一些常用符号在高等数学中应用广泛,学习者最好尽早学会并掌握.如不及时掌握、习惯这些新符号的用法,随着学习的深入,就会越来越迷糊,甚至连书都看不明白.

以连加号为例,连加号在中学出现较少,在大学数学中则频繁出现.连加号最大的好处是省写,如将 $1+2+3+\cdots+n$ 省写为 $\sum_{i=1}^{n} i$. 当然,一些人习惯写成 $1+2+\cdots+n$,你让他写成 $\sum_{i=1}^{n} i$,他可能还不乐意,他觉得展开写更加清楚.如一时不习惯,可展开来看,确实看得更清楚一些.但长远来说,还是得适应新的写法.很大程度上,使用这个符号只是一个习惯问题,其中并没有多么高深的内容,仅仅是个简记符号而已.

对于简单例子,连加号的优越性可能并不明显.但接下来遇到多个连加号,如下面数阵各项相加,连加号的优越性就表现出来了.

$$a_{11}, a_{12}, a_{13}, \cdots, a_{1m},$$
$$a_{21}, a_{22}, a_{23}, \cdots, a_{2m},$$
$$a_{31}, a_{32}, a_{33}, \cdots, a_{3m},$$
$$\cdots,$$
$$a_{n1}, a_{n2}, a_{n3}, \cdots, a_{nm}.$$

显然 $\sum_{j=1}^{m} \sum_{i=1}^{n} a_{ij}$ 要比 $(a_{11}+a_{12}+\cdots+a_{1m})+(a_{21}+a_{22}+\cdots+a_{2m})+\cdots+(a_{n1}+a_{n2}+\cdots+a_{nm})$ 简略得多.

使用符号会使得表达简单只是一方面,更重要的是比使用省略号要清楚.下面两例就是省略号带来的"困惑".

例1 证明:若 $1+2+\cdots+n = \dfrac{n(n+1)}{2}$,则 $n=1$.

证明 若 $1+2+\cdots+n = \dfrac{n(n+1)}{2}$,则 $1+2+\cdots+(n-1) = \dfrac{n(n-1)}{2}$,等式两边加上

1,得 $1 + 2 + \cdots + n = \dfrac{n(n-1)}{2} + 1$,即 $\dfrac{n(n+1)}{2} = \dfrac{n(n-1)}{2} + 1$,解得 $n = 1$.

上面错在当 $1 + 2 + \cdots + (n-1)$ 加上 1,$n-1$ 变成 n 后,$n-1$ 这一项没有了,就不能笼统写成 $1 + 2 + \cdots + n$ 了.

例2 计算 $\displaystyle\sum_{k=1}^{\infty} \dfrac{1}{(k+1)(k+2)}$.

解法1

$$\frac{1}{6} + \frac{1}{12} + \frac{1}{20} + \cdots = \left(\frac{1}{2} - \frac{1}{3}\right) + \left(\frac{1}{3} - \frac{1}{4}\right) + \left(\frac{1}{4} - \frac{1}{5}\right) + \cdots = \frac{1}{2}.$$

解法2

$$\frac{1}{6} + \frac{1}{12} + \frac{1}{20} + \cdots = \left(1 - \frac{5}{6}\right) + \left(\frac{5}{6} - \frac{3}{4}\right) + \left(\frac{3}{4} - \frac{7}{10}\right) + \cdots = 1.$$

两种解法答案不一,谁对谁错?

$$\sum_{k=1}^{n} \frac{1}{(k+1)(k+2)} = \sum_{k=1}^{n}\left(\frac{1}{k+1} - \frac{1}{k+2}\right) = \frac{1}{2} - \frac{1}{n+2},$$

$$\sum_{k=1}^{n} \frac{1}{(k+1)(k+2)} = \frac{1}{2}\sum_{k=1}^{n}\left(\frac{k+3}{k+1} - \frac{k+4}{k+2}\right) = \frac{1}{2}\left(2 - \frac{n+4}{n+2}\right).$$

先求前 n 项,再取极限,这样就不容易出错.

在初等数学中,前 n 个自然数相加,常记作 $1 + 2 + 3 + \cdots + n$.一方面,这样写不严谨,省略号省略了什么需要说明;另一方面,这样写也不简洁,因此有必要引入求和符号 $\sum$.

求和符号 $\sum$ 是希腊字母,读作 Sigma(西格玛),$\displaystyle\sum_{i=1}^{n} a_i$ 读作 a_i 从1到 n 求和,是欧拉于1755年首先使用的,表示很多数相加,如 $a_1 + a_2 + a_3 + \cdots + a_n$ 可简记为 $\displaystyle\sum_{i=1}^{n} a_i$,其中 $\sum$ 下方的 $i = 1$ 表示这些相加数的第一个数字,上方的 n 表示这些相加数的第 n 个数字,a_i 表示相加的每一项,即求和通项,i 可取从1到 n 的每一个数,如 $\displaystyle\sum_{i=1}^{3} i^2 = 1^2 + 2^2 + 3^2$.

考虑到有时对求和的项有特殊要求,有必要引入新的表示,如100以下所有素数的平方和就没法用上面的方法表示.于是有资料就将所有的条件写在求和符号下面,如 $\displaystyle\sum_{\substack{1 \leqslant k \leqslant 100 \\ k\,为素数}} k^2$.有时将 $a^2 + b^2 + c^2$ 省写成 $\sum a^2$,将 $ax + by + cz$ 省写成 $\sum ax$,请根据上下文进行理解.

需要注意的是,求和通项中的 i 未必从1开始,它可以从小于或等于 n 的任何一个整数 m 开始,如 $\displaystyle\sum_{i=m}^{n} a_i = a_m + a_{m+1} + a_{m+2} + \cdots + a_n$.特别地,$\displaystyle\sum_{i=n}^{n} a_i = a_n$,也就是第一项和最后一项都是 a_n,也仅此一项.

求和通项中的 i 也可是其他变量,即 $\sum\limits_{i=1}^{n} a_i = \sum\limits_{j=1}^{n} a_j = \sum\limits_{k=1}^{n} a_k$.

求和有以下常用性质.

性质 1 $\sum\limits_{i=1}^{n} a_i = \sum\limits_{i=1}^{m} a_i + \sum\limits_{i=m+1}^{n} a_i$,其中 $1 \leqslant m \leqslant n$.

n 个数求和,可先将 n 个数分拆成两部分,分别求和后再求和.

性质 2 $\sum\limits_{i=1}^{n} (a_i + b_i) = \sum\limits_{i=1}^{n} a_i + \sum\limits_{i=1}^{n} b_i$.

这表示求和中的每一项可以先拆分成两部分(当然也可以根据需要拆分成更多部分),分别求和后再求和.

注意 1:有资料将 $\sum\limits_{i=1}^{n} (a_i + b_i)$ 省去括号,记作 $\sum\limits_{i=1}^{n} a_i + b_i$,这样不是太好,容易产生误会,如 $\sum\limits_{i=1}^{n} a_i + 1$ 就存在歧义.

注意 2:$\sum\limits_{i=1}^{n} (a_i b_i) \neq \sum\limits_{i=1}^{n} a_i \cdot \sum\limits_{i=1}^{n} b_i$,前者表示 n 项求和,后者表示 n^2 项求和,这其中包含 $\sum\limits_{i=1}^{n} a_i b_i$ 的所有项.

性质 3 $\sum\limits_{i=1}^{n} (k a_i) = k \sum\limits_{i=1}^{n} a_i$,其中 k 为任意常数.

即 $\sum\limits_{i=1}^{n} k a_i = k a_1 + k a_2 + \cdots + k a_n = k(a_1 + a_2 + \cdots + a_n) = k \sum\limits_{i=1}^{n} a_i$.

可对求和中的每一项提取常数 k,放到求和符号外面.所谓常数有时也是相对的.在多重求和时要小心.

更一般地,$\sum\limits_{i=1}^{n} (k_1 a_i + k_2 b_i) = k_1 \sum\limits_{i=1}^{n} a_i + k_2 \sum\limits_{i=1}^{n} b_i$.

性质 4 $\sum\limits_{i=1}^{n} a = na$,其中 a 与 i 无关.

即 $\sum\limits_{i=1}^{n} a = a + a + \cdots + a = na$.特别地,$\sum\limits_{i=1}^{n} 1 = n$.

如果相加的每一项涉及多个变量,则要麻烦一些,此称为多重求和.在多重求和中,使用较多的是二重求和.

假定求和的每一项都由相互独立的两个变量 i 和 j 决定,一般记为 a_{ij},其中 $i = 1, 2, 3,$ $\cdots, n, j = 1, 2, 3, \cdots, m$,则 a_{ij} 表示下面 $n \times m$ 项求和,简记为 $\sum\limits_{j=1}^{m} \sum\limits_{i=1}^{n} a_{ij}$.

$$a_{11}, a_{12}, a_{13}, \cdots, a_{1m},$$
$$a_{21}, a_{22}, a_{23}, \cdots, a_{2m},$$
$$a_{31}, a_{32}, a_{33}, \cdots, a_{3m},$$
$$\cdots,$$
$$a_{n1}, a_{n2}, a_{n3}, \cdots, a_{nm}.$$

对 $n \times m$ 项求和,常用思路有两种:一种是先求各行的和,再将各行的和累加;另一种是先求各列的和,再将各列的和累加.

若先按行求和,则有

$$\sum_{j=1}^{m} a_{1j} + \sum_{j=1}^{m} a_{2j} + \sum_{j=1}^{m} a_{3j} + \cdots + \sum_{j=1}^{m} a_{nj} = \sum_{i=1}^{n} \left(\sum_{j=1}^{m} a_{ij} \right);$$

若先按列求和,则有

$$\sum_{i=1}^{n} a_{i1} + \sum_{i=1}^{n} a_{i2} + \sum_{i=1}^{n} a_{i3} + \cdots + \sum_{i=1}^{n} a_{im} = \sum_{j=1}^{m} \left(\sum_{i=1}^{n} a_{ij} \right).$$

显然不管哪种思路,其结果相等.对于多重求和,先算最内部的求和,如

$$\sum_{i=1}^{3} \sum_{j=2}^{4} a_{ij} = \sum_{i=1}^{3} (a_{i2} + a_{i3} + a_{i4})$$

$$= (a_{12} + a_{13} + a_{14}) + (a_{22} + a_{23} + a_{24}) + (a_{32} + a_{33} + a_{34});$$

$$\sum_{j=2}^{4} \sum_{i=1}^{3} a_{ij} = \sum_{j=2}^{4} (a_{1j} + a_{2j} + a_{3j})$$

$$= (a_{12} + a_{22} + a_{32}) + (a_{13} + a_{23} + a_{33}) + (a_{14} + a_{24} + a_{34}).$$

性质 5 $\sum_{j=1}^{m} \sum_{i=1}^{n} a_{ij} = \sum_{i=1}^{n} \left(\sum_{j=1}^{m} a_{ij} \right) = \sum_{j=1}^{m} \left(\sum_{i=1}^{n} a_{ij} \right).$

说明双重求和与求和的顺序无关,可先对 i 求和,也可先对 j 求和.

例3 计算 $\sum_{i=1}^{n} i$.

解 因为

$$\sum_{i=1}^{n} i = 1 + 2 + \cdots + n = \left. \begin{array}{l} \overbrace{1 + 1 + \cdots + 1}^{n\text{个}} \\ \quad + 1 + \cdots + 1 \\ \qquad \ddots \\ \qquad\qquad + 1 \end{array} \right\} n \text{个},$$

所以

$$\sum_{i=1}^{n} i = \sum_{j=1}^{n} \sum_{i=j}^{n} 1 = \sum_{j=1}^{n} (n + 1 - j) = n^2 + n - \sum_{i=1}^{n} i,$$

则有 $\sum_{i=1}^{n} i = \dfrac{n(n+1)}{2}.$

看起来这样计算远没有等差数列求和那么简便.这里主要是为了提供简单练习题.

例4 计算 $\sum_{i=1}^{n} (2i - 1)$.

解

$$\sum_{i=1}^{n} (2i - 1) = \sum_{i=1}^{n} (2i) + \sum_{i=1}^{n} (-1) = 2 \sum_{i=1}^{n} i - \sum_{i=1}^{n} 1 = 2 \cdot \frac{n(n+1)}{2} - n = n^2.$$

先将求和的每一项进行拆分,即 $2i-1=(2i)+(-1)$,然后再提取常数.熟练后,两步可合并.

例 5　计算 $\displaystyle\sum_{j=1}^{m}\sum_{i=1}^{n}(i+j)$.

解

$$\sum_{j=1}^{m}\sum_{i=1}^{n}(i+j)=\sum_{j=1}^{m}\left[(1+j)+(2+j)+(3+j)+\cdots+(n+j)\right]$$

（算 $\displaystyle\sum_{i=1}^{n}(i+j)$ 时,因为 j 与 i 无关,此时将 j 看作常数,个数为 n）

$$=\sum_{j=1}^{m}\left[\frac{n(n+1)}{2}+nj\right]$$

（对上一步结果进行化简,看哪些与 j 有关）

$$=\frac{n(n+1)}{2}\sum_{j=1}^{m}1+n\sum_{j=1}^{m}j$$

$$=\frac{mn(n+1)}{2}+\frac{mn(m+1)}{2}=\frac{1}{2}mn(m+n+2).$$

例 6　计算 $\displaystyle\sum_{j=1}^{m}\sum_{i=1}^{n}ij$.

解

$$\sum_{j=1}^{m}\sum_{i=1}^{n}ij=\sum_{i=1}^{n}(i+2i+3i+\cdots+mi)=\sum_{i=1}^{n}\left[\frac{m(m+1)}{2}i\right]=\frac{m(m+1)}{2}\sum_{i=1}^{n}i$$

$$=\frac{m(m+1)}{2}\cdot\frac{n(n+1)}{2}=\frac{1}{4}mn(m+1)(n+1).$$

更一般地,$\displaystyle\sum_{i=1}^{n}\sum_{j=1}^{n}a_ib_j=\left(\sum_{i=1}^{n}a_i\right)\left(\sum_{j=1}^{n}b_j\right)$.

例 7　计算 $\displaystyle\sum_{i=1}^{n}i^2$.

解法 1　因为

$$\sum_{i=1}^{n}i^2=1^2+2^2+3^2+\cdots+n^2=\left.\begin{array}{r}1+2+3+\cdots+n\\+2+3+\cdots+n\\+3+\cdots+n\\\ddots\\+n\end{array}\right\}n\text{ 个},$$

所以

$$\sum_{i=1}^{n}i^2=\sum_{j=1}^{n}\sum_{i=j}^{n}i=\sum_{j=1}^{n}\left[\sum_{i=1}^{n}i+\left(j-\sum_{i=1}^{j}i\right)\right]=\sum_{j=1}^{n}\left[\frac{n(n+1)}{2}+j-\frac{j(j+1)}{2}\right]$$

$$= \frac{1}{2} \sum_{j=1}^{n} (n^2 + n + j - j^2) = \frac{1}{2} \left[n^3 + n^2 + \frac{n(n+1)}{2} - \sum_{i=1}^{n} i^2 \right],$$

则有 $\displaystyle\sum_{i=1}^{n} i^2 = \frac{n(n+1)(2n+1)}{6}$.

解法 2 因为 $(i+1)^3 = i^3 + 3i^2 + 3i + 1$,所以

$$\sum_{i=1}^{n} (i+1)^3 = 2^3 + 3^3 + \cdots + n^3 + (n+1)^3, \quad \sum_{i=1}^{n} i^3 = 1^3 + 2^3 + 3^3 + \cdots + n^3,$$

则 $\displaystyle\sum_{i=1}^{n} (i+1)^3 - \sum_{i=1}^{n} i^3 = (n+1)^3 - 1$,即

$$(n+1)^3 - 1 = 3 \sum_{i=1}^{n} i^2 + 3 \sum_{i=1}^{n} i + \sum_{i=1}^{n} 1,$$

亦即

$$(n+1)^3 - 1 = 3 \sum_{i=1}^{n} i^2 + 3 \cdot \frac{n(n+1)}{2} + n,$$

整理得 $\displaystyle\sum_{i=1}^{n} i^2 = \frac{1}{6} n(n+1)(2n+1)$.

例 8 计算 $\displaystyle\sum_{i=1}^{n} i^k$.

解 因为

$$\sum_{i=1}^{n} i^k = \sum_{j=1}^{n} \sum_{i=j}^{n} i^{k-1} = \sum_{j=1}^{n} \left[\sum_{i=1}^{n} i^{k-1} + \left(j^{k-1} - \sum_{i=1}^{j} i^{k-1} \right) \right]$$

$$= n \sum_{i=1}^{n} i^{k-1} + \sum_{j=1}^{n} j^{k-1} - \sum_{j=1}^{n} \sum_{i=1}^{j} i^{k-1},$$

所以 $(n+1) \displaystyle\sum_{i=1}^{n} i^k = \sum_{i=1}^{n} i^{k+1} + \sum_{p=1}^{n} \sum_{i=1}^{p} i^k$.

对此公式取一些特殊值,可得

$$2 \times 1^3 = 1^4 + 1^3,$$

$$3(1^3 + 2^3) = (2+1)(1^3 + 2^3) = 2 \times 1^3 + 2^4 + 1^3 + 2^3$$

$$= 1^4 + 1^3 + 2^4 + 1^3 + 2^3 = (1^4 + 2^4) + 1^3 + (1^3 + 2^3),$$

$$4(1^3 + 2^3 + 3^3) = (3+1)(1^3 + 2^3 + 3^3) = 3(1^3 + 2^3) + 3^4 + 1^3 + 2^3 + 3^3$$

$$= (1^4 + 2^4 + 3^4) + 1^3 + (1^3 + 2^3) + (1^3 + 2^3 + 3^3).$$

例 9 计算 $\displaystyle\sum_{n=1}^{\infty} \frac{1}{n(n+1)(n+2)}$.

解

$$\sum_{n=1}^{\infty} \frac{1}{n(n+1)(n+2)} = \frac{1}{2} \left[\sum_{n=1}^{\infty} \frac{1}{n(n+1)} - \sum_{n=1}^{\infty} \frac{1}{(n+1)(n+2)} \right] = \frac{1}{2} \times \frac{1}{1 \times 2} = \frac{1}{4}.$$

例10 计算 $\sum\limits_{n=1}^{\infty}\sum\limits_{m=1}^{\infty}\dfrac{1}{mn(m+n+1)}$.

解

$$\sum_{n=1}^{\infty}\sum_{m=1}^{\infty}\frac{1}{mn(m+n+1)}=\sum_{n=1}^{\infty}\sum_{m=1}^{\infty}\left[\frac{1}{n}\cdot\frac{1}{n+1}\left(\frac{1}{m}-\frac{1}{m+n+1}\right)\right]$$

$$=\sum_{n=1}^{\infty}\left[\left(\frac{1}{n}-\frac{1}{n+1}\right)\left(\frac{1}{1}+\frac{1}{2}+\cdots+\frac{1}{n+1}\right)\right]$$

$$=\left(1-\frac{1}{2}\right)\left(1+\frac{1}{2}\right)+\left(\frac{1}{2}-\frac{1}{3}\right)\left(1+\frac{1}{2}+\frac{1}{3}\right)$$

$$+\cdots+\left(\frac{1}{k}-\frac{1}{k+1}\right)\left(1+\frac{1}{2}+\frac{1}{3}+\cdots+\frac{1}{k+1}\right)+\cdots$$

$$=\frac{3}{2}+\frac{1}{2\times3}+\frac{1}{3\times4}+\cdots+\frac{1}{k(k+1)}+\cdots$$

$$=\frac{3}{2}+\left(\frac{1}{2}-\frac{1}{3}\right)+\left(\frac{1}{3}-\frac{1}{4}\right)+\cdots=2.$$

例11 计算 $\sum\limits_{k=1}^{10}\dfrac{1}{k(k+1)}$.

解

$$\sum_{k=1}^{10}\frac{1}{k(k+1)}=\frac{1}{1\times2}+\frac{1}{2\times3}+\cdots+\frac{1}{10\times11}$$

$$=\left(\frac{1}{1}-\frac{1}{2}\right)+\left(\frac{1}{2}-\frac{1}{3}\right)+\left(\frac{1}{3}-\frac{1}{4}\right)+\cdots+\left(\frac{1}{9}-\frac{1}{10}\right)+\left(\frac{1}{10}-\frac{1}{11}\right)$$

$$=\frac{1}{1}-\frac{1}{11}=\frac{10}{11}.$$

推广:

$$\sum_{k=1}^{n}\frac{1}{k(k+1)(k+2)\cdots(k+m)}$$

$$=\frac{1}{m}\sum_{k=1}^{n}\left[\frac{1}{k\cdots(k+m-1)}-\frac{1}{(k+1)\cdots(k+m)}\right]=\frac{1}{m}\left[\frac{1}{m!}-\frac{n!}{(n+m)!}\right].$$

例12 计算 $\sum\limits_{i=0}^{n}\left(\dfrac{1}{3i+1}+\dfrac{1}{3i+2}-\dfrac{2}{3i+3}\right)$.

解 因为

$$\frac{1}{3i+1}+\frac{1}{3i+2}-\frac{2}{3i+3}$$

$$=\frac{1}{1}+\frac{1}{2}-\frac{2}{3}+\frac{1}{4}+\frac{1}{5}-\frac{2}{6}+\cdots+\frac{1}{3n-2}+\frac{1}{3n-1}-\frac{2}{3n}$$

$$=\frac{1}{1}+\frac{1}{2}+\frac{1}{3}+\frac{1}{4}+\frac{1}{5}+\frac{1}{6}+\cdots+\frac{1}{3n}-3\left(\frac{1}{3}+\frac{1}{6}+\cdots+\frac{1}{3n}\right)$$

$$= \frac{1}{1} + \frac{1}{2} + \frac{1}{3} + \frac{1}{4} + \frac{1}{5} + \frac{1}{6} + \cdots + \frac{1}{3n} - \left(\frac{1}{1} + \frac{1}{2} + \frac{1}{3} + \cdots + \frac{1}{n} \right)$$

$$= \frac{1}{n+1} + \frac{1}{n+2} + \cdots + \frac{1}{3n},$$

所以

$$\sum_{i=0}^{\infty} \left(\frac{1}{3i+1} + \frac{1}{3i+2} - \frac{2}{3i+3} \right) = \lim_{n \to \infty} \sum_{k=1}^{2n} \frac{1}{n+k} = \lim_{n \to \infty} \sum_{k=1}^{2n} \frac{1}{n} \frac{1}{1 + \frac{k}{n}}$$

$$= \int_0^2 \frac{\mathrm{d}x}{1+x} = \ln(1+x) \big|_0^2 = \ln 3.$$

说明 类似求和问题在初等数学中常见,裂项拆分甚至被当成奥数小技巧. 实际上,在高等数学中也常出现. 有些问题必须用高数才能解决.

例 13 已知 n 为大于 1 的整数,求证:$\frac{1}{2} < \sum_{i=1}^{n} \frac{1}{n+i} < \frac{3}{4}$.

证明

$$\sum_{i=1}^{n} \frac{1}{n+i} > n \cdot \frac{1}{2n} = \frac{1}{2}.$$

如图 1.1 所示,有

$$\sum_{i=1}^{n} \frac{1}{n+i} < \frac{1}{2}(AB + CD)BD = \frac{1}{2}\left(\frac{1}{n} + \frac{1}{2n} \right)(2n - n) = \frac{3}{4}.$$

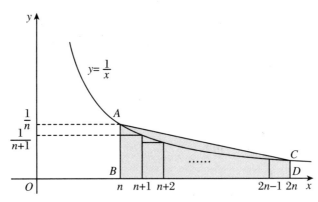

图 1.1

说明 $\lim_{n \to \infty} \sum_{i=1}^{n} \frac{1}{n+i} = \ln 2 \approx 0.693.$

例 14 证明阿贝尔恒等式:$\sum_{k=1}^{n} a_k b_k = \sum_{k=1}^{n-1} \left(\sum_{i=1}^{k} a_i \right)(b_k - b_{k+1}) + \sum_{k=1}^{n} a_k b_n.$

证明

$$a_1 b_1 + a_2 b_2 + a_3 b_3 + \cdots + a_n b_n$$

$$= a_1(b_1 - b_2) + (a_1 + a_2)(b_2 - b_3) + \cdots$$

$$+ (a_1 + a_2 + \cdots + a_{n-1})(b_{n-1} - b_n) + (a_1 + a_2 + \cdots + a_n)b_n.$$

看起来有点复杂,但看明白之后,其实很简单,就是从两个角度看同一个面积.

令 $n = 3$,如图 1.2 所示,则有

$$a_1 b_1 + a_2 b_2 + a_3 b_3 = a_1(b_1 - b_2) + (a_1 + a_2)(b_2 - b_3) + (a_1 + a_2 + a_3)b_3.$$

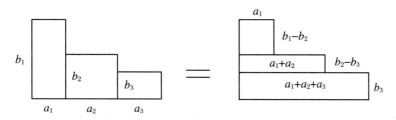

图 1.2

苏轼诗云:横看成岭侧成峰,这在数学中也是有体现的.这种算两次的方法在数学中很常见.做数学题,常常做完之后再算一遍,以此减少错误.假若两次用同样的方法计算,不大容易发现问题.但如果用不同方法得出同样的结果,那就说明这个结果比较可靠.列方程解应用题更是如此,为了得到一个方程,需要把一个量用不同的方法表示出来.

2 ▶ 辗转相除法与连分数

辗转相除法,又称欧几里得算法,即求两个正整数的最大公因子的算法,这种算法历史悠久,首次出现于《几何原本》.在中国也称之为更相减损术,可追溯至东汉时的《九章算术》.

图 2.1 展示了如何将分数展开成连分数的形式:

$$17 = 3 \times 5 + 2, \quad 5 = 2 \times 2 + 1, \quad 2 = 2 \times 1,$$

$$AD = AE + ED, \quad DC = DH + HC, \quad FC = FJ + JC,$$

$$\frac{17}{5} = 3 + \cfrac{1}{2 + \cfrac{1}{2}}.$$

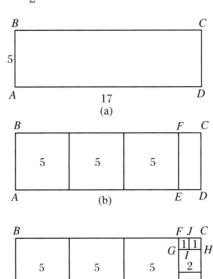

图 2.1

例 1 将 $\dfrac{67}{25}$ 化为连分数.

解 由辗转相除得

$$67 = 25 \times 2 + 17,$$
$$25 = 17 \times 1 + 8,$$
$$17 = 8 \times 2 + 1,$$
$$8 = 1 \times 8,$$

则有

$$\frac{67}{25} = 2 + \frac{17}{25} = 2 + \frac{1}{\frac{25}{17}} = 2 + \frac{1}{1 + \frac{8}{17}} = 2 + \frac{1}{1 + \frac{1}{\frac{17}{8}}} = 2 + \frac{1}{1 + \frac{1}{2 + \frac{1}{8}}},$$

简记为 $\frac{67}{25} = [2,1,2,8]$.

例2 求不定方程 $17x + 40y = 28$ 的整数解.

解 由辗转相除得

$$40 = 17 \times 2 + 6,$$
$$17 = 6 \times 2 + 5,$$
$$6 = 5 \times 1 + 1,$$
$$5 = 1 \times 5,$$

则有

$$\begin{aligned}
1 &= 6 - 5 \times 1 \\
&= (40 - 17 \times 2) - (17 - 6 \times 2) \times 1 \\
&= (40 - 17 \times 2) - [17 - (40 - 17 \times 2) \times 2] \times 1 \\
&= 17 \times (-7) + 40 \times 3.
\end{aligned}$$

注意到从倒数第二行的恒等式开始,反推回去,看 6 和 5 如何生成,就如何反推回去.最后得到形如 $40u + 17v = 1$ 的式子.千万别全部化没了.有兴趣的读者可搜索欧拉演段,了解更多.于是

$$17 \times (-7) + 40 \times 3 = 1, \quad 17 \times (-196) + 40 \times 84 = 28,$$

所以原方程有特解 $x_0 = -196, y_0 = 84$,通解为 $\begin{cases} x = -196 + 40t, \\ y = 84 - 17t, \end{cases} t \in \mathbf{Z}.$

类似的操作也可用于将"根号数"化成分数形式,进而求得近似值.

若 $\sqrt{A} = \sqrt{a^2 + r}$,则 $A - a^2 = (\sqrt{A} + a)(\sqrt{A} - a) = r$,故

$$\sqrt{A} = a + \frac{r}{a + \sqrt{A}} = a + \frac{1}{\frac{a}{r} + \frac{\sqrt{A}}{r}}.$$

例3 将 $\sqrt{2}, \sqrt{7}$ 化为连分数.

解 取 $A = 2, a = 1, r = 1$, 则

$$\sqrt{2} = 1 + \cfrac{1}{1 + \sqrt{2}} = 1 + \cfrac{1}{1 + \left(1 + \cfrac{1}{1 + \sqrt{2}}\right)} = 1 + \cfrac{1}{2 + \cfrac{1}{1 + \left(1 + \cfrac{1}{1 + \sqrt{2}}\right)}}$$

$$= 1 + \cfrac{1}{2 + \cfrac{1}{2 + \cfrac{1}{1 + \left(1 + \cfrac{1}{1 + \sqrt{2}}\right)}}} = \cdots = 1 + \cfrac{1}{2 + \cfrac{1}{2 + \cfrac{1}{2 + \cdots}}};$$

$$\sqrt{7} = 2 + (\sqrt{7} - 2) = 2 + \cfrac{1}{\cfrac{\sqrt{7} + 2}{3}} = 2 + \cfrac{1}{1 + \cfrac{\sqrt{7} - 1}{3}}$$

$$= 2 + \cfrac{1}{1 + \cfrac{1}{\cfrac{\sqrt{7} + 1}{2}}} = 2 + \cfrac{1}{1 + \cfrac{1}{1 + \cfrac{\sqrt{7} - 1}{2}}} = 2 + \cfrac{1}{1 + \cfrac{1}{1 + \cfrac{1}{1 + \cfrac{\sqrt{7} - 2}{3}}}}$$

$$= 2 + \cfrac{1}{1 + \cfrac{1}{1 + \cfrac{1}{1 + \cfrac{1}{\cfrac{3}{\sqrt{7} - 2}}}}} = 2 + \cfrac{1}{1 + \cfrac{1}{1 + \cfrac{1}{1 + \cfrac{1}{4 + (\sqrt{7} - 2)}}}}$$

$$= \cdots = 2 + \cfrac{1}{1 + \cfrac{1}{1 + \cfrac{1}{1 + \cfrac{1}{4 + \cdots}}}}.$$

例4 已知多项式 $f(x) = x^4 + 3x^3 - x^2 - 4x - 3, g(x) = 3x^3 + 10x^2 + 2x - 3$, 求它们的最大公因式 $d(x)$ 及相应的 $u(x)$ 和 $v(x)$, 且使 $d(x) = f(x)u(x) + g(x)v(x)$.

解 做多项式除法, 可得

$$x^4 + 3x^3 - x^2 - 4x - 3 = \frac{1}{9}(3x - 1)(3x^3 + 10x^2 + 2x - 3) - \frac{5}{9}(x + 2)(x + 3),$$

$$3x^3 + 10x^2 + 2x - 3 = (3x - 5)(x + 2)(x + 3) + 9(x + 3),$$

显然 $x + 3$ 是 $x^4 + 3x^3 - x^2 - 4x - 3$ 和 $3x^3 + 10x^2 + 2x - 3$ 的最大公因式.

稍加变形, 可改写为形如 $d(x) = u(x)f(x) + v(x)g(x)$ 的式子:

$$x + 3 = \frac{1}{5}(3x - 5)(x^4 + 3x^3 - x^2 - 4x - 3) + \frac{1}{5}(2x - x^2)(3x^3 + 10x^2 + 2x - 3).$$

说明 辗转相除法原本是针对数的, 但数与式相通, 我们主要关注其思想.

下面是关于圆周率的几个近似分数：

$$\frac{52163}{16604} = 3 + \cfrac{1}{7 + \cfrac{1}{15 + \cfrac{1}{1 + \cfrac{1}{146}}}} \approx 3.141592387,$$

$$\frac{355}{113} = 3 + \cfrac{1}{7 + \cfrac{1}{16}} \approx 3.14159292.$$

张景中先生在《数学家的眼光》一书中，用简单的不等式证明了"若既约分数 $\frac{q}{p}$ 比 $\frac{355}{113}$ 更接近圆周率 π，则分母 p 一定要比 16586 大"，并且具体指出了"比 $\frac{355}{113}$ 更接近 π、分母最小的分数是 $\frac{52163}{16604}$"。那么 $\frac{52163}{16604}$ 是怎么求出来的呢？

已知 $\pi = 3.1415926535897\cdots$，$\frac{355}{113} = 3.14159292035\cdots$，所以 $0 < \frac{355}{113} - \pi <$ 0.00000026677。如果有一个分数 $\frac{q}{p}$ 比 $\frac{355}{113}$ 更接近 π，那么由于 $\pi < \frac{355}{113}$，因此

$$0 < \frac{355}{113} - \frac{q}{p} = \left(\frac{355}{113} - \pi\right) + \left(\pi - \frac{q}{p}\right) < 2 \times 0.00000026677,$$

即有

$$\frac{355}{113} - \frac{q}{p} = \frac{355p - 113q}{113p} < 2 \times 0.00000026677.$$

由于 $355p - 113q \geqslant 1$，因此

$$\frac{1}{113p} \leqslant \frac{355p - 113q}{113p} < 2 \times 0.00000026677,$$

解得 $p > 16586$。为使得 p 尽可能小，则取 $355p - 113q = 1$，即有 $355p - 1$ 被 113 整除。设 $p = 16587 + k\,(k \in \mathbf{N})$，则

$$355p - 1 = 355 \times 16587 + 355k - 1 = (52109 \times 113 + 3 \times 113k) + (67 + 16k).$$

此时问题可转化为"求满足 $67 + 16k = 113m\,(m \in \mathbf{N}_+)$ 的 k，且 k 尽可能小"。我们可以用"笨办法"去验证：当 $k = 0, 1, 2, \cdots, 16$ 时，$67 + 16k$ 都不能被 113 整除；而当 $k = 17$ 时，$67 + 16k = 67 + 16 \times 17 = 3 \times 113$，满足 $67 + 16k$ 被 113 整除，此时

$$p = 16587 + 17 = 16604, \qquad q = \frac{355p - 1}{113} = 52163.$$

要想得到这一结果，我们需要演算 18 次。如果我们仔细观察，就会减少计算。要使得 k 尽可能小，其实就是要使得 m 尽可能小，由于 m 前面的系数远大于 k 前面的系数，且 m 只

能为奇数,可以"跳跃性前进",计算量大大减少.当 $m=1$ 时,不合要求;当 $m=3$ 时,即为所求.

逼近 $\sqrt{2}$

教学中讨论 $\sqrt{2}$ 是不是分数时,那神奇的反证法从天而降.证明如此巧妙,以至数学家哈代在少年时看到该证明,就被深深地吸引,决定终生研究数学.

哈代的数学天赋非常人所能及.我常反思,探究"方程 $m^2=2n^2$ 是否有正整数解",学生是极不熟悉的,老师能不能放缓一下教学的进度,让学生找些特殊值尝试一下呢?

我们可以列出下面的表2.1来,计算出前45个正整数的平方与它们的2倍.这一工作利用 Excel 是容易完成的,甚至还可以列出更多的数来.

表 2.1

n	n^2	$2n^2$	n	n^2	$2n^2$	n	n^2	$2n^2$
1	1	2	16	256	512	31	961	1922
2	4	8	17	289	578	32	1024	2048
3	9	18	18	324	648	33	1089	2178
4	16	32	19	361	722	34	1156	2312
5	25	50	20	400	800	35	1225	2450
6	36	72	21	441	882	36	1296	2592
7	49	98	22	484	968	37	1369	2738
8	64	128	23	529	1058	38	1444	2888
9	81	162	24	576	1152	39	1521	3042
10	100	200	25	625	1250	40	1600	3200
11	121	242	26	676	1352	41	1681	3362
12	144	288	27	729	1458	42	1764	3528
13	169	338	28	784	1568	43	1849	3698
14	196	392	29	841	1682	44	1936	3872
15	225	450	30	900	1800	45	2025	4050

实际上,要求解的问题可转化为"在 n^2 这一列中和 $2n^2$ 这一列中分别找一个数出来,使得它们相等".可惜,我们没有找到,至少在目前这个表格中是如此.

注意到 9 和 8,49 和 50,289 和 288,1681 和 1682,当然也不能忘了最前面的 1 和 2,它们只差 1.这让人觉得有点惋惜.

找不到 $m^2 = 2n^2$,却找到了 $m^2 = 2n^2 \pm 1$.整理如下：

$$1^2 = 2 \times 1^2 - 1, \quad \left(\frac{1}{1}\right)^2 = 2 - \frac{1}{1^2}.$$

$$3^2 = 2 \times 2^2 + 1, \quad \left(\frac{3}{2}\right)^2 = 2 + \frac{1}{2^2}.$$

$$7^2 = 2 \times 5^2 - 1, \quad \left(\frac{7}{5}\right)^2 = 2 - \frac{1}{5^2}.$$

$$17^2 = 2 \times 12^2 + 1, \quad \left(\frac{17}{12}\right)^2 = 2 + \frac{1}{12^2}.$$

$$41^2 = 2 \times 29^2 - 1, \quad \left(\frac{41}{29}\right)^2 = 2 - \frac{1}{29^2}.$$

将这些式子变形,可得到一列分数：$\frac{1}{1}, \frac{3}{2}, \frac{7}{5}, \frac{17}{12}, \frac{41}{29}, \cdots$,它们的平方越来越接近于 2.

为什么说是越来越接近呢？这是因为 2 后面拖的尾巴 $-\frac{1}{1^2}, \frac{1}{2^2}, -\frac{1}{5^2}, \frac{1}{12^2}, -\frac{1}{29^2}$,它们的绝对值越来越小.

得到的这列分数 $\frac{1}{1}, \frac{3}{2}, \frac{7}{5}, \frac{17}{12}, \frac{41}{29}$ 很有规律：分子 $3 = 1 + 2, 7 = 2 + 5, 17 = 5 + 12, 41 = 12 + 29$;分母 $2 = 1 + 1, 5 = 3 + 2, 12 = 7 + 5, 29 = 17 + 12$.或者说,前一个分数若是 $\frac{m}{n}$,后一个分数则为 $\frac{m + 2n}{m + n}$.找到了规律,就可以把这列分数不断写下去.下一项显然是 $\frac{99}{70}$,也满足 $99^2 = 2 \times 70^2 + 1$.接下来的两项是 $\frac{239}{169}, \frac{577}{408}$,这会在下文出现.

至此,我们猜测：可以找到一系列分数越来越接近于 $\sqrt{2}$,但也许永远找不到真正等于 $\sqrt{2}$ 的分数.此时,反证法的出现显得自然多了.

这列分数有多种方法可以找出来,列举两种如下.

方法 1 由 $x^2 = 2, x^2 - 1 = 1, x - 1 = \frac{1}{x + 1}$,得 $x = 1 + \frac{1}{1 + x}$,将 $x = 1$ 代入可得 $\frac{3}{2}$;将 $x = \frac{3}{2}$ 代入可得 $\frac{7}{5}$;将 $x = \frac{7}{5}$ 代入可得 $\frac{17}{12}$;将 $x = \frac{17}{12}$ 代入可得 $\frac{99}{70}$……

按这种思路,$\sqrt{2}$ 可展开为连分数的形式：$\sqrt{2} = 1 + \cfrac{1}{2 + \cfrac{1}{2 + \cfrac{1}{2 + \cdots}}}$.

方法2 显然 $1<\sqrt{2}<\dfrac{3}{2}$，即 $0<\sqrt{2}-1<\dfrac{1}{2}$，平方得 $0<3-2\sqrt{2}<\dfrac{1}{4}$；平方得 $0<17-12\sqrt{2}<\dfrac{1}{16}$；平方得 $0<577-408\sqrt{2}<\dfrac{1}{256}$. 这里也出现了几个分数：$\dfrac{3}{2},\dfrac{17}{12},\dfrac{577}{408}$，这是上述分数系列中的一些项.

用 $\dfrac{577}{408}$ 作为 $\sqrt{2}$ 的近似分数是相当准确的了，误差小于 10^{-5}，因为 $0<\dfrac{577}{408}-\sqrt{2}<\dfrac{1}{256\cdot408}$ $=\dfrac{1}{104448}$，而 $\dfrac{577}{408}\approx1.41421568$，所以 $1.414215<\sqrt{2}<1.414216$. 如果希望更精确，只需继续平方即可.

3 ● 分 解 因 式

　　因式分解问题有时并不容易解决.但分解后再反过来相乘,验证是否与原式相等,则容易得多,只需按照基本运算法则,按部就班计算即可.所以对于因式分解的问题,先猜出结果很重要.

　　下面几个例题展示了一种特殊值法,可以帮助猜出结果.事实上,这种方法有更多的操作步骤,且有扎实的理论依据,而不仅仅停留在猜结果上.此处为了简便,略去这些理论[①]-[③].

例1 分解 $f(x) = x^3 + 4x^2 + 5x + 2$ 的因式.

解 取 $x = 10$,则
$$f(10) = 1452 = 11^2 \times 12 = (10 + 1)^2(10 + 2),$$
猜测 $f(x) = (x + 1)^2(x + 2)$.

例2 分解 $f(x) = x^3 + 9x^2 + 23x + 15$ 的因式.

解 取 $x = 10$,则
$$f(10) = 2145 = 11 \times 13 \times 15 = (10 + 1)(10 + 3)(10 + 5),$$
猜测 $f(x) = (x + 1)(x + 3)(x + 5)$.

例3 分解 $f(x) = x^4 - x^3 - x - 1$ 的因式.

解 取 $x = 10$,则
$$f(10) = 8989 = 101 \times 89 = (100 + 1)(100 - 10 - 1),$$
猜测 $f(x) = (x^2 + 1)(x^2 - x - 1)$.

例4 分解 $f(x) = x^5 - 5x^4 + 13x^3 - 22x^2 + 27x - 20$ 的因式.

解 取 $x = 10$,则

---

① 雅可夫金,李伯藩.寻找不可约因式的一个方法[J].数学教学,1955(01):26-27.

② 陈重穆.关于整系数多项式的因子分解[J].数学通报,1963(01):28-30.

③ 杨海中.关于整系数多项式的因式分解[J].四川师范大学学报(自然科学版),1995(06):56-61.

$$f(10) = 61050 = 74 \times 825 = (100 - 30 + 4)(1000 - 200 + 30 - 5),$$

猜测 $f(x) = (x^2 - 3x + 4)(x^3 - 2x^2 + 3x - 5)$.

二元二次多项式分解:多项式 $Ax^2 + Bxy + Cy^2 + Dx + Ey + F$ 能分解成两个一次因式,其系数需要满足

$$\begin{vmatrix} 2A & B & D \\ B & 2C & E \\ D & E & 2F \end{vmatrix} = 0.$$

证明 设

$$Ax^2 + Bxy + Cy^2 + Dx + Ey + F = (k_1 x + k_2 y + k_3)(k_4 x + k_5 y + k_6),$$

解得

$$A = k_1 k_4, \quad B = k_2 k_4 + k_1 k_5, \quad C = k_2 k_5,$$

$$D = k_3 k_4 + k_1 k_6, \quad E = k_3 k_5 + k_2 k_6, \quad F = k_3 k_6,$$

代入可得 $\begin{vmatrix} 2A & B & D \\ B & 2C & E \\ D & E & 2F \end{vmatrix} = 0.$

注意,此要求为必要条件,但并不充分.如 $y^2 + y + 1$ 就不能分解.

例5 判断 $2x^2 - 5xy + 2y^2 - ax - ay - a^2$ 能否分解成两个一次因式.

解法1

$$\begin{vmatrix} 2A & B & D \\ B & 2C & E \\ D & E & 2F \end{vmatrix} = \begin{vmatrix} 4 & -5 & -a \\ -5 & 4 & -a \\ -a & -a & -2a^2 \end{vmatrix} = -a^2 \begin{vmatrix} 4 & -5 & 1 \\ -5 & 4 & 1 \\ -1 & -1 & 2 \end{vmatrix} = 0.$$

该式可能能分解因式.

分解因式,待定系数法是使用比较多的,也可借助于行列式来进行.

解法2

$$2x^2 - 5xy + 2y^2 - ax - ay - a^2$$

$$= x(2x - 5y - a) - (a - y)(2y + a)$$

$$= \begin{vmatrix} x & a - y \\ 2y + a & 2x - 5y - a \end{vmatrix} = \begin{vmatrix} x & a + x - y \\ 2y + a & 2x - 3y \end{vmatrix}$$

$$= \begin{vmatrix} a + 2x - y & a + x - y \\ a + 2x - y & 2x - 3y \end{vmatrix} = (a + 2x - y) \begin{vmatrix} 1 & a + x - y \\ 1 & 2x - 3y \end{vmatrix}$$

$$= (2x - y + a)(x - 2y - a).$$

例6 判断 $2x^2 + 3xy + y^2 - x - y + 4$ 能否分解成两个一次因式.

解法1 由于

$$\begin{vmatrix} 2A & B & D \\ B & 2C & E \\ D & E & 2F \end{vmatrix} = \begin{vmatrix} 4 & 3 & -1 \\ 3 & 2 & -1 \\ -1 & -1 & 8 \end{vmatrix} = -8,$$

故原式不能分解因式.

解法2 若 $2x^2 + 3xy + y^2 - x - y + 4$ 能分解,那么不管 y 取何值,关于 x 的二次三项式必然能分解.而当 $y = 0$ 时,$2x^2 - x + 4$ 不能分解,因此 $2x^2 + 3xy + y^2 - x - y + 4$ 不能分解.

例7 判断 $x^2 - xy + y^2 + x + y$ 能否分解成两个一次因式.

解 若 $x^2 - xy + y^2 + x + y$ 能分解,那么不管 y 取何值,关于 x 的二次三项式必然能分解.而当 $y = 1$ 时,$x^2 + 2$ 不能分解,因此 $x^2 - xy + y^2 + x + y$ 不能分解.

说明 在例6和例7基础上,可发展出下面判定方法.

证明:$f(x, y) = Ax^2 + Bxy + Cy^2 + Dx + Ey + F = (a_1 x + b_1 y + c_1)(a_2 x + b_2 y + c_2)$ 的充要条件是 $f(x, 0) = Ax^2 + Dx + F = (a_1 x + c_1)(a_2 x + c_2)$,$f(0, y) = Cy^2 + Ey + F = (b_1 y + c_1)(b_2 y + c_2)$,$B = a_1 b_2 + a_2 b_1$.

证明 必要性.要想 $f(x, y)$ 能分解,那么必然要求在 $y = 0$ 和 $x = 0$ 的时候能分解,即 $f(x, 0)$ 和 $f(0, y)$ 能分解,亦即

$$f(x, 0) = Ax^2 + Dx + F = (a_1 x + c_1)(a_2 x + c_2),$$
$$f(0, y) = Cy^2 + Ey + F = (b_1 y + c_1)(b_2 y + c_2).$$

根据多项式恒等原理,展开 $f(x, y)$ 可得 $B = a_1 b_2 + a_2 b_1$.

充分性.若假定

$$f(x, 0) = Ax^2 + Dx + F = (a_1 x + c_1)(a_2 x + c_2),$$
$$f(0, y) = Cy^2 + Ey + F = (b_1 y + c_1)(b_2 y + c_2),$$

则可得 $F = c_1 c_2$,从而

$$\begin{aligned} f(x, y) &= f(x, 0) + f(0, y) + Bxy - F \\ &= (a_1 x + c_1)(a_2 x + c_2) + (b_1 y + c_1)(b_2 y + c_2) + (a_1 b_2 + a_2 b_1)xy - c_1 c_2 \\ &= a_2 x(a_1 x + b_1 y + c_1) + b_2 y(a_1 x + b_1 y + c_1) + c_2(a_1 x + b_1 y + c_1) \\ &= (a_1 x + b_1 y + c_1)(a_2 x + b_2 y + c_2). \end{aligned}$$

例8 判断下列多项式能否分解.

(1) $f(x,y) = 2x^2 + 3xy + y^2 - x - y + 4$.

(2) $f(x,y) = 2x^2 + 2xy - y^2 + 2x - y$.

(3) $f(x,y) = x^2 + 3xy + 2y^2 + 3x + 5y + 2$.

解 (1) $f(x,0) = 2x^2 - x + 4$ 不能分解,故 $f(x,y)$ 不能分解.

(2) $f(x,0) = 2x^2 + 2x = 2x(x+1)$,$f(0,y) = -y^2 - y = -y(y+1)$,但 $a_1 b_2 + a_2 b_1 = 2 \times 1 + 1 \times (-1) = 1 \neq 2 = B$,故 $f(x,y)$ 不能分解.

(3) $f(x,0) = x^2 + 3x + 2 = (x+1)(x+2)$,$f(0,y) = 2y^2 + 5y + 2 = (2y+1)(y+2)$,且 $a_1 b_2 + a_2 b_1 = 1 \times 1 + 1 \times 2 = 3 = B$,故 $f(x,y) = (x+2y+1)(x+y+2)$.

例9 分解因式 $x^2 - 3y^2 - 8z^2 + 2xy + 2xz + 14yz$.

解 设 $x = 0$,则

$$x^2 - 3y^2 - 8z^2 + 2xy + 2xz + 14yz = (-y+4z)(3y-2z).$$

设 $y = 0$,则

$$x^2 - 3y^2 - 8z^2 + 2xy + 2xz + 14yz = (x+4z)(x-2z).$$

设 $z = 0$,则

$$x^2 - 3y^2 - 8z^2 + 2xy + 2xz + 14yz = (x-y)(x+3y).$$

容易猜测

$$x^2 - 3y^2 - 8z^2 + 2xy + 2xz + 14yz = (x-y+4z)(x+3y-2z),$$

展开验证即可.

例10 分解因式 $6x^2 + (3\sqrt{3}-10)xy - 5\sqrt{3}y^2 + 7x + (2\sqrt{3}-5)y + 2$.

解 设 $x = 0$,则

$$6x^2 + (3\sqrt{3}-10)xy - 5\sqrt{3}y^2 + 7x + (2\sqrt{3}-5)y + 2 = (\sqrt{3}y+1)(-5y+2).$$

设 $y = 0$,则

$$6x^2 + (3\sqrt{3}-10)xy - 5\sqrt{3}y^2 + 7x + (2\sqrt{3}-5)y + 2 = (2x+1)(3x+2).$$

容易猜测

$$6x^2 + (3\sqrt{3}-10)xy - 5\sqrt{3}y^2 + 7x + (2\sqrt{3}-5)y + 2$$
$$= (2x+\sqrt{3}y+1)(3x-5y+2),$$

展开验证即可.

4 什么是包络

对于平面曲线族 $C(t)$，其中每一条曲线都和不在这族曲线中的另一条曲线 E 相切，并且曲线 E 上的任何一点必定是它和曲线族 $C(t)$ 中某一条曲线相切的切点，称曲线 E 为曲线族 $C(t)$ 的包络．这里的曲线包括直线，甚至在特殊情况下可以是点．此处 t 为参数，一般尽量让参数取一切可能取的实数值．

曲线族例子如图 4.1～图 4.4 所示．

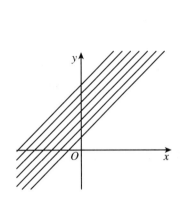

$y = x + t$，其中 t 为参数

图 4.1

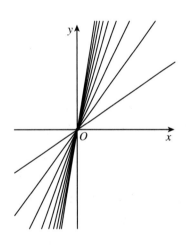

$y = tx$，其中 t 为参数

图 4.2

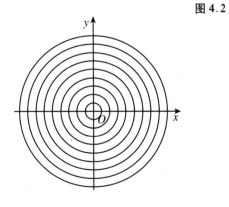

$x^2 + y^2 = t^2$，其中 t 为参数

图 4.3

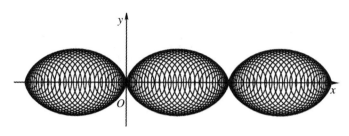

$$(x - t)^2 + y^2 = 4\sin^2 \frac{t}{2},其中\ t\ 为参数$$

图 4.4

求包络的典型例子如下.

例 1 求直线族 $x\cos\theta + y\sin\theta = 1$ 的包络,其中 θ 为参数.

解 对 $x\cos\theta + y\sin\theta = 1$ 关于 θ 求导可得 $-x\sin\theta + y\cos\theta = 0$,联立两式解方程得

$$\cos\theta = \frac{x}{x^2 + y^2}, \quad \sin\theta = \frac{y}{x^2 + y^2}.$$

于是

$$\cos^2\theta + \sin^2\theta - 1 = -\frac{-1 + x^2 + y^2}{x^2 + y^2} = 0,$$

即 $x^2 + y^2 = 1$.

说明 1 切点同时在曲线族 $C(t)$ 和曲线 E 上,所以采用联立方程求解.

说明 2 从另一个角度来看,原点 $(0,0)$ 到直线 $x\cos\theta + y\sin\theta = 1$ 的距离为

$$\frac{|0 \times \cos\theta + 0 \times \sin\theta - 1|}{\sqrt{\cos^2\theta + \sin^2\theta}} = 1,$$

也能说明 (x, y) 的轨迹是单位圆.而熟悉解析几何的读者也容易看出 $x\cos\theta + y\sin\theta = 1$ 是 $x^2 + y^2 = 1$ 的切线方程.

例 2 将圆外一个定点和圆周上任意一点连接起来得到一条线段,求这条线段的中垂线所成的包络(图 4.5).

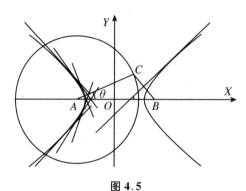

图 4.5

解 设圆心 $A(-c,0)$，圆外定点 $B(c,0)$，圆半径为 $2a$，圆周上一点 C，设 $\angle CAB=\theta$，$C(2a\cos\theta-c,2a\sin\theta)$，$BC$ 的中垂线方程为

$$\frac{y-a\sin\theta}{x-a\cos\theta}\cdot\frac{2a\sin\theta}{2a\cos\theta-2c}+1=0,$$

即

$$(x+c)\cos\theta+y\sin\theta=\frac{cx+a^2}{a},$$

对其关于 θ 求导可得

$$-(x+c)\sin\theta+y\cos\theta=0,$$

联立两式解方程得

$$\cos\theta=\frac{(c+x)(a^2+cx)}{a(c^2+2cx+x^2+y^2)},\quad \sin\theta=\frac{(a^2+cx)y}{a(c^2+2cx+x^2+y^2)}.$$

于是

$$\cos^2\theta+\sin^2\theta-1=\frac{a^4-a^2c^2-a^2x^2+c^2x^2-a^2y^2}{a^2(c^2+2cx+x^2+y^2)}=0,$$

其分子转化为 $\dfrac{x^2}{a^2}-\dfrac{y^2}{c^2-a^2}=1$.

当点 B 在圆外时，$c>a$，设 $c^2-a^2=b^2$，上式转化为我们熟悉的双曲线方程 $\dfrac{x^2}{a^2}-\dfrac{y^2}{b^2}=1$.

类似地，当点 B 在圆内时，$c<a$，设 $c^2-a^2=-b^2$，上式转化为我们熟悉的椭圆方程 $\dfrac{x^2}{a^2}+\dfrac{y^2}{b^2}=1$.

5 探索勾股数

5.1 勾股数公式

边长是 $3,4,5$ 的直角三角形是我们非常熟悉的.

满足 $a^2 + b^2 = c^2$ 的三个正整数 a,b,c 称为一组勾股数,譬如 $3,4,5;6,8,10;\cdots$ 都是勾股数.

有没有办法找到更多? 很简单,把 $3,4,5$ 翻倍就是了.

但 $5,12,13$ 也是勾股数,却不能通过 $3,4,5$ 翻倍得到.

若不掌握方法,找勾股数也未必容易.譬如你选定 $a = 2, b = 3$,但 $c = \sqrt{a^2 + b^2} = \sqrt{2^2 + 3^2} = \sqrt{13}$ 不是整数.

在很早之前,人们就发现了勾股数公式: $a = 2mnk, b = (m^2 - n^2)k, c = (n^2 + m^2)k$. 验证这个公式很简单.

通过公式,我们可以生成很多组勾股数,但会不会出现有的勾股数不能用这个公式表示的情况呢? 就像刚才说的 $5,12,13$ 并不能通过 $3,4,5$ 翻倍得到.也就是既要保证找到的都符合条件,又要保证没有漏网之鱼,用代数语言来说,就是等式前后变形,但保持等价.

由 $a^2 + b^2 = c^2$,得 $a^2 = c^2 - b^2$,即 $\dfrac{a}{c+b} = \dfrac{c-b}{a}$. 由于 a,b,c 都是整数,因此 $\dfrac{a}{c+b}$, $\dfrac{c-b}{a}$ 也是整数比.设 $\dfrac{a}{c+b} = \dfrac{c-b}{a} = \dfrac{n}{m}$ (m,n 都是整数),于是 $\dfrac{a}{c+b} \cdot \dfrac{c-b}{a} = \dfrac{c-b}{c+b} = \dfrac{n^2}{m^2}$,利用合分比定理可得 $\dfrac{c-b+c+b}{c+b-c+b} = \dfrac{n^2+m^2}{m^2-n^2}$,即 $\dfrac{c}{b} = \dfrac{n^2+m^2}{m^2-n^2}$. 不妨设 $c = (n^2+m^2)k, b = (m^2-n^2)k$,则 $a = 2mnk$.

也可利用复数 $m + n\mathrm{i}$ 计算勾股数.由于

$$(m + n\mathrm{i})^2 = m^2 + 2mn\mathrm{i} + n^2\mathrm{i}^2 = (m^2 - n^2) + 2mn\mathrm{i},$$

故平方后仍可得一个形如 $a + b\mathrm{i}$ 的复数,此处 $a = 2mn, b = m^2 - n^2$.

同理 $(m - n\mathrm{i})^2 = (m^2 - n^2) - 2mn\mathrm{i}$.

两式相乘得

$$(m^2 + n^2)^2 = (m^2 - n^2)^2 + (2mn)^2.$$

设 $c = m^2 + n^2$，则 a, b, c，即 $2mn, m^2 - n^2, m^2 + n^2$ 构成一组勾股数.

如 $2 + i$ 就对应着 $4, 3, 5$ 这组勾股数.

5.2　勾股数：单位圆与直线交点的一大妙用

求直线与圆的交点是解析几何中的基本功. 多数时候,计算乏味无聊,因此有必要找点趣味.

计算 1: 计算 $y = k(x + 1)$ 和 $x^2 + y^2 = 1$ 的交点.

容易算出,如图 5.1 所示,两交点为 $A(-1, 0)$, $B\left(\dfrac{1 - k^2}{1 + k^2}, \dfrac{2k}{1 + k^2}\right)$, 这其中包含一个有趣的事实: $(2k)^2 + (1 - k^2)^2 = (1 + k^2)^2$, 也就是任意的一个斜率 k, 假设取正整数, 那么就对应着一组勾股数.

计算 2: 如图 5.2 所示, 作单位圆的外切正方形, 连接 $(1, 1)$ 和 $(0, -1)$, 该直线与单位圆交于点 A, 解得 $A\left(\dfrac{4}{5}, \dfrac{3}{5}\right)$. 作 $B\left(-\dfrac{4}{5}, \dfrac{3}{5}\right)$, $C\left(-\dfrac{4}{5}, -\dfrac{3}{5}\right)$, $D\left(\dfrac{4}{5}, -\dfrac{3}{5}\right)$, 连接 $(1, 1)$ 和 $B\left(-\dfrac{4}{5}, \dfrac{3}{5}\right)$, 该直线与单位圆交于点 X, 解得 $X\left(\dfrac{8}{17}, \dfrac{15}{17}\right)$. 同理求得 $Y\left(\dfrac{20}{29}, \dfrac{21}{29}\right)$, $Z\left(\dfrac{12}{13}, \dfrac{5}{13}\right)$. 容易发现, $8^2 + 15^2 = 17^2$, $20^2 + 21^2 = 29^2$, $12^2 + 5^2 = 13^2$. 这意味着从 1 组经典的勾股数 $(3, 4, 5)$ 出发, 得到 3 组勾股数 $(8, 15, 17)$, $(20, 21, 29)$, $(12, 5, 13)$.

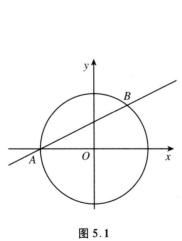

图 5.1

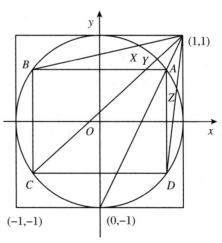

图 5.2

计算 3: 仿照计算 2.

如图 5.3 所示,若将 $A\left(\dfrac{4}{5},\dfrac{3}{5}\right)$ 改成 $\left(\dfrac{8}{17},\dfrac{15}{17}\right)$,解得 $X\left(\dfrac{33}{65},\dfrac{56}{65}\right)$,$Y\left(\dfrac{65}{97},\dfrac{72}{97}\right)$,$Z\left(\dfrac{35}{37},\dfrac{12}{37}\right)$.

若将 $A\left(\dfrac{4}{5},\dfrac{3}{5}\right)$ 改成 $\left(\dfrac{20}{29},\dfrac{21}{29}\right)$,解得 $X\left(\dfrac{39}{89},\dfrac{80}{89}\right)$,$Y\left(\dfrac{119}{169},\dfrac{120}{169}\right)$,$Z\left(\dfrac{77}{85},\dfrac{36}{85}\right)$.

若将 $A\left(\dfrac{4}{5},\dfrac{3}{5}\right)$ 改成 $\left(\dfrac{12}{13},\dfrac{5}{13}\right)$,解得 $X\left(\dfrac{28}{53},\dfrac{45}{53}\right)$,$Y\left(\dfrac{48}{73},\dfrac{55}{73}\right)$,$Z\left(\dfrac{24}{25},\dfrac{7}{25}\right)$.

这一过程可以无限进行下去.

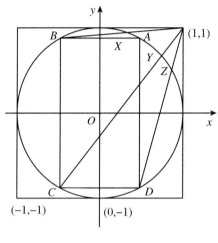

图 5.3

5.3　古今中外勾股数表

对于勾股定理,中国数学家历来都有研究.从最初的勾三股四弦五,到后来的勾股弦图,中国数学家一直在努力.下面介绍几位清代数学家的研究成果①.

清代数学家吴嘉善对勾股恒等式做了总结.原作认为有 21 个恒等式,经今人考证,其中一个重复,实为 20 个恒等式,如下所示:

(1) $a(b+a+c)=(c+b)(c-b+a)$;

(2) $a(b-a+c)=(c+b)(b+a-c)$;

(3) $a(b+a-c)=(c-b)(b-a+c)$;

(4) $a(c-b+a)=(c-b)(b+a+c)$;

---

① 李兆华.清代算家的勾股恒等式证明与应用述略[J].自然科学史研究,2020,39(3):269-287.

(5) $2a(c+a)=(c-b+a)(b+a+c)$；

(6) $2a(c-a)=(b+a-c)(b-a+c)$；

(7) $b(b+a+c)=(c+a)(b-a+c)$；

(8) $b(b-a+c)=(c-a)(b+a+c)$；

(9) $b(b+a-c)=(c-a)(c-b+a)$；

(10) $b(c-b+a)=(c+a)(b+a-c)$；

(11) $2b(c+b)=(b-a+c)(b+a+c)$；

(12) $2b(c-b)=(c-b+a)(b+a-c)$；

(13) $2ba=(b+a-c)(b+a+c)$；

(14) $2ba=(c-b+a)(b-a+c)$；

(15) $(b+a+c)^2=2(c+b)(c+a)$；

(16) $(b-a+c)^2=2(c-a)(c+b)$；

(17) $(b+a-c)^2=2(c-b)(c-a)$；

(18) $(c-b+a)^2=2(c-b)(c+a)$；

(19) $a^2=(c-b)(c+b)$；

(20) $b^2=(c-a)(c+a)$．

这些式子中的 a,b,c 满足 $a^2+b^2=c^2$，且 $a<b<c$．

式(1)实质为

$$a(b+a+c)-(c+b)(c-b+a)=a^2+b^2-c^2.$$

这些恒等式有何用处？

清代数学家刘彝程选择了其中式(15)和式(17)进行组合，得到方程组

$$\begin{cases}(b+a+c)^2=2(c+b)(c+a)\\(b_1+a_1-c_1)^2=2(c_1-b_1)(c_1-a_1)\end{cases}.$$

注意到大小关系 $a<b<c$，令 $\begin{cases}c_1-a_1=c+b\\c_1-b_1=c+a\\b_1+a_1-c_1=b+a+c\end{cases}$，解得 $\begin{cases}a_1=2a+b+2c\\b_1=a+2b+2c\\c_1=2a+2b+3c\end{cases}$．

这说明，若给出一组勾股数 (a,b,c)，则对应产生另一组勾股数 (a_1,b_1,c_1)．以此往复，无穷无尽．譬如给出 $(3,4,5)$，则可生成 $(20,21,29)$．

清代数学家沈善蒸将上述方法进行了拓展．

他先选择了式(16)和式(17)进行组合，得到方程组

$$\begin{cases}(b-a+c)^2=2(c-a)(c+b)\\(b_1+a_1-c_1)^2=2(c_1-b_1)(c_1-a_1)\end{cases}.$$

$$令\begin{cases} c_1 - a_1 = c + b \\ c_1 - b_1 = c - a \\ b_1 + a_1 - c_1 = b - a + c \end{cases}, 解得 \begin{cases} a_1 = -2a + b + 2c \\ b_1 = -a + 2b + 2c \\ c_1 = -2a + 2b + 3c \end{cases}.$$

若给出$(3,4,5)$,则可生成$(8,15,17)$.

他又选择了式(18)和式(17)进行组合,得到方程组

$$\begin{cases} (c - b + a)^2 = 2(c - b)(c + a) \\ (b_1 + a_1 - c_1)^2 = 2(c_1 - b_1)(c_1 - a_1) \end{cases}.$$

$$令\begin{cases} c_1 - a_1 = c + a \\ c_1 - b_1 = c - b \\ b_1 + a_1 - c_1 = c - b + a \end{cases}, 解得 \begin{cases} a_1 = a - 2b + 2c \\ b_1 = 2a - b + 2c \\ c_1 = 2a - 2b + 3c \end{cases}.$$

若给出$(3,4,5)$,则可生成$(5,12,13)$.

至此,沈善蒸利用上述三个递推关系式,得到勾股数表(图5.4).显然,由这个数表,1组数生成3组数,3组数生成3^2组数……

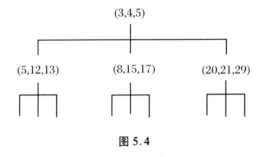

图 5.4

在国外也有类似研究.本质上类似,形式上略有不同.下面是贝格伦三元数迭代公式(Berggren,1934)以及由勾股数生成的勾股树(图5.5).

$$\begin{pmatrix} a_1 \\ b_1 \\ c_1 \end{pmatrix} = \begin{pmatrix} 1 & 2 & 2 \\ 2 & 1 & 2 \\ 2 & 2 & 3 \end{pmatrix} \begin{pmatrix} a \\ b \\ c \end{pmatrix},$$

$$\begin{pmatrix} a_1 \\ b_1 \\ c_1 \end{pmatrix} = \begin{pmatrix} -1 & 2 & 2 \\ -2 & 1 & 2 \\ -2 & 2 & 3 \end{pmatrix} \begin{pmatrix} a \\ b \\ c \end{pmatrix},$$

$$\begin{pmatrix} a_1 \\ b_1 \\ c_1 \end{pmatrix} = \begin{pmatrix} 1 & -2 & 2 \\ 2 & -1 & 2 \\ 2 & -2 & 3 \end{pmatrix} \begin{pmatrix} a \\ b \\ c \end{pmatrix}.$$

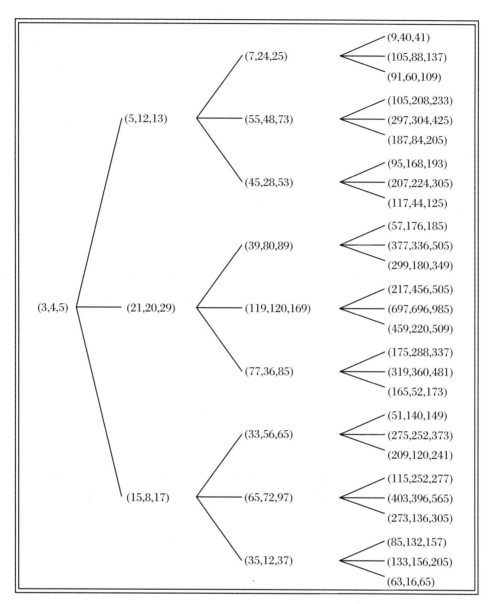

Berggren B. Pytagoreiska Trianglar[J]. Tidskrift för elementär matematik, fysik och kemi, 1934, 17: 129-139.

贝格伦树（四代）

图 5.5

5.3.1 勾股数推广 1

我们称不定方程 $x_1^2 + x_2^2 + x_3^2 = x_4^2$ 的一个正整数解 (a, b, c, d) 为一组四元勾股数. 其几何意义是可构造一个三边和体对角线均为正整数的长方体.

最基本的四元勾股数可尝试猜出来,是 $(1, 2, 2, 3)$. 如果希望写出更多四元勾股数,则可

借助上文的方法,去构造迭代矩阵.下面是已经构造好的矩阵:

$$A = \begin{pmatrix} 1 & 0 & 1 & 1 \\ 0 & 1 & 1 & 1 \\ 1 & 1 & 0 & 1 \\ 1 & 1 & 1 & 2 \end{pmatrix}, \quad B = \begin{pmatrix} -1 & 0 & -1 & -1 \\ 0 & 1 & 1 & 1 \\ 1 & 1 & 0 & 1 \\ 1 & 1 & 1 & 2 \end{pmatrix}, \quad C = \begin{pmatrix} 1 & 0 & 1 & 1 \\ 0 & -1 & -1 & -1 \\ 1 & 1 & 0 & 1 \\ 1 & 1 & 1 & 2 \end{pmatrix}.$$

新旧勾股数的关系:

$$(a_1, b_1, c_1, d_1) = (a, b, c, d) \begin{pmatrix} 1 & 0 & 1 & 1 \\ 0 & 1 & 1 & 1 \\ 1 & 1 & 0 & 1 \\ 1 & 1 & 1 & 2 \end{pmatrix}.$$

验证:$a_1 = a + c + d, b_1 = b + c + d, c_1 = a + b + d, d_1 = a + b + c + 2d$.

$$\begin{aligned} a_1^2 + b_1^2 + c_1^2 &= (a + c + d)^2 + (b + c + d)^2 + (a + b + d)^2 \\ &= (a + b + c + 2d)^2 + (a^2 + b^2 + c^2 - d^2) \\ &= d_1^2. \end{aligned}$$

例如,$(1, 2, 2, 3)A = (1, 2, 2, 3) \begin{pmatrix} 1 & 0 & 1 & 1 \\ 0 & 1 & 1 & 1 \\ 1 & 1 & 0 & 1 \\ 1 & 1 & 1 & 2 \end{pmatrix} = (6, 7, 6, 11), 6^2 + 7^2 + 6^2 = 11^2$.

上述方法需要找到一组初始解和迭代关系,而利用下面恒等式则可以更简单.

$$(a^2 - b^2 + c^2 - d^2)^2 + [2(ab + cd)]^2 + [2(bc - ad)]^2 = (a^2 + b^2 + c^2 + d^2)^2,$$

$$\begin{cases} x_1 = a^2 - b^2 + c^2 - d^2 \\ x_2 = 2(ab + cd) \\ x_3 = 2(bc - ad) \\ x_4 = a^2 + b^2 + c^2 + d^2 \end{cases}.$$

从恒等式可以看出,任意给出一组(a, b, c, d)所生成的(x_1, x_2, x_3, x_4)都满足要求.

证明上述恒等式是容易的,简单计算即可.发现则要困难得多.仿照上文中利用复数发现勾股数的方法,可利用四元数来探索这一恒等式.

设某四元数为$a + bi + cj + dk$(a, b, c, d均为实数),其中乘法计算时满足规则:

$$ij = k, \quad ji = -k, \quad jk = i, \quad kj = -i, \quad ki = j, \quad ik = -j, \quad i^2 = j^2 = k^2 = -1.$$

根据拉格朗日四平方和定理(Lagrange's four-square theorem):每个正整数均可表示为 4 个整数的平方和,于是设 $u = a^2 + b^2 + c^2 + d^2$,则

$$\begin{aligned} u^2 &= (a^2 + b^2 + c^2 + d^2)^2 \\ &= [(a + bi + cj + dk)(a - bi - cj - dk)][(a + bi - cj + dk)(a - bi + cj - dk)] \end{aligned}$$

$$= \left[(a + bi + cj + dk)(a + bi - cj + dk) \right]\left[(a - bi + cj - dk)(a - bi - cj - dk) \right]$$

$$= \left[(a^2 - b^2 + c^2 - d^2) + 2(ab + cd)i + 2(ad - bc)k \right]$$

$$\cdot \left[(a^2 - b^2 + c^2 - d^2) - 2(ab + cd)i - 2(ad - bc)k \right]$$

$$= (a^2 - b^2 + c^2 - d^2)^2 + \left[2(ab + cd) \right]^2 + \left[2(ad - bc) \right]^2 .$$

5.3.2 勾股数推广2

对于 $x^2 + y^2 = z^2$，《几何原本》中给出通解如下：$x = \dfrac{(a^2 - b^2)c}{2}$，$y = abc$，$z = \dfrac{(a^2 + b^2)c}{2}$.

下面研究 $x^2 + y^2 = nz^2$. 先来看两个特例.

例1 求解 $x^2 + y^2 = 2z^2$.

解 若 $u^2 + v^2 = c^2$，则 $(u + v)^2 + (u - v)^2 = 2c^2$，这意味着

$$\left[\frac{(a^2 - b^2)c}{2} + abc \right]^2 + \left[\frac{(a^2 - b^2)c}{2} - abc \right]^2 = 2\left[\frac{(a^2 + b^2)c}{2} \right]^2 ,$$

于是

$$x = \frac{(a^2 + 2ab - b^2)c}{2}, \quad y = \frac{(-a^2 + 2ab + b^2)c}{2}, \quad z = \frac{(a^2 + b^2)c}{2}.$$

例2 求解 $x^2 + y^2 = 3z^2$.

解 如果 x, y, z 有公共因子，不妨先消去，化为 $X^2 + Y^2 = 3Z^2$. 此方程与原方程同解. 要想 $X^2 + Y^2$ 被3整除，则 X 和 Y 都只能形如 $3m$. 此时 $X^2 + Y^2$ 是9的倍数，说明 Z^2 是3的倍数. 这说明 X, Y, Z 有公共因子3，与之前消去了公共因子矛盾.

下面正式求解 $x^2 + y^2 = nz^2$.

分析：通过作图 5.6 求解 $x^2 + y^2 = 2z^2$，并将之扩展到 $x^2 + y^2 = nz^2$.

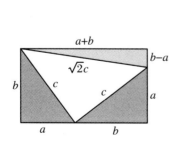 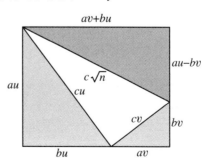

图 5.6

图形中假设 $a^2 + b^2 = c^2$,且要求 $u^2 + v^2 = n$,否则就没有整数解.譬如因为找不到整数解满足 $u^2 + v^2 = 3$,所以 $x^2 + y^2 = 3z^2$ 无解.

而 $x^2 + y^2 = 5z^2$ 有整数解,因为 $2^2 + 1^2 = 5$.这意味着

$$\left[\frac{(a^2 - b^2)c}{2} \times 1 + abc \times 2\right]^2 + \left[\frac{(a^2 - b^2)c}{2} \times 2 - abc \times 1\right]^2 = 5\left[\frac{(a^2 + b^2)c}{2}\right]^2,$$

于是

$$x = \frac{(a^2 - b^2)c}{2} + 2abc, \quad y = (a^2 - b^2)c - abc, \quad z = \frac{(a^2 + b^2)c}{2}.$$

对于求解 $x^2 + y^2 = nz^2$,若存在 $n = k^2 + t^2$,则有恒等式

$$(-tp^2 + 2kps + ts^2)^2 + (kp^2 + 2pst - ks^2)^2 = (k^2 + t^2)(p^2 + s^2)^2.$$

6 ▶ 引入复数和三次方程求解

为何要引入复数?

最直接的说法,是为了使得方程 $x^2 + 1 = 0$ 有解. 好比引入负数,是为了使得方程 $x + 1 = 0$ 有解.

这是从数学逻辑的角度来说的. 如果讲点数学史故事,则说来话长.

在很长时期内,数学家根本不搭理 $x^2 + 1 = 0$ 这类二次方程,不就是没解吗? 没解的问题多了去了,没啥好研究的.

数学家在得到二次方程的求解公式后,自然会思考如何求解三次方程. 譬如 $x^3 + bx^2 + cx + d = 0$.

二次方程求解中用到一个巧妙的换元. 设 $x = X - \dfrac{b}{2}$,则

$$x^2 + bx + c = \left(X - \frac{b}{2}\right)^2 + b\left(X - \frac{b}{2}\right) + c = X^2 + \frac{4c - b^2}{4}.$$

消去了一次项,求解 $x^2 + k = 0$ 这类方程就容易多了.

数学家擅长迁移,当一个技巧尝试成功之后,就会尝试将之应用到其他场合. 随着应用逐步推广,所谓技巧就会上升为一个方法.

下面利用这一技巧求解 $x^3 + bx^2 + cx + d = 0$.

设 $x = X - \dfrac{b}{3}$,则

$$\left(X - \frac{b}{3}\right)^3 + b\left(X - \frac{b}{3}\right)^2 + c\left(X - \frac{b}{3}\right) + d$$

$$= X^3 + \frac{1}{27}(-9b^2 + 27c)X + \frac{1}{27}(2b^3 - 9bc + 27d),$$

于是 $x^3 + bx^2 + cx + d = 0$ 转化为形如 $x^3 + px + q = 0$ 的三次方程,消去了二次项.

在三次方程中,如果能求出 $x^3 + px + q = 0$ 其中一个解,使用多项式除法,则可使三次变二次,也就简单了.

后来,数学家们找到了一个公式:

$$x = \sqrt[3]{-\frac{q}{2} + \sqrt{\frac{q^2}{4} + \frac{p^3}{27}}} + \sqrt[3]{-\frac{q}{2} - \sqrt{\frac{q^2}{4} + \frac{p^3}{27}}}.$$

要想独立推出这么复杂的公式,有难度.此处我们仅验算此公式.

设 $-\frac{q}{2} + \sqrt{\frac{q^2}{4} + \frac{p^3}{27}} = m^3$, $-\frac{q}{2} - \sqrt{\frac{q^2}{4} + \frac{p^3}{27}} = n^3$,则 $x = m + n$,$m^3 + n^3 = -q$,$m^3 - n^3 = 2\sqrt{\frac{q^2}{4} + \frac{p^3}{27}}$,即

$$\left(\frac{m^3 - n^3}{2}\right)^2 - \frac{(m^3 + n^3)^2}{4} = \frac{p^3}{27},$$

于是 $3mn + p = 0$,所以

$$(m + n)^3 + p(m + n) + q = (m^3 + n^3 + q) + (m + n)(3mn + p) = 0.$$

得到上述求解公式后,数学家自然会加以应用.

例1 求解 $x^3 - 24x - 72 = 0$.

解

$$x = \sqrt[3]{-\frac{-72}{2} + \sqrt{\frac{72^2}{4} + \frac{-24^3}{27}}} + \sqrt[3]{-\frac{-72}{2} - \sqrt{\frac{72^2}{4} + \frac{-24^3}{27}}}$$

$$= \sqrt[3]{36 + \sqrt{1296 - 512}} + \sqrt[3]{36 - \sqrt{1296 - 512}}$$

$$= \sqrt[3]{36 + 28} + \sqrt[3]{36 - 28}$$

$$= \sqrt[3]{64} + \sqrt[3]{8} = 6.$$

于是 $x^3 - 24x - 72 = (x - 6)(x^2 + 6x + 12)$,三次方程转化为二次.

非常好!但总归会遇到不太好的时候!

例2 求解 $x^3 - 15x - 4 = 0$.

解

$$x = \sqrt[3]{-\frac{-4}{2} + \sqrt{\frac{4^2}{4} + \frac{-15^3}{27}}} + \sqrt[3]{-\frac{-4}{2} - \sqrt{\frac{4^2}{4} + \frac{-15^3}{27}}}$$

$$= \sqrt[3]{2 + \sqrt{4 - 125}} + \sqrt[3]{2 - \sqrt{4 - 125}}$$

$$= \sqrt[3]{2 + \sqrt{-121}} + \sqrt[3]{2 - \sqrt{-121}}.$$

算到这一步,如果还按照之前的习惯,完全可以以负数不能开根号为由,判定此题无解,然后抛到一边不管.

问题是,有人发现,明明 $x = 4$ 是方程 $x^3 - 15x - 4 = 0$ 的解!

如何解释?于是只能硬着头皮接着上面的计算往下算.这时候就有必要假定一个新的

量,其平方是负数.

如果设 $i^2 = -1$,则

$$\sqrt[3]{2 + \sqrt{-121}} + \sqrt[3]{2 - \sqrt{-121}} = \sqrt[3]{2 + 11\sqrt{-1}} + \sqrt[3]{2 - 11\sqrt{-1}}$$
$$= \sqrt[3]{2 + 11i} + \sqrt[3]{2 - 11i}$$
$$= \sqrt[3]{(2 + i)^3} + \sqrt[3]{(2 - i)^3}$$
$$= (2 + i) + (2 - i) = 4.$$

可以验算,若 $i^2 = -1$,则 $(2 + i)^3 = 2 + 11i$,$(2 - i)^3 = 2 - 11i$.

于是 $x^3 - 15x - 4 = (x - 4)(x^2 + 4x + 1)$,三次方程转化为二次.

也就是为了使得三次方程求解能顺利地算下去,数学家引进了一个新的数,满足 $i^2 = -1$.

由于三次方程求解不易,因此在复数教学时,也无须讲得这么清楚.

什么?你还想知道四次方程的求解?劝你早点打消这个念头.

数学中若评比丑陋的数学公式,四次方程的求解公式则很有可能上榜.对,就是这么复杂且丑陋!

7 ▶ 不同的公理　不同的几何

一位语文老师在网上写反思.他在教《自相矛盾》这则寓言时,有学生站起来反驳:有这么傻的人吗? 太不可信了吧! 面对这样大胆质疑的学生,这位老师不知如何处理为好!

现在的学生比以前更敢想敢做了.如何化解这些"突发事件",很值得研究.对于这个自相矛盾的问题,笔者认为可以这样处理.先来看看生活中的一段对话:

> "先生,要手机吗? 最新款的智能手机,才 300 块,绝对超值!"
>
> "看起来还不错.但不知道能用多久,会不会一下子就坏了呢?"
>
> "那哪会呢? 我在这卖手机已经三年了.出问题随时可以来退换."
>
> "这么好啊,那下次来买.我现在赶时间."
>
> "何必下次呢? 别走啊! 下次你到哪找我去?!"

寓言大多是为了表达某个观点而虚构的故事,譬如刻舟求剑、南辕北辙、掩耳盗铃等.但虚构的故事却反映了社会的现实.这个卖手机的人和那个卖矛、盾的人,本质上有什么区别呢?

没区别.但问题是:同样的道理,不同的叙述形式,结果可能大不相同.很可能学生能够接受这个卖手机的故事,却不能接受卖矛、盾的故事.教书讲道理如此,写书也需要注意这一点.

笔者与张景中先生合著的《数学哲学》(2019 年北师大出版社,第 3 版)的第 2 章中,谈到基于不同的公理,可得到不同的数学体系.具体而言,是讨论平行公设和非欧几何.该书出版后,笔者收到读者来信,说是对非欧几何很不了解,所以对这一章理解不好,能否再解释一下?

《数学哲学》是挑选了数学发展中的重大事件来讨论分析,非欧几何理应在此出现.但既然读者提意见,我们就换个例子来讨论.

欧氏几何的传统描述是一个公理系统,是基于五条不加证明的公设.而在现代数学中,构造欧氏几何可以不通过公理化方法,而是通过解析几何.通过这种方法,可以像证明定理一样证明欧氏几何(或非欧几何)中的公理.

先定义"点的集合"为实数对 (x,y) 的集合.给定两个点 $A(x_A,y_A)$ 和 $B(x_B,y_B)$,定义距离为 $|AB|=\sqrt{(x_A-x_B)^2+(y_A-y_B)^2}$,此为"欧氏度量".其他概念,如直线、角、圆可以通过作为实数对的点和其间的距离来定义.例如与点 A 和 B 共线的点 P 集合可定义为满足 $|AB|=|AP|+|PB|$ 或 $|AB|=\pm(|AP|-|PB|)$ 的元素.

而其中距离的定义,需要满足距离公理:

(1) 非负性:对于任两点 A 和 B,都有一非负实数 $|AB|$ 与之对应.该实数就叫作点 A 到点 B 的距离.当且仅当这两点重合时,距离 $|AB|=0$.

(2) 对称性:$|AB|=|BA|$.

(3) 三角不等式:对于任意三点 A,B 和 C,有 $|AC|\leqslant|AB|+|BC|$.

显然,欧氏几何中对距离的定义是符合距离公理的.但符合距离公理的"距离定义"却不是唯一的.譬如将欧氏距离乘个系数2,即定义距离为 $|AB|=2\sqrt{(x_A-x_B)^2+(y_A-y_B)^2}$,也满足距离公理的三条规则.但若问这样的新定义有什么特别意义,还需要研究.

若定义距离为 $|AB|=|x_A-x_B|+|y_A-y_B|$,这显然符合距离公理的三条规则,且有现实意义.这就进入了一种新的几何学——出租车几何学.

假设图 7.1 是某城市的地图,阴影方块表示建筑物,其余则是纵贯横穿的道路.由于现在城市建设有严格规划,因此街道才可能齐整,这有助于交通方便.若设左上方为原点,则 A 处为 $(3,1)$,B 处为 $(1,4)$,从 A 处打的去 B 处,距离多远?是 $\sqrt{(3-1)^2+(1-4)^2}=\sqrt{13}$ 吗?不是,因为出租车不能横穿建筑物,实际我们要走的距离是 $|3-1|+|1-4|=5$.从 A 到 B 有很多种走法,但不管如何走,都要向南走3,向西走2.

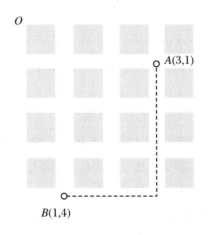

图 7.1

在出租车几何学中,圆特别有意思.如果我们还把圆定义为"到某定点的距离为定值的点的集合"的话,那么图 7.2 就表示半径为2的圆.因为其周界上的每一点 P 到定点 O 的"距离"都是2.

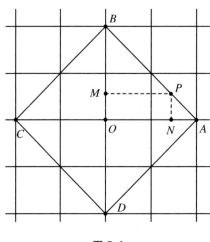

图 7.2

出租车几何和欧氏几何有着很多不一样的性质.如果默认两种几何对角度的定义一致的话,那么在出租车几何中就会出现很多"怪现象",如图 7.3 中的△ABC,AB = AC,但∠B ≠∠C.

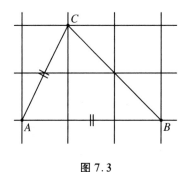

图 7.3

出租车几何有很多有趣古怪的性质,在此我们就不多介绍了.有兴趣的读者可以以 taxicab geometry 为关键词,搜索得到更多相关信息.而各种关于距离的定义,也有几百种之多.

欧氏几何是数学史上第一个公理化的知识系统,而当人们认识到还有其他几何体系之后,意味着数学真理性的终结.数学家可以探索任何可能的问题,建构任何可能的公理体系,理论数学从此得到空前的发展.数学经历了一个自由的新生,它不再被束缚于直接从现实世界抽象而得的概念,而有了探索人类心智的创造的自由.

人们可以基于不同的公理体系,创造出各种各样的数学.基于不同的距离定义,就能创造出不同的几何.这说明最初规则的制定太重要了.就好比:石桌面上刻着纵横相错的网格,旁边摆放着黑白两种颜色的棋子.你认为这一定是为下围棋准备的吗? 未必,可以下围棋,还可以下五子棋.

围棋和五子棋最大的区别并不在于棋具,而是走棋的规则.面对同样的棋具,人们可以根据自己的兴趣爱好选择规则,进入完全不同的棋类世界.人人都可以发明创造新的棋类游戏,规则的制定当然可以由你说了算.但你发明的新游戏是否吸引人,有人愿意玩,这可得由社会实践来检验了.

所以,数学家作为社会中的人,也要思考所创造的数学体系能否对社会产生作用.从这个角度而言,公理也就不完全是人们任意的约定了.

最后,笔者和大家分享一段读书心得.一般的中学数学教材都会选用"在所有连接两点的线中,线段最短"这样一条公理.有人调侃道:这条公理连狗都知道.不信的话,你扔个骨头出去,看看狗会不会跑弯路呢?

狗知道,人却未必能够说得清楚.在张景中先生的《几何新方法和新体系》(该书对几何体系的构造和比较做了详细的论述,提出了崭新的观点)中,对此公理提出的质疑值得我们思考.书中写道:

这条公理本是古希腊数学家和物理学家阿基米德所提出来的.但它在逻辑上有小漏洞.因为既然说线段最短,那就默认了还有其他的线来连接这两个点.还默认了其他的线有长度,才能比较长短.但所谓其他的线是什么?它们的长度是什么?都是未有定义的.既无定义,何以能比较长短?实际上,什么叫连接两点的线,什么叫一般线的长度,都是相当复杂的问题,不可能用这么一条公理解决.比较合理的做法,是由线段定义折线及折线的长,由折线定义一般曲线的长,根据定义即可证明线段最短.

8 切忌随意"同理可证"

如果要评选数学中的经典证明,欧几里得证明素数无穷多应当能名列其中.尽管很多人熟知其内容,但仍然有详细给出的必要.

假设只有有限个素数 $p_1, p_2, \cdots, p_n$,令 $N = p_1 p_2 \cdots p_n$,那么 $N+1$ 是素数或是合数.

如果 $N+1$ 为素数,则由于 $N+1 > p_1 p_2 \cdots p_n$,因此它不在先前假设的素数集合中.

如果 $N+1$ 为合数,则可以分解为几个素数的积.而 N 和 $N+1$ 的最大公约数是 1,$N+1$ 不可能被 $p_1, p_2, \cdots, p_n$ 整除,所以该合数分解得到的素因数肯定不在假设的素数集合中.

因此无论 $N+1$ 是素数还是合数,都意味着在假设的有限个素数之外还存在着其他素数.所以假设不成立,素数有无穷多个.

上面证明论述清楚,但纸上得来终觉浅.如果再动手算一算,就会有更深的感受.假设只有素数 2,那么 $2+1=3$ 得到新素数 3;$2 \times 3 + 1 = 7$ 得到新素数 7;$2 \times 3 \times 7 + 1 = 43$ 得到新素数 43;$2 \times 3 \times 7 \times 43 + 1 = 1807 = 13 \times 139$ 得到 2 个新素数 13 和 139……这一过程可以一直继续下去.

素数无限多,除开 2 这个偶素数,其余都是 $4k+1$ 型或 $4k-1$ 型.那么 $4k-1$ 型素数是不是也无穷多?可依葫芦画瓢来证明.

求证:$4k-1$ 型素数无穷多.

证明 假设只有有限个 $4k-1$ 型素数 $p_1, p_2, p_3, \cdots, p_n$,令 $N = 4p_1 p_2 \cdots p_n - 1$(显然 N 是奇数),那么 N 是素数或是合数.

如果 N 为素数,则由于 $N > p_1 p_2 \cdots p_n$,因此它不在先前假设的素数集合中.

如果 N 为合数,则可以分解为几个素数的积.因为 $4k-1$ 型素数相乘,只会得到 $4k-1$ 型,说明 $4p_1 p_2 \cdots p_n - 1$ 中必有形如 $4k-1$ 的质因数,显然该因数与已有素因数 $p_1, p_2, \cdots, p_n$ 不同,所以该合数分解得到的素因数肯定不在假设的素数集合中.

因此无论 N 是素数还是合数,都意味着在假设的有限个素数之外还存在着其他素数.所以假设不成立,素数有无穷多个.

同样地,我们动手算一算.假设只有素数 3,那么 $4 \times 3 - 1 = 11$ 得到新素数 11;$4 \times 3 \times 11 - 1 = 131 = 4 \times 33 - 1$ 得到新素数 131;$4 \times 3 \times 11 \times 131 - 1 = 17291 = 4 \times 4323 - 1$ 得到新素数

17291；$4 \times 3 \times 11 \times 131 \times 17291 - 1 = 298995971 = 4 \times 74748993 - 1$ 得到新素数 298995971；$4 \times 3 \times 11 \times 131 \times 17291 \times 298995971 - 1 = 8779 \times 10079 \times 1010341471 = (4 \times 2195 - 1) \cdot (4 \times 2520 - 1)(4 \times 252585368 - 1)$ 得到新素数 $8779, 10079, 1010341471 \cdots \cdots$ 这一过程可以继续下去. 和欧几里得证法完全一样，只不过多一个手续：检验新得到素数是不是 $4k - 1$ 型，而这是有理论保证的.

那是否同理可证 $4k + 1$ 型素数无穷多？已有成功经验在前，此处将 $4k - 1$ 改成 $4k + 1$，想来也应该差不多. 某些资料就是这么做的，在证明 $4k - 1$ 型素数无穷多之后，虚晃一枪，写上同理可证 $4k + 1$ 型素数无穷多. 真的是同理吗？中间是否隐藏错误？

动手算一算便知. 假设只有 5 这 1 个 $4k + 1$ 型素数，那么 $4 \times 5 + 1 = 21 = (4 - 1) \cdot (4 \times 2 - 1)$，得不到与 5 不同的 $4k + 1$ 型新素数. 又或者假设已经找到 4 个 $4k + 1$ 型素数：$5, 13, 17, 29$，构造出 $4 \times 5 \times 13 \times 17 \times 29 + 1 = 128181 = 3 \times 42727 = (4 - 1)(4 \times 10682 - 1)$，也得不到新的 $4k + 1$ 型素数. 也就是说，假设只有有限多个 $4k + 1$ 型素数，不能保证能够找到新的 $4k + 1$ 型素数.

此时不能"同理可证"！因为 $4k - 1$ 型合数一定含有 $4k - 1$ 型因数，而 $4k + 1$ 型合数却不一定含有 $4k + 1$ 型因数，如 $4 \times 5 + 1 = 21 = (4 - 1)(4 \times 2 - 1)$.

王元先生在《谈谈素数》一书中，这样证明 $4k + 1$ 型素数无穷多：假设 m 是一个大于 1 的整数，那么 $m!$ 是偶数，$m!^2 + 1$ 是大于 1 的奇数，必含有奇素因数 p. 下面证明 p 必定是形如 $4k + 1$. 假设 $p = 4k + 3$，因为

$$m!^{p-1} + 1 = m!^{2(2k+1)} + 1 = (m!^2 + 1)(m!^{2 \cdot 2k} - m!^{2(2k-1)} + \cdots + 1),$$

所以 $m!^2 + 1 \mid m!^{p-1} + 1$. 由 $p \mid m!^2 + 1$ 得 $p \mid m!^p + m!$. 由费马小定理可得 $p \mid m!^p - m!$. 从而 $p \mid (m!^p + m! - m!^p + m!)$，即 $p \mid 2m!$. 而 p 是奇素数，所以 $p \mid m!$. 而 $p \mid m!^2 + 1$，则 $p \mid 1$. 因此对于正数 $m > 1$，$m!^2 + 1$ 的奇素因数 p 都是 $4k + 1$ 型的. 下面证 $p > m$. 不然的话，$p \leq m$，则 $p \mid m!$，这与 $p \mid m!^2 + 1$ 矛盾，所以 $p > m$. 由于 $p > m$，因此 $4k + 1$ 型素数无穷多.

通过计算检验，没有发现问题.

$(2!)^2 + 1 = 5 = 4 \times 1 + 1$ 得到 $4k + 1$ 型素数 5.

$(3!)^2 + 1 = 37 = 4 \times 9 + 1$ 得到 $4k + 1$ 型素数 37.

$(4!)^2 + 1 = 577 = 4 \times 144 + 1$ 得到 $4k + 1$ 型素数 577.

$(5!)^2 + 1 = 14401 = 4 \times 3600 + 1$ 得到 $4k + 1$ 型素数 14401.

$(6!)^2 + 1 = 518401 = (4 \times 3 + 1)(4 \times 9969 + 1)$ 得到 $4k + 1$ 型素数 13 和 39877.

类似问题还有证明或证否：有无穷多个 $p_1 p_2 \cdots p_n + 1$ 型素数，其中 p_i 是第 i 个素数.

有些人可能觉得此题容易，因为他误认为 $p_1 p_2 \cdots p_n + 1$ 一定是素数. 造成这种错觉的原因是，欧几里得的证明很多资料上都有，传抄多了，难免有误，有些资料写得十分简略，一两行搞定，而一些人看书不仔细，就产生了误会. 其实稍加试算就知道 $2 \times 3 \times 5 \times 7 \times 11 \times 13$

$+1=59\times509.$

此问题目前还是未解之难题,难在 $p_1p_2\cdots p_n+1$ 型素数特别少,先前几个是 3,7,31, 211,2311,200560490131,再接下来就是一个 154 位的天文数字.若模仿欧几里得证法来证此题,会遇到证 $4k+1$ 型素数无穷多时的类似问题,从已有素数推不出符合要求的新素数.

欧几里得的经典证明可谓是数论中的一块基石.一方面说明了素数无穷多,进而引出 $4k-1$ 型素数、$4k+1$ 型素数、$p_1p_2\cdots p_n+1$ 型素数是否无穷多,以及哥德巴赫猜想、孪生素数问题等许许多多的问题,如果素数有限,后面的问题就无从谈起.另一方面证明中的反证法、构造法也给我们以启示:一般模式是舍车保帅,为全局牺牲局部;而反证法却更彻底,先弃后取,置之死地而后生;而若有人怀疑某事物不存在,便立马构造一个出来,让人心悦诚服.

需要指出,构造法有时只是理论上的构造,此处就属于这种情况.假设将已知的前一万个素数相乘再加 1,所得必是天文数字,判断其是否为素数都十分困难,遑论分解.目前已知最大的素数是梅森素数 $2^{43112609}-1$(有 12978189 位),由 GIMPS 组织在 2008 年 8 月 23 日发现.该组织在 2008 年 9 月 6 日发现了目前所知的第二大素数 $2^{37156667}-1$(有 11185272 位).可见人类发现素数并不是严格按照从小到大的规律.

曾有崇尚构造法的数学家挑剔欧几里得的构造法用得还不够完美,因为他在证明素数无穷多的时候并没有指出第 n 个素数如何确定的一般方法.笔者认为这过于苛求古人了.

而本章的探究则提醒我们,学习和模仿前辈数学家的经典证明时,不能机械地照搬,能否同理可证,关键还在于其中的"理"是不是相通,不能想当然地认为只是将减号改成加号,过程应该也差不多,最好动手算一算,看会不会出现纰漏.

再给出一个经典例子.

Nesbitt 不等式:设 $a,b,c\in\mathbf{R}_+$,求证:$\dfrac{a}{b+c}+\dfrac{b}{c+a}+\dfrac{c}{a+b}\geqslant\dfrac{3}{2}$.

这个不等式在本书中反复出现.你是否想过推广到 n 元呢?这个工作早有人做过了.

1954 年,美国数学家 H. S. Shapiro 提出了一个猜想:当 $n\geqslant3$ 时,有循环不等式

$$f_n(x_1,x_2,\cdots,x_n)=\sum_{k=1}^n\frac{x_k}{x_{k+1}+x_{k+2}}\geqslant\frac{n}{2}, \qquad (*)$$

其中,$x_{n+1}=x_1,x_{n+2}=x_2$.

你是不是觉得 n 元可参考三元来证呢?尝试之后,就会发现差别很大.

事实上,经过世界各国数学家几十年的接力赛,基本搞清楚了,Shapiro 循环不等式仅对 $n=3,4,5,6,7,8,9,10,11,12,13,15,17,19,21,23$ 成立.取 $n=3$,就是 Nesbitt 不等式.

对这段研究历史有兴趣的读者,可参看《不等式探秘》(彭翕成、杨春波、程汉波著).

9 逻辑等价≠完全相同

自张景中、林群两位先生倡导微积分改革以来,就有人提出质疑:既然新的微积分体系和传统体系相比,基本内容一致,逻辑上也可以相互推导,可谓逻辑等价而殊途同归,为何还要多此一举,另起炉灶呢?

两套体系逻辑等价,是为了满足数学中的相容性.而两套体系的最大区别,就是微积分体系推理更加简单化,理解和掌握变得更加容易.

逻辑等价≠完全相同!

莱布尼茨有句名言:世界上没有两片完全相同的树叶.莱布尼茨的命题自身证明了自身:如果完全相同,就不叫作两个事物,而是同一个事物了.事实上,两个事物在空间占的位置总是不一样的.比如两个电子,我们无法指出两个电子之间有什么不同,除了它们占有不同的位置外.

哲学家老子是个辩证法高手.在他的书中,类似"信言不美,美言不信.善者不辩,辩者不善.知者不博,博者不知"的句子随处可见.

有人不解,老子为什么一句话要说两遍呢?

也是因为逻辑等价≠完全相同!

俗语:好货不便宜;便宜没好货.设好货为 p,便宜为 q,则 $p \Rightarrow \neg q \Leftrightarrow q \Rightarrow \neg p$.

两句话从逻辑上是等价的,但给人的感觉则大不相同.前一句话让人想起的是高档货,而后一句话则让人想起便宜货.

初中数学有一命题:三角形的任何两边之和大于第三边;任何两边之差小于第三边.

两句话逻辑上是等价的.但对没学过不等式移项的初学者而言,两者却有明显差别.

下面我们从有限制的几何作图和弧度制引入,进一步探讨逻辑等价≠完全相同.

例1 松圆规和紧圆规等价.

尺规作图初看简单,实则奥妙无穷,具有挑战性,能够培养数学思维和数学能力.其历史悠久,影响深远,特别是古希腊三大几何难题更是吸引了无数数学爱好者.随着人们数学水平的提高,从最开始的尺规作图,又引出了单尺作图、单规作图、锈规作图等更高难度的作图.

这里要强调的是:欧几里得此处使用的圆规和我们现在使用的圆规不一样.现在用的圆

规,可以"以任意点 O 为圆心,任意两点 A,B 间的距离为半径,作一圆".也就是说,我们能将圆规拿起来,圆规保持夹角不变,拿到另外的地方再作刚才所作半径的圆.但欧几里得的圆规一旦离开纸面,就松散了,不能保持原有夹角.由此,可能有人会认为:是不是现代人用的圆规比欧几里得易散架的圆规用途更大呢?其实不然,两种圆规的作用是一样大的.

如何证明呢?只需解决这样一个问题即可:已知平面上 A,B,O 三点,作一个以 O 为圆心,AB 为半径的圆.

作法:如图 9.1 所示,分别以 A,O 为圆心,AO 为半径作圆,取两圆交点之一为点 C;分别以 B,C 为圆心,BC 为半径作圆,取两圆交点之一为点 D;以点 O 为圆心,OD 为半径作圆,此圆即为所求.

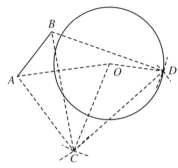

图 9.1

道理很简单,易证 $\triangle ABC \cong \triangle ODC$,可得 $AB = OD$.甚至可以将 OD 看作是以 C 为中心,将 AB 旋转60°得到的.这一经典模型直到今日,还常常出现在教科书和习题集中.

看似不一样的工具使用起来效果一样,这种化繁为简、等价证明的作法实在神奇,其中的数学思想值得深入研究.

例2 短尺子和长尺子等价.

在《几何原本》中,欧几里得对直尺和圆规能做什么做了严格说明.他提出两条基本的作图法则:

法则1:过不同两点可作一直线;

法则2:已知 A,B 两点,以 A 为圆心,A 到 B 间的距离为半径,可作一圆.

这两条法则实际上只能用理想的圆规和直尺实现:直尺要足够长,圆规的跨度要能大能小.实际上这是办不到的.能否用现实中的尺规代理理想的尺规呢?这是可以的,你能想明白吗?

下面说明如何使用长度小于 AB 的直尺来连接 A 和 B 两点之间的直线段.

如图 9.2 所示,从 B 出发,向接近 A 的方向作两条直线段 l_1 和 l_2,作直线段 PA,PC,PD,然后确定 AE,AD 与 PC 的交点 G,F,HG 和 IF 交于点 J.考虑 $\triangle GHE$ 和 $\triangle FID$,由德萨格定理可知,点 J 在直线 AB 上.经过这样逐步靠近,最终可将 A,B 两点用直线段连接

起来.

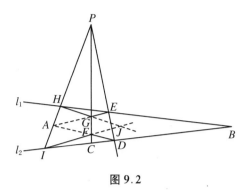

图 9.2

德萨格(Desargues)定理　如图 9.3 所示,在射影空间中,有六点 A,B,C,a,b,c.Aa,Bb,Cc 共点当且仅当 $AB\bigcap ab$,$BC\bigcap bc$,$CA\bigcap ca$ 共线.

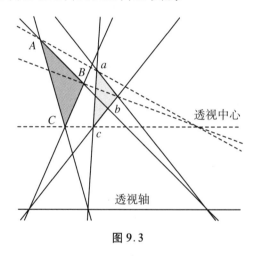

图 9.3

例3　单尺作圆的切线.

过圆外一点 P 作圆的切线,是尺规作图中常见的题目.如果仅用直尺作图,难度很大.此处所说的难度大,并不是指作图难,而是其作图原理不容易弄清楚.

作法:如图 9.4 所示,作圆的三条割线 PAB,PCD,PEF,AD 交 CB 于点 G,CF 交 ED 于点 H,连接 GH 交圆于点 I,J,PI 和 PJ 就是所求作的圆的切线.

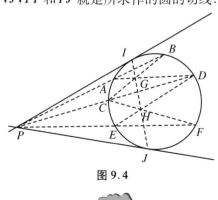

图 9.4

例4 单规等分线段.

假设已知 A,B 两点,且没有直尺,所以两点间没有线段相连,仅用一个圆规,能否作出 AB 的中点呢?

作图步骤如下:

(1) 如图 9.5 所示,分别以 A,B 为圆心,AB 为半径作圆相交于点 C;

(2) 以 C 为圆心,AB 为半径作圆交 $\odot B$ 于点 D;

(3) 以 D 为圆心,AB 为半径作圆交 $\odot B$ 于点 E;

(4) 分别以 A,B 为圆心,AE 为半径作圆相交于点 F;

(5) 以 F 为圆心,AB 为半径作圆与 $\odot A$,$\odot B$ 相切于点 G,H;

(6) 分别以 G,H 为圆心,AB 为半径作圆相交于点 I.

点 I 即为所求作的 AB 的中点.

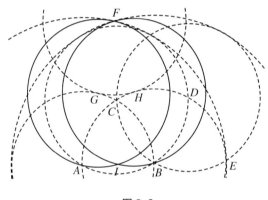

图 9.5

证明 由作法可知 $AE = AF = 2AB$,$FG = GI = IH = HF = AB$,所以四边形 $FGIH$ 是菱形.又 HI 平行且等于 AF 的一半,所以 HI 是 $\triangle ABF$ 的中位线,I 是 AB 的中点.

例5 单规三等分线段.

假设已知 A,B 两点,且没有直尺,所以两点间没有线段相连,仅用一个圆规,能否作出 AB 的三等分点呢?

作图步骤如下:

(1) 如图 9.6 所示,在 AB 两点所在直线上,作 $CA = AB = BD$.

(2) 如图 9.7 所示,以 C 为圆心,CB 为半径作圆;以 D 为圆心,DC 为半径作圆.得到 E,F 两个交点.

(3) 以 E 为圆心,EC 为半径作圆;以 F 为圆心,FC 为半径作圆.得到交点 G,点 G 即为所求作的三等分点之一.同理可作出另一三等分点.

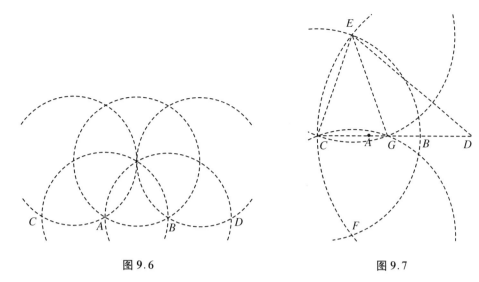

图9.6   图9.7

证明 由作法可知△ECG∽△DEC，则 $\dfrac{EC}{DE}=\dfrac{CG}{EC}$，即 $\dfrac{2AB}{3AB}=\dfrac{CG}{2AB}$，所以 $CG=\dfrac{4}{3}AB$，

$AG=\dfrac{1}{3}AB$.

注意：图中线段是为了说明方便而作的，实际上并不存在.

其实，数学家更愿意一次性解决一类问题，而不是一个一个问题去尝试. 1672年，乔治·莫尔证明：如果把"作直线"解释为"作出直线上的2点"，那么凡是尺规能作的，单用圆规也能作出. 只用直尺所能作的图其实不多，但在已知一个圆和其圆心的情况下，凡是尺规能作的，单用直尺也能作出.

但是，我们也清楚地看到，尽管逻辑上等价，但却更复杂. 这也是我们平常作图还是用尺规组合操作，而不是仅用其一的原因. 如果你想挑战难度，可以试试拿破仑问题.

意大利数学家罗兰索·马歇罗尼向拿破仑提出这样的问题：给定一圆和其圆心，只用圆规将此圆圆周四等分. 此题目后来又更加进化，变成只给定一圆，只用圆规将此圆四等分，在这种情况下必须先用圆规作图找到圆心. 以上两种都被称为拿破仑问题. 这个问题的作图难度较大，可以在维基上找到答案.

例6 弧度与角度等价，弧度制的优越性.

众所周知，弧度和角度存在一一对应的关系（图9.8是国外某网站上提供的角度、弧度转换图表），也就是说弧度能完成的事情，角度同样可以完成. 那为何还要多此一举引入弧度制呢？

在弧度制教学的时候，一些爱动脑筋的学生就会问这个问题，因为他们已经非常熟悉角度制了. 你必须给他们一个充足的理由来接受一套新的体系.

弧度制的优越性很多，譬如角度制中采用六十进制，但是数学中的数字一般采用的是十进制，由于进制不同，会造成计算困难. 通过弧长公式和扇形面积公式的对比，也能体现出弧度制的优越性.

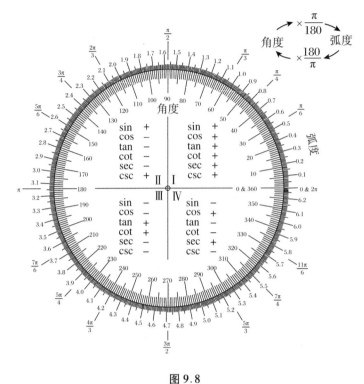

图 9.8

弧度通常这样定义:设 $\angle AOB$ 是单位圆的圆心角,所对应的圆弧 AB 长度为 θ,规定 $\angle AOB = \theta$ 弧度,其中弧度二字可省略.当圆弧 AB 长度等于半径 1 时,$\angle AOB = 1$ 弧度;半圆的弧长为 π,$180° = \pi$ 弧度.角度与弧度之间的换算关系为 1 弧度 $= \left(\dfrac{180}{\pi}\right)^{\circ} \approx 57.30°$,$1° = \dfrac{\pi}{180}$ 弧度 ≈ 0.01745 弧度.

如图 9.9 所示,扇形 OCD 和扇形 OAB 构成相似形,弧长 CD:弧长 $AB = r : 1$,所以弧长 CD 的长度为 $r\theta$;而若将扇形 OCD 分割成很多个小扇形,则每个小扇形面积近似于三角形的面积,那么扇形 OCD 的面积 $= \dfrac{1}{2}(l_1 + l_2 + \cdots + l_n)r = \dfrac{1}{2}lr = \dfrac{1}{2}r^2\theta$.

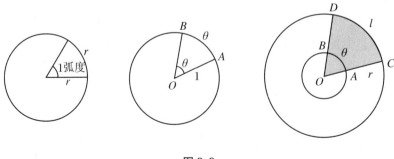

图 9.9

而在角度制下,弧长公式为 $l = \dfrac{n\pi r}{180}$,扇形面积公式为 $S = \dfrac{n\pi r^2}{360}$,这比弧度制要复杂.

有资料认为:在初等数学内,弧度制的优势并不明显,只有进入高等数学,弧度制的优势才明显,才有必要学习.这种观点有待商榷,弧度制的优越性并不一定要到高等数学才能充分体现.

在高中教学时,会研究正弦函数,如果还采取角度制,得到的 $y = \sin x$ 函数图像如图 9.10 所示,基于这样长宽比相差较大的图像,难以进一步研究.所以现在对三角函数的研究默认是弧度制,特别是进入高等数学之后.

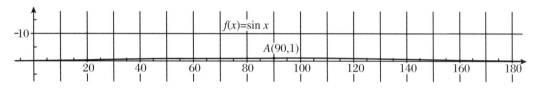

图 9.10

微积分中有一个非常重要的极限 $\lim\limits_{x \to 0}\dfrac{\sin x}{x} = 1$,这里的自变量 x 是实数,是角的弧度数,以此为基础可推出 $(\sin x)' = \cos x$,$(\cos x)' = -\sin x$ 等公式.如果换作角度制,则在很多场合都会多出一个累赘 $\dfrac{\pi}{180}$.举例如下:

如图 9.11 所示,$\triangle OAC$ 的面积<扇形 OAC 的面积<$\triangle OAB$ 的面积,即 $\dfrac{1}{2}\sin x < \dfrac{\pi}{360}x$ $< \dfrac{1}{2}\tan x$,$1 < \dfrac{\pi}{180}\dfrac{x}{\sin x} < \dfrac{1}{\cos x}$,$\cos x < \dfrac{180}{\pi}\dfrac{\sin x}{x} < 1$,当 $x \to 0$ 时,$\dfrac{180}{\pi}\dfrac{\sin x}{x} \to 1$,所以 $\lim\limits_{x \to 0}\dfrac{\sin x}{x}$ $= \dfrac{\pi}{180}$.

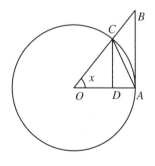

图 9.11

这样一来,正弦、余弦函数的求导公式就变成

$$(\sin x)' = \lim_{\Delta x \to 0}\left[\frac{\sin(x + \Delta x) - \sin x}{\Delta x}\right] = \lim_{\Delta x \to 0}\left[\cos\left(x + \frac{\Delta x}{2}\right)\frac{\sin\frac{\Delta x}{2}}{\frac{\Delta x}{2}}\right] = \frac{\pi}{180}\cos x,$$

$$(\cos x)' = \lim_{\Delta x \to 0}\left[\frac{\cos(x + \Delta x) - \cos x}{\Delta x}\right] = \lim_{\Delta x \to 0}\left[-\sin\left(x + \frac{\Delta x}{2}\right)\frac{\sin\frac{\Delta x}{2}}{\frac{\Delta x}{2}}\right] = -\frac{\pi}{180}\sin x.$$

弧度制下,三角函数展开式为

$$\sin x = x - \frac{x^3}{3!} + \frac{x^5}{5!} - \cdots + \frac{(-1)x^{2n+1}}{(2n+1)!} + \cdots,$$

$$\cos x = 1 - \frac{x^2}{2!} + \frac{x^4}{4!} - \cdots + \frac{(-1)x^{2n}}{(2n)!} + \cdots.$$

角度制下,三角函数展开式为

$$\sin x = (Cx) - \frac{(Cx)^3}{3!} + \frac{(Cx)^5}{5!} - \cdots + \frac{(-1)(Cx)^{2n+1}}{(2n+1)!} + \cdots,$$

$$\cos x = 1 - \frac{(Cx)^2}{2!} + \frac{(Cx)^4}{4!} - \cdots + \frac{(-1)(Cx)^{2n}}{(2n)!} + \cdots,$$

其中 $C = \frac{\pi}{180}$.

又如计算正弦函数一拱的面积时,弧度制下,面积为 $\int_0^\pi \sin x \, dx = -\cos x \Big|_0^\pi = 2$;角度制下,面积为 $\int_0^{180} \sin x \, dx = -\frac{180}{\pi}\cos x \Big|_0^{180} = \frac{360}{\pi}$.

弧度制的优点还有很多,譬如有助于简化某些曲线弧长计算、某些图形面积计算.不过这些还只是些枝节,更深远的影响譬如使得欧拉发展了复数理论,并在复数领域内沟通了三角函数与指数函数的联系,从此复数得到广泛承认和应用,并逐步形成复变函数理论.

弧度制的历史并不久远,是在正弦函数、余弦函数、正切函数之后很多年才提出来的.微积分的产生让弧度制的优势充分展现,成为角的公认度量单位也变得必然.1714年,英国数学家罗杰·科茨用弧度的概念而不是度来处理相关问题,他认为弧度作为角的度量单位是很自然的.1748年,欧拉在他的名著《无穷微量分析引论》中主张用半径为单位来量弧长,设半径等于1,$\frac{1}{4}$ 圆周长是 $\frac{\pi}{2}$,所对的圆心角的正弦值等于1,可记作 $\sin\frac{\pi}{2} = 1$.但是,他们都没有使用 radian 这个名称.英文的 radian 一词第一次出现在印刷品中,是在1873年爱尔兰工程师汤姆森于贝尔法斯特女王学院所出的试题中.radian 是由 radius(半径)与 angle(角)两字合成的.radian 中文曾译为弪,弪由弧与径两字合成.直到1956年,在中国科学院出版的《数学名词》中,才正式定名为弧度.

以上的案例充分说明了逻辑等价≠完全相同.在人们已经普遍习惯角度制的时候,再引入与之逻辑等价的弧度制,并不是标新立异,哗众取宠.其目的只有一个,就是简化数学!

证明等价性是教育数学中的重要一环.

我们认识到:一般教科书上关于某一数学概念的定义方式或定理的证明方法不是唯一

的;应该且可以根据学习者的接受能力,找出一个更适合学习者接受的定义或证明方法.这个不同于一般教科书的新方法应是简便的,以便学生稳定地由已知知识进入未知知识.

同时,这个新方法在知识体系中应尽量使其处于逻辑结构的中心点,即这样的新方法应改串联式的逻辑结构为放射型的逻辑结构.应证明新方法与一般通用方法是等价的,这是教育数学中根本性的一环.改变的只是定义和证明方法,而不能使之失去数学传统知识的科学性和严密性.

教育数学为广大数学教育工作者开辟了一个发挥自己创造性思维的广阔空间,改变其只是简单照本宣科的教书匠形象.

与纯理论数学和应用数学并列的教育数学同前两者的区别也是明显的.它必须是以数学教育为基础,由数学教育中的问题引出教育数学的思考方向,其成果也要通过数学教育过程检验.

10 急需改革的数字规律题

圆珠笔 5 元一支,买 3 支需要多少钱? 类似的题目,谁小学的时候没做过? 如果你顺手写成 $3 \times 5 = 15$ 元,能得分吗?

我读小学的时候,这种写法是绝对不行的.一定要写成 $5 \times 3 = 15$ 元,才能得分.当时老师总是强调 3×5 表示 5 个 3 相加,即 $3 + 3 + 3 + 3 + 3$,而 5×3 表示 3 个 5 相加,即 $5 + 5 + 5$,显然后者才符合题意.

实际上,很多小学老师都认为:过分严格区分 5×3 和 3×5 是吹毛求疵,是呆板、机械的做法,容易遏制学生的思维;而等后来学到乘法交换律,又要和学生说 $5 \times 3 = 3 \times 5$,不是多此一举吗? 完全可以淡化这一点.

但没有办法,当时的考试规定是一定要写成 5×3 才得分.考试升学事关学生的前途命运,尽管老师们心里有疑惑,甚至是不满,也是没办法的.

后来张景中先生知道了这个事情,写了几篇文章,得到多数小学老师的认同.有老师也写文章回应:从学术讨论上来说,大家的想法基本上是一致的.问题是考试怎么办?

张先生虽不在小学教书,但小学老师的心情他是非常理解的.他知道,不解决考试的问题,说什么都没用.

于是张先生写信给课标组专家刘坚教授,表达了老师们的呼声和自己的看法,刘坚教授觉得这个建议很有意义.后来,新的课程标准中明确提出:"3 个 5,可以写作 3×5,也可以写作 5×3,3 和 5 都是乘数(也可以叫因数)."

有了正式文件,老师们心中就有底了,学生们也没必要区分得那么辛苦.

历史常常重演.

现在在中小学数学中有一类题型,叫做找规律,就是给出一些数,让你观察并总结规律,猜测下一个数.不只是在中小学中有,很多考试中都有,譬如公务员考试、教师招聘考试等.于是在网络上、QQ 群里,都不断有人来问.

我们先来看一些例子:

给出 $1, 2, 4, 8, 16$,下一个数是多少? 我们认为可以是 32,因为后一个数是前一个数的 2 倍.

给出 1,4,9,16,25,下一个数是多少? 我们认为可以是 36,因为前面每个数都是自然数的平方.

给出 1,1,2,3,5,8,下一个数是多少? 我们认为可以是 13,因为从第三个数开始,每个数等于前两数之和.这就是著名的斐波那契数列,也叫兔子数列.

给出 1,2,6,42,1806,下一个数是多少? 我们认为可以是 3263442,规律是这组数的第一个数是 1,后面的每个数都是前一个数乘以这个数加上 1.验证如下:$1,1\times(1+1)=2,2\times(2+1)=6,6\times(6+1)=42,42\times(42+1)=1806,1806\times(1806+1)=3263442$.

类似地,给出一组数:1,4,14,45,139,可认为规律是这组数的第一个数是 1,然后:$(1\times3)+1=4,(4\times3)+2=14,(14\times3)+3=45,(45\times3)+4=139$.

给出 60,30,20,15,12,可认为规律是这组数的第一个数是 60,然后:$1/2\times60=30,1/3\times60=20,1/4\times60=15,1/5\times60=12$.

看了这么多例子,你是不是摸出了些门道来呢? 这类问题,有些较简单,但有些却让人难以捉摸,很难猜到出题人所指的到底是啥规律.

在此,我们要特别强调:这种找规律是一种不完全归纳.给出若干个数,是不能完全确定下一个数的.就好像你发现"一"是一横,"二"是二横,"三"是三横,能推出"四"是四横吗?[①]

所谓命题者在标准答案中给出的规律,只是个人看法而已,并不唯一.其他人可以从别的角度给出答案,也能自圆其说.

譬如 1,2,3,4,5,6,7 后面一定是 8 吗? 不一定.也可能是 1,周日之后不就又是周一?

又譬如 2,4,8,16 后面一定是 32 吗? 不一定.有人给出了这样的几何解释.如图 10.1 所示,圆周上有 2 点,将圆分成 2 部分;圆周上有 3 点,将圆分成 4 部分;圆周上有 4 点,将圆分成 8 部分;圆周上有 5 点,将圆分成 16 部分;圆周上有 6 点,将圆分成 30 部分,而不是 32 部分.

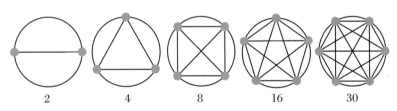

$$2 \qquad 4 \qquad 8 \qquad 16 \qquad 30$$

图 10.1

考试命题的一个基本要求是题目的科学性,譬如单选题就要求有且仅有一个答案,显然这种所谓的数字规律题不满足要求.下面是 2007 年国家公务员考试行测试卷第 45 题:

0,2,10,30,(　　).

A. 68　　　　　　　B. 74　　　　　　　C. 60　　　　　　　D. 70

[①] 古代确有用四横表示四,不过现已不用,且这一规律并不具有一般性.

有人选 A，他认为的规律是 $0^3+0,1^3+1,2^3+2,3^3+3,4^3+4=68$，即 $a_n=n^3+n$，n 为自然数.

有人选 B，他认为的规律是 $0\times2+2=2,2\times2+6=10,10\times2+10=30,30\times2+14=74$，即 $a_{n+1}=2a_n+4n-2,a_0=0$，n 为自然数.

你可能会倾向于 A，但是否有足够多理由排除 B 呢？实际上，若学过高等数学，利用拉格朗日插值公式，可得出无数多的答案.

类似的例子还有不少. 如 2009 年广东省公务员录用考试第 2 题：

$168,183,195,210,($ $).$

  A. 213   B. 222   C. 223   D. 225

有人将给出的几个数作差，得到 $15,12,15$，于是猜测接下来的差会是 12，而下一项应当是 $210+12=222$.

有人则认为 $168+1+6+8=183,183+1+8+3=195,195+1+9+5=210$，所以 $210+2+1+0=213$.

我的一位朋友是做公务员考试培训的. 他和我诉苦道："以上两种所谓的规律，在公务员考试中都出现过. 所以在讲这样的题目时，两种思路我都会讲，如果考试时真的出了这样的题目，我也不知道是选 A 还是 B，只能看运气啦！"想想看，考生那么多，哪能每个人的想法都与出题人一致呢？

此外，这种规律题还有些更特别的思维，完全已经不是找规律的逻辑题了，而是脑筋急转弯.

譬如 $1,2,3,5,4$，下一个数字是什么？答案是 100. 理由是：$1,2,3,5,4$ 的中文是一、二、三、五、四，分别是 1 画、2 画、3 画、4 画、5 画. 而 100 的中文是百，6 画.

这样的题目也曾出现在考卷上，如 2008 年重庆市公务员录用考试第 71 题：

图形推理：每道题包含问题图形和可供选择的 4 个图形. 问题图形具有一定的相似性，也存在某种差异. 你要从中找出其变化的规律，并把这种规律正确地运用到解题过程中，或者依据图形变化的规律进行选择.

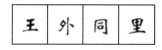

                                               A   B   C   D

一本公务员考试宝典上写道：这道题的思路为汉字的笔画数，但是正确答案有两个选项."王""外""同""里"四个汉字的笔画数分别为四画、五画、六画、七画，因此应当选出一个笔画数为八画的汉字，符合条件的汉字有两个，"画"字与"依"字均为八画. 因此这道题的正确选项有两项.

作为考题，是不是应该更严肃慎重一点呢？而对于教学而言，强迫学生去揣测出题人的意图，追求所谓的标准答案，不是在抹杀学生自己的想象力吗？

我们来看一个外国的例子.

如果给出下面三角形,下一行应该填什么?想必很多人都会填写"1 4 6 4 1",因为规律很明显,不就是杨辉三角吗?

$$
\begin{array}{ccccccccc}
& & & & 1 & & & & \\
& & & 1 & & 1 & & & \\
& & 1 & & 2 & & 1 & & \\
& 1 & & 3 & & 3 & & 1 & \\
? & & ? & & ? & & ? & & ?
\end{array}
$$

而有三个外国中学生给出了不同的答案,他们的文章 *The Rascal Triangle* 发表在 2010 年的 *The College Mathematics Journal* 上.

文章先是设计了一个教学场景,老师很不满意他们给出的答案"1 4 5 4 1",告诉他们 $3+3$ 应该等于 6,而不是等于 5.

学生解释:我们定义的规则有所不同,除了每行两端都为 1 之外,其余每个数都等于肩上两数相乘,加 1,除以头顶上(即再上一行对应位置上)的数,譬如第 5 行的 $4=(1\times3+1)/1$,$5=(3\times3+1)/2$.

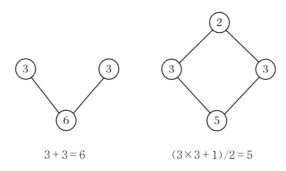

$$3+3=6 \qquad\qquad (3\times3+1)/2=5$$

老师提出疑问:所给规则最后用到除法,那能否保证生成的数阵中每一个数都是整数?如果是杨辉三角,那就简单多了,整数相加总是整数.而若所得不是整数,则这样的定义规则显然是不完美的.

学生给出了巧妙的证明.将数阵旋转 $45°$,得

$$
\begin{array}{llllllll}
0: & 1 & 1 & 1 & 1 & 1 & 1 & \cdots \\
1: & 1 & 2 & 3 & 4 & 5 & 6 & \cdots \\
2: & 1 & 3 & 5 & 7 & 9 & 11 & \cdots \\
3: & 1 & 4 & 7 & 10 & 13 & 16 & \cdots \\
4: & 1 & 5 & 9 & 13 & 17 & 21 & \cdots
\end{array}
$$

这样一来,数阵中的每一个位置对应哪个数就更好表述了.若行数、列数都从 0 开始,则第 m 行第 n 列的数是 $mn+1$,第 m 行为 $1, m+1, 2m+1, \cdots, nm+1$.

$$mn + 1 \qquad m(n + 1) + 1$$

$$(m + 1)n + 1 \qquad \qquad ?$$

$$
\begin{aligned}
? &= [m(n + 1) + 1][(m + 1)n + 1] + 1 \\
&= [(mn + 1) + m][(mn + 1) + n] + 1 \\
&= (mn + 1)(mn + 1) + m(mn + 1) + (mn + 1)n + mn + 1 \\
&= (mn + 1)[(mn + 1) + m + n + 1] \\
&= (mn + 1)[(m + 1)(n + 1) + 1].
\end{aligned}
$$

上式除以 $mn + 1$,所得 $(m + 1)(n + 1) + 1$ 正好是第 $m + 1$ 行第 $n + 1$ 列的数.根据数学归纳法可知所有数都是整数.

作为老师,看到学生有这样的创新,心里自然是高兴的.但同时也会有点担心,要是考试出这样的题目怎么办呢?

我想这种所谓的数字规律题,还是要引起相关主管部门的重视为好.要么取消这种题目,要么将之作为主观题,只要考生写出自己认为的规律,能够自圆其说,都要视情况给分.

曾经有一个数学专业的研究生和我说:"所学的数学知识告诉我,有限项是不能推出下一项的,项数再多也不行,但我现在要考公务员,也不得不做这些题目."

对这个问题可能非数学专业人士认识还不是那么清楚,需要数学界的人士来呼吁.

11 数学中的大胆猜测

网络上流传这样一个通货膨胀的数学解释,1 元 = 1 分.

$$1 \text{ 元} = 100 \text{ 分} = 10 \text{ 分} \times 10 \text{ 分} = 0.1 \text{ 元} \times 0.1 \text{ 元} = 0.01 \text{ 元} = 1 \text{ 分}.$$

上述推导显然存在错误.众所周知,1 元 = 100 分 = 10 分 × 10.

造成错误的原因是忽视了单位的计算.在数学教学当中,计算过程中是不写单位的,只是在计算结束后直接加上单位.教学中对单位运算的忽视,导致一些网友明知上述推导有误,但说不清楚错在哪.

边长为 1 米的正方形面积为 1 平方米,如何通过计算得到呢?

正方形面积等于边长乘以边长,即 1 米 × 1 米 = (1×1)(米 × 米) = 1 平方米.

从这个例子看出,单位也是要参与运算的.

譬如知道 1 米 = 10 分米,就可以推导 1 平方米 = 1 米 × 1 米 = 10 分米 × 10 分米 = (10×10)(分米 × 分米) = 100 平方分米.这样平方米和平方分米之间的换算就比较清楚,无须死记硬背.

量纲是个物理概念,在数学中出现得较少.事实上,我们从小就开始接触了,上述推导就隐藏"量纲分析"的思想.

量纲是代表物理量性质的符号,是物理量广义的度量.任何一个物理量,不论选取什么度量单位都具有相同的量纲.例如尺子的长度,不论用米还是厘米,都代表长度的单位,具有相同的量纲.

数学除了演绎推理外,大胆猜测也很重要.猜测也要讲究技巧和方法,量纲分析就是需要掌握的一个基本方法.

例1 猜测正台柱体体积公式(表 11.1).

表 11.1

长方形面积:$S = ah$	三角形面积:$S = \frac{1}{2}ah$	梯形面积:$S = \frac{1}{2}(a+b)h$
棱柱体积:$V = Sh$	棱锥体积:$V = \frac{1}{3}Sh$	正台柱体体积:?

如猜测正台柱体体积公式为 $V = \frac{1}{2}(S_1 + S_2)h$,当 $S_1 = 0$ 时,为棱锥,$V = \frac{1}{2}S_2 h$,不对.

如猜测正台柱体体积公式为 $V = \frac{1}{3}(S_1 + S_2)h$,当 $S_1 = S_2$ 时,为棱柱,$V = \frac{2}{3}S_2 h$,不对.

考虑棱锥和棱柱两种特殊情形,可猜测系数应该为 $\frac{1}{3}$,高 h 为其中一个因子,正台柱体有两个底面,而且这两个底面级别一样,可猜测正台柱体体积公式为 $V = \frac{1}{3}(S_1 + \sqrt{S_1 S_2} + S_2)h$.之所以加上 $\sqrt{S_1 S_2}$,是考虑到括号里应该有 3 项,且量纲为面积.猜测之后验证,当 $S_1 = 0$ 时,为棱锥,$V = \frac{1}{3}S_2 h$;当 $S_1 = S_2$ 时,为棱柱,$V = Sh$.

例2 猜测海伦公式.

由 SSS 定理可知,三角形三边确定,形状大小确定,面积就确定.我们可以这样猜测.

a, b, c 三边是对称的,所以出现次数很可能是一样的.

当 a, b, c 有一个为 0 时,面积为 0;a, b, c 虽不为 0,但当两边之和等于第三边时,面积为 0.两种情况综合为:当 $a + b = c, b + c = a, c + a = b$ 时,面积为 0.

利用勾股定理求某一边的高,在一般情况下,求出来的结果一般是带有根号的.那么再用三角形面积公式 $S = \frac{1}{2}ah$,求出的面积仍然带有根号.

当 $a = b = c$ 时,面积为 $\frac{\sqrt{3}}{4}a^2$.

如果式子中含有 $a + b - c, a - b + c, -a + b + c$ 三个因子,那么很可能还含有 $a + b + c$ 这一因子.这样四个因子是四次方,开方之后是二次方.

猜测公式为 $S = k\sqrt{(a+b+c)(a+b-c)(a-b+c)(-a+b+c)}$,当 $a = b = c$ 时,面积为 $\frac{\sqrt{3}}{4}a^2$,求得 $k = \frac{1}{4}$.

例3 猜测三角形面积公式.

三角形面积公式有多个,猜测只能猜测出特征明显的、对称性强的很少的一些.譬如根据直角三角形面积公式为 $S = \frac{1}{2}ab$,有理由猜测一般三角形面积公式中可能会出现 $\frac{1}{2}ab$,$\frac{1}{2}bc$,$\frac{1}{2}ca$ 这样的形式,更有可能会出现 $\frac{1}{2}abc$,因为三边是对称的,而当 a, b, c 有一个为 0 时,面积为 0.根据量纲分析,abc 是三次方,需要减少一次.考虑特殊情形,三角形为直角三角形,内接于圆,斜边 $c = 2R$,$S = \frac{1}{2}ab$.猜测三角形面积公式为 $S = \frac{1}{2} \cdot \frac{abc}{2R} = \frac{abc}{4R}$.

例4 猜测余弦定理.

对于直角三角形,存在勾股定理:$c^2 = a^2 + b^2$;

当三角形是锐角三角形时,$c^2 < a^2 + b^2$;

当三角形是钝角三角形,且 c 为最大边时,$c^2 > a^2 + b^2$.

是否可寻找一个 M,使得 $c^2 + M = a^2 + b^2$.

这个 M 应该满足:当 $\angle C$ 为锐角时,$M > 0$;当 $\angle C$ 为直角时,$M = 0$;当 $\angle C$ 为钝角时,$M < 0$.猜测 M 中含有因子 $\cos C$.

而当 B,C 两点重合时,$a = 0$,$c = b$,可猜测 M 中含有因子 a.根据对称性,可猜测 M 中含有因子 b.

那是不是 $M = ab\cos C$ 呢?当三角形为等边三角形时,会出现问题.从而修正为 $M = 2ab\cos C$,从而猜测 $c^2 + 2ab\cos C = a^2 + b^2$.

例5 猜测点 (x_0, y_0) 到直线 $Ax + By + C = 0$ 的距离公式.

直线的存在,要求 A 和 B 不能同时为0,最常见的表达就是 $A^2 + B^2 \neq 0$,或者说 $A^2 + B^2$ 不能出现在分母位置.

当点 (x_0, y_0) 十分靠近直线时,尽管靠近的方式多种多样,但不管哪种方式,距离都趋向于0,距离公式中很有可能含有 $Ax_0 + By_0 + C$ 这一表达式.

距离要求是非负的,距离公式中很有可能有绝对值、开方、平方等.

当 $A = 0$ 时,$y = -\frac{C}{B}$,距离为 $\left| y_0 + \frac{C}{B} \right| = \left| \frac{By_0 + C}{B} \right|$;

当 $B = 0$ 时,$x = -\frac{C}{A}$,距离为 $\left| x_0 + \frac{C}{A} \right| = \left| \frac{Ax_0 + C}{A} \right|$.

结合起来可猜测:点 (x_0, y_0) 到直线 $Ax + By + C = 0$ 的距离为 $\frac{|Ax_0 + By_0 + C|}{\sqrt{A^2 + B^2}}$.

例6 由直线 $Ax + By + C = 0$,$Ax + By + C' = 0$,$ax + by + c = 0$,$ax + by + c' = 0$ 围成一平行四边形,试计算其面积.

当 $C = C'$ 或 $c = c'$ 时,平行四边形面积为0,因此面积表达式中应该有 $|C - C'| \cdot |c - c'|$ 这样的因式.加上绝对值的原因是考虑 C 和 C',c 和 c',不区分大小.考虑如果四条直线都平行,面积趋向无穷,此时 $\frac{B}{A} = \frac{b}{a}$,即 $|Ab - aB|$ 应该出现在表达式的分母上.猜测面积表达式为 $\frac{|C - C'| \cdot |c - c'|}{|Ab - aB|}$.

实际计算是 $Ax + By + C = 0$ 和 $Ax + By + C' = 0$ 的距离为 $\dfrac{|C - C'|}{\sqrt{A^2 + B^2}}$. $Ax + By + C = 0$ 被 $ax + by + c = 0$ 和 $ax + by + c' = 0$ 两直线截得的距离是 $\dfrac{\sqrt{A^2 + B^2}\,|c - c'|}{|Ab - aB|}$. 所以平行四边形面积为

$$\frac{|C - C'|}{\sqrt{A^2 + B^2}} \cdot \frac{\sqrt{A^2 + B^2}\,|c - c'|}{|Ab - aB|} = \frac{|C - C'| \cdot |c - c'|}{|Ab - aB|}.$$

例7 猜测 $\triangle ABC$ 的角平分线长.

猜测 1:由 SAS 定理可知,已知 b, A, c 足以确定三角形,那么角平分线 AD 的长度也随之确定.

考虑等腰三角形,$AD = b\cos\dfrac{A}{2}$. 公式中出现 b,根据 b, c 对称性,也会出现 c,而 $bc\cos\dfrac{A}{2}$ 是二次式,需要降低一次,要除以一个关于 b, c 的表达式,猜测表达式为 $\dfrac{b + c}{2}$. 至此猜测出 $AD = \dfrac{2bc}{b + c}\cos\dfrac{A}{2}$.

换个角度思考,当 b 或 c 为 0 时,$AD = 0$,这说明 AD 的表达式中含有 bc 这样的因子. 当 A 接近于 180° 时,AD 接近于 0,考虑到这是角平分线问题,容易猜测 AD 的表达式中含有 $\cos\dfrac{A}{2}bc$ 这样的因子. 接下去就是降次.

猜测 2:由 SSS 定理可知,已知 a, b, c 足以确定三角形,那么角平分线 AD 的长度也随之确定.

当 b 或 c 为 0 时,$AD = 0$,这说明 AD 的表达式中含有 bc 这样的因子. 当 A 接近于 180° 时,AD 接近于 0,此时 $b + c - a$ 趋向于 0. AD 的表达式中含有 $bc(b + c - a)$ 这样的因子. 这是三次,线段只是一次,所以需要降次,或者说是先升后降. 考虑到对称性,可猜测增加 $b + c + a$ 这一因式. 当 a 接近于 0 时,$AD = b = c$. 由于表达式的次数已经是四次,开方之后还可通过除法来降次. 最后可猜得 $AD = \dfrac{1}{b + c}\sqrt{bc(b + c + a)(b + c - a)}$.

实际求解角平分线长可用 $S_{\triangle ABC} = S_{\triangle ABD} + S_{\triangle BCD}$ 来列出方程,其中 $S_{\triangle ABC} = \dfrac{1}{2}bc\sin A$,结合倍角公式和余弦定理来求解.

例8 如图 11.1 所示,设 $\triangle ABC$ 三边分别为 a, b, c,P 为三角形内一点,过 P 作三边的平行线,交各边于 D, E, F, G, H, I. 如果 $DE = FG = HI$,求 DE.

假设 $\triangle ABC$ 是等边三角形,则点 P 是重心,$DE = \dfrac{2}{3}a$. 根据对称性和量纲原则,猜想结

果为 $DE = \dfrac{2}{3} \cdot \dfrac{a+b+c}{3}$ 或 $DE = \dfrac{2abc}{a^2+b^2+c^2}$，$DE = \dfrac{2abc}{ab+bc+ca}$，当然分子 abc 也可用 $\dfrac{ab^2+bc^2+ca^2}{3}$ 来代替,但这种形式较复杂,此题为线段比例问题,出现这种答案的可能性较小.

排除 $DE = \dfrac{2}{3} \cdot \dfrac{a+b+c}{3}$,原因是假设 AB 非常短时,DE 应该很小才对,而不是 $DE = \dfrac{2}{3} \cdot \dfrac{a+b}{3}$.

至于 $DE = \dfrac{2abc}{a^2+b^2+c^2}$ 和 $DE = \dfrac{2abc}{ab+bc+ca}$,我倾向于后者.构造一个 $a = 1$,$b = c = 100$ 的三角形,若用公式 $DE = \dfrac{2abc}{a^2+b^2+c^2} \approx 1 \approx a$,而用公式 $DE = \dfrac{2abc}{ab+bc+ca} \approx 2 > a$.似乎 $DE < a$ 更合理,其实不然,因为此时点 P 必须在三角形外部才能满足条件(图 11.2).

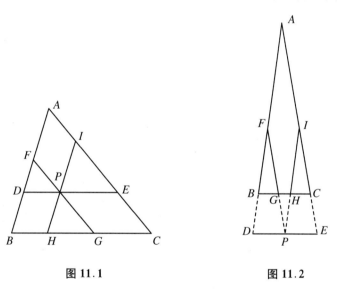

图 11.1　　　　　　　　图 11.2

上述分析看似不短,实则瞬间完成.可加深理解:并不是任意三角形内部都存在点 P,使得 $DE = FG = HI$.可以考虑将条件改为:点 P 是 $\triangle ABC$ 所在平面上一点.

也许有人会质疑,你怎么猜得这么准? 肯定是先知道答案,然后返回来找理由.而以我个人所见,即使是知道了答案,再按照上述分析把这个公式想一遍,对公式的认识也会加深,记忆起来也更加容易,不至于死记硬背.

以上案例的猜测,我们使用了量纲分析、合情推理、特殊化处理等多种手段,这使得我们猜测的可信度还是比较高的.如果能将更多的手段融合进来,猜测的准确性会提高,猜测需要花费的时间也会减少.对于考场上的选择题,本项研究就显得更加有用.

我们很难想象当年费马怎么会想起研究 $2^{2^n}+1$ 这样的数,也很难想象事隔 100 多年之后,高斯会将形如 $2^{2^n}+1$ 这样的数与几何作图联系起来,并彻底解决了尺规作多边形问题.数学需要联想,需要猜测.数学猜测是根据已知数学条件的数学原理对未知的量及其关系的似真推断,它既有逻辑的成分,又有非逻辑的成分,因此它具有一定的科学性和很大程度的假定性.这样的假定性命题是否正确,尚需通过验证和论证.虽然数学猜想的结论不一定正确,但它作为一种创造性的思维活动,是科学发现的一种重要方法.牛顿就说过:没有伟大的猜测,就不会有伟大的发现.

在实际解题中,也可以大胆利用猜测.

例9 已知 a,b,c 为不相等的有理数,求证:$\dfrac{1}{(a-b)^2}+\dfrac{1}{(b-c)^2}+\dfrac{1}{(c-a)^2}$ 可写成某有理数的平方.

分析 当 $a\to\infty$ 时,

$$\frac{1}{(a-b)^2}+\frac{1}{(b-c)^2}+\frac{1}{(c-a)^2}\to\left(\frac{1}{b-c}\right)^2.$$

根据对称性,猜测

$$\frac{1}{(a-b)^2}+\frac{1}{(b-c)^2}+\frac{1}{(c-a)^2}=\left(\frac{1}{a-b}+\frac{1}{b-c}+\frac{1}{c-a}\right)^2.$$

证明 因为

$$\frac{1}{a-b}\cdot\frac{1}{b-c}+\frac{1}{b-c}\cdot\frac{1}{c-a}+\frac{1}{c-a}\cdot\frac{1}{a-b}=\frac{c-a+a-b+b-c}{(a-b)(b-c)(c-a)}=0,$$

所以 $\dfrac{1}{(a-b)^2}+\dfrac{1}{(b-c)^2}+\dfrac{1}{(c-a)^2}=\left(\dfrac{1}{a-b}+\dfrac{1}{b-c}+\dfrac{1}{c-a}\right)^2$ 成立.

例10 已知 $a+c=2b$,求证:$a^2(b+c)+b^2(c+a)+c^2(a+b)=\dfrac{2}{9}(a+b+c)^3$.

证明 因为 $2b=a+c$,所以 $3b=a+b+c$,于是

$$
\begin{aligned}
左边 &= a^2b+a^2c+b^2\cdot2b+c^2a+c^2b\\
&= ac(a+c)+b(a^2+c^2)+2b^3\\
&= ac\cdot2b+b(a^2+c^2)+2b^3\\
&= b(a^2+c^2+2ac)+2b^3\\
&= b(a+c)^2+2b^3\\
&= b\cdot4b^2+2b^3\\
&= 6b^3,
\end{aligned}
$$

$$右边=\frac{2}{9}(3b)^3=6b^3.$$

说明 $a^2(b+c)+b^2(c+a)+c^2(a+b)-\dfrac{2}{9}(a+b+c)^3$ 是三次对称式,根据题意

应该含有项 $a-2b+c$，因此也可猜出另外两项，同时根据三次的系数，不难猜出下面的恒等式：

$$a^2(b+c)+b^2(c+a)+c^2(a+b)-\frac{2}{9}(a+b+c)^3$$

$$=\frac{1}{9}(a+b-2c)(-2a+b+c)(a-2b+c).$$

例 11 已知正数 a,b,c，求证：$\dfrac{a^2}{b^2+c^2}+\dfrac{b^2}{c^2+a^2}+\dfrac{c^2}{a^2+b^2}\geqslant\dfrac{a}{b+c}+\dfrac{b}{c+a}+\dfrac{c}{a+b}$.

分析 我们希望将 $S=\dfrac{a^2}{b^2+c^2}+\dfrac{b^2}{c^2+a^2}+\dfrac{c^2}{a^2+b^2}-\dfrac{a}{b+c}-\dfrac{b}{c+a}-\dfrac{c}{a+b}$ 改写成 $f(a,b,c)+f(b,c,a)+f(c,a,b)$ 的形式.下面猜测 $f(a,b,c)$ 的大概形式.

设 $c=0$，则

$$S=\frac{a^2}{b^2+c^2}+\frac{b^2}{c^2+a^2}+\frac{c^2}{a^2+b^2}-\frac{a}{b+c}-\frac{b}{c+a}-\frac{c}{a+b}$$

$$=\frac{(a-b)^2(a^2+ab+b^2)}{a^2b^2}.$$

我们以此为模板，进行加工.

根据 S 的分母分析，$f(a,b,c)$ 的分母应该由 a^2b^2 改为 $(a+c)(b+c)(a^2+c^2)\cdot(b^2+c^2)$，根据次数关系，分子应该对应加上 ab.所以可猜测

$$f(a,b,c)=\frac{ab(a-b)^2(a^2+ab+b^2)}{(a+c)(b+c)(a^2+c^2)(b^2+c^2)}.$$

可代入一些具体数值或使用计算机检验，发现错误.

尝试猜测 $f(a,b,c)=\dfrac{ab(a-b)^2(a^2+b^2+c^2+ab+bc+ca)}{(a+c)(b+c)(a^2+c^2)(b^2+c^2)}$，验证成功.

证明

$$\frac{a^2}{b^2+c^2}+\frac{b^2}{c^2+a^2}+\frac{c^2}{a^2+b^2}-\frac{a}{b+c}-\frac{b}{c+a}-\frac{c}{a+b}$$

$$=\sum\frac{ab(a-b)^2(a^2+b^2+c^2+ab+bc+ca)}{(a+c)(b+c)(a^2+c^2)(b^2+c^2)}.$$

例 12 已知实数 x,y 满足 $xy\geqslant1$，求证：$\dfrac{1}{1+x^2}+\dfrac{1}{1+y^2}\geqslant\dfrac{2}{1+xy}$.

分析 先猜测 $\dfrac{1}{1+x^2}+\dfrac{1}{1+y^2}-\dfrac{2}{1+xy}$ 何时为 0.显然 $x=y$ 时符合.另外，由题目条件可

猜测 $xy=1$ 时符合，可验算 $\dfrac{1}{1+x^2}+\dfrac{1}{1+\frac{1}{x^2}}-\dfrac{2}{1+1}=0$.于是猜测

$$\frac{1}{1+x^2} + \frac{1}{1+y^2} - \frac{2}{1+xy} = \frac{(x-y)^2(xy-1)}{(1+x^2)(1+y^2)(1+xy)}.$$

这里 $x-y$ 项加上平方,使得 x 和 y 更对称.

证明 只需证

$$\left(\frac{1}{1+x^2} - \frac{1}{1+xy}\right) + \left(\frac{1}{1+y^2} - \frac{1}{1+xy}\right) \geqslant 0,$$

即证

$$\frac{xy-x^2}{(1+x^2)(1+xy)} + \frac{xy-y^2}{(1+y^2)(1+xy)} \geqslant 0,$$

也即证

$$\frac{x(y-x)}{(1+x^2)(1+xy)} + \frac{y(x-y)}{(1+y^2)(1+xy)} \geqslant 0,$$

显然有

$$\frac{(x-y)^2(xy-1)}{(1+x^2)(1+y^2)(1+xy)} \geqslant 0.$$

例 13 设非负实数 a,b,c 满足 $a+b+c=1$,求 $(a+3b+5c)\left(a+\dfrac{b}{3}+\dfrac{c}{5}\right)$ 的最大值和最小值.(2017 年全国高中数学联赛试题)

分析 首先尝试猜出最值.

$$f(a,b,c) = (a+3b+5c)\left(a+\frac{b}{3}+\frac{c}{5}\right),$$

$$f(1,0,0) = f(0,1,0) = f(0,0,1) = 1, \quad f\left(\frac{1}{3},\frac{1}{3},\frac{1}{3}\right) = \frac{23}{15},$$

$$f\left(\frac{1}{2},\frac{1}{2},0\right) = \frac{4}{3}, \quad f\left(\frac{1}{2},0,\frac{1}{2}\right) = \frac{9}{5}, \quad f\left(0,\frac{1}{2},\frac{1}{2}\right) = \frac{16}{15}.$$

经过一些试算,我们猜测 $f(1,0,0) = f(0,1,0) = f(0,0,1) = 1$ 是最小值,$f\left(\dfrac{1}{2},0,\dfrac{1}{2}\right) = \dfrac{9}{5}$ 是最大值.接下来就是一顿猛算!当然猛算之前还是要齐次化.

解

$$\frac{9}{5}(a+b+c)^2 - (a+3b+5c)\left(a+\frac{b}{3}+\frac{c}{5}\right)$$

$$= \frac{4}{15}(3a^2 + ab + 3b^2 - 6ac + 5bc + 3c^2)$$

$$= \frac{4}{15}\left[3(a-c)^2 + ab + 3b^2 + 5bc\right] \geqslant 0,$$

$$(a+3b+5c)\left(a+\frac{b}{3}+\frac{c}{5}\right) - (a+b+c)^2 = \frac{4}{15}(5ab + 12ac + bc) \geqslant 0,$$

所以 $(a+3b+5c)\left(a+\dfrac{b}{3}+\dfrac{c}{5}\right)$ 的最小值是 1,取等条件是 $a=1,b=c=0$ 及其轮换;最大值是 $\dfrac{9}{5}$,取等条件是 $a=c=\dfrac{1}{2},b=0$.

说明 如果猜不出最值怎么办?多数情况下是能猜出来的.如果遇到非常特殊的取等条件,猜不出来,说明题目难度很大,用一般方法很难成功.一般思路是将条件代入消元,再想办法二元变一元.

从初数的技巧到
高数的傻瓜化

网友问:很多中学数学资料都注重总结各种解题技巧,而在高等数学里谈得少,为何?

这是因为中学数学掌握的工具少,只能用巧方法解决一些特殊问题.而当题目不是那么特殊时,技巧就很难用上,需要使用通式通法,按部就班进行操作.典型例子有解多元线性方程组.

例1 已知 $\begin{cases} a + 7b + 3c + 5d = 0 \\ 8a + 4b + 6c + 2d = -16 \\ 2a + 6b + 4c + 8d = 16 \\ 5a + 3b + 7c + d = -16 \end{cases}$,求 $a + d$.

分析 如果在初等数学资料里遇到这样的题目,没必要马上就用高斯消元法这样的"核武器".因为初等数学里的这类问题常常有巧解,动手前先观察.

解 第一、四式相加得 $6(a + d) + 10(b + c) = -16$,第二、三式相加得 $a + b + c + d = 0$,于是

$$6(a + d) + 10(b + c) = 6(a + d) - 10(a + d) = -16,$$

解得 $a + d = 4$.

而按照高斯消元法解得 $\begin{cases} a = -1 \\ b = -3 \\ c = -1 \\ d = 5 \end{cases}$,就显得烦琐、暴力.需要注意的是,并不是每次都那么

走运,能观察出解题的窍门所在.

例2 已知 $\begin{cases} x = by + cz + du \\ y = ax + cz + du \\ z = ax + by + du \\ u = ax + by + cz \end{cases}$,求 $\dfrac{a}{1+a} + \dfrac{b}{1+b} + \dfrac{c}{1+c} + \dfrac{d}{1+d}$.

分析 因为是在《线性代数》一书里看到此题,按习惯性思维,可采用高斯消元法.

解法 1 由高斯消元法得 $a = \dfrac{\begin{vmatrix} x & y & z & u \\ y & 0 & z & u \\ z & y & 0 & u \\ u & y & z & 0 \end{vmatrix}}{\begin{vmatrix} 0 & y & z & u \\ x & 0 & z & u \\ x & y & 0 & u \\ x & y & z & 0 \end{vmatrix}} = \dfrac{-2x + y + z + u}{3x}$，则

$$\frac{a}{1+a} = \frac{-2x + y + z + u}{x + y + z + u}.$$

同理

$$\frac{b}{1+b} = \frac{x - 2y + z + u}{x + y + z + u}, \qquad \frac{c}{1+c} = \frac{x + y - 2z + u}{x + y + z + u}, \qquad \frac{d}{1+d} = \frac{x + y + z - 2u}{x + y + z + u},$$

所以 $\dfrac{a}{1+a} + \dfrac{b}{1+b} + \dfrac{c}{1+c} + \dfrac{d}{1+d} = 1$.

当解出 $a = \dfrac{-2x + y + z + u}{3x}$ 时，容易发现解复杂了，因为 $3ax$ 露出了"马脚".

解法 2 将后三式相加得 $3ax = y + z + u - 2by - 2cz - 2du$，与第一式比较得 $3ax = y + z + u - 2x$，即 $a = \dfrac{-2x + y + z + u}{3x}$，于是

$$\frac{a}{1+a} = \frac{-2x + y + z + u}{x + y + z + u}.$$

同理

$$\frac{b}{1+b} = \frac{x - 2y + z + u}{x + y + z + u}, \qquad \frac{c}{1+c} = \frac{x + y - 2z + u}{x + y + z + u}, \qquad \frac{d}{1+d} = \frac{x + y + z - 2u}{x + y + z + u},$$

所以 $\dfrac{a}{1+a} + \dfrac{b}{1+b} + \dfrac{c}{1+c} + \dfrac{d}{1+d} = 1$.

此题系数规律性较强，但并不意味着解题者能轻松抓住这个规律，破解其中的窍门. 除了需要长期解题的技能培养外，有时也需要一点灵感、一点运气.

从上面两个例子可以看出，初数解题确实需要技巧. 而在强大的高等数学工具面前，这些小技巧的作用就不是那么突出了. 当然，这并不意味着初等数学的技巧就无用了. 对于一些特殊系数的方程组，观察法确实比高斯消元法更快一些.

由于高等数学方法希望能解决一般性的问题，需要涵盖某一类问题的所有情形，因此考虑得多，解法难免带有机械化、烦琐化的印记. 这种特点更适用于编写成算法，让计算机代替人工.

下面介绍一种排列组合的"正行列式"方法，这种方法在解题时好像也很"繁"、很"笨".

"正行列式"方法是邵品琮教授在 20 世纪 50 年代解决关于夫妻围桌入座问题时所创建的，是一种比较有用的新方法[①].

邵品琮教授是华罗庚教授的学生，曾和陈景润合著《哥德巴赫猜想》，也曾参与翻译吉米多维奇的《数学分析习题集题解》.

正行列式方法是利用行列式运算的观点和手法，处理排列组合里的一些问题.

将 n 个字母 $a_1, a_2, \cdots, a_n$ 全排列，共有 $n!$ 种可能，每一种可能都可写作 $a_{j1} a_{j2} \cdots a_{jn}$，

其中 $j1, j2, \cdots, jn$ 是 $1,2,3,\cdots,n$ 的一种排列. 将行列式 $\begin{vmatrix} a_1 & a_2 & \cdots & a_n \\ a_1 & a_2 & \cdots & a_n \\ \vdots & \vdots & & \vdots \\ a_1 & a_2 & \cdots & a_n \end{vmatrix}$ 展开，各项都取

正，即不考虑所谓的逆序，其中 $a_{ij} = 1$ 或 0，此称为正行列式. 为了区别于一般的行列式，可以在行列式的右上角加上正号，以示区别.

正行列式有很多性质，有些与行列式的性质一样，譬如正行列式的计算满足拉普拉斯展开法则.

$$
\begin{vmatrix} a_{11} & a_{12} & \cdots & a_{1n} \\ a_{21} & a_{22} & \cdots & a_{2n} \\ \vdots & \vdots & & \vdots \\ a_{n1} & a_{n2} & \cdots & a_{nn} \end{vmatrix}^+ = a_{11} \begin{vmatrix} a_{22} & \cdots & a_{2n} \\ \vdots & & \vdots \\ a_{n2} & \cdots & a_{nn} \end{vmatrix}^+ + a_{12} \begin{vmatrix} a_{21} & \cdots & a_{2n} \\ \vdots & & \vdots \\ a_{n1} & \cdots & a_{nn} \end{vmatrix}^+
$$

$$
+ \cdots + a_{1n} \begin{vmatrix} a_{21} & \cdots & a_{2n-1} \\ \vdots & & \vdots \\ a_{n1} & \cdots & a_{nn-1} \end{vmatrix}^+,
$$

即

$$
P_n = \begin{vmatrix} 1 & 1 & \cdots & 1 \\ 1 & 1 & \cdots & 1 \\ \vdots & \vdots & & \vdots \\ 1 & 1 & \cdots & 1 \end{vmatrix}^+
$$

$$
= 1 \times \begin{vmatrix} 1 & \cdots & 1 \\ \vdots & & \vdots \\ 1 & \cdots & 1 \end{vmatrix}^+ + 1 \times \begin{vmatrix} 1 & \cdots & 1 \\ \vdots & & \vdots \\ 1 & \cdots & 1 \end{vmatrix}^+ + \cdots + 1 \times \begin{vmatrix} 1 & \cdots & 1 \\ \vdots & & \vdots \\ 1 & \cdots & 1 \end{vmatrix}^+
$$

$$
= n P_{n-1} = n!.
$$

正行列式有些性质与行列式的性质相反，如交换两行或两列，正行列式的值不变.

---

① 邵品琮.关于夫妻围桌入座公式的讨论[J].数学通讯,1956(9):10-12.

下面介绍几点应用.

例3 5个人排成一排,其中 A 不排头,也不排尾,问共有多少种排法?

解法1 $3 \times 4! = 72$.意思是 A 有 3 种排法,其余人有 4! 种排法.

解法2 根据题意列表

	1	2	3	4	5
A	0	1	1	1	0
B	1	1	1	1	1
C	1	1	1	1	1
E	1	1	1	1	1
F	1	1	1	1	1

(A 不排头,也不排尾,用 0 表示,其余可行位置用 1 表示),列出正行列式

$$\begin{vmatrix} 0 & 1 & 1 & 1 & 0 \\ 1 & 1 & 1 & 1 & 1 \\ 1 & 1 & 1 & 1 & 1 \\ 1 & 1 & 1 & 1 & 1 \\ 1 & 1 & 1 & 1 & 1 \end{vmatrix}^+$$

.根据拉普拉斯定理展开第一行,在 5 个一级子式中,有 3 个非 0,其余子式都是 4 级全为 1 的行列式,所以总共有 $3 \times 4! = 72$ 种排法.

例4 8个人排成 2 排,每排 4 人,其中 A 和 B 要排前排,C 要排后排,问共有多少种排法?

解法1 $4 \times 3 \times 4 \times 5! = 5760$.意思是 A 有 4 种排法,B 有 3 种排法,C 有 4 种排法,其余人有 5! 种排法.

解法2 根据题意列出正行列式

$$\begin{vmatrix} 1 & 1 & 1 & 1 & 0 & 0 & 0 & 0 \\ 1 & 1 & 1 & 1 & 0 & 0 & 0 & 0 \\ 0 & 0 & 0 & 0 & 1 & 1 & 1 & 1 \\ 1 & 1 & 1 & 1 & 1 & 1 & 1 & 1 \\ 1 & 1 & 1 & 1 & 1 & 1 & 1 & 1 \\ 1 & 1 & 1 & 1 & 1 & 1 & 1 & 1 \\ 1 & 1 & 1 & 1 & 1 & 1 & 1 & 1 \\ 1 & 1 & 1 & 1 & 1 & 1 & 1 & 1 \end{vmatrix}^+$$

(仿照上一题,设左四位为前排,右四位为后排,A 和 B 只能排左四位,C 只能排右四位,其余可行位置用 1 表示).根据拉普拉斯定理展开前 3 行,在 $C_8^3 = 56$ 个 3 级子式中,有 $C_4^3 = 4$ 个有 1 行为 0,有 $C_4^3 = 4$ 个有 2 行为 0,有 $C_4^1 C_4^2 = 24$ 个有 0 项 $\begin{vmatrix} 1 & 0 & 0 \\ 1 & 0 & 0 \\ 0 & 1 & 1 \end{vmatrix}$,有 $C_4^1 C_4^2 = 24$ 个有非 0 项 $\begin{vmatrix} 1 & 1 & 0 \\ 1 & 1 & 0 \\ 0 & 0 & 1 \end{vmatrix}^+ = 2$,其

余子式都是 5 级全为 1 的行列式,所以总共有 $24 \times 2 \times 5! = 5760$ 种排法.

以上两例并不能说明正行列式的优越性,对比而言,还显得很笨拙.但细细思考,你会发现,正行列式解法的思考量是很少的,根据题意列式,可行填为 1,不可行填为 0,剩下的计算若交给计算机完成,堪称完美.

错排问题是排列组合中的经典问题,有许多版本,如写信时将 n 封信装到 n 个不同的信封里,有多少种全部装错信封的情况? 又比如 n 人各写一张贺年卡互相赠送,自己写的贺年卡不能送给自己,有多少种赠送方法? 18 世纪的法国数学家尼古拉·伯努利是最早考虑这个问题的人.之后欧拉也开始对这个问题感兴趣,称之为"组合数学中的一个奇妙问题",并独立解决了这个问题.

当 n 较小时,可使用枚举法.

当 $n = 1$ 时,全排列只有一种,不是错排,$D_1 = 0$.

当 $n = 2$ 时,全排列有两种,即 1,2 和 2,1,后者是错排,$D_2 = 1$.

当 $n = 3$ 时,全排列有六种,即 123,132,213,231,312,321,其中只有 312 和 231 是错排,$D_3 = 2$.

当 $n = 4$ 时,在 $4! = 24$ 个排列之中,只有 9 个是错排:2143,2341,2413,3142,3412,3421,4123,4312,4321,$D_4 = 9$.

$n = 4$ 的情形曾作为 1993 年高考题:同室四人各写一张贺年卡,先集中起来,然后每人从中拿一张别人送出的贺年卡,则四张贺年卡不同的分配方式有多少种?

除了枚举法外,也可这样思考:设四人分别为 A,B,C,D,写的卡片分别为 a,b,c,d. A 有三种拿法,不妨设 A 拿了 b,则 B 可以拿剩下三张中的任一张,也有三种拿法,C 和 D 只能有一种拿法,所以共有 $3 \times 3 \times 1 \times 1 = 9$ 种分配方式.

不管是枚举法,还是根据计数原理分步思考,当 n 较大时,错排问题都不是很好处理,需要较强技巧,一不小心,很容易搞错.而若采用正行列式方法,则根本无须思考.以 $n = 5$ 为例,直接列式即可.

$$
\begin{vmatrix} 0 & 1 & 1 & 1 & 1 \\ 1 & 0 & 1 & 1 & 1 \\ 1 & 1 & 0 & 1 & 1 \\ 1 & 1 & 1 & 0 & 1 \\ 1 & 1 & 1 & 1 & 0 \end{vmatrix}^{+} = \begin{vmatrix} 1 & 1 & 1 & 1 \\ 1 & 0 & 1 & 1 \\ 1 & 1 & 0 & 1 \\ 1 & 1 & 1 & 0 \end{vmatrix}^{+} + \begin{vmatrix} 1 & 0 & 1 & 1 \\ 1 & 1 & 1 & 1 \\ 1 & 1 & 0 & 1 \\ 1 & 1 & 1 & 0 \end{vmatrix}^{+} + \begin{vmatrix} 1 & 0 & 1 & 1 \\ 1 & 1 & 0 & 1 \\ 1 & 1 & 1 & 1 \\ 1 & 1 & 1 & 0 \end{vmatrix}^{+} + \begin{vmatrix} 1 & 0 & 1 & 1 \\ 1 & 1 & 0 & 1 \\ 1 & 1 & 1 & 0 \\ 1 & 1 & 1 & 1 \end{vmatrix}^{+}
$$

$$
= \begin{vmatrix} 0 & 1 & 1 \\ 1 & 0 & 1 \\ 1 & 1 & 0 \end{vmatrix}^{+} + \begin{vmatrix} 1 & 1 & 1 \\ 1 & 0 & 1 \\ 1 & 1 & 0 \end{vmatrix}^{+} + \begin{vmatrix} 1 & 0 & 1 \\ 1 & 1 & 1 \\ 1 & 1 & 0 \end{vmatrix}^{+} + \begin{vmatrix} 1 & 0 & 1 \\ 1 & 1 & 0 \\ 1 & 1 & 1 \end{vmatrix}^{+}
$$

$$+\left(\begin{vmatrix}1&1&1\\1&0&1\\1&1&0\end{vmatrix}^{+}+0+\begin{vmatrix}1&1&1\\1&1&1\\1&1&0\end{vmatrix}^{+}+\begin{vmatrix}1&1&1\\1&1&0\\1&1&1\end{vmatrix}^{+}\right)$$

$$+\left(\begin{vmatrix}1&0&1\\1&1&1\\1&1&0\end{vmatrix}^{+}+0+\begin{vmatrix}1&1&1\\1&1&1\\1&1&0\end{vmatrix}^{+}+\begin{vmatrix}1&1&0\\1&1&1\\1&1&1\end{vmatrix}^{+}\right)$$

$$+\left(\begin{vmatrix}1&0&1\\1&1&0\\1&1&1\end{vmatrix}^{+}+0+\begin{vmatrix}1&1&1\\1&1&0\\1&1&1\end{vmatrix}^{+}+\begin{vmatrix}1&1&0\\1&1&1\\1&1&1\end{vmatrix}^{+}\right)$$

$$= (2 + 3 + 3 + 3) + (3 + 0 + 4 + 4) + (3 + 0 + 4 + 4) + (3 + 0 + 4 + 4) = 44.$$

第一行利用拉普拉斯展开,将五阶降为四阶,再降为三阶,三阶正行列式就很容易计算了.如果将这些计算交给计算机处理,正行列式方法的优越性就更加明显了.

学习线性代数,需要手工计算行列式、逆矩阵,即使若干年后,都还有印象,因为计算量大,一写就是好几页.也有不少人疑惑为什么要这么做,这样解线性方程组并不比初等方法快.这是因为他不明白,这些练习只是让他了解算法思路,用一些三阶、四阶的行列式、矩阵练手而已,真正到了实用阶段,变量太多,根本不是手工计算能完成的.而且就算借助计算机,遇到特大数据,也需要不断完善算法.因此学习高等数学,也需要考虑与计算机相结合,这样才能让所学知识发挥更大的作用.

数学问题分为练习型和研究型两类.数学家哈尔莫斯认为,问题是数学的心脏.所指问题主要是研究型问题,研究型问题具有较强的学术性,问题难度大,其中含有一些连数学家都还未知的信息.而练习型问题主要针对教学,结论是数学界或数学老师已知的,作为问题出现仅仅是在教学环境中,针对学习者而言的.

中学数学教学以练习型问题为主,其目的是帮助学习者掌握基本的思想、方法、技巧,题目数据常常十分巧合,所得结果大多凑巧为整数,也正如俗语所说"无巧不成题".而进入大学之后,情况发生变化,方程的解常常算不尽,于是就有了研究精度的必要.相当多的线性方程组、线性约束问题也很难再靠中学数学里的小技巧来解决,需要傻瓜化的普适算法,借助计算机来完成.

一言蔽之,从初数到高数,是一个逐步去技巧化,走向算法化、机械化的过程.

例1 已知 $x = by + cz$，$y = cz + ax$，$z = ax + by$，且 $x + y + z \neq 0$，证明：$\dfrac{a}{1+a} + \dfrac{b}{1+b}$

$+ \dfrac{c}{1+c} = 1$.

分析 由于所证明的式子不含 x, y, z，因而可以将已知条件中的 3 个等式中的 x, y, z 看作常数，解出 a, b, c，再代入等式左边证明.

证法 1 由 $\begin{cases} x = by + cz \\ y = cz + ax \\ z = ax + by \end{cases}$，得 $\begin{cases} a = \dfrac{y+z-x}{2x} \\ b = \dfrac{x+z-y}{2y} \\ c = \dfrac{x+y-z}{2z} \end{cases}$，于是 $\begin{cases} \dfrac{a}{1+a} = \dfrac{y+z-x}{x+y+z} \\ \dfrac{b}{1+b} = \dfrac{x+z-y}{x+y+z} \\ \dfrac{c}{1+c} = \dfrac{x+y-z}{x+y+z} \end{cases}$，所以 $\dfrac{a}{1+a} + \dfrac{b}{1+b}$

$+ \dfrac{c}{1+c} = 1$.

证法 2 基于 $\begin{cases} x = by + cz \\ y = cz + ax \\ z = ax + by \end{cases}$，消去 x, y, z 得

$$\begin{vmatrix} -1 & b & c \\ a & -1 & c \\ a & b & -1 \end{vmatrix} = -1 + ab + bc + ca + 2abc,$$

$$\frac{a}{1+a} + \frac{b}{1+b} + \frac{c}{1+c} = \frac{a+b+c+2ab+2bc+2ca+3abc}{(1+a)(1+b)(1+c)},$$

$$a + b + c + 2ab + 2bc + 2ca + 3abc - (-1 + ab + bc + ca + 2abc)$$

$$= (1+a)(1+b)(1+c).$$

例2 解方程组
$$\begin{cases} \dfrac{x}{a+A} + \dfrac{y}{a+B} + \dfrac{z}{a+C} = 1 \\[2mm] \dfrac{x}{b+A} + \dfrac{y}{b+B} + \dfrac{z}{b+C} = 1. \\[2mm] \dfrac{x}{c+A} + \dfrac{y}{c+B} + \dfrac{z}{c+C} = 1 \end{cases}$$

分析 这是一个典型的三元一次方程组.用对付二元一次方程组的消元法当然也是可行的.可以动手试试看.而学习了行列式之后,可用克拉默法则求解.

解

$$x = \dfrac{\begin{vmatrix} 1 & \dfrac{1}{a+B} & \dfrac{1}{a+C} \\[3mm] 1 & \dfrac{1}{b+B} & \dfrac{1}{b+C} \\[3mm] 1 & \dfrac{1}{c+B} & \dfrac{1}{c+C} \end{vmatrix}}{\begin{vmatrix} \dfrac{1}{a+A} & \dfrac{1}{a+B} & \dfrac{1}{a+C} \\[3mm] \dfrac{1}{b+A} & \dfrac{1}{b+B} & \dfrac{1}{b+C} \\[3mm] \dfrac{1}{c+A} & \dfrac{1}{c+B} & \dfrac{1}{c+C} \end{vmatrix}}$$

$$= \dfrac{\dfrac{(a-b)(a-c)(b-c)(B-C)}{(a+B)(b+B)(c+B)(a+C)(b+C)(c+C)}}{\dfrac{(a-b)(a-c)(b-c)(A-B)(A-C)(B-C)}{(a+A)(a+B)(a+C)(A+b)(A+c)(b+B)(b+C)(B+c)(c+C)}}$$

$$= \dfrac{(A+a)(A+b)(A+c)}{(A-B)(A-C)}.$$

对于这种对称性强的式子,一定要抓住特点.譬如计算 $\begin{vmatrix} 1 & \dfrac{1}{a+B} & \dfrac{1}{a+C} \\[3mm] 1 & \dfrac{1}{b+B} & \dfrac{1}{b+C} \\[3mm] 1 & \dfrac{1}{c+B} & \dfrac{1}{c+C} \end{vmatrix}$,就要发现

若 $a=b$,则该行列式为 0,该行列式含有因式 $a-b$.猜测该行列式的分子是 $(a-b)(a-c)$ $\cdot(b-c)(B-C)$,分母是 $(a+B)(b+B)(c+B)(a+C)(b+C)(c+C)$.因为在该行列式中有 $\dfrac{1}{a+B}$,隐含 $a+B\neq0$,预示着在所算结果中 $a+B$ 要作为分母出现,以使等式计算前后保持等价.

将消元法和克拉默法则进行对比,就会发现克拉默法则更注重整体性,更容易利用数据

的巧合.

$$\begin{cases} \dfrac{x}{a+A} + \dfrac{y}{a+B} + \dfrac{z}{a+C} = 1 \\ \dfrac{x}{b+A} + \dfrac{y}{b+B} + \dfrac{z}{b+C} = 1 \\ \dfrac{x}{c+A} + \dfrac{y}{c+B} + \dfrac{z}{c+C} = 1 \end{cases}$$ 是三个方程合并成的方程组,能不能统一成一个方程? 写好

第一个方程之后,再写第二个、第三个,只要把 a 改成 b 或 c. 这说明虽然我们通常把 x, y, z 看作变量,但此处若还坚持此种观点,那么还是三个方程. 但若把 a, b, c 看作变量,则三个方程可看成一个,即 a, b, c 是方程 $\dfrac{x}{k+A} + \dfrac{y}{k+B} + \dfrac{z}{k+C} = 1$ 的三个解,设 $k + A = X, k + B = X + B - A, k + C = X + C - A$,则 $A + a, A + b, A + c$ 可看作是 $\dfrac{x}{X} + \dfrac{y}{X+B-A} + \dfrac{z}{X+C-A} = 1$ 中关于 X 的三个解,去分母得 $X^3 + A_1 X^2 + A_2 X + A_3 = 0$,此时

$$x(A - B)(A - C)(C - a) = X_1 X_2 X_3 = (A + a)(A + b)(A + c),$$

故 $x = \dfrac{(A+a)(A+b)(A+c)}{(A-B)(A-C)}$.

为什么要设 $k + A = X$? 也就是从 $\dfrac{x}{k+A} + \dfrac{y}{k+B} + \dfrac{z}{k+C} = 1$ 到 $\dfrac{x}{X} + \dfrac{y}{X+B-A} + \dfrac{z}{X+C-A} = 1$ 发生了什么? 在 $\dfrac{x}{k+A} + \dfrac{y}{k+B} + \dfrac{z}{k+C} = 1$ 中,x, y, z 地位均等,难以分离,而要求 x,就希望 x 与 y, z 分离. 转化成 $\dfrac{x}{X} + \dfrac{y}{X+B-A} + \dfrac{z}{X+C-A} = 1$ 之后,y, z 必然要与 X 相乘,此时 x 可能不与 X 相乘,从而实现 x 与 y, z 分离.

例3 计算行列式 $\begin{vmatrix} 1^{50} & 2^{50} & 3^{50} & \cdots & 100^{50} \\ 2^{50} & 3^{50} & 4^{50} & \cdots & 101^{50} \\ \vdots & \vdots & \vdots & & \vdots \\ 100^{50} & 101^{50} & 102^{50} & \cdots & 199^{50} \end{vmatrix}$,其中各行元素的底数为等差数

列,各列元素的底数也为等差数列,所有元素的指数都是 50.(2016 年北京大学硕士研究生招生试题)

解 设 $f(x) = \begin{vmatrix} 1^{50} & 2^{50} & 3^{50} & \cdots & 100^{50} \\ 2^{50} & 3^{50} & 4^{50} & \cdots & 101^{50} \\ \vdots & \vdots & \vdots & & \vdots \\ x^{50} & (x+1)^{50} & (x+2)^{50} & \cdots & (x+99)^{50} \end{vmatrix}$,则 $f(x)$ 为次数不超过 50

的多项式,而 $f(x)$ 有 $1, 2, 3, \cdots, 99$ 共 99 个根,所以 $f(x)$ 恒等于 0,故 $f(100) = 0$.

例4 对于任意实数 a,b,c,d,e,f，求证：

$$\begin{vmatrix} ab(d+e)-de(a+b) & ab-de & a+b-d-e \\ bc(e+f)-ef(b+c) & bc-ef & b+c-e-f \\ cd(f+a)-fa(c+d) & cd-fa & c+d-f-a \end{vmatrix} = 0.$$

证明 假设抛物线 $y^2 = x$ 上有 A,B,C,D,E,F 这 6 点，坐标分别为 $(a^2,a),\cdots,$ (f^2,f)，其中 AB 和 DE 交于点 $\left(\dfrac{ab(d+e)-de(a+b)}{a+b-d-e}, \dfrac{ab-de}{a+b-d-e} \right)$，$BD$ 和 EF 交于点 $\left(\dfrac{bc(e+f)-ef(b+c)}{b+c-e-f}, \dfrac{bc-ef}{b+c-e-f} \right)$，$CD$ 和 FA 交于点 $\left(\dfrac{cd(f+a)-fa(c+d)}{c+d-f-a}, \right.$ $\left. \dfrac{cd-af}{c+d-f-a} \right)$.

根据圆锥曲线上的帕斯卡定理可知，以上三点共线，于是

$$\begin{vmatrix} \dfrac{ab(d+e)-de(a+b)}{a+b-d-e} & \dfrac{ab-de}{a+b-d-e} & 1 \\ \dfrac{cd(a+f)-af(c+d)}{c+d-f-a} & \dfrac{cd-af}{c+d-f-a} & 1 \\ \dfrac{bc(e+f)-ef(b+c)}{b+c-e-f} & \dfrac{bc-ef}{b+c-e-f} & 1 \end{vmatrix} = 0,$$

这与欲求证式子等价.

说明 将一个几何命题移植到圆锥曲线上，于是根据几何结论可得到行列式关系. 这种思路是可以加以应用、普遍推广的.

例5 已知三直线 $a_1 x + b_1 y + c_1 = a_2 x + b_2 y + c_2 = a_3 x + b_3 y + c_3 = 0$ 互不平行，求证：三直线交于一点的充要条件是 $\begin{vmatrix} a_1 & b_1 & c_1 \\ a_2 & b_2 & c_2 \\ a_3 & b_3 & c_3 \end{vmatrix} = 0.$

证法 1 解方程 $a_1 x + b_1 y + c_1 = a_2 x + b_2 y + c_2 = 0$，得 $x = \dfrac{b_2 c_1 - b_1 c_2}{a_2 b_1 - a_1 b_2}$，$y = \dfrac{a_1 c_2 - a_2 c_1}{a_2 b_1 - a_1 b_2}$（直线互不平行，保证了交点的存在）.

于是

$$a_3 \cdot \frac{b_2 c_1 - b_1 c_2}{a_2 b_1 - a_1 b_2} + b_3 \cdot \frac{a_1 c_2 - a_2 c_1}{a_2 b_1 - a_1 b_2} + c_3$$

$$= \frac{a_1 b_2 c_3 + a_2 b_3 c_1 + a_3 b_1 c_2 - a_3 b_2 c_1 - a_2 b_1 c_3 - a_1 b_3 c_2}{a_1 b_2 - a_2 b_1} = 0,$$

其中 $\begin{vmatrix} a_1 & b_1 & c_1 \\ a_2 & b_2 & c_2 \\ a_3 & b_3 & c_3 \end{vmatrix} = a_1b_2c_3 + a_2b_3c_1 + a_3b_1c_2 - a_3b_2c_1 - a_2b_1c_3 - a_1b_3c_2$.

证法 2 仿照证法1,解出三直线的三个交点坐标,代入三角形面积公式可得

$$\frac{1}{2} \begin{Vmatrix} \dfrac{b_2c_1 - b_1c_2}{a_2b_1 - a_1b_2} & \dfrac{a_1c_2 - a_2c_1}{a_2b_1 - a_1b_2} & 1 \\[2mm] \dfrac{b_3c_1 - b_1c_3}{a_3b_1 - a_1b_3} & \dfrac{a_1c_3 - a_3c_1}{a_3b_1 - a_1b_3} & 1 \\[2mm] \dfrac{b_3c_2 - b_2c_3}{a_3b_2 - a_2b_3} & \dfrac{a_2c_3 - a_3c_2}{a_3b_2 - a_2b_3} & 1 \end{Vmatrix}$$

$$= \frac{1}{2} \frac{(a_1b_2c_3 + a_2b_3c_1 + a_3b_1c_2 - a_3b_2c_1 - a_2b_1c_3 - a_1b_3c_2)^2}{|(a_1b_2 - a_2b_1)(a_2b_3 - a_3b_2)(a_3b_1 - a_1b_3)|}.$$

于是得到三直线围成的三角形面积.其特例是三直线交于一点,围成面积为0.

证法 3 将 $a_1x + b_1y + c_1 = a_2x + b_2y + c_2 = a_3x + b_3y + c_3 = 0$ 写成矩阵形式,即

$$\begin{pmatrix} a_1 & b_1 & c_1 \\ a_2 & b_2 & c_2 \\ a_3 & b_3 & c_3 \end{pmatrix} \begin{pmatrix} x \\ y \\ 1 \end{pmatrix} = 0.$$

根据克拉默法则,可得 $\begin{vmatrix} a_1 & b_1 & c_1 \\ a_2 & b_2 & c_2 \\ a_3 & b_3 & c_3 \end{vmatrix} = 0$.

例6 平面内三条不同的直线的方程如下:

$$ax + by + b = 0, \quad bx + ay + b = 0, \quad bx + by + a = 0,$$

证明:这三条直线交于一点的充要条件是 $a + 2b = 0, a \neq b$.

证明 $\begin{vmatrix} a & b & b \\ b & a & b \\ b & b & a \end{vmatrix} = (a-b)^2(a+2b)$.

若 $a = b$,一般认为这三条直线平行.因此这三条直线交于一点的充要条件是 $a + 2b = 0, a \neq b$.

例7 已知平面上三条不同直线的方程分别为 $ax + 2by + 3c = 0, bx + 2cy + 3a = 0, cx + 2ay + 3b = 0$,试证这三条直线交于一点的充要条件为 $a + b + c = 0$.

证明 $\begin{vmatrix} a & 2b & 3c \\ b & 2c & 3a \\ c & 2a & 3b \end{vmatrix} = -6(a + b + c)(a^2 + b^2 + c^2 - ab - bc - ca)$.

由于三直线不同,因此 a,b,c 互不相等,$a^2 + b^2 + c^2 - ab - bc - ca > 0$,所以 $a + b + c = 0$.

例8 已知 $\triangle ABC$ 与动点 P,自 A,B,C 分别作 PA,PB,PC 的垂线相交于一点,求动点 P 的轨迹方程.

解 以 BC 所在直线为 x 轴,A 在 BC 上的射影 O 为原点,建立直角坐标系.

设 $A(0,a),B(b,0),C(c,0),P(x_0,y_0)$ 为轨迹上任意一点.

自 A,B,C 分别作 PA,PB,PC 的垂线方程为

$$x_0 x + (y_0 - a)(y - a) = 0,$$
$$(x_0 - b)(x - b) + y_0 y = 0,$$
$$(x_0 - c)(x - c) + y_0 y = 0.$$

因为三直线共点,所以

$$\begin{vmatrix} x_0 & y_0 - a & -a(y_0 - a) \\ x_0 - b & y_0 & -b(x_0 - b) \\ x_0 - c & y_0 & -c(x_0 - c) \end{vmatrix} = 0.$$

以 x,y 代换 x_0,y_0 并化简,得轨迹方程

$$a(x^2 + y^2) - a(b + c)x - (a^2 + bc)y + abc = 0.$$

因点 A 不在 BC 上,故 $a \neq 0$,轨迹为圆.

例9 证明:等轴双曲线 $xy = c^2$ 上任意三个点 $A\left(ct_1, \dfrac{c}{t_1}\right)$,$B\left(ct_2, \dfrac{c}{t_2}\right)$,$C\left(ct_3, \dfrac{c}{t_3}\right)$ 和点 $D\left(\dfrac{c}{t_1 t_2 t_3}, ct_1 t_2 t_3\right)$ 共圆.

证法1 $k_{AB} = \dfrac{\dfrac{c}{t_1} - \dfrac{c}{t_2}}{ct_1 - ct_2} = -\dfrac{1}{t_1 t_2}$,同理 $k_{AD} = -t_2 t_3$,$k_{BC} = -\dfrac{1}{t_2 t_3}$,$k_{CD} = -t_1 t_2$,则

$$|\tan\angle DAB| = \left| \dfrac{-t_2 t_3 + \dfrac{1}{t_1 t_2}}{1 + \dfrac{1}{t_1 t_2} \cdot t_2 t_3} \right| = \left| \dfrac{1 - t_1 t_2^2 t_3}{t_2(t_1 + t_3)} \right|,$$

$$|\tan\angle DCB| = \left| \dfrac{-t_1 t_2 + \dfrac{1}{t_2 t_3}}{1 + \dfrac{t_1 t_2}{t_2 t_3}} \right| = \left| \dfrac{1 - t_1 t_2^2 t_3}{t_2(t_1 + t_3)} \right|,$$

即 $\angle DAB = \angle DCB$,或 $\angle DCB + \angle DAB = \pi$.

证法 2

$$\frac{\dfrac{\left(ct_1 + \mathrm{i}\dfrac{c}{t_1}\right) - \left(ct_3 + \mathrm{i}\dfrac{c}{t_3}\right)}{\left(ct_1 + \mathrm{i}\dfrac{c}{t_1}\right) - \left(\dfrac{c}{t_1 t_2 t_3} + \mathrm{i}ct_1 t_2 t_3\right)}}{\dfrac{\left(ct_2 + \mathrm{i}\dfrac{c}{t_2}\right) - \left(ct_3 + \mathrm{i}\dfrac{c}{t_3}\right)}{\left(ct_2 + \mathrm{i}\dfrac{c}{t_2}\right) - \left(\dfrac{c}{t_1 t_2 t_3} + \mathrm{i}ct_1 t_2 t_3\right)}} = \frac{t_2(t_1 - t_3)(1 - t_1 t_2^2 t_3)(1 + t_1^2 t_3^2)}{t_1(t_2 - t_3)(1 - t_1^2 t_2 t_3)(1 + t_2^2 t_3^2)}$$

是实数.

证法 3 设过 A, B, C 的圆方程为 $x^2 + y^2 + dx + ey + f = 0$,它与等轴双曲线的第四个交点为 $D'\left(ct_4, \dfrac{c}{t_4}\right)$,则 t_1, t_2, t_3, t_4 是方程 $c^2 t^4 + cdt^3 + ft^2 + cet + c^2 = 0$ 的四个根. 所以 $t_1 t_2 t_3 t_4 = 1$,即 $t_4 = \dfrac{1}{t_1 t_2 t_3}$,故有 $D'\left(\dfrac{c}{t_1 t_2 t_3}, ct_1 t_2 t_3\right)$,即 D' 与 D 重合.

证法 4 验证 $\begin{vmatrix} \dfrac{c^2}{t_1^2} + c^2 t_1^2 & ct_1 & \dfrac{c}{t_1} & 1 \\[2mm] \dfrac{c^2}{t_2^2} + c^2 t_2^2 & ct_2 & \dfrac{c}{t_2} & 1 \\[2mm] \dfrac{c^2}{t_3^2} + c^2 t_3^2 & ct_3 & \dfrac{c}{t_3} & 1 \\[2mm] \dfrac{c^2}{t_1^2 t_2^2 t_3^2} + c^2 t_1^2 t_2^2 t_3^2 & \dfrac{c}{t_1 t_2 t_3} & ct_1 t_2 t_3 & 1 \end{vmatrix} = 0$.

几种证法看似简短,但动手算一遍后,会发现还是有计算量的.

例 10 如图 13.1 所示,设 B_1, C_1 分别是 $\triangle ABC$ 的边 AB, AC 的中点,P 是 $\triangle ABC_1$ 和 $\triangle AB_1 C$ 的外接圆异于 A 的交点,Q 是 AP 与 $\triangle AB_1 C_1$ 的外接圆异于 A 的交点. 证明: $\dfrac{AP}{AQ} = \dfrac{3}{2}$.（2009 年阿根廷数学竞赛试题）

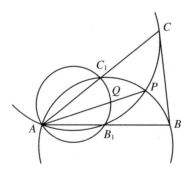

图 13.1

证明　设 $A(0,0)$，$B(x_B,y_B)$，$C(x_C,y_C)$，$P(x_P,y_P)$，则 $B_1=\dfrac{(x_B,y_B)}{2}$，$C_1=\dfrac{(x_C,y_C)}{2}$，$Q=\dfrac{2(x_P,y_P)}{3}$．下面验证点 Q 在 $\triangle AB_1C_1$ 的外接圆上．

$$
\begin{vmatrix} 0 & 0 & 0 & 1 \\ x_B^2+y_B^2 & x_B & y_B & 1 \\ x_P^2+y_P^2 & x_P & y_P & 1 \\ \left(\dfrac{x_C}{2}\right)^2+\left(\dfrac{y_C}{2}\right)^2 & \dfrac{x_C}{2} & \dfrac{y_C}{2} & 1 \end{vmatrix}
+
\begin{vmatrix} 0 & 0 & 0 & 1 \\ \left(\dfrac{x_B}{2}\right)^2+\left(\dfrac{y_B}{2}\right)^2 & \dfrac{x_B}{2} & \dfrac{y_B}{2} & 1 \\ x_P^2+y_P^2 & x_P & y_P & 1 \\ x_C^2+y_C^2 & x_C & y_C & 1 \end{vmatrix}
$$

$$
=-\begin{vmatrix} x_B^2+y_B^2 & x_B & y_B \\ x_P^2+y_P^2 & x_P & y_P \\ \dfrac{x_C^2}{4}+\dfrac{y_C^2}{4} & \dfrac{x_C}{2} & \dfrac{y_C}{2} \end{vmatrix}
-\begin{vmatrix} \dfrac{x_B^2}{4}+\dfrac{y_B^2}{4} & \dfrac{x_B}{2} & \dfrac{y_B}{2} \\ x_P^2+y_P^2 & x_P & y_P \\ x_C^2+y_C^2 & x_C & y_C \end{vmatrix}
$$

$$
=-\dfrac{1}{2}\begin{vmatrix} x_B^2+y_B^2 & x_B & y_B \\ x_P^2+y_P^2 & x_P & y_P \\ \dfrac{x_C^2}{2}+\dfrac{y_C^2}{2} & x_C & y_C \end{vmatrix}
-\dfrac{1}{2}\begin{vmatrix} \dfrac{x_B^2}{2}+\dfrac{y_B^2}{2} & x_B & y_B \\ x_P^2+y_P^2 & x_P & y_P \\ x_C^2+y_C^2 & x_C & y_C \end{vmatrix}
$$

$$
=-\dfrac{1}{2}\begin{vmatrix} \dfrac{3}{2}(x_B^2+y_B^2) & x_B & y_B \\ 2(x_P^2+y_P^2) & x_P & y_P \\ \dfrac{3}{2}(x_C^2+y_C^2) & x_C & y_C \end{vmatrix}
=-\begin{vmatrix} \dfrac{1}{4}(x_B^2+y_B^2) & \dfrac{x_B}{2} & \dfrac{y_B}{2} \\ 4(x_P^2+y_P^2) & 6x_P & 6y_P \\ \dfrac{1}{4}(x_C^2+y_C^2) & \dfrac{x_C}{2} & \dfrac{y_C}{2} \end{vmatrix}
$$

$$
=\begin{vmatrix} 0 & 0 & 0 & 1 \\ \dfrac{x_B^2}{4}+\dfrac{y_B^2}{4} & \dfrac{x_B}{2} & \dfrac{y_B}{2} & 1 \\ 4x_P^2+4y_P^2 & 6x_P & 6y_P & 9 \\ \dfrac{x_C^2}{4}+\dfrac{y_C^2}{4} & \dfrac{x_C}{2} & \dfrac{y_C}{2} & 1 \end{vmatrix}
=9\begin{vmatrix} 0 & 0 & 0 & 1 \\ \dfrac{x_B^2}{4}+\dfrac{y_B^2}{4} & \dfrac{x_B}{2} & \dfrac{y_B}{2} & 1 \\ \left(\dfrac{2x_P}{3}\right)^2+\left(\dfrac{2y_P}{3}\right)^2 & \dfrac{2x_P}{3} & \dfrac{2y_P}{3} & 1 \\ \dfrac{x_C^2}{4}+\dfrac{y_C^2}{4} & \dfrac{x_C}{2} & \dfrac{y_C}{2} & 1 \end{vmatrix}.
$$

例 11　如图 13.2 所示，直线 AB 过线段 CD 的中点 M，有两种表示：

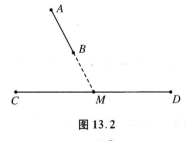

图 13.2

根据共边定理, $\triangle ACB$ 和 $\triangle ABD$ 面积相等, 即

$$0 = \begin{vmatrix} x_A & y_A & 1 \\ x_B & y_B & 1 \\ x_D & y_D & 1 \end{vmatrix} - \begin{vmatrix} x_A & y_A & 1 \\ x_C & y_C & 1 \\ x_B & y_B & 1 \end{vmatrix} = \begin{vmatrix} x_A & y_A & 1 \\ x_B & y_B & 1 \\ x_D & y_D & 1 \end{vmatrix} + \begin{vmatrix} x_A & y_A & 1 \\ x_B & y_B & 1 \\ x_C & y_C & 1 \end{vmatrix}.$$

根据 A, B, M 三点共线, 即

$$\begin{vmatrix} x_A & y_A & 1 \\ x_B & y_B & 1 \\ \dfrac{x_C + x_D}{2} & \dfrac{y_C + y_D}{2} & 1 \end{vmatrix} = \begin{vmatrix} x_A & y_A & 1 \\ x_B & y_B & 1 \\ x_C + x_D & y_C + y_D & 2 \end{vmatrix} = 0.$$

基于算两次的想法, 可得

$$\begin{vmatrix} x_A & y_A & 1 \\ x_B & y_B & 1 \\ x_D & y_D & 1 \end{vmatrix} + \begin{vmatrix} x_A & y_A & 1 \\ x_B & y_B & 1 \\ x_C & y_C & 1 \end{vmatrix} = \begin{vmatrix} x_A & y_A & 1 \\ x_B & y_B & 1 \\ x_C + x_D & y_C + y_D & 2 \end{vmatrix},$$

这说明一个行列式的分拆合并其实也是有几何意义的.

例 12 宽高公式的行列式视角①.

如图 13.3 所示, 过 A 作 $AG \perp x$ 轴于点 G, 交 BC 于点 D, 则 $S_{\triangle ABC} = \dfrac{1}{2} x_C (y_A - y_D)$, 其中 OC 表示 B, C 两点之间在水平方向上的距离, 简称三角形的 "水平宽", AD 表示点 A 到边 BC 在竖直方向上的距离, 简称三角形的 "铅垂高", 于是三角形的面积 $S = \dfrac{1}{2} \times$ 水平宽 $\times$ 铅垂高, 此公式又称 "宽高公式".

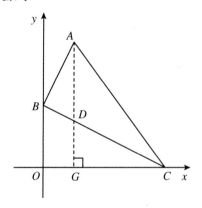

图 13.3

为什么需要宽高公式? 因为有一些题中三角形的两顶点在坐标轴上, 此时计算面积有

---

① 此问题曾在彭翕成网络研修班讨论, 陈起航、钱刚参与讨论.

简便方法.为什么这样做可行?因为通过平移三角形三顶点,总可以将其中两个顶点移到坐标轴上,平移不改变三角形面积.验证这一结论,可简单地使用面积分割,参看第1卷.而利用行列式,则会对水平宽(即 x_C,水平就是 x 轴方向)、铅垂高(即 $y_A - y_D$,铅垂就是 y 轴方向)理解得更加深刻.

$$\frac{1}{2}\begin{vmatrix} x_A & y_A & 1 \\ 0 & y_B & 1 \\ x_C & 0 & 1 \end{vmatrix} = \frac{1}{2}x_C\left(y_A - y_B\frac{x_C - x_A}{x_C}\right) = \frac{1}{2}x_C(y_A - y_D).$$

更一般地,如图 13.4 所示,

$$S_{\triangle ABC} = \frac{1}{2}\begin{vmatrix} x_A & y_A & 1 \\ x_B & y_B & 1 \\ x_C & y_C & 1 \end{vmatrix} \quad (\text{使用三角形面积公式})$$

$$= \frac{1}{2}\begin{vmatrix} x_A - x_B & y_A - y_B & 0 \\ x_B & y_B & 1 \\ x_C - x_B & y_C - y_B & 0 \end{vmatrix} \quad (\text{将第一行和第三行都减去第二行})$$

$$= -\frac{1}{2}\begin{vmatrix} x_A - x_B & y_A - y_B \\ x_C - x_B & y_C - y_B \end{vmatrix} \quad (\text{按照第三列展开})$$

$$= -\frac{1}{2}(x_C - x_B)\begin{vmatrix} x_A - x_B & y_A - y_B \\ 1 & \dfrac{y_C - y_B}{x_C - x_B} \end{vmatrix} \quad (\text{化出直线 } BC \text{ 的斜率})$$

$$= -\frac{1}{2}(x_C - x_B)\begin{vmatrix} x_D - x_B & y_A - y_B \\ 1 & \dfrac{y_D - y_B}{x_D - x_B} \end{vmatrix} \quad (\text{利用 } AD \perp x \text{ 轴},B,D,C \text{ 共线,换上字母 } D)$$

$$= \frac{1}{2}(x_C - x_B)(y_A - y_D) \quad (\text{展开行列式}).$$

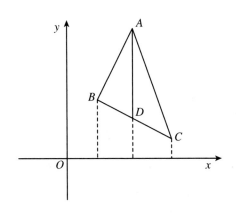

图 13.4

14 调整法与恒等式

在探讨多个变量的问题中,由于变量太多,如果一次处理,困难不小.所以有时考虑先固定其中部分,得出初步结果后,再做进一步研究,这种方法就是局部调整法.

在现实生活中,这种思想也常见.譬如要把一个班的学生按从矮到高排成一列,那么可先让学生任意排列,然后着手进行调整.每次让其中顺序不合要求的某二人对换位置,其余的人暂时保持不动.经过有限次调整,整个队列就能符合要求了.

下面将要基于局部调整法来证明不等式.更进一步,希望基于局部调整法所得结果,建立恒等式,实现一行证明不等式.

需要强调的是,有时建立恒等式,实现了所谓的一行证明,未必比原来的调整法简单、好理解,请读者自行判断.

例1 已知正数 a, b, c,求证:$a^3 + b^3 + c^3 \geqslant 3abc$.

证法1 设 $f(a,b,c) = a^3 + b^3 + c^3 - 3abc$,则

$$f(a,b,c) - f\left(\frac{a+b}{2}, \frac{a+b}{2}, c\right) = \frac{3}{4}(a-b)^2(a+b+c),$$

$$f\left(\frac{a+b}{2}, \frac{a+b}{2}, c\right) = \left(c - \frac{a+b}{2}\right)^2(a+b+c),$$

两式相加可得命题成立.

恒等式:

$$f(a,b,c) = a^3 + b^3 + c^3 - 3abc$$

$$= \frac{3}{4}(a-b)^2(a+b+c) + \left(c - \frac{a+b}{2}\right)^2(a+b+c).$$

证法2 设 $f(a,b,c) = a^3 + b^3 + c^3 - 3abc$,则

$$f(a,b,c) - f(\sqrt{ab}, \sqrt{ab}, c) = (a^{\frac{3}{2}} - b^{\frac{3}{2}})^2,$$

$$f(\sqrt{ab}, \sqrt{ab}, c) = (c - \sqrt{ab})^2(c + 2\sqrt{ab}),$$

两式相加可得命题成立.

恒等式:

$$f(a,b,c) = a^3 + b^3 + c^3 - 3abc$$
$$= (a^{\frac{3}{2}} - b^{\frac{3}{2}})^2 + (c - \sqrt{ab})^2 (c + 2\sqrt{ab}).$$

例2 已知正数 a,b,c 满足 $a+b+c=1$，求证：$(1-a^2)^2 + (1-b^2)^2 + (1-c^2)^2 \geqslant 2$.
（2000 年波兰-奥地利数学竞赛试题）

证明 设 $f(a,b,c) = (1-a^2)^2 + (1-b^2)^2 + (1-c^2)^2 - 2$，则
$$f(a,b,c) - f(0,a+b,c) = 2ab(2 - 2a^2 - 3ab - 2b^2)$$
$$= 2ab(ab + 4ac + 4bc + 2c^2),$$
$$f(0,a+b,c) = f(0,1-c,c),$$

两式相加可得命题成立.

恒等式：
$$(1-a^2)^2 + (1-b^2)^2 + (1-c^2)^2 - 2$$
$$= 2ab(ab + 4ac + 4bc + 2c^2) + 2(a+b)^2 c^2$$
$$+ (a+b+c-1)(1+a+b+c)(-1+a^2+b^2+c^2-2ab-2ac-2bc).$$

说明 此处要注意不等式取等的条件是 $a=1,b=c=0$ 及其轮换，而不是常见的三变量相等. 所以在调整时，要从 $f(a,b,c)$ 调整到 $f(0,a+b,c)$（1 个变量变为 0），再到 $f(0,0,1)$（2 个变量变为 0）. 如果调整成 $f(a,b,c) - f\left(\dfrac{a+b}{2}, \dfrac{a+b}{2}, c\right) = \dfrac{1}{8}(a-b)^2(-8 + 7a^2 + 10ab + 7b^2)$，则不合要求，因为此时并不能保证 $\dfrac{1}{8}(a-b)^2(-8 + 7a^2 + 10ab + 7b^2)$ 非负，譬如当 $a = \dfrac{10}{39}, b = \dfrac{5}{13}, c = \dfrac{14}{39}$ 时，$\dfrac{1}{8}(a-b)^2(-8 + 7a^2 + 10ab + 7b^2) = -\dfrac{209825}{18507528}$.

例3 已知正数 a,b,c 满足 $a+b+c=3$，求证：$a^2 + b^2 + c^2 + abc \geqslant 4$.

证明 设 $f(a,b,c) = a^2 + b^2 + c^2 + abc - 4$，则
$$f(a,b,c) - f\left(\dfrac{a+b}{2}, \dfrac{a+b}{2}, c\right) = \dfrac{1}{4}(a-b)^2(2-c) \quad (\text{取 } c = \min(a,b,c)),$$
$$f\left(\dfrac{a+b}{2}, \dfrac{a+b}{2}, c\right) = \dfrac{1}{4}(c-1)^2(2+c),$$

两式相加可得命题成立.

恒等式：
$$4(a^2 + b^2 + c^2 + abc - 4)$$
$$= (a-b)^2(c-2) + (c-1)^2(2+c) + (3+a+b-c)(a+b+c-3)(2+c).$$

例4 已知正数 a,b,c 满足 $a+b+c=1$，求证：$6(a^3 + b^3 + c^3) + 1 \geqslant 5(a^2 + b^2 + c^2)$.

证明 设

$$f(a,b,c) = 6(a^3 + b^3 + c^3) + (a + b + c)^3 - 5(a^2 + b^2 + c^2)(a + b + c)$$

$$= 2(a^3 + b^3 + c^3 + 3abc - a^2b - ab^2 - b^2c - bc^2 - a^2c - ac^2),$$

则

$$f(a,b,c) - f\left(\frac{a+b}{2}, \frac{a+b}{2}, c\right) = \frac{1}{2}(a-b)^2(4a + 4b - 5c) \quad (\text{取 } c = \min(a,b,c)),$$

$$f\left(\frac{a+b}{2}, \frac{a+b}{2}, c\right) = \frac{1}{2}(a + b - 2c)^2 c,$$

两式相加可得命题成立.

恒等式:

$$6(a^3 + b^3 + c^3) + (a + b + c)^3 - 5(a^2 + b^2 + c^2)(a + b + c)$$

$$= \frac{1}{2}(a-b)^2(4a + 4b - 5c) + \frac{1}{2}(a + b - 2c)^2 c.$$

例 5 已知正数 a,b,c 满足 $abc = 8$, 求证: $\dfrac{a-2}{a+1} + \dfrac{b-2}{b+1} + \dfrac{c-2}{c+1} \leqslant 0$.

证明 设 $f(a,b,c) = \dfrac{a-2}{a+1} + \dfrac{b-2}{b+1} + \dfrac{c-2}{c+1}$, 不妨设 $c = \min(a,b,c)$, 则 $c \leqslant 2$, $ab \geqslant 4$,

$$f(a,b,c) - f(\sqrt{ab}, \sqrt{ab}, c) = -\frac{3[\sqrt{ab}(2 + a + b) - (a + b + 2ab)]}{(1+a)(1+b)(1+\sqrt{ab})} \leqslant 0.$$

又

$$[\sqrt{ab}(2 + a + b)]^2 - (a + b + 2ab)^2 = (a-b)^2(ab - 1) \geqslant 0,$$

$$f(\sqrt{ab}, \sqrt{ab}, c) = -\frac{3(2 + c - \sqrt{abc})}{(1 + \sqrt{ab})(1 + c)} = -\frac{3(2 + c - 2\sqrt{2c})}{(1 + \sqrt{ab})(1 + c)} \leqslant 0,$$

两式相加可得命题成立.

恒等式:

$$\frac{a-2}{a+1} + \frac{b-2}{b+1} + \frac{c-2}{c+1} = -\frac{3[\sqrt{ab}(2 + a + b) - (a + b + 2ab)]}{(1+a)(1+b)(1+\sqrt{ab})} - \frac{3(2 + c - 2\sqrt{2c})}{(1 + \sqrt{ab})(1 + c)}.$$

例 6 已知正数 a,b,c 满足 $a + b + c = 2$, 求证: $a^2b^2 + b^2c^2 + c^2a^2 \leqslant 2$.

证明 设 $f(a,b,c) = 2 - (a^2b^2 + b^2c^2 + c^2a^2)$, 则

$$f(a,b,c) - f\left(\frac{a+b}{2}, \frac{a+b}{2}, c\right) = \frac{1}{16}(a-b)^2(a^2 + 6ab + b^2 - 8c^2),$$

$$f\left(\frac{2-c}{2}, \frac{2-c}{2}, c\right) = \frac{1}{16}(16 + 32c - 56c^2 + 40c^3 - 9c^4)$$

$$= \frac{1}{16}[(16 - 9c^4) + 8c(4 - 7c + 5c^2)] \geqslant 0$$

$$\left(\text{假设 } c = \min(a,b,c), \text{即 } 0 \leqslant c \leqslant \frac{2}{3}\right),$$

两式相加可得命题成立.

恒等式:

$$2 - (a^2 b^2 + b^2 c^2 + c^2 a^2)$$

$$= \frac{1}{16}(a - b)^2 (a^2 + 6ab + b^2 - 8c^2) + \frac{1}{16}(16 + 32c - 56c^2 + 40c^3 - 9c^4)$$

$$- \frac{1}{16}(a + b + c - 2)(2 + a + b - c)(4 + a^2 + 2ab + b^2 - 4c + 9c^2).$$

例 7 已知正数 a, b, c 满足 $a + b + c = 4$,求证:$\dfrac{a}{a + 2} + \dfrac{b}{b + 2} + \dfrac{c}{c + 2} \leqslant \dfrac{6}{5}$.

证明 设 $f(a, b, c) = \dfrac{6}{5} - \left(\dfrac{a}{a + 2} + \dfrac{b}{b + 2} + \dfrac{c}{c + 2}\right)$,则

$$f(a, b, c) - f\left(\frac{a + b}{2}, \frac{a + b}{2}, c\right) = \frac{2(a - b)^2}{(2 + a)(2 + b)(4 + a + b)},$$

$$f\left(\frac{a + b}{2}, \frac{a + b}{2}, c\right) = f\left(\frac{4 - c}{2}, \frac{4 - c}{2}, c\right) = \frac{(4 - 3c)^2}{5(8 - c)(2 + c)},$$

两式相加可得命题成立.

恒等式:

$$\frac{6}{5} - \left(\frac{a}{a + 2} + \frac{b}{b + 2} + \frac{c}{c + 2}\right)$$

$$= \frac{2(a - b)^2}{(2 + a)(2 + b)(4 + a + b)} + \frac{(4 - 3c)^2}{5(8 - c)(2 + c)} + \frac{8(a + b + c - 4)}{(4 + a + b)(-8 + c)}.$$

例 8 已知非负实数 a, b, c,求证:$a(a - b)(a - c) + b(b - c)(b - a) + c(c - a)(c - b) \geqslant 0$.

证明 设 $f(a, b, c) = a(a - b)(a - c) + b(b - c)(b - a) + c(c - a)(c - b)$,则

$$f(a, b, c) - f\left(\frac{a + b}{2}, \frac{a + b}{2}, c\right) = \frac{1}{4}(a - b)^2 (4a + 4b - 5c) \quad (\text{取 } c = \min(a, b, c)),$$

$$f\left(\frac{a + b}{2}, \frac{a + b}{2}, c\right) = \frac{1}{4}(a + b - 2c)^2 c,$$

两式相加可得命题成立.

恒等式:

$$a(a - b)(a - c) + b(b - c)(b - a) + c(c - a)(c - b)$$

$$= \frac{1}{4}(a - b)^2 (4a + 4b - 5c) + \frac{1}{4}(a + b - 2c)^2 c.$$

例 9 已知非负实数 a, b, c,求证:$a^2 (a - b)(a - c) + b^2 (b - c)(b - a) + c^2 (c - a)(c - b) \geqslant 0$.

证明 设 $f(a, b, c) = a^2 (a - b)(a - c) + b^2 (b - c)(b - a) + c^2 (c - a)(c - b) \geqslant$

0,则

$$f(a,b,c) - f\left(\frac{a+b}{2}, \frac{a+b}{2}, c\right)$$

$$= \frac{1}{4}(a-b)^2(4a^2 + 4ab + 4b^2 - 4ac - 4bc - c^2) \quad (\text{取 } c = \min(a,b,c)),$$

$$f\left(\frac{a+b}{2}, \frac{a+b}{2}, c\right) = \frac{1}{4}(a+b-2c)^2 c^2,$$

两式相加可得命题成立.

恒等式:

$$a^2(a-b)(a-c) + b^2(b-c)(b-a) + c^2(c-a)(c-b)$$

$$= \frac{1}{4}(a-b)^2(4a^2 + 4ab + 4b^2 - 4ac - 4bc - c^2) + \frac{1}{4}(a+b-2c)^2 c^2.$$

例 10 已知正数 x,y,z 满足 $x+y+z=1$,求证:$0 \leqslant xy + yz + zx - 2xyz \leqslant \frac{7}{27}$.

证明 设 $f(x,y,z) = xy + yz + zx - 2xyz$,不妨设 $x \geqslant y \geqslant z$,则 $\frac{1}{2} \geqslant y$,$\frac{1}{3} \geqslant z$,

$$f(x,y,z) - f\left(\frac{1}{3}, y, x+z-\frac{1}{3}\right) = \frac{1}{9}(1-3x)(1-2y)(1-3z) \leqslant 0,$$

$$f\left(\frac{1}{3}, y, x+z-\frac{1}{3}\right) - f\left(\frac{1}{3}, \frac{1}{3}, \frac{1}{3}\right) = -\frac{1}{27}(10 - 9x - 6y - 9xy - 9z - 9yz)$$

$$= -\frac{1}{27}(1 + 3y - 9xy - 9yz)$$

$$= -\frac{1}{27}[1 + 3y - 9xy - 9y(1-x-y)]$$

$$= -\frac{(3y-1)^2}{27} \leqslant 0,$$

所以 $f(x,y,z) \leqslant f\left(\frac{1}{3}, \frac{1}{3}, \frac{1}{3}\right) = \frac{7}{27}$.

$$(xy + yz + zx)(x+y+z) - 2xyz = x^2y + xy^2 + y^2z + yz^2 + x^2z + xz^2 + xyz \geqslant 0.$$

15 局部不等式与恒等式

有些不等式的证明从整体上考虑难以下手. 可以将之改造成若干个结构相同的局部不等式, 逐一证明后, 再利用同向不等式相加或相乘的性质, 即得证所求不等式, 此称为构造局部不等式方法.

常见的切线法需要通过求导来得到斜率. 如果学生还没学过导数, 能否使用切线法呢?

有些人就装模作样, 擦去切线得来的过程, 假装没用到导数. 这样做看似可以, 实则让读者一头雾水, 对提高解题能力没有实质帮助.

回顾我们最初学习切线的过程. 假设一直线与圆相交于两点, 移动直线, 使得两交点逐步靠拢, 最终合为两个相同的交点, 称为切点, 此时直线称为圆的切线.

从几何上看, 是两个不同交点变为相同交点的过程; 从代数上看, 是两个不同解变为相同解的过程, 这个解又被称为二重根.

这启发我们, 可以从重根的角度思考切线法.

例1 已知正数 x, y, z 满足 $x + y + z = 3$, 求证: $\dfrac{x^3}{(y+2z)^2} + \dfrac{y^3}{(z+2x)^2} + \dfrac{z^3}{(x+2y)^2} \geqslant \dfrac{1}{3}$.

证法1 注意到

$$\frac{x^3}{(y+2z)^2} - \frac{9x - 2y - 4z}{27} = \frac{(3x - y - 2z)^2(3x + 2y + 4z)}{27(y+2z)^2},$$

于是

$$\frac{x^3}{(y+2z)^2} \geqslant \frac{9x - 2y - 4z}{27},$$

故

$$\sum \frac{x^3}{(y+2z)^2} \geqslant \sum \frac{9x - 2y - 4z}{27} = \frac{3(x + y + z)}{27} = \frac{1}{3}.$$

说明 注意不到怎么办? 这么复杂的恒等式可不常见.

假设对于正数 x, y, z 满足 $x + y + z = 3$, $\dfrac{x^3}{(y+2z)^2} \geqslant ux + vy + wz$ 恒成立, 其中当 $x =$

$y=z=1$ 时,等号成立,则有 $\dfrac{1}{9}=u+v+w$,即 $w=\dfrac{1}{9}-u-v$.

希望 $\dfrac{x^3}{(y+2z)^2}\geqslant ux+vy+wz$ 恒成立,当然对一些特殊值也必须成立.

不妨设 $x=1,y=2-z$,则 $\dfrac{x^3}{(y+2z)^2}\geqslant ux+vy+wz$ 转化成

$$\dfrac{1}{(2+z)^2}-\left[u+v(2-z)+\left(\dfrac{1}{9}-u-v\right)z\right]\geqslant 0,$$

即

$$\dfrac{(z-1)(-9-5z-z^2+36u+36zu+9z^2u+72v+72zv+18z^2v)}{9(2+z)^2}\geqslant 0.$$

由于 $z-1$ 这一项可正可负,如希望其非负,较为常见的做法是将其变成平方项,也就是希望 $-9-5z-z^2+36u+36zu+9z^2u+72v+72zv+18z^2v$ 中含有因式 $z-1$.

当 $z=1$ 时,

$$-9+36u+72v-5z+36uz+72vz-z^2+9uz^2+18vz^2$$
$$=3(-5+27u+54v),$$

猜测 $-5+27u+54v=0$ 是我们需要的限定条件之一.

类似地,不妨设 $y=1,x=2-z$,则 $\dfrac{x^3}{(y+2z)^2}\geqslant ux+vy+wz$ 转化成

$$\dfrac{x^3}{(1+2z)^2}-\left[ux+v(2-z)+\left(\dfrac{1}{9}-u-v\right)z\right]\geqslant 0,$$

即

$$\dfrac{(z-1)(-72+18u+9v+37z+72uz+36vz-13z^2+72uz^2+36vz^2)}{9(1+2z)^2}\geqslant 0.$$

由于 $z-1$ 这一项可正可负,如希望其非负,较为常见的做法是将其变成平方项,也就是希望 $-72+18u+9v+37z+72uz+36vz-13z^2+72uz^2+36vz^2$ 中含有因式 $z-1$.将 $z=1$ 代入 $-72+18u+9v+37z+72uz+36vz-13z^2+72uz^2+36vz^2=0$,得 $-16+54u+27v=0$.猜测 $-16+54u+27v=0$ 是我们需要的限定条件之一.

解方程组 $-5+27u+54v=-16+54u+27v=0$,得 $u=\dfrac{1}{3}$,$v=-\dfrac{2}{27}$,于是我们猜测有

$\dfrac{x^3}{(y+2z)^2}\geqslant\dfrac{9x-2y-4z}{27}$.之所以说猜测,是因为上述推理虽有一定的合理性,但也有一些说不清楚的地方,也就是说换一个题目,并不能就一定保证推导出来.但大致的思路可以借鉴.到此可通过计算得到恒等式

$$\dfrac{x^3}{(y+2z)^2}-\dfrac{9x-2y-4z}{27}=\dfrac{(3x-y-2z)^2(3x+2y+4z)}{27(y+2z)^2},$$

从而判断其正确性.

回顾上述思考过程，其中选取一些特殊数值的做法有一定的偶然性，不可靠，应该去掉. 而要想多项式非负，还得往平方项靠拢. 于是我们得到下面的思路：

假设

$$x^3 - (y+2z)^2\left[ux + vy + \left(\frac{1}{9} - u - v\right)z\right]$$
$$= (x - k_1 y - k_2 z)^2(x + k_3 y + k_4 z),$$

我们希望能写成平方项乘以正数项的形式，因此最好 k_3，k_4 非负，这是我们的美好愿望，但是不是真的存在，还得通过解方程来进一步判断. 解方程得 $k_1 = -\frac{1}{6}$，$k_2 = -\frac{1}{3}$，$k_3 = -3$，$k_4 = -6$，$u = \frac{1}{12}$，$v = \frac{1}{108}$（舍去，因为我们希望 k_3，k_4 非负），或 $k_1 = \frac{1}{3}$，$k_2 = \frac{2}{3}$，$k_3 = 6$，$k_4 = 12$，$u = \frac{1}{3}$，$v = -\frac{2}{27}$.

于是猜测有 $\dfrac{x^3}{(y+2z)^2} \geqslant \dfrac{9x - 2y - 4z}{27}$. 相对而言，这一思路更加清晰.

证法 2 因为 $\dfrac{x^3}{(y+2z)^2} + \dfrac{y+2z}{27} + \dfrac{y+2z}{27} \geqslant 3 \times \dfrac{x}{9} = \dfrac{x}{3}$，所以

$$\sum \frac{x^3}{(y+2z)^2} \geqslant \sum \left(\frac{x}{3} - 2 \times \frac{y+2z}{27}\right) = \frac{1}{3}.$$

证法 2 更简单，但需要熟练掌握均值不等式的凑配技巧才行. 通常需要利用待定系数法，或者先猜出取等条件，再重写过程.

例 2 对于正数 a，b，c，求证：$\dfrac{a}{b+c} + \dfrac{b}{c+a} + \dfrac{c}{a+b} \geqslant \dfrac{3}{2}$.

证明 由 $\left(\dfrac{a}{b+c} - \dfrac{1}{2}\right)^2 \geqslant 0$，得

$$\frac{a}{b+c} \geqslant \frac{\dfrac{8a}{b+c} - 1}{4\left(\dfrac{a}{b+c} + 1\right)} = \frac{8a - b - c}{4(a+b+c)},$$

于是

$$\sum \frac{a}{b+c} \geqslant \sum \frac{8a - b - c}{4(a+b+c)} = \frac{3}{2}.$$

说明 上述证明验证起来容易，想到却不简单. 可能有水平高超者能直接写出，此处给出笔者的思路.

所求证不等式的左边分母不同，为了方便通分，我们希望 $\dfrac{a}{b+c} \geqslant \dfrac{ma + nb + nc}{a+b+c}$，显然当 $a = b = c = 1$ 时，$2m + 4n = 3$.

进一步假设 $\dfrac{a}{b+c} = \dfrac{ma + nb + nc}{a+b+c} + \dfrac{(a + kb + kc)^2}{(b+c)(a+b+c)}$，根据多项式相等原理可得 m

$= 1 - 2k$, $n = -k^2$, $k = -\dfrac{1}{2}$, 于是 $\dfrac{a}{b+c} = \dfrac{8a-b-c}{4(a+b+c)} + \dfrac{(2a-b-c)^2}{4(b+c)(a+b+c)}$. 至此得到恒

等式以及容易推出关键的不等式 $\dfrac{a}{b+c} \geqslant \dfrac{8a-b-c}{4(a+b+c)}$. 也可变形得 $\dfrac{a}{b+c} \geqslant \dfrac{\dfrac{8a}{b+c}-1}{4\left(\dfrac{a}{b+c}+1\right)}$, 即

$\left(\dfrac{a}{b+c} - \dfrac{1}{2}\right)^2 \geqslant 0$. 倒过来写一遍即是证明.

基于恒等式 $x - \dfrac{8x-1}{4(x+1)} = \dfrac{(2x-1)^2}{4(1+x)}$, 用曲线 $y = \dfrac{8x-1}{4(x+1)}$ 代换直线 $y = x$ (图 15.1).
与通常的切线法思路相反.

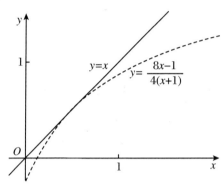

图 15.1

例3 已知正数 a, b, c, 求证: $\dfrac{a}{\sqrt{a^2+8bc}} + \dfrac{b}{\sqrt{b^2+8ca}} + \dfrac{c}{\sqrt{c^2+8ab}} \geqslant 1$. (2001 年国际
数学奥林匹克竞赛试题)

分析 基于通分这一朴素的需要, 我们希望找到合适的 t, 使得 $\dfrac{a}{\sqrt{a^2+8bc}} \geqslant$

$\dfrac{a^t}{a^t+b^t+c^t}$, 因为一旦如此, 不等式左边三项分母不同的困境便可打开, 马上有

$\sum \dfrac{a}{\sqrt{a^2+8bc}} \geqslant \sum \dfrac{a^t}{a^t+b^t+c^t} = 1$. 寻找合适的 t 就成了接下来的任务. 虽然这样的 t

未必存在, 存在也未必能找到, 但愿望总是要有的, 万一实现了呢?

要使 $\dfrac{a}{\sqrt{a^2+8bc}} \geqslant \dfrac{a^t}{a^t+b^t+c^t}$, 即 $(a^t+b^t+c^t)^2 \geqslant a^{2(t-1)}(a^2+8bc)$, 亦即

$(a^{2t}+b^{2t}+c^{2t}+2a^tb^t+2b^tc^t+2c^ta^t) - a^{2t} \geqslant 8bca^{2(t-1)}$,

只需要

$b^{2t}+c^{2t}+a^tb^t+a^tb^t+b^tc^t+b^tc^t+c^ta^t+c^ta^t$

$\geqslant 8 \sqrt[8]{b^{2t} \cdot c^{2t} \cdot a^tb^t \cdot a^tb^t \cdot b^tc^t \cdot b^tc^t \cdot c^ta^t \cdot c^ta^t} \geqslant 8bca^{2(t-1)}$,

此时若 $a^{4t} = a^{8 \cdot 2(t-1)}$，即 $4t = 8 \cdot 2(t-1)$，解得 $t = \dfrac{4}{3}$.

将 $b^{2t} + c^{2t} + 2a^t b^t + 2b^t c^t + 2c^t a^t$ 拆成 8 项，是希望凑出数字 8，且这样不等式取等是在 $a = b = c$ 时.

证法 1

$$b^{2t} + c^{2t} + a^t b^t + a^t b^t + b^t c^t + b^t c^t + c^t a^t + c^t a^t$$

$$\geqslant 8 \sqrt[8]{b^{2t} \cdot c^{2t} \cdot a^t b^t \cdot a^t b^t \cdot b^t c^t \cdot b^t c^t \cdot c^t a^t \cdot c^t a^t} \geqslant 8bca^{2(t-1)},$$

即

$$(a^{2t} + b^{2t} + c^{2t} + 2a^t b^t + 2b^t c^t + 2c^t a^t) - a^{2t} \geqslant 8bca^{2(t-1)},$$

亦即

$$(a^t + b^t + c^t)^2 \geqslant a^{2t} + 8bca^{2(t-1)} = a^{2(t-1)}(a^2 + 8bc).$$

当 $t = \dfrac{4}{3}$ 时，即 $\dfrac{a}{\sqrt{a^2 + 8bc}} \geqslant \dfrac{a^{\frac{4}{3}}}{a^{\frac{4}{3}} + b^{\frac{4}{3}} + c^{\frac{4}{3}}}$，所以

$$\sum \frac{a}{\sqrt{a^2 + 8bc}} \geqslant \sum \frac{a^{\frac{4}{3}}}{a^{\frac{4}{3}} + b^{\frac{4}{3}} + c^{\frac{4}{3}}} = 1.$$

证法 2　因为 $(x + y + z)^2 = x^2 + y^2 + z^2 + xy + xy + yz + yz + zx + zx$，所以

$$y^2 + z^2 + xy + xy + yz + yz + zx + zx \geqslant 8x^{\frac{1}{2}} y^{\frac{3}{4}} z^{\frac{3}{4}},$$

即

$$(x + y + z)^2 \geqslant x^2 + 8x^{\frac{1}{2}} y^{\frac{3}{4}} z^{\frac{3}{4}} = x^{\frac{1}{2}}(x^{\frac{3}{2}} + 8y^{\frac{3}{4}} z^{\frac{3}{4}}),$$

亦即 $x + y + z \geqslant \sqrt{x^{\frac{1}{2}}(x^{\frac{3}{2}} + 8y^{\frac{3}{4}} z^{\frac{3}{4}})}$，于是

$$\sum \frac{x^{\frac{3}{4}}}{\sqrt{x^{\frac{3}{2}} + 8y^{\frac{3}{4}} z^{\frac{3}{4}}}} \geqslant \sum \frac{x}{x + y + z} = 1.$$

设 $x = a^{\frac{4}{3}}, y = b^{\frac{4}{3}}, z = c^{\frac{4}{3}}$，则 $\sum \dfrac{a}{\sqrt{a^2 + 8bc}} \geqslant 1$.

证法 3　设 $f(x) = \dfrac{1}{\sqrt{x}}$，则 $f'(x) = -\dfrac{1}{2\sqrt{x^3}}$，$f''(x) = \dfrac{3}{4\sqrt{x^5}} > 0$，所以 $f(x)$ 在区间 $[0,$ $+\infty)$ 上是下凸函数，于是

$$\frac{af(x_1) + bf(x_2) + cf(x_3)}{a + b + c} \geqslant f(ax_1 + bx_2 + cx_3).$$

设 $x_1 = a^2 + 8bc, x_2 = b^2 + 8ca, x_3 = c^2 + 8ab$，则

$$af(x_1) + bf(x_2) + cf(x_3) = \frac{a}{\sqrt{a^2 + 8bc}} + \frac{b}{\sqrt{b^2 + 8ca}} + \frac{c}{\sqrt{c^2 + 8ab}}$$

$$\geqslant (a + b + c)f(ax_1 + bx_2 + cx_3)$$

$$= \frac{a + b + c}{\sqrt{a(a^2 + 8bc) + b(b^2 + 8ca) + c(c^2 + 8ab)}}$$

$$= \frac{a + b + c}{\sqrt{a^3 + b^3 + c^3 + 24abc}} \geqslant 1.$$

设 $a + b + c = 1$,其中用到

$$(a + b + c)^3 = a^3 + b^3 + c^3 + 6abc + 3(a^2 b + ab^2 + b^2 c + bc^2 + c^2 a + ca^2)$$
$$\geqslant a^3 + b^3 + c^3 + 6abc + 3(6\sqrt[6]{a^2 b \cdot ab^2 \cdot b^2 c \cdot bc^2 \cdot c^2 a \cdot ca^2})$$
$$= a^3 + b^3 + c^3 + 24abc.$$

例4 已知正数 a, b, c,且 $a + b + c = 1$,求证:$\sqrt{4a+1} + \sqrt{4b+1} + \sqrt{4c+1} \leqslant \sqrt{21}$.

证明 先证明 $\sqrt{4a+1} \leqslant 2\sqrt{\frac{3}{7}}\left(a - \frac{1}{3}\right) + \sqrt{\frac{7}{3}}$,只需证

$$\left[2\sqrt{\frac{3}{7}}\left(a - \frac{1}{3}\right) + \sqrt{\frac{7}{3}}\right]^2 - (\sqrt{4a+1})^2 = \frac{12}{7}\left(a - \frac{1}{3}\right)^2 \geqslant 0.$$

故

$$\sum \sqrt{4a+1} \leqslant \sum \left[2\sqrt{\frac{3}{7}}\left(a - \frac{1}{3}\right) + \sqrt{\frac{7}{3}}\right] = 3 \times \sqrt{\frac{7}{3}} = \sqrt{21}.$$

说明 肯定有读者对"先证明 $\sqrt{4a+1} \leqslant 2\sqrt{\frac{3}{7}}\left(a - \frac{1}{3}\right) + \sqrt{\frac{7}{3}}$"摸不着头脑,其实这就是"切线法".设 $f(x) = \sqrt{4x+1}$,则 $f'(x) = \frac{2}{\sqrt{4x+1}}$,$f\left(\frac{1}{3}\right) = \sqrt{\frac{7}{3}}$,$f'\left(\frac{1}{3}\right) = 2\sqrt{\frac{3}{7}}$,$f(x)$ 在 $x = \frac{1}{3}$ 处的切线方程是 $2\sqrt{\frac{3}{7}}\left(x - \frac{1}{3}\right) + \sqrt{\frac{7}{3}}$.在中学阶段,切线法常常结合图像表示,更加直观.

如果你没学过导数,也有办法处理.

假设 $\sqrt{4a+1} \leqslant ma + n$,即 $(ma + n)^2 - (4a + 1) = -1 - 4a + a^2 m^2 + 2amn + n^2 \geqslant 0$,设

$$-1 - 4a + a^2 m^2 + 2amn + n^2 = k\left(a - \frac{1}{3}\right)^2,$$

解得 $k = \frac{12}{7}$,$m = -2\sqrt{\frac{3}{7}}$,$n = -\frac{5}{\sqrt{21}}$(舍去,我们希望 m 和 n 为非负数),或 $k = \frac{12}{7}$,$m = 2\sqrt{\frac{3}{7}}$,$n = \frac{5}{\sqrt{21}}$,于是得 $\sqrt{4a+1} \leqslant 2\sqrt{\frac{3}{7}}a + \frac{5}{\sqrt{21}}$.

例5 已知正数 a, b, c, d 满足 $a + b + c + d = 1$,求证:$6(a^3 + b^3 + c^3 + d^3) \geqslant (a^2 + b^2 + c^2 + d^2) + \frac{1}{8}$.

证法1 先用切线法,求出切线方程.设 $f(x) = 6x^3 - x^2$,$y = f'\left(\frac{1}{4}\right)\left(x - \frac{1}{4}\right) + \frac{1}{32}$

$$= \frac{5x-1}{8}.$$

下面证 $f(x) \geqslant \frac{5x-1}{8}, x \in (0,1)$，即 $6x^3 - x^2 \geqslant \frac{5x-1}{8}$，亦即 $(4x-1)^2(3x+1) \geqslant 0$. 于是

$$f(a)+f(b)+f(c)+f(d) \geqslant \frac{5a+5b+5c+5d-4}{8} = \frac{1}{8},$$

当且仅当 $a=b=c=d=\frac{1}{4}$ 时等号成立.

证法 2

$$\frac{1}{8}(1+3a)(4a-1)^2 + \frac{1}{8}(1+3b)(4b-1)^2 + \frac{1}{8}(1+3c)(4c-1)^2 + \frac{1}{8}(1+3d)(4d-1)^2$$

$$= (6a^3-a^2)+(6b^3-b^2)+(6c^3-c^2)+(6d^3-d^2) - \frac{5(a+b+c+d-1)}{8} - \frac{1}{8}$$

$$\geqslant 0.$$

说明 尝试探索 $mx+n$，使得 $x \in (0,1), 6x^3 - x^2 \geqslant mx+n$ 恒成立.

当 $x = \frac{1}{4}$ 时，等号成立，即 $6\left(\frac{1}{4}\right)^3 - \left(\frac{1}{4}\right)^2 = \frac{1}{4}m+n$，解得 $n = \frac{1-8m}{32}$.

假设 $6x^3 - x^2 - mx - \frac{1-8m}{32} = (4x-1)^2(px+q)$ 恒成立.

解得 $p = \frac{3}{8}, m = \frac{5}{8}, q = \frac{1}{8}$，即

$$6x^3 - x^2 - \frac{5x-1}{8} = (4x-1)^2\left(\frac{3}{8}x + \frac{1}{8}\right) \geqslant 0,$$

至此完成探索任务，得到 $6x^3 - x^2 \geqslant \frac{5x-1}{8}$.

使用切线法，所得放缩方式是一样的. 而使用待定系数法则不同，根据当初的假设不同，可能得到不同的放缩方式，从而得到不同的解法.

假设 $6a^3 - (k_1a^2 + k_2a + k_3) = \left(a - \frac{1}{4}\right)^2(6a+t)$ 恒成立.

解方程得 $k_1 = 3 + 16k_3, k_2 = -\frac{3}{8} - 8k_3, t = -16k_3$.

取 $k_3 = 0$，于是猜测 $6a^3 \geqslant 3a^2 - \frac{3}{8}a$. 理由是恒等式 $6a^3 - \left(3a^2 - \frac{3}{8}a\right) = \frac{3}{8}a(4a-1)^2$.

所以

$$\sum 6a^3 \geqslant \sum\left(3a^2 - \frac{3}{8}a\right) = 3\sum a^2 - \frac{3}{8}$$

$$\geqslant \sum a^2 + 2 \times \frac{(a+b+c+d)^2}{4} - \frac{3}{8} = (a^2+b^2+c^2+d^2) + \frac{1}{8}.$$

取 $k_3 = 0$ 是因为看着简便，但未必真简便.

令 a^2 的系数 $k_1 = 3 + 16k_3 = 1$,则 $k_3 = -\dfrac{1}{8}$,$k_2 = \dfrac{5}{8}$,$t = 2$,于是由

$$6a^3 - \left(a^2 + \frac{5}{8}a - \frac{1}{8}\right) = \frac{1}{8}(1 + 3a)(4a - 1)^2,$$

得 $6a^3 \geqslant a^2 + \dfrac{5}{8}a - \dfrac{1}{8}$.故

$$\sum 6a^3 \geqslant \sum \left(a^2 + \frac{5}{8}a - \frac{1}{8}\right) = \sum a^2 + \sum \left(\frac{5}{8}a - \frac{1}{8}\right) = \sum a^2 + \frac{1}{8}.$$

例6 已知非负数 a,b,c 满足 $a + b + c = 3$,求证:$\dfrac{a}{1 + 3b^2} + \dfrac{b}{1 + 3c^2} + \dfrac{c}{1 + 3a^2} \geqslant \dfrac{3}{4}$.

分析 猜测 $\dfrac{a}{1 + 3b^2} - (ma + nb + k) = \dfrac{k_1 ab(b-1)^2 + k_2 a(b-1)^2 + k_3}{1 + 3b^2}$ 关于 a,b 恒成立,经计算无解.需要进一步扩大猜测范围.

解方程

$$\frac{a}{1 + 3b^2} - (ma + nb + rab + sa^2 + tb^2 + k) = \frac{k_1 ab(b-1)^2 + k_2 a(b-1)^2 + k_3}{1 + 3b^2},$$

得 $m = \dfrac{5}{8}$,$n = 0$,$r = -\dfrac{3}{8}$,$s = 0$,$t = 0$,$k = 0$,$k_1 = \dfrac{9}{8}$,$k_2 = \dfrac{3}{8}$,$k_3 = 0$,于是猜测 $\dfrac{a}{1 + 3b^2} \geqslant$

$\dfrac{5a - 3ab}{8}$,理由是恒等式 $\dfrac{a}{1 + 3b^2} - \dfrac{5a - 3ab}{8} = \dfrac{3a(b-1)^2(1+3b)}{8(1+3b^2)}$.

如果想显得有技巧些,在探索到前进方向之后,可改写成下面放缩法的形式.此处用到计算机,所以扩大猜测范围时很"霸气".

证明

$$\frac{a}{1 + 3b^2} = a - \frac{3ab^2}{1 + 3b^2} \geqslant a - \frac{3ab^2}{4\sqrt[4]{(b^2)^3}} = a - \frac{3a\sqrt{b}}{4}$$

$$\geqslant a - \frac{3(a + ab)}{8} = \frac{5a - 3ab}{8},$$

故

$$\sum \frac{a}{1 + 3b^2} \geqslant \sum \frac{5a - 3ab}{8} = \frac{5 \times 3}{8} - \frac{3}{8}\sum ab$$

$$\geqslant \frac{15}{8} - \frac{(a + b + c)^2}{8} = \frac{15}{8} - \frac{9}{8} = \frac{3}{4}.$$

例7 设 $x,y,z \in \mathbf{R}^+$,且 $x + y + z = 1$,求证:$\dfrac{1}{1 + x + x^2} + \dfrac{1}{1 + y + y^2} + \dfrac{1}{1 + z + z^2} \geqslant$

$\dfrac{27}{13}$.(《数学通报》数学问题 2045)

证法 1 假设 $\dfrac{1}{1 + x + x^2} \geqslant mx + n$,当 $x = \dfrac{1}{3}$ 时,$\dfrac{1}{1 + \frac{1}{3} + \frac{1}{9}} = \dfrac{m}{3} + n$.仿照上文案例,根

据待定系数法可得恒等式

$$\frac{1}{1+x+x^2} - \frac{135}{169}\left(\frac{6}{5} - x\right) = \frac{(-1+3x)^2(7+15x)}{169(1+x+x^2)}.$$

于是

$$\sum \frac{1}{1+x+x^2} \geq \sum \frac{135}{169}\left(\frac{6}{5} - x\right) = \frac{27}{13}.$$

证法 2 设 $f(t) = \dfrac{1}{1+t+t^2}(0 < t < 1)$，则

$$f'(t) = -\frac{2t+1}{(1+t+t^2)^2}, \quad f''(t) = \frac{6t^2+6t}{(1+t+t^2)^3} > 0.$$

故 $f(t) = \dfrac{1}{1+t+t^2}(0 < t < 1)$ 是凸函数，从而

$$f(x) + f(y) + f(z) \geq 3f\left(\frac{x+y+z}{3}\right) = 3f\left(\frac{1}{3}\right) = \frac{27}{13}.$$

说明 切线法有时有较大的计算量，但毕竟也有了初等化的代替思路. 初等数学中没有凹凸性这个概念，通常借助图形直观说明，严格说明必须借用高等数学.

例 8 已知正数 a, b, c 满足 $ab^2 + bc^2 + ca^2 = 3$，求证：

$$\sum \frac{2a^5 + 3b^5}{ab} \geq 15(a^3 + b^3 + b^3 - 2).$$

证明 设 $\dfrac{2a^5 + 3b^5}{ab} \geq ma^3 + nab^2 + tb^3$，则

$$2a^5 + 3b^5 - ab(ma^3 + nab^2 + tb^3) = 2a^5 + 3b^5 - a^4bm - a^2b^3n - ab^4t \geq 0.$$

假设 $2a^5 - a^4bm - a^2b^3n - ab^4t + 3b^5 = (a-b)^4(2a+3b)$ 恒成立.

解得 $m = 5, n = -10, t = 10$.

于是猜测 $\dfrac{2a^5 + 3b^5}{ab} \geq 5a^3 - 10ab^2 + 10b^3$，理由是恒等式

$$\frac{2a^5 + 3b^5}{ab} - (5a^3 - 10ab^2 + 10b^3) = \frac{(a-b)^4(2a+3b)}{ab}.$$

所以

$$\sum \frac{2a^5 + 3b^5}{ab} \geq \sum (5a^3 - 10ab^2 + 10b^3) = 15(a^3 + b^3 + b^3 - 2).$$

例 9 已知正数 a, b, c 满足 $a^2 + b^2 + c^2 = 3$，求证：$\dfrac{1}{2-a} + \dfrac{1}{2-b} + \dfrac{1}{2-c} \geq 3$.

证明 设 $\dfrac{1}{2-a} \geq k_1a^2 + k_2a + k_3$，则

$$1 - (k_1a^2 + k_2a + k_3)(2-a)$$
$$= k_1a^3 + (-2k_1+k_2)a^2 + (-2k_2+k_3)a + 1 - 2k_3 \geq 0.$$

假设 $k_1a^3+(-2k_1+k_2)a^2+(-2k_2+k_3)a+1-2k_3=k_1a(a-1)^2$(因为 $a=b=c=1$ 满足 $a^2+b^2+c^2=3$ 和 $\dfrac{1}{2-a}+\dfrac{1}{2-b}+\dfrac{1}{2-c}=3$),解方程得 $k_1=\dfrac{1}{2}$,$k_2=0$,$k_3=\dfrac{1}{2}$.

于是猜测 $\dfrac{1}{2-a}\geqslant\dfrac{a^2+1}{2}$,理由是恒等式

$$\frac{1}{2-a}-\frac{a^2+1}{2}=\frac{(a-1)^2a}{2(2-a)} \quad (注意到\ a\leqslant\sqrt{3}).$$

所以

$$\sum\frac{1}{2-a}\geqslant\sum\frac{a^2+1}{2}=3.$$

例10 已知正数 a,b,c 满足 $\dfrac{1}{a+1}+\dfrac{1}{b+1}+\dfrac{1}{c+1}=2$,求证:$\dfrac{1}{4a+1}+\dfrac{1}{4b+1}+\dfrac{1}{4c+1}\geqslant1$.

证明 设 $\dfrac{1}{4a+1}\geqslant\dfrac{m}{a+1}+n$,则

$$(1+a)(1+4a)\left(\frac{1}{4a+1}-\frac{m}{a+1}-n\right)=-4a^2n+a(1-4m-5n)-n+1-m\geqslant0.$$

假设 $-4a^2n+a(1-4m-5n)-n+1-m=k\left(a-\dfrac{1}{2}\right)^2$(因为 $a=b=c=\dfrac{1}{2}$ 满足 $\dfrac{1}{a+1}+\dfrac{1}{b+1}+\dfrac{1}{c+1}=2$ 和 $\dfrac{1}{4a+1}+\dfrac{1}{4b+1}+\dfrac{1}{4c+1}=1$),解方程得 $k=\dfrac{4}{3}$,$m=1$,$n=-\dfrac{1}{3}$.

于是猜测 $\dfrac{1}{4a+1}\geqslant\dfrac{1}{a+1}-\dfrac{1}{3}$,理由是恒等式

$$\frac{1}{4a+1}-\left(\frac{1}{a+1}-\frac{1}{3}\right)=\frac{(2a-1)^2}{3(1+a)(1+4a)}.$$

所以

$$\sum\frac{1}{4a+1}\geqslant\sum\left(\frac{1}{a+1}-\frac{1}{3}\right)=1.$$

例11 已知正数 a,b,c 满足 $abc=1$,求证:$\dfrac{ab}{a^5+b^5+ab}+\dfrac{bc}{b^5+c^5+bc}+\dfrac{ca}{c^5+a^5+ca}\leqslant1$.

分析 我们希望有 $\dfrac{c}{a+b+c}\geqslant\dfrac{ab}{a^5+b^5+ab}$,

$$\frac{c}{a+b+c}-\frac{ab}{a^5+b^5+ab}=\frac{\dfrac{1}{ab}}{a+b+\dfrac{1}{ab}}-\frac{ab}{a^5+b^5+ab}$$

$$=\frac{(a-b)^2(a+b)(a^2+ab+b^2)}{(1+a^2b+ab^2)(a^5+ab+b^5)}.$$

由此可确定这种思路行得通.为使得证明看起来不那么暴力,可采用放缩法.

证明 由于

$$\frac{ab}{a^5 + b^5 + ab} \leqslant \frac{ab}{a^2 b^2 (a + b) + ab} = \frac{1}{ab(a + b) + 1} = \frac{c}{a + b + c},$$

故

$$\sum \frac{ab}{a^5 + b^5 + ab} \leqslant \frac{\sum c}{a + b + c} = 1.$$

例12 已知正数 a, b, c 满足 $a + b + c = 1$,求证:$\dfrac{a}{1 + a^2} + \dfrac{b}{1 + b^2} + \dfrac{c}{1 + c^2} \leqslant \dfrac{9}{10}$.

分析 我们很希望有 $\dfrac{9}{10} a \geqslant \dfrac{a}{1 + a^2}$,但事实未必这么美好,因为 $\dfrac{9}{10} a - \dfrac{a}{1 + a^2} = \dfrac{a(3a - 1)(1 + 3a)}{10(1 + a^2)}$,其正负难以确定. 因此需要进一步扩大猜测范围.

证明 设 $\dfrac{a}{1 + a^2} \leqslant ma + n$.

假设 $ma + n - \dfrac{a}{1 + a^2} = \dfrac{k_1 a \left(a - \dfrac{1}{3}\right)^2 + k_2 \left(a - \dfrac{1}{3}\right)^2}{1 + a^2}$ 恒成立.

解得 $m = \dfrac{18}{25}, n = \dfrac{3}{50}, k_1 = \dfrac{18}{25}, k_2 = \dfrac{27}{50}$.

于是有 $\dfrac{18}{25} a + \dfrac{3}{50} \geqslant \dfrac{a}{a^2 + 1}$,理由是恒等式

$$\frac{18}{25} a + \frac{3}{50} - \frac{a}{a^2 + 1} = \frac{(3a - 1)^2 (3 + 4a)}{50(1 + a^2)}.$$

所以

$$\sum \frac{a}{1 + a^2} \leqslant \sum \left(\frac{18}{25} a + \frac{3}{50}\right) = \frac{9}{10}.$$

例13 已知正数 a, b, c 满足 $a + b + c = 1$,求证:$\dfrac{1}{1 + a^2} + \dfrac{1}{1 + b^2} + \dfrac{1}{1 + c^2} \leqslant \dfrac{27}{10}$.

分析 我们很希望有 $\dfrac{27}{10} a \geqslant \dfrac{1}{1 + a^2}$,但事实未必这么美好,因为 $\dfrac{27}{10} a - \dfrac{1}{1 + a^2} = \dfrac{(3a - 1)(10 + 3a + 9a^2)}{10(1 + a^2)}$,其正负难以确定. 因此需要进一步扩大猜测范围.

证明 设 $\dfrac{1}{1 + a^2} \leqslant k_1 a + k_2$,则

$$(k_1 a + k_2)(1 + a^2) - 1 = a^3 k_1 + a^2 k_2 + ak_1 + k_2 - 1 \geqslant 0.$$

假设 $a^3 k_1 + a^2 k_2 + ak_1 + k_2 - 1 = \left(a - \dfrac{1}{3}\right)^2 (k_1 a + n)$ 恒成立.

解得 $k_1 = -\dfrac{27}{50}, k_2 = \dfrac{27}{25}, n = \dfrac{18}{25}$.

因此 $-\dfrac{27}{50}a + \dfrac{27}{25} - \dfrac{1}{1+a^2} = \dfrac{(4-3a)(1-3a)^2}{50(1+a^2)}$ (注意到 $a \leqslant 1$),于是有

$$\dfrac{1}{1+a^2} \leqslant -\dfrac{27}{50}a + \dfrac{27}{25}.$$

所以

$$\sum \dfrac{1}{1+a^2} \leqslant \sum \left(-\dfrac{27}{50}a + \dfrac{27}{25}\right) = \dfrac{27}{10}.$$

例14 已知正数 a,b,c 满足 $a+b+c=3$,求证:$\sqrt[3]{\dfrac{a^3+4}{a^2+4}} + \sqrt[3]{\dfrac{b^3+4}{b^2+4}} + \sqrt[3]{\dfrac{c^3+4}{c^2+4}} \geqslant 3$.

分析 我们很希望有 $\sqrt[3]{\dfrac{a^3+4}{a^2+4}} \geqslant 1$,但事实未必这么美好,因为 $\dfrac{a^3+4}{a^2+4} - 1 = \dfrac{(a-1)a^2}{4+a^2}$,其正负难以确定. 因此需要进一步扩大猜测范围.

证明 设 $\sqrt[3]{\dfrac{a^3+4}{a^2+4}} \geqslant ka + 1 - k$ (注意到 $a=1$ 时等号成立).

假设 $a^3 + 4 - (4+a^2)(ka+1-k)^3 = (a-1)^2(k_1 a^3 + k_2 a^2 + k_3 a + k_4)$ 恒成立.

解得 $k_1 = -\dfrac{1}{3375}$,$k_2 = -\dfrac{44}{3375}$,$k_3 = \dfrac{2696}{3375}$,$k_4 = \dfrac{2524}{3375}$,$k = \dfrac{1}{15}$.

因此 $a^3 + 4 - (a^2+4)\left(\dfrac{a+14}{15}\right)^3 = \dfrac{(a-1)^2(2524 + 2696a - 44a^2 - a^3)}{3375} \geqslant 0$ (注意到 $0 < a \leqslant 3$),于是有 $\sqrt[3]{\dfrac{a^3+4}{a^2+4}} \geqslant \dfrac{a+14}{15}$. 所以

$$\sum \sqrt[3]{\dfrac{a^3+4}{a^2+4}} \geqslant \sum \dfrac{a+14}{15} = 3.$$

说明 在计算过程中,出现了 a 的五次方,解答过程有一定复杂性. 实际解答中,只需集中精力算 k 即可. 如涉及这种高次方程,用切线法可能简单些. 设 $f(a) = \sqrt[3]{\dfrac{a^3+4}{a^2+4}}$,则

$$f'(a) = \dfrac{a(-8 + 12a + a^3)}{3(4+a^2)^2 \left(\dfrac{4+a^3}{4+a^2}\right)^{2/3}},$$

切线方程为 $y = f'(1)(a-1) + f(1) = \dfrac{1}{15}(a-1) + 1 = \dfrac{a+14}{15}$. 这里求导,只需公式熟练,并无其他难度.

例15 设实数 a,b,c 满足 $a+b+c=3$,求证:$\dfrac{1}{5a^2 - 4a + 11} + \dfrac{1}{5b^2 - 4b + 11} + \dfrac{1}{5c^2 - 4c + 11} \leqslant \dfrac{1}{4}$. (第7届中国西部数学奥林匹克竞赛试题)

分析 根据上文方法,可得恒等式

$$\left(-\dfrac{1}{24}a + \dfrac{1}{8}\right) - \dfrac{1}{5a^2 - 4a + 11} = \dfrac{(-1+a)^2(9-5a)}{24(5a^2 - 4a + 11)},$$

但该式的正负还需讨论.

证明 (1) 当 a,b,c 都不大于 $\dfrac{9}{5}$ 时,由 $\dfrac{1}{5a^2-4a+1}\leqslant -\dfrac{1}{24}a+\dfrac{1}{8}\left(a\leqslant \dfrac{5}{9}\right)$,得

$$\dfrac{1}{5a^2-4a+11}+\dfrac{1}{5b^2-4b+11}+\dfrac{1}{5c^2-4c+11}\leqslant -\dfrac{1}{24}(a+b+c)+\dfrac{3}{8}=\dfrac{1}{4}.$$

(2) 当 a,b,c 中有一个大于 $\dfrac{9}{5}$ 时,不妨设 $a>\dfrac{9}{5}$,则 $5a^2-4a+11=5\left(a-\dfrac{2}{5}\right)^2+\dfrac{51}{5}>$ 20,因此 $\dfrac{1}{5a^2-4a+11}<\dfrac{1}{20}$;$5b^2-4b+11=5\left(b-\dfrac{2}{5}\right)^2+\dfrac{51}{5}>10$,因此 $\dfrac{1}{5b^2-4b+11}<\dfrac{1}{10}$;同理 $\dfrac{1}{5c^2-4c+11}<\dfrac{1}{10}$.故

$$\dfrac{1}{5a^2-4a+11}+\dfrac{1}{5b^2-4b+11}+\dfrac{1}{5c^2-4c+11}\leqslant \dfrac{1}{20}+\dfrac{1}{10}+\dfrac{1}{10}=\dfrac{1}{4}.$$

所以 $\dfrac{1}{5a^2-4a+11}+\dfrac{1}{5b^2-4b+11}+\dfrac{1}{5c^2-4c+11}\leqslant \dfrac{1}{4}$,当且仅当 $a=b=c=1$ 时等号成立.

本章的做法与常见的切线法有相通之处,也有不同之处.常见的切线法所得是一个不等式,其思想是用直线代替曲线.而本章中,合理运用一些猜测,结合待定系数法,得到恒等式,可能是直代曲,也可能是曲代直.得到恒等式后,舍弃部分,就可以直奔结论而去;而若不舍弃部分,则可生成新的恒等式,即所求不等式的加强.所以本章看似在研究局部不等式,实质也在探索建立恒等式的新思路.

16 恒等式与不等式

恒等式与不等式有着天然的联系.将恒等式中去掉一些项,就变成了不等式.如经典恒等式 $(a+b)^2 = (a-b)^2 + 4ab$,去掉 $(a-b)^2$,得 $(a+b)^2 \geqslant 4ab$,即 $a^2 + b^2 \geqslant 2ab$.因此很多不等式的证明、最值求解,关键就在于发现联系条件和结论的恒等式.

例1 已知实数 x, y 满足 $5x^2 - y^2 - 4xy = 5$,则 $2x^2 + y^2$ 的最小值是_____.(2017年清华大学自主招生试题)

解 有恒等式

$$5x^2 - y^2 - 5 + (x^2 + 4y^2) - 3\left(2x^2 + y^2 - \frac{5}{3}\right) = 0,$$

即

$$3\left(2x^2 + y^2 - \frac{5}{3}\right) = 5x^2 - y^2 - 5 + (x^2 + 4y^2) \geqslant 5x^2 - y^2 - 5 - 4xy = 0,$$

所以 $2x^2 + y^2 \geqslant \frac{5}{3}$.

说明 用待定系数法可求出 $5x^2 - y^2 - 5 + \left(mx^2 + \frac{4}{m}y^2\right) - \frac{5}{p}(2x^2 + y^2 - p) = 0$ 中的 m 和 p 使得等式恒成立.

例2 已知正数 x, y 满足 $x + y = 2$,求证:$2 \geqslant xy(x^2 + y^2)$.

证明 由 $\frac{1}{8}(x+y)^4 - xy(x^2 + y^2) = \frac{1}{8}(x-y)^4$,得 $2 = \frac{1}{8} \times 2^4 \geqslant xy(x^2 + y^2)$.

例3 求证:$a^4 + b^4 + 2 \geqslant 4ab$.

证法1 $a^4 + b^4 + 2 \geqslant 2a^2 b^2 + 2 = 2(a^2 b^2 + 1) \geqslant 2 \cdot 2|ab| = 4ab$.

证法2 设 $a^4 + b^4 + 2 - 4ab - k_1(ab-1)^2 - k_2(a-b)^4 - k_3(a^2 - b^2)^2 - k_4(a-b)^2(a^2 + b^2) - k_5(a-b)^2 ab = 0$,解得 $k_1 = 2, k_2 = -\frac{k_4}{2} + \frac{k_5}{4}, k_3 = 1 - \frac{k_4}{2} - \frac{k_5}{4}$,可得 $a^4 + b^4 + 2 - 4ab = (a^2 - b^2)^2 + 2(ab-1)^2 \geqslant 0$.

例 4 对于实数 x, y, $x \neq -y$, 求证: $x^2 + y^2 + \left(\dfrac{1+xy}{x+y}\right)^2 \geqslant 2$.

证法 1 设 $z = -\dfrac{1+xy}{x+y}$, 即 $xy + yz + zx = -1$.

由 $(x+y+z)^2 \geqslant 0$, 得 $x^2 + y^2 + z^2 \geqslant -2(xy + yz + zx)$, 所以 $x^2 + y^2 + z^2 \geqslant 2$, 即 $x^2 + y^2 + \left(\dfrac{1+xy}{x+y}\right)^2 \geqslant 2$.

证法 2 $x^2 + y^2 + \left(\dfrac{1+xy}{x+y}\right)^2 - 2 = \left(x + y - \dfrac{1+xy}{x+y}\right)^2$.

说明 证法 1 的代换使用得很好, 解题自然, 一看就懂. 在完成证法 1 后, 过河拆桥, 去掉代换变量 z, 将之改写成证法 2, 更简短.

例 5 已知正数 x, y, z, 证明: $x^2 + xy^2 + xyz^2 \geqslant 4xyz - 4$. (第 44 届加拿大数学奥林匹克竞赛试题)

证法 1

$$(x-2)^2 \geqslant 0 \quad \Rightarrow \quad x^2 \geqslant 4x - 4,$$
$$x(y-2)^2 \geqslant 0 \quad \Rightarrow \quad 4x + xy^2 \geqslant 4xy,$$
$$xy(z-2)^2 \geqslant 0 \quad \Rightarrow \quad 4xy + xyz^2 \geqslant 4xyz,$$

以上三式相加即得证.

证法 2

$$x^2 + xy^2 + xyz^2 = 4xyz - 4 + (x-2)^2 + x(y-2)^2 + xy(z-2)^2.$$

说明 写成恒等式, 解答更简洁了. 但可读性是变差还是变好了, 则是另一个问题. 有人可能习惯证法 1, 和平常思路一致, 采用"因为""所以"这样的推理格式. 而恒等式则是从整体考虑, 只需展开验算即可. 这样写有助于更清楚地认识问题, 譬如 z 是否为正不影响结论.

例 6 证明: 若 $a > b > c$, 则 $\dfrac{a^2}{a-b} + \dfrac{b^2}{b-c} > a + 2b + c$.

证明

$$\frac{a^2}{a-b} + \frac{b^2}{b-c} - a - 2b - c = \frac{b^2}{a-b} + \frac{c^2}{b-c}.$$

例 7 设 $0 < a$, $b < 1$, 求证: $\dfrac{a}{1-a^2} + \dfrac{b}{1-b^2} \geqslant \dfrac{a+b}{1-ab} + \dfrac{a+b}{1-ab}\left(\dfrac{a-b}{1+ab}\right)^2$.

证明

$$\frac{a}{1-a^2} + \frac{b}{1-b^2} - \frac{a+b}{1-ab} - \frac{a+b}{1-ab}\left(\frac{a-b}{1+ab}\right)^2$$

$$= \frac{(a-b)^2(a+b)^3}{(1-a^2)(1-b^2)(1-ab)(1+ab)^2}.$$

例 8 已知正数 a，b，c，求证：

$$5041(a+b)(b+c)(c+a) \geqslant 840(4a+5b+6c)(ab+bc+ca).$$

证 明 设

$$5041(a+b)(b+c)(c+a) - 840(4a+5b+6c)(ab+bc+ca)$$

$$= 1681a^2b + 841ab^2 + 1681a^2c - 2518abc + 841b^2c + ac^2 + bc^2$$

$$= a(k_1b - k_2c)^2 + b(k_3c - k_4a)^2 + c(k_5a - k_6b)^2,$$

根据待定系数法，可求出其中一组解，即

$$5041(a+b)(b+c)(c+a) - 840(4a+5b+6c)(ab+bc+ca)$$

$$= a(29b - c)^2 + b(c - 41a)^2 + c(41a - 29b)^2.$$

例 9 $\triangle ABC$ 中，求证：$\dfrac{a}{2a+b+c} + \dfrac{b}{a+2b+c} + \dfrac{c}{a+b+2c} \leqslant \dfrac{3}{4}$.

证法 1 设 $f(a,b,c) = \dfrac{1}{3}(c+a)(c-a)^2 + \dfrac{4}{3}(a^2b + ab^2 - 3abc + c^3)$，则

$$\frac{3}{4} - \left(\frac{a}{2a+b+c} + \frac{b}{a+2b+c} + \frac{c}{a+b+2c} \right)$$

$$= \frac{2a^3 + a^2b + ab^2 + 2b^3 + a^2c - 12abc + b^2c + ac^2 + bc^2 + 2c^3}{4(2a+b+c)(a+2b+c)(a+b+2c)}$$

$$= \frac{\sum f(a,b,c)}{4(2a+b+c)(a+2b+c)(a+b+2c)}.$$

证法 2

$$\frac{3}{4} - \left(\frac{a}{2a+b+c} + \frac{b}{a+2b+c} + \frac{c}{a+b+2c} \right)$$

$$= \left(\frac{1}{4} - \frac{a}{2a+b+c} \right) + \left(\frac{1}{4} - \frac{b}{a+2b+c} \right) + \left(\frac{1}{4} - \frac{c}{a+b+2c} \right)$$

$$= \frac{(b-a)-(a-c)}{4(2a+b+c)} + \frac{(c-b)-(b-a)}{4(a+2b+c)} + \frac{(a-c)-(c-b)}{4(a+b+2c)}$$

$$= \sum \frac{(b-a)^2}{4(2a+b+c)(a+2b+c)}.$$

证法 3 设 $a+b+c=1$，不妨设 $\dfrac{a}{2a+b+c} = \dfrac{a}{a+1} \leqslant k\left(a - \dfrac{1}{3}\right) + \dfrac{1}{4}$，则

$$k\left(a - \frac{1}{3}\right) + \frac{1}{4} - \frac{a}{a+1} = \frac{(-1+3a)(-3+4k+4ak)}{12(1+a)},$$

解方程 $\dfrac{-1}{3} = \dfrac{-3+4k}{4k}$，得 $k = \dfrac{9}{16}$，此时 $\dfrac{9}{16}\left(a - \dfrac{1}{3}\right) + \dfrac{1}{4} - \dfrac{a}{a+1} = \dfrac{(-1+3a)^2}{12(1+a)}$，所以

$$\sum \frac{a}{2a+b+c} \leqslant \sum \left[\frac{9}{16}\left(a - \frac{1}{3}\right) + \frac{1}{4} \right] = \frac{3}{4}.$$

例10 设非负实数 a,b,c 满足 $a+b+c=3$，则 $a+ab+abc$ 的最大值为_____.
（北京大学 2018 年博雅计划数学试题）

解法 1

$$a+ab+abc = a+ab+ab(3-a-b) = -ab^2+(4a-a^2)b+a$$

$$\leqslant \frac{-4a^2-a^2(4-a)^2}{-4a} = \frac{a^3-8a^2+20a}{4}.$$

求证结论中含有 3 个变量，利用条件消去 1 个，然后再通过二次函数求最值，最终化成一个变量．这是一种很自然的思路，很多人都会采用这种思路．

设 $f(a)=a^3-8a^2+20a$，则 $f'(a)=(3a-10)(a-2)$，$f(a)$ 在 $[0,3]$ 上的最大值为 16，其中 $a=2,b=1,c=0$．因此 $a+ab+abc$ 的最大值为 4．

遇到单变量函数极值问题时，求导是最直接的方法．对于没学过导数的读者，可尝试使用恒等式来做，即假设 $a^3-8a^2+20a=k+(a+m)(a+n)^2$，解得 $k=\dfrac{400}{27}$，$m=-\dfrac{4}{3}$，$n=-\dfrac{10}{3}$（舍去）或 $k=16$，$m=-4$，$n=-2$，于是可得 $a^3-8a^2+20a=16+(a-4)(a-2)^2$．

解法 2

$$a+ab+abc = a[1+b(1+c)] \leqslant a\left[1+\frac{(1+b+c)^2}{4}\right] = a\left[1+\frac{(4-a)^2}{4}\right].$$

说明 如果恰当使用均值不等式，解答会更简单．而在知道答案和取等条件后，生成这样的巧解就更容易些．

例11 已知实数 x,y，求证：$3(x+y+1)^2+1 \geqslant 3xy$.

分析 首先试探 $x=y$ 时的特殊情况，即 $3(2x+1)^2+1-3x^2 \geqslant 0$，亦即 $(3x+2)^2 \geqslant 0$，取等条件是 $x=-\dfrac{2}{3}$，我们尝试用 $3x+2$ 和 $3y+2$ 以及组合去表示 $3(x+y+1)^2+1-3xy$．

$$3(x+y+1)^2+1-3xy$$
$$= k_1(3x+2)^2+k_2(3y+2)^2+[k_3(3x+2)+k_4(3y+2)]^2,$$

解得 $k_1=\dfrac{-1+12k_4^2}{36k_4^2}$，$k_2=\dfrac{1}{3}(1-3k_4^2)$，$k_3=\dfrac{1}{6k_4}$，取 $k_4=\dfrac{1}{\sqrt{6}}$，可得一行证明．

证明

$$3(x+y+1)^2+1-3xy = \frac{(3x+2)^2+(3y+2)^2+[3(x+y)+4]^2}{6}.$$

说明 如果不习惯上面这种恒等式一行解题，也可以做慢动作．

设 $3x+2=a$，$3y+2=b$，则

$$3(x+y+1)^2 + 1 - 3xy = 3\left(\frac{a+b-4}{3}+1\right)^2 + 1 - 3\frac{(a-2)(b-2)}{9}$$

$$= \frac{(a+b-1)^2}{3} + 1 - \frac{ab-2a-2b+4}{3}$$

$$= \frac{a^2+b^2+(a+b)^2}{6}$$

$$= \frac{(3x+2)^2 + (3y+2)^2 + [3(x+y)+4]^2}{6}.$$

例 12 已知正数 a,b 满足 $a+b=1$，求证：$\left(a+\dfrac{1}{a}\right)^2 + \left(b+\dfrac{1}{b}\right)^2 \geqslant \dfrac{25}{2}$.

证明

$$\left[a+\frac{(a+b)^2}{a}\right]^2 + \left[b+\frac{(a+b)^2}{b}\right]^2 - \frac{25}{2}(a+b)^2$$

$$= \frac{(a-b)^2(2a^2+4ab+b^2)(a^2+4ab+2b^2)}{2a^2b^2}.$$

说明 齐次化很重要. 齐次化之后，条件"$a+b=1$"就没用了. 快速写出 $\left[a+\dfrac{(a+b)^2}{a}\right]^2 + \left[b+\dfrac{(a+b)^2}{b}\right]^2 - \dfrac{25}{2}(a+b)^2$ 的分解结果很有技术，猜测分母有 $2a^2b^2$，分子有一项 $(a-b)^2$，除开这些，计算就不难了. 请时刻注意对称性.

例 13 $\triangle ABC$ 中，求证：$\cos A \cos B + \cos B \cos C + \cos C \cos A \leqslant \dfrac{3}{4}$.

证明

$$\frac{3}{4} - (\cos A \cos B + \cos B \cos C + \cos C \cos A)$$

$$= \frac{a^5b - 2a^3b^3 + ab^5 + a^5c - a^4bc - ab^4c + b^5c}{4a^2b^2c^2}$$

$$+ \frac{3a^2b^2c^2 - 2a^3c^3 - 2b^3c^3 - abc^4 + ac^5 + bc^5}{4a^2b^2c^2}$$

$$= \frac{g(a,b,c) + g(b,c,a) + g(c,a,b)}{4a^2b^2c^2},$$

其中

$$g(a,b,c) = \left[\frac{1}{4}ab + \frac{3}{4}(a+b+c)c\right](a-b)^2(a+b-c)^2.$$

由于 $g(a,b,c)$ 中只可能 $a-b=0$，因此原不等式当且仅当 $\triangle ABC$ 为等边三角形时等号成立.

例 14 $\triangle ABC$ 中，求证：$\cos A \cos B \cos C \leqslant \dfrac{1}{8}$.

证明

$$1 - 8\cos A\cos B\cos C = 1 - 8\,\frac{a^2 + b^2 - c^2}{2ab}\,\frac{b^2 + c^2 - a^2}{2bc}\,\frac{c^2 + a^2 - b^2}{2ca}$$

$$= \frac{a^6 - a^4 b^2 - a^2 b^4 + b^6 - a^4 c^2 + 3a^2 b^2 c^2 - b^4 c^2 - a^2 c^4 - b^2 c^4 + c^6}{a^2 b^2 c^2}$$

$$= \frac{\sum a^2 (a^2 - b^2)(a^2 - c^2)}{a^2 b^2 c^2},$$

当且仅当 $\triangle ABC$ 为等边三角形时等号成立.

说明 此处用到舒尔不等式：$\sum a(a-b)(a-c) \geqslant 0$.

有一个巧证,即乘以 $(a+b)(b+c)(c+a)$.我们希望将

$$S = (a+b)(b+c)(c+a)\sum a(a-b)(a-c)$$

改写成 $\sum f(a,b,c)$ 的形式.下面猜测 $f(a,b,c)$ 的大概形式.

设 $c = 0$, $S = ab(a-b)^2(a+b)^2$.验证发现当 $f(a,b,c) = ab(a-b)^2(a+b)^2$ 时,恰有 $S = \sum f(a,b,c)$.

例15 已知 $a,b > 0$,且 $a + b = 1$,求证：$\left(a + \dfrac{1}{a}\right)\left(b + \dfrac{1}{b}\right) \geqslant \dfrac{25}{4}$.

证法 1 由 $\dfrac{a+b}{2} \geqslant \sqrt{ab}$,且 $a + b = 1$,得 $0 < ab \leqslant \dfrac{1}{4}$.于是

$$\left(a + \frac{1}{a}\right)\left(b + \frac{1}{b}\right) = \frac{25}{4} + \frac{(4-ab)(1-ab)}{4ab} + \frac{(a-b)^2}{ab}.$$

证法 2

$$\left(a + \frac{1}{a}\right)\left(b + \frac{1}{b}\right) - \frac{25}{4} = \frac{4 + 4a^2 - 25ab + 4b^2 + 4a^2 b^2}{4ab}$$

$$= \frac{4(a+b)^4 + (4a^2 - 25ab + 4b^2)(a+b)^2 + 4a^2 b^2}{4ab}$$

$$= \frac{(a-b)^2(8a^2 + 15ab + 8b^2)}{4ab}.$$

证法 3

$$\left(a + \frac{1}{a}\right)\left(b + \frac{1}{b}\right) - \frac{25}{4}$$

$$= \frac{(a-b)^2(8a^2 + 15ab + 8b^2)}{4ab} - \frac{(a+b-1)(1+a+b)(4+8a^2-17ab+8b^2)}{4ab}.$$

证法 4

$$4ab\left[\left(a + \frac{1}{a}\right)\left(b + \frac{1}{b}\right) - \frac{25}{4}\right]$$

$$= 4(8 - a + a^2)\left(b - \frac{1}{2}\right)^2 + (a + b - 1)(4 + 3a - 28b + 4ab).$$

说明 证法 3 是基于证法 2,希望用 $a - b$ 和 $a + b - 1$ 去表示 $\left(a + \frac{1}{a}\right)\left(b + \frac{1}{b}\right) - \frac{25}{4}$.

证法 4 的实质是用 $b - \frac{1}{2}$ 和 $a + b - 1$ 去表示 $\left(a + \frac{1}{a}\right)\left(b + \frac{1}{b}\right) - \frac{25}{4}$.

例 16 已知正数 a, b 满足 $a + b = 1$,求证: $\left(1 + \frac{1}{a}\right)\left(1 + \frac{1}{b}\right) \geqslant 9$.

证法 1

$$\left(1 + \frac{1}{a}\right)\left(1 + \frac{1}{b}\right) = \left(1 + \frac{a + b}{a}\right)\left(1 + \frac{a + b}{b}\right) = \left(2 + \frac{b}{a}\right)\left(2 + \frac{a}{b}\right) = 5 + 2\left(\frac{a}{b} + \frac{b}{a}\right)$$

$$\geqslant 5 + 2 \times 2 = 9.$$

证法 2

$$ab\left[\left(1 + \frac{1}{a}\right)\left(1 + \frac{1}{b}\right) - 9\right] = 2(a - b)^2 + (1 + 2a + 2b)(1 - a - b).$$

证法 3 如图 16.1 所示.

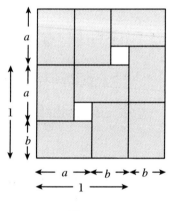

图 16.1

例 17 $\triangle ABC$ 中,求证:

$$(\sin B + \sin C)(\sin A + \sin C) \geqslant (\sin 2B + \sin A)(\sin 2A + \sin B).$$

证法 1

$(\sin B + \sin C)(\sin A + \sin C) \geqslant (\sin 2B + \sin A)(\sin 2A + \sin B)$

$\Leftrightarrow \quad [\sin B + \sin(A + B)][\sin A + \sin(A + B)] \geqslant (\sin 2B + \sin A)(\sin 2A + \sin B)$

$\Leftrightarrow \quad 4\cos\frac{A}{2}\sin\frac{A + 2B}{2}\cos\frac{B}{2}\sin\frac{2A + B}{2} \geqslant 4\cos\frac{A - 2B}{2}\sin\frac{A + 2B}{2}\cos\frac{2A - B}{2}\sin\frac{2A + B}{2}$

$\Leftrightarrow \quad 2\cos\frac{A}{2}\cos\frac{B}{2} \geqslant 2\cos\frac{A - 2B}{2}\cos\frac{2A - B}{2}$

$$\Leftrightarrow \quad \cos\frac{A+B}{2} + \cos\frac{A-B}{2} \geqslant \cos\frac{3A-3B}{2} + \cos\frac{A+B}{2}$$

$$\Leftrightarrow \quad \cos\frac{A-B}{2} \geqslant 4\cos^3\frac{A-B}{2} - 3\cos\frac{A-B}{2}$$

$$\Leftrightarrow \quad 4\cos\frac{A-B}{2}\sin^2\frac{A-B}{2} \geqslant 0.$$

证法 2

$$(b+c)(a+c) - \left(2b\frac{a^2+c^2-b^2}{2ac} + a\right)\left(2a\frac{b^2+c^2-a^2}{2bc} + b\right)$$

$$= \frac{(a-b)^2(a+b-c)(a+b)(b+c)(c+a)}{abc^2}.$$

说明 三角函数是不太好实现恒等式证明的,转化成代数式就方便操作一些,但计算量也不小.最好能猜出 $(b+c)(a+c) - \left(2b\frac{a^2+c^2-b^2}{2ac} + a\right)\left(2a\frac{b^2+c^2-a^2}{2bc} + b\right)$ 的结果,首先确定 a 和 b 对称,分母可能是 abc^2,然后验证当 $a=b, a=-b, a=c, a=-c$ 时,式子是否为 0.

例 18 已知 x, y, z 为非负实数,求证:$\dfrac{x^3+y^3+z^3}{3} \geqslant xyz + \dfrac{3}{4}|(x-y)(y-z)(z-x)|$.

证法 1

$$x^3 + y^3 + z^3 - 3xyz = \frac{(x+y+z)[(x-y)^2+(y-z)^2+(z-x)^2]}{2},$$

于是改证

$$\frac{(x+y+z)[(x-y)^2+(y-z)^2+(z-x)^2]}{6} \geqslant \frac{3}{4}|(x-y)(y-z)(z-x)|.$$

因为

$$2(x+y+z) = (x+y)+(y+z)+(z+x) \geqslant |x-y|+|y-z|+|z-x|$$

$$\geqslant 3\sqrt[3]{|(x-y)(y-z)(z-x)|},$$

$$(x-y)^2+(y-z)^2+(z-x)^2 \geqslant 3\sqrt[3]{|(x-y)^2(y-z)^2(z-x)^2|},$$

所以以上两式相乘即可得求证式.

使用计算机探索 $\dfrac{x^3+y^3+z^3}{3} \geqslant xyz + k|(x-y)(y-z)(z-x)|$,发现不等式恒成立的 k 的最大值约为 1.4678.考虑到系数的简洁,我们不妨将结论加强为 $\dfrac{x^3+y^3+z^3}{3} \geqslant xyz + |(x-y)(y-z)(z-x)|$.

证法 2

$$\left(\frac{x^3+y^3+z^3}{3} - xyz\right)^2 - [(x-y)(y-z)(z-x)]^2$$

$$= \frac{1}{9}(x^3 + y^3 + z^3 + 3x^2y + 3y^2z + 3z^2x - 3xy^2 - 3yz^2 - 3zx^2 - 3xyz)$$

$$\cdot (x^3 + y^3 + z^3 + 3xy^2 + 3yz^2 + 3zx^2 - 3x^2y - 3y^2z - 3z^2x - 3xyz).$$

根据恒等式

$$(x + y + z)(x^3 + y^3 + z^3 + 3x^2y + 3y^2z + 3z^2x - 3xy^2 - 3yz^2 - 3zx^2 - 3xyz)$$

$$= \sum \left[\frac{1}{2}(x^2 - y^2 - xz - yz + 2xy)^2 + xy(x - y)^2 \right]$$

以及对称性,可知命题成立.

有兴趣的读者可尝试证明 $\dfrac{x^3 + y^3 + z^3}{3} \geqslant xyz + \dfrac{7}{5}|(x - y)(y - z)(z - x)|$.

例 19 设 $p > 0, q > 0$,且 $p^3 + q^3 = 2$,求证:$p + q \leqslant 2$.

证法 1 因为 $p^3 + 1 + 1 \geqslant 3\sqrt[3]{p^3} = 3p$,$q^3 + 1 + 1 \geqslant 3\sqrt[3]{q^3} = 3q$,所以 $p^3 + q^3 + 4 \geqslant 3p + 3q$,即 $6 \geqslant 3p + 3q$,亦即 $p + q \leqslant 2$.

证法 2 由幂平均不等式 $\left(\dfrac{x_1^\alpha + x_2^\alpha + \cdots + x_n^\alpha}{n} \right)^{\frac{1}{\alpha}} \leqslant \left(\dfrac{x_1^\beta + x_2^\beta + \cdots + x_n^\beta}{n} \right)^{\frac{1}{\beta}}$(其中 $x_i > 0$,$i = 1, 2, \cdots, n, \alpha < \beta$),得 $\dfrac{p + q}{2} \leqslant \left(\dfrac{p^3 + q^3}{2} \right)^{\frac{1}{3}} = 1$,即 $p + q \leqslant 2$.

能否利用数形结合来解题呢?由于手工绘制三次函数难度较大,可采用计算机作图.而用计算机作图也有技巧,因为多数软件都不能直接绘制隐函数的图像(如果使用功能强大的 Mathematica 软件作图当然不在话下),可先将隐函数进行转换.设 $y = tx$,则 $x^3 + y^3 = 2$ 转化为 $x^3 + (tx)^3 = 2$,解得 $x = \sqrt[3]{\dfrac{2}{1 + t^3}}$,$y = \sqrt[3]{\dfrac{2}{1 + t^3}} t$.然后利用参数作图功能绘制函数,如图 16.2 所示.

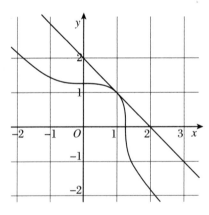

图 16.2

作出图像之后,题目结论是显然的了:凡是满足 $x^3 + y^3 = 2$ 的点都在 $x + y \leqslant 2$ 区域内. 不过我们既然用了计算机这种新手段,能否探究出一些新内容呢?细心观察就会发现满足

$x^3 + y^3 = 2$ 的点不一定要局限在第一象限内,也就是说原题目中的条件"$p>0,q>0$"是多余的.

也许有人会说,这是出题人为了降低难度,故意多给出条件.有这种可能性.

下面两种证法都没有用到多余的条件,而且证法也不复杂,容易接受.所以笔者认为此题应该算作"条件多余",而不能以"降低难度"为理由开脱.

证法 3 设 p,q 是方程 $(x-p)(x-q)=0$ 的两根,记 $p+q=m,pq=n$,则 p^3+q^3 $=(p+q)[(p+q)^2-3pq]=2$,即 $m(m^2-3n)=2$;显然 $p+q=m\neq 0$,否则 $p^3+q^3=0$ 与已知条件矛盾,所以 $n=\dfrac{m^3-2}{3m}$. 由 $\Delta=m^2-4n=m^2-\dfrac{4m^3-8}{3m}\geqslant 0$,解得 $m\leqslant 2$,即 $p+q$ $\leqslant 2$.

证法 4 用反证法.若 $p+q>2$,则 $(p+q)^3>8$,$p^3+q^3+3pq(p+q)>8$.反复使用 $p^3+q^3=2$,则

$$2+3pq(p+q)>8 \ \Rightarrow \ pq(p+q)>2 \ \Rightarrow \ pq(p+q)>p^3+q^3$$
$$\Rightarrow \ pq>p^2-pq+q^2 \ \Rightarrow \ 0>(p-q)^2,$$

这不可能,所以 $p+q\leqslant 2$.

说明 这是一道很经典的数学题,很多资料都有提到,证法也很多.以上是我十几年前的解题笔记.此题后来作为高考题出现,而我此时正在研究恒等式一行解题,记录如下:

已知 $a>0,b>0,a^3+b^3=2$,证明:$a+b\leqslant 2$.(2017 年全国高考文科试题)

参考答案:因为

$$(a+b)^3=a^3+3a^2b+3ab^2+b^3=2+3ab(a+b)$$
$$\leqslant 2+3\frac{(a+b)^2}{4}(a+b)=2+\frac{3(a+b)^3}{4},$$

所以 $(a+b)^3\leqslant 8,a+b\leqslant 2$.

机器生成恒等式:

$$3(2-a-b)=(a-1)^2(2+a)+(b-1)^2(2+b)+(2-a^3-b^3).$$

因为 $3(2-a-b)$ 表示为若干非负项相加,所以必然非负,命题得证.恒等式证明显然更加简洁,为人类带来新的启发和思考.

17 拉格朗日乘数法与恒等式

拉格朗日乘数法是求多元函数最值的常用方法.对于中学生而言,此法可能过于霸道,不单要求导,还要求偏导.虽然求偏导也不难,中学生看看网上视频也能很快学会,但这个方法能在中学使用吗?

有人说,做小题还是可以的,做大题肯定不行,因为大题要写步骤,用拉格朗日乘数法即便做对,未必能拿分.

这样说有其道理.不过,若善用拉格朗日乘数法得到答案,根据答案再构造恒等式,也可以解一些大题,且步骤看起来清爽简单.

需要强调的是,有时利用此法,求解偏导后生成的方程有困难,如有可能,猜出答案也是一种思路.

例1 已知 $x^2 + xy + y^2 = 3$,求 $(x+1)^2 + (y+1)^2$ 的最值.

分析 如果过于迷信"对称性",认为最值总在对称时取得,就会犯错误.解 $x^2 + xy + y^2 - 3 = 0$,得 $x = y = \pm 1$,于是"认为" $(x+1)^2 + (y+1)^2$ 的最大值为4,最小值为0.事实上,这样做可能犯错.设 $L(x,y) = (x+1)^2 + (y+1)^2 + k(x^2 + xy + y^2 - 3)$,将 $L(x,y)$ 分别对 x, y 求偏导数,并使之为零,则

$$\begin{cases} 2(x+1) + k(2x+y) = 0 \\ 2(y+1) + k(2y+x) = 0, \\ x^2 + xy + y^2 - 3 = 0 \end{cases}$$

解得

$$\{x = -1, y = -1, k = 0\}, \quad \{x = 2, y = -1, k = -2\},$$

$$\left\{x = 1, y = 1, k = -\frac{4}{3}\right\}, \quad \{x = -1, y = 2, k = -2\}.$$

将之分别代入 $(x+1)^2 + (y+1)^2$,得 $0, 9, 8, 9$.接下来可用恒等式解决.

解 $x = -1, y = -1$ 满足 $x^2 + xy + y^2 - 3 = 0$,$(x+1)^2 + (y+1)^2 \geqslant 0$,

$(x+1)^2 + (y+1)^2 = 9 - (x+y-1)^2 + 2(x^2 + xy + y^2 - 3) \leqslant 9$.

例2 设实数 a,b,c,d 满足 $a+2b+3c+4d=\sqrt{10}$,则 $a^2+b^2+c^2+d^2+(a+b+c+d)^2$ 的最小值是_____.(2015年天津高中数学联赛试题)

分析 此类问题关键在于猜出答案和取等条件.

设 $L=a^2+b^2+c^2+d^2+(a+b+c+d)^2+k(a+2b+3c+4d-\sqrt{10})$,将 $L(a,b,c,d)$ 分别对 a,b,c,d 求偏导数,并使之为零,则

$$\begin{cases} 2a+2(a+b+c+d)+k=0 \\ 2b+2(a+b+c+d)+2k=0 \\ 2c+2(a+b+c+d)+3k=0, \\ 2d+2(a+b+c+d)+4k=0 \\ a+2b+3c+4d-\sqrt{10}=0 \end{cases}$$

解得 $a=-\dfrac{1}{\sqrt{10}}$,$b=0$,$c=\dfrac{1}{\sqrt{10}}$,$d=\sqrt{\dfrac{2}{5}}$,$k=-\sqrt{\dfrac{2}{5}}$.如果是选择、填空题,可考虑直接算出答案了.当然也要小心,要找其他几组数值比较一下,看看所得的是最大值还是最小值.如果是证明或解答题,则需要开始你的"表演".

解法1

$$a^2+b^2+c^2+d^2+(a+b+c+d)^2$$

$$=\left(a+\frac{1}{\sqrt{10}}\right)^2+b^2+\left(c-\frac{1}{\sqrt{10}}\right)^2+\left(d-\sqrt{\frac{2}{5}}\right)^2$$

$$+\left(a+b+c+d-\sqrt{\frac{2}{5}}\right)^2+\sqrt{\frac{2}{5}}\left(a+2b+3c+4d-\sqrt{10}\right)+1.$$

解法2

$$10\left[a^2+b^2+c^2+d^2+(a+b+c+d)^2\right]$$

$$=\left[(-1)^2+0^2+1^2+2^2+2^2\right]\left[a^2+b^2+c^2+d^2+(a+b+c+d)^2\right]$$

$$\geqslant\left[-a+c+2d+2(a+b+c+d)\right]^2 \quad (\text{柯西不等式})$$

$$=(a+2b+3c+4d)^2=10,$$

于是 $a^2+b^2+c^2+d^2+(a+b+c+d)^2\geqslant1$.

解法3 由 $a+2b+3c+4d=\sqrt{10}$,得

$$(1-t)a+(2-t)b+(3-t)c+(4-t)d+t(a+b+c+d)=\sqrt{10}.$$

由柯西不等式得

$$\left[(1-t)^2+(2-t)^2+(3-t)^2+(4-t)^2+t^2\right]\left[a^2+b^2+c^2+d^2+(a+b+c+d)^2\right]$$

$$\geqslant10,$$

于是

$$a^2 + b^2 + c^2 + d^2 + (a + b + c + d)^2 \geqslant \frac{10}{5t^2 - 20t + 30} = \frac{10}{5(t-2)^2 + 10}$$

$$\geqslant \frac{10}{10} = 1.$$

说明　解法 2 中的 10 的分拆可能会让你目瞪口呆.事实上,你可认为是知道了 $a,b,c,$ d 的结果之后拼凑的,也可认为是基于解法 3,假定 $t = 2$ 写出的,这样就比解法 3 更简单.

例3　若实数 a,b,c,d 满足 $ab + bc + cd + da = 1$,则 $a^2 + 2b^2 + 3c^2 + 4d^2$ 的最小值为 _____ .(2021 年北京大学强基计划试题)

解法 1　由 $ab + bc + cd + da = 1$,得 $(a+c)(b+d) = 1$.于是

$$a^2 + 2b^2 + 3c^2 + 4d^2 = (a^2 + 3c^2) + (2b^2 + 4d^2)$$

$$\geqslant \frac{(a+c)^2}{1 + \frac{1}{3}} + \frac{(b+d)^2}{\frac{1}{2} + \frac{1}{4}} = \frac{3}{4}(a+c)^2 + \frac{4}{3}(b+d)^2$$

$$\geqslant 2(a+c)(b+d) = 2,$$

其中取等条件为 $\begin{cases} \dfrac{a}{c} = 3 \\ \dfrac{b}{d} = 2 \\ \dfrac{a+c}{b+d} = \dfrac{4}{3} \end{cases}$,即 $a:b:c:d = 3:2:1:1$.

解法 2

$$a^2 + 2b^2 + 3c^2 + 4d^2$$

$$= 2(ab + bc + cd + da - 1) + \frac{2}{3}\left(a - \frac{3}{2}b\right)^2$$

$$+ \frac{1}{2}(b - 2c)^2 + (c - d)^2 + 3\left(d - \frac{1}{3}a\right)^2 + 2.$$

说明　解法 1 要求对柯西不等式及其变形比较熟练.解法 2 看起来不用柯西不等式,只用到简单的代数运算,但事实上写出这样的恒等式也不容易.盲目拼凑很难成功,如果知晓了 $a:b:c:d = 3:2:1:1$ 这一比例式就容易很多.也就是在完成解法 1 之后,可将之改写成解法 2.当然也可以借助拉格朗日乘数法.

设 $F(a,b,c,d) = a^2 + 2b^2 + 3c^2 + 4d^2 + k(ab + bc + cd + da - 1)$,将 $F(a,b,c,d)$ 分别对 a,b,c,d 求偏导数,并使之为零,则

$$\begin{cases} F_a' = 2a + k(b+d) = 0 \\ F_b' = 4b + k(a+c) = 0 \\ F_c' = 6c + k(b+d) = 0 \\ F_d' = 8d + k(c+a) = 0 \end{cases},$$

解得 $b = -\dfrac{ak}{3}, c = \dfrac{a}{3}, d = -\dfrac{ak}{6}, k = \pm 2$.

当 $k = -2$ 时,$a : b : c : d = 3 : 2 : 1 : 1$.

再根据待定系数法,求出

$$a^2 + 2b^2 + 3c^2 + 4d^2 = k_0(ab + bc + cd + da - 1) + k_1\left(a - \frac{3}{2}b\right)^2 + k_2(b - 2c)^2$$
$$+ k_3(c - d)^2 + k_4\left(d - \frac{1}{3}a\right)^2 + k_5$$

的系数,则得到恒等式.

例 4 对于 $c > 0$,当非零实数 a, b 满足 $4a^2 - 2ab + 4b^2 - c = 0$ 且使 $|2a + b|$ 最大时,$\dfrac{3}{a} - \dfrac{4}{b} + \dfrac{5}{c}$ 的最小值为_____.(2014 年辽宁高考数学试题)

解法 1 由 $4a^2 - 2ab + 4b^2 - c = 0$,得 $\dfrac{c}{4} = a^2 - \dfrac{1}{2}ab + b^2 = \left(a - \dfrac{b}{4}\right)^2 + \dfrac{15}{16}b^2$.

由柯西不等式得

$$\left[\left(a - \frac{b}{4}\right)^2 + \frac{15}{16}b^2\right]\left[2^2 + \left(\frac{6}{\sqrt{15}}\right)^2\right] \geqslant \left[2\left(a - \frac{b}{4}\right) + \frac{\sqrt{15}}{4}b \cdot \frac{6}{\sqrt{15}}\right]^2 = (2a + b)^2.$$

当 $\dfrac{a - \dfrac{b}{4}}{2} = \dfrac{\dfrac{\sqrt{15}}{4}b}{\dfrac{6}{\sqrt{15}}}$,即 $a = \dfrac{3}{2}b, c = 10b^2$ 时,$|2a + b|$ 取得最大值. 此时

$$\frac{3}{a} - \frac{4}{b} + \frac{5}{c} = \frac{2}{b} - \frac{4}{b} + \frac{5}{10b^2} = \frac{1}{2}\left(\frac{1}{b}\right)^2 - \frac{2}{b} = \frac{1}{2}\left(\frac{1}{b} - 2\right)^2 - 2 \geqslant -2.$$

解法 2 由 $5(2a + b)^2 + 3(2a - 3b)^2 = 8(4a^2 - 2ab + 4b^2 - c) + 8c$,可得当 $a = \dfrac{3}{2}b$ 时,$|2a + b|$ 取得最大值.

代入 $4a^2 - 2ab + 4b^2 - c = 0$,得 $10b^2 = c$. 于是

$$\frac{3}{a} - \frac{4}{b} + \frac{5}{c} = \frac{1}{2b^2} - \frac{2}{b} = \frac{1}{2}\left(\frac{1}{b} - 2\right)^2 - 2 \geqslant -2.$$

解法 3 因为 a, b 为非零实数,所以 $|2a + b| = 2a + b$.

设 $F(a, b) = 2a + b + k(4a^2 - 2ab + 4b^2 - c)$,将 $F(a, b)$ 分别对 a, b 求偏导数,并使之为零,则

$$\begin{cases} F'_a = 2 + k(8a - 2b) = 0 \\ F'_b = 1 + k(8b - 2a) = 0 \end{cases},$$

解得 $a = -\dfrac{3}{10k}, b = -\dfrac{1}{5k}, a = \dfrac{3}{2}b$.

代入 $4a^2 - 2ab + 4b^2 - c = 0$,得 $10b^2 = c$. 于是

$$\frac{3}{a} - \frac{4}{b} + \frac{5}{c} = \frac{1}{2b^2} - \frac{2}{b} = \frac{1}{2}\left(\frac{1}{b} - 2\right)^2 - 2 \geqslant -2.$$

说明　解法 1 省略了待定系数法求系数的过程.解法 2 省略了待定系数法生成恒等式的过程.

例5　已知正数 a, b 满足 $\frac{1}{a} + \frac{2}{b} = 1$, 求 $a + b + \sqrt{a^2 + b^2}$ 的最小值.

分析　设 $L(a,b) = a + b + \sqrt{a^2 + b^2} + k\left(\frac{1}{a} + \frac{2}{b} - 1\right)$, 将 $L(a,b)$ 分别对 a, b 求偏导数,并使之为零,则

$$\begin{cases} 1 + \dfrac{a}{\sqrt{a^2 + b^2}} - \dfrac{k}{a^2} = 0 \\[3mm] 1 + \dfrac{b}{\sqrt{a^2 + b^2}} - \dfrac{2k}{b^2} = 0, \\[3mm] \dfrac{1}{a} + \dfrac{2}{b} = 1 \end{cases}$$

解得 $4a - 3b = 0$, $a = \frac{5}{2}$, $b = \frac{10}{3}$, $a + b + \sqrt{a^2 + b^2} = 10$.

于是根据待定系数法设 $(a^2 + b^2) - (ma + nb)^2 = k(4a - 3b)^2$, 取 $k = \frac{1}{25}$, $m = \frac{3}{5}$, $n = \frac{4}{5}$, 则

$$a + b + \sqrt{a^2 + b^2} \geqslant a + b + \frac{3}{5}a + \frac{4}{5}b = \frac{8}{5}a + \frac{9}{5}b,$$

$$\left(\frac{8}{5}a + \frac{9}{5}b\right)\left(\frac{1}{a} + \frac{2}{b}\right) - 10 = \frac{(4a - 3b)^2}{5ab}.$$

最后这一步是因为知道最小值是 10,猜测应该有形如 $\left(\frac{8}{5}a + \frac{9}{5}b\right)\left(\frac{1}{a} + \frac{2}{b}\right) - 10 = K(4a - 3b)^2$ 的恒等式.

解

$$a + b + \sqrt{a^2 + b^2} = a + b + \sqrt{\left(\frac{3}{5}a + \frac{4}{5}b\right)^2 + \left(\frac{4}{5}a - \frac{3}{5}b\right)^2}$$

$$\geqslant a + b + \frac{3}{5}a + \frac{4}{5}b = \frac{8}{5}a + \frac{9}{5}b$$

$$= \left(\frac{8}{5}a + \frac{9}{5}b\right)\left(\frac{1}{a} + \frac{2}{b}\right) = \frac{(4a - 3b)^2}{5ab} + 10 \geqslant 10.$$

18 判别式法与配方恒等式

一般资料认为，一元二次方程式是只含有一个未知数，并且未知数的最高次数是二次的多项式方程.一般形式是 $ax^2 + bx + c = 0 (a \neq 0)$. 由于 $\left(x + \dfrac{b}{2a}\right)^2 = \dfrac{b^2 - 4ac}{4a}$，根据平方根的意义可知，$b^2 - 4ac$ 的符号决定一元二次方程根的情况，称之为判别式.其中，a, b, c 三个参数是和 x 无关的，否则若有关，譬如 $a = x$，那么方程就不是二次方程，而是三次方程了.

但如果做一点推广，认定 $A(x)x^2 + B(x)x + C(x) = 0$ 为广义上的二次方程，其中的系数 $A(x), B(x), C(x)$ 可以与 x 有关.这样的推广在某些人看来，是难以接受的，因为这样推广将 $x \cdot x^2 = 0$ 也看作是二次方程了，这似乎很荒诞.

不必过于纠结二次方程的定义，不管认可与否，面对 $A(x)x^2 + B(x)x + C(x) = 0$，我们可以照猫画虎，配方成 $\left[x + \dfrac{B(x)}{2A(x)}\right]^2 = \dfrac{[B(x)]^2 - 4A(x)C(x)}{4[A(x)]^2}$，从而得出 $[B(x)]^2 \geqslant 4A(x)C(x)$ 是方程有实数根的必要条件.从 $\left[x + \dfrac{B(x)}{2A(x)}\right]^2 = \dfrac{[B(x)]^2 - 4A(x)C(x)}{4[A(x)]^2}$ 这个等式可知，配方法和判别式法在此处是等价的.如果你关注等式右边，愿意将 $[B(x)]^2 \geqslant 4A(x)C(x)$ 看作是"判别式"，当然可以；如果实在不适应，就多看看等式左边，看作是配方法的应用.久而久之，你就会发现，每次将 $A(x)x^2 + B(x)x + C(x) = 0$ 写作 $\left[x + \dfrac{B(x)}{2A(x)}\right]^2$ $= \dfrac{[B(x)]^2 - 4A(x)C(x)}{4[A(x)]^2}$，然后得出 $[B(x)]^2 \geqslant 4A(x)C(x)$ 有点啰唆，还不如直接看成是"判别式"，一步到位.这样，新的"判别式法"也就自然被接受了.

通过上面的推导，我们发现，凡是判别式法能解决的问题，也可以尝试写成恒等式解决，有时会更简洁.

另外，柯西不等式的证明过程表明，能用柯西不等式解决的问题，也可尝试转化成恒等式解决.

n 维形式的柯西不等式　若 $a_1, a_2, \cdots, a_n; b_1, b_2, \cdots, b_n$ 都是实数，则
$$(a_1^2 + a_2^2 + \cdots + a_n^2)(b_1^2 + b_2^2 + \cdots + b_n^2) \geqslant (a_1 b_1 + a_2 b_2 + \cdots + a_n b_n)^2,$$
可简写为

$$\sum_{i=1}^{n} a_i^2 \cdot \sum_{i=1}^{n} b_i^2 \geqslant \left(\sum_{i=1}^{n} a_i b_i\right)^2,$$

当且仅当 $\lambda a_i = \mu b_i$(λ, μ 为常数,$i = 1, 2, \cdots, n$)时等号成立.

证法 1 当 a_i 全为 0 时,命题显然成立;否则就有 $\sum_{i=1}^{n} a_i^2 > 0$,考察关于 x 的二次函数 $f(x) = \sum_{i=1}^{n} (a_i x - b_i)^2$,显然 $f(x) \geqslant 0$ 对任意的实数 x 都成立.注意到

$$f(x) = (a_1 x - b_1)^2 + \cdots + (a_n x - b_n)^2$$
$$= (a_1^2 + \cdots + a_n^2) x^2 - 2(a_1 b_1 + \cdots + a_n b_n) x + (b_1^2 + \cdots + b_n^2),$$

$f(x)$ 的图像是开口向上的抛物线,且与 x 轴至多只有一个公共点,故判别式

$$\Delta = 4(a_1 b_1 + \cdots + a_n b_n)^2 - 4(a_1^2 + \cdots + a_n^2)(b_1^2 + \cdots + b_n^2) \leqslant 0,$$

整理即得证.

证法 2 写成恒等式的形式:

$$f(x) = (a_1 x - b_1)^2 + \cdots + (a_n x - b_n)^2$$
$$= (a_1^2 + \cdots + a_n^2)\left(x - \frac{a_1 b_1 + \cdots + a_n b_n}{a_1^2 + \cdots + a_n^2}\right)^2$$
$$+ \frac{(a_1^2 + \cdots + a_n^2)(b_1^2 + \cdots + b_n^2) - (a_1 b_1 + \cdots + a_n b_n)^2}{a_1^2 + \cdots + a_n^2}.$$

例 1 已知 a, b, c, d, e 是实数,且满足 $a + b + c + d + e = 8$,$a^2 + b^2 + c^2 + d^2 + e^2 = 16$,求 e 的取值范围.

解法 1 由柯西不等式可得 $(a + b + c + d)^2 \leqslant (a^2 + b^2 + c^2 + d^2)(1^2 + 1^2 + 1^2 + 1^2)$,即 $(8 - e)^2 \leqslant 4(16 - e^2)$,解得 $0 \leqslant e \leqslant \frac{16}{5}$.

解法 2 从题目条件来看,5 个变量地位平等,可猜测在相等时取得最值.但稍一验算,发现这种想法是错误的,因为 5 个变量都相等无法满足两个方程.

结合题目结论来看,我们可假设除 e 之外,其他四个变量相等.于是 $4a + e = 8$,$4a^2 + e^2 = 16$,解得 $e = 0$ 或 $\frac{16}{5}$.下面朝着这个目标前进.

设 $a = \frac{8-e}{4} + k_1$,$b = \frac{8-e}{4} + k_2$,$c = \frac{8-e}{4} + k_3$,$d = \frac{8-e}{4} + k_4$,且 $k_1 + k_2 + k_3 + k_4 = 0$,则

$$4\left(\frac{8-e}{4}\right)^2 + e^2 + k_1^2 + k_2^2 + k_3^2 + k_4^2 = 16,$$

可得 $4\left(\frac{8-e}{4}\right)^2 + e^2 \leqslant 16$,而 $4\left(\frac{8-e}{4}\right)^2 + e^2 - 16 = \frac{5}{4}e\left(e - \frac{16}{5}\right)$,解得 $0 \leqslant e \leqslant \frac{16}{5}$.

基于此,可改写得到恒等式:

$$(a^2 + b^2 + c^2 + d^2 + e^2 - 16) + \frac{1}{2}(e - 8)(a + b + c + d + e - 8)$$

$$= \frac{5}{4}e\left(e - \frac{16}{5}\right) + \left(a - \frac{8-e}{4}\right)^2 + \left(b - \frac{8-e}{4}\right)^2 + \left(c - \frac{8-e}{4}\right)^2 + \left(d - \frac{8-e}{4}\right)^2.$$

可以看到,得到这样的恒等式并不容易.所以看到别人耍酷,也要想想别人背后的付出.

解法 3　由条件得

$$(8 - b - c - d - e)^2 + b^2 + c^2 + d^2 + e^2 - 16 = 0,$$

即

$$b^2 + b(c + d + e - 8) + c^2 + c(d + e - 8) + d^2 + (e - 8)d + e^2 - 8e + 24 = 0,$$

将之视为关于 b 的二次方程,则

$$(c + d + e - 8)^2 - 4[c^2 + c(d + e - 8) + d^2 + (e - 8)d + e^2 - 8e + 24] \geqslant 0,$$

即

$$-3c^2 + c(-2d - 2e + 16) - 3d^2 + (16 - 2e)d - 3e^2 + 16e - 32 \geqslant 0,$$

将之视为关于 c 的二次不等式,则

$$(-2d - 2e + 16)^2 + 12[-3d^2 + (16 - 2e)d - 3e^2 + 16e - 32] \geqslant 0,$$

即

$$-2d^2 + (e - 8)d + 2(e - 2)^2 \geqslant 0,$$

将之视为关于 d 的二次不等式,则

$$(e - 8)^2 - 16(e - 2)^2 \geqslant 0,$$

解得 $0 \leqslant e \leqslant \frac{16}{5}$.

这是一道非常经典的题目,解法很多,有简单的,也有复杂的,虽然我们在大多时候追求简单的解法,但有时也有例外,譬如解法 3,笔者花了很长时间才终于算对,于是便有了一种特殊的感情.

现在想起来,当初愿意花这么多时间用这样笨的方法解这道题,要是不止 5 个变量,而是 10 个变量,20 个变量又如何?想起一个经典笑话:

> 期末考试有道题:计算 1 的 100 次方.我拿出草稿纸,一遍一遍地乘了起来.当我好不容易乘到第 83 次的时候,数学老师过来了.眼看我大功告成之时,他快步走向讲台说:"同学们,有道题出错了,现在更正一下,那个 1 的 100 次方的填空题,现在请把它改成 1 的 1000 次方."

不过通过这次的计算,笔者对判别式解题有了更深的认识.

例 2　若实数 a, b, c, d 都不为零,且满足 $a^2d^2 + b^2d^2 - 2abd - 2bcd + b^2 + c^2 = 0$,求证:$b^2 = ac$.

证法 1

$$(a^2 + b^2)d^2 - 2b(a + c)d + b^2 + c^2 = 0,$$

因为 a, b, c, d 是实数，且 $a^2 + b^2 \neq 0$，所以

$$\Delta = [2b(a + c)]^2 - 4(a^2 + b^2)(b^2 + c^2) \geqslant 0,$$

即

$$-4(b^4 - 2ab^2c + a^2c^2) = -4(b^2 - ac)^2 \geqslant 0,$$

当且仅当 $b^2 = ac$ 时上式成立.

证法 2

$$d^2 - 2d\frac{b(a + c)}{a^2 + b^2} + \frac{b^2 + c^2}{a^2 + b^2} = \left[d - \frac{b(a + c)}{a^2 + b^2}\right]^2 + \frac{(b^2 - ac)^2}{(a^2 + b^2)^2}.$$

例3 已知 $\sqrt{2}y - 2z = x$，求证：$y^2 \geqslant 4xz$.

证法 1 由 $y^2 \geqslant 4xz$ 可知 $y^2 - 4xz \geqslant 0$，酷似判别式的形式，可构造以 x, y, z 为系数的一元二次方程. 由 $\sqrt{2}y - 2z = x$，得 $x\left(-\frac{\sqrt{2}}{2}\right)^2 + y\left(-\frac{\sqrt{2}}{2}\right) + z = 0$，显然 $X = -\frac{\sqrt{2}}{2}$ 是方程 $xX^2 + yX + z = 0$ 的一个根，所以 $y^2 - 4xz \geqslant 0$，即 $y^2 \geqslant 4xz$.

证法 2

$$\left(\frac{2z + x}{\sqrt{2}}\right)^2 = 4xz + \frac{1}{2}(x - 2z)^2.$$

证法 3 因为

$$x - \sqrt{2}y + 2z = 0 = x\left(1 - \frac{\sqrt{2}}{2x}y\right)^2 + 2z - x\left(\frac{\sqrt{2}}{2x}y\right)^2 = x\left(1 - \frac{\sqrt{2}}{2x}y\right)^2 - \frac{y^2 - 4xz}{2x},$$

所以 $y^2 \geqslant 4xz$.

例4 已知 $a = 6 - b, c^2 = ab - 9$，求证：$a = b$.

证法 1 由 $a + b = 6, ab = c^2 + 9$ 可联想到构造以 a, b 为根的一元二次方程 $x^2 - 6x + c^2 + 9 = 0$. 由 $(-6)^2 - 4(c^2 + 9) \geqslant 0$，即 $-4c^2 \geqslant 0$，可得判别式为 0，方程有等根，所以 $a = b$.

证法 2 条件中有 c，而结论中没有，只要消去 c 即可. 因为

$$0 \leqslant c^2 = ab - 9 = (6 - b)b - 9 = -(b - 3)^2 \leqslant 0,$$

所以 $a = b = 3$.

例5 已知 a, b, c 是三角形三边的长，求证：方程 $b^2x^2 + (b^2 + c^2 - a^2)x + c^2 = 0$ 没有实数根.

证法 1

$$\Delta = (b^2 + c^2 - a^2)^2 - 4b^2c^2$$

$$= (b^2 + c^2 - a^2 + 2bc)(b^2 + c^2 - a^2 - 2bc)$$
$$= (b + c + a)(b + c - a)(b - c + a)(b - c - a) < 0.$$

证法 2

$$b^2 x^2 + x(b^2 + c^2 - a^2) + c^2$$
$$= \left(bx + \frac{b^2 + c^2 - a^2}{2b}\right)^2 + \frac{(a + b - c)(a - b + c)(-a + b + c)(a + b + c)}{4b^2}.$$

例6 已知实数 a, b 满足 $2a^2 + \sqrt{2}b + 1 = 0$，求证：$b^2 - 4a^2 \geqslant 0$.

证法 1 观察出 $\sqrt{2}$ 是方程 $a^2 x^2 + bx + 1 = 0$ 的根，所以 $b^2 - 4a^2 \geqslant 0$.

证法 2

$$b^2 - 4a^2 = b^2 + 2\sqrt{2}b + 2 = (b + \sqrt{2})^2 \geqslant 0.$$

例7 对于实数 x, y，求证：$x^2 y^4 + 2(x^2 + 2)y^2 + 4xy + x^2 \geqslant 4xy^3$.

证法 1 设 $f(x) = (y^2 + 1)^2 x^2 + 4y(1 - y^2)x + 4y^2$，因为

$$\Delta = 16y^2(1 - y^2)^2 - 16y^2(y^2 + 1)^2 = -64y^4 \leqslant 0,$$

所以 $f(x) \geqslant 0$.

证法 2

$$x^2 y^4 + 2(x^2 + 2)y^2 + 4xy + x^2 - 4xy^3 = (y^2 + 1)^2 \left[x + \frac{2y(1 - y^2)}{(y^2 + 1)^2}\right]^2 + \frac{16y^4}{(1 + y^2)^2}.$$

例8 对于实数 a, b, c，若方程 $(a - b)x^2 + (c - a)x + (b - c) = 0 (a \neq b)$ 有相等实数根，求证：$2b = a + c$.

证法 1 依题意得 $\Delta = (c - a)^2 - 4(a - b)(b - c) = 0$，即 $a^2 + 4b^2 + c^2 - 4ab + 2ac - 4bc = 0$，亦即 $(a + c - 2b)^2 = 0$，所以 $2b = a + c$.

证法 2

$$x^2 + x\frac{c - a}{a - b} + \frac{b - c}{a - b} = \left[x + \frac{c - a}{2(a - b)}\right]^2 - \frac{(a + c - 2b)^2}{4(a - b)^2}.$$

例9 若实数 a, b, c, d, p, q 满足 $p^2 + q^2 - a^2 - b^2 - c^2 - d^2 > 0$，求证：$(p^2 - a^2 - b^2)(q^2 - c^2 - d^2) \leqslant (pq - ac - bd)^2$.

分析 由 $p^2 + q^2 - a^2 - b^2 - c^2 - d^2 > 0$ 可得 $p^2 - a^2 - b^2$ 或 $q^2 - c^2 - d^2$ 中至少有一个大于 0. 不妨设 $p^2 - a^2 - b^2 > 0$.

证法 1 设 $f(x) = (p^2 - a^2 - b^2)x^2 - 2(pq - ac - bd)x + (q^2 - c^2 - d^2)$，其中

$$f\left(\frac{q}{p}\right) = -\left(\frac{aq}{p} - c\right)^2 - \left(\frac{bq}{p} - d\right)^2 \leqslant 0,$$ 说明二次方程 $f(x) = 0$ 有解，所以

$$\Delta = (pq - ac - bd)^2 - (q^2 - c^2 - d^2)(p^2 - a^2 - b^2) \geqslant 0.$$

证法 2

$$\frac{(pq - ac - bd)^2 - (p^2 - a^2 - b^2)(q^2 - c^2 - d^2)}{p^2 - a^2 - b^2}$$

$$= (p^2 - a^2 - b^2)\left(\frac{q}{p} - \frac{pq - ac - bd}{p^2 - a^2 - b^2}\right)^2 + \left(\frac{aq}{p} - c\right)^2 + \left(\frac{bq}{p} - d\right)^2.$$

例 10 已知 $ac \neq 0, b \leqslant 0, \sqrt{b^2 - 4ac} = b - 2ac$,求 $b^2 - 4ac$ 的最小值.

解法 1 已知条件即 $\dfrac{-b + \sqrt{b^2 - 4ac}}{2ac} = -1$,表明二次方程 $acx^2 + bx + 1 = 0$ 有实根 -1,代入方程得 $ac = b - 1$. 将 $acx^2 + bx + 1 = 0$ 变形为判别式的整体结构 $b^2 - 4ac = (2acx + b)^2$,将 $x = -1, ac = b - 1$ 代入,注意到 $b \leqslant 0$,得

$$b^2 - 4ac = [2(b-1)(-1) + b]^2 = (2-b)^2 \geqslant 4.$$

解法 2 已知条件即 $\dfrac{-b + \sqrt{b^2 - 4ac}}{2} = -ac$,表明二次方程 $x^2 + bx + ac = 0$ 有实根 $x_1 = -ac$,从而 $x_2 = -1$. 将 $x_2 = -1$ 代入 $x^2 + bx + ac = 0$,得 $1 - b + ac = 0$. 由 $b \leqslant 0$,得 $ac = b - 1 \leqslant -1$,即 $1 - ac \geqslant 2$. 所以

$$b^2 - 4ac = (1 + ac)^2 - 4ac = (1 - ac)^2 \geqslant 4.$$

解法 3 由 $\sqrt{b^2 - 4ac} = b - 2ac$,得 $b^2 - 4ac = b^2 + 4a^2c^2 - 4abc$,即 $ac + 1 = b \leqslant 0$,易得 $ac \leqslant -1$. 所以

$$b^2 - 4ac = (ac + 1)^2 - 4ac = (ac - 1)^2 \geqslant 4.$$

解法 1 和解法 2 出自罗增儒先生的《判别式的整体结构》一文. 但个人认为解法 3 更自然,题目中带有根号,两边平方消去根号是自然的想法.

例 11 已知 $a + b + c = 0, abc = 1$,求证:a, b, c 中必有一个大于 $\sqrt[3]{4}$.

证法 1 由 $b + c = -a, bc = \dfrac{1}{a}$ 可联想到构造以 b, c 为根的方程 $x^2 + ax + \dfrac{1}{a} = 0$,因此 $a^2 - \dfrac{4}{a} \geqslant 0$,即 $a \geqslant \sqrt[3]{4}$.

证法 2 不妨设 a 是三个数中最大的,那么显然 a 为正,b, c 为负. 由

$$a = (-b) + (-c) \geqslant 2\sqrt{(-b)(-c)} = 2\sqrt{\frac{1}{a}},$$

解得 $a \geqslant \sqrt[3]{4}$.

例 12 已知 $a^2 - bc - 6a + 6 = 0, b^2 + bc + c^2 - 3 = 0$,求证:$1 \leqslant a \leqslant 5$.

证法 1 由题设第一式得 $bc = a^2 - 6a + 6$,此式与第二式相加得 $b + c = \pm(a - 3)$. $b,$

c 可视为 $x^2 \pm (a-3)x + a^2 - 6a + 6 = 0$ 的两根,此时 $[\pm(a-3)]^2 - 4(a^2 - 6a + 6) \geqslant 0$,解得 $1 \leqslant a \leqslant 5$.

证法 2 由题设两式相减得 $(b+c)^2 = (a-3)^2$;由 $(b+c)^2 \geqslant 4bc$,得 $(a-3)^2 \geqslant 4(a^2 - 6a + 6)$,解得 $1 \leqslant a \leqslant 5$.

例 13 对于实数 $a, b, c, d, b < c < d$,求证:$(a+b+c+d)^2 > 8(ac+bd)$.

证法 1 要证 $(a+b+c+d)^2 > 8(ac+bd)$,即证
$$a^2 + 2(b - 3c + d)a + (b+c+d)^2 - 8bd > 0.$$
设 $f(a) = a^2 + 2(b - 3c + d)a + (b+c+d)^2 - 8bd$,则
$$\Delta = 4[(b - 3c + d)^2 - (b+c+d)^2 + 8bd] = 32(c-b)(c-d) < 0$$
$$\Rightarrow \quad f(a) > 0.$$
命题得证.

证法 2
$$(a+b+c+d)^2 - 8(ac+bd) = [a + (b - 3c + d)]^2 - 8(c-b)(c-d).$$

例 14 已知 x, y, z 是实数,且满足等式 $x^2 - yz - 8x + 7 = 0$,$y^2 + z^2 + yz - 6x + 6 = 0$,求 x 的取值范围.

解法 1 由 $x^2 - yz - 8x + 7 = 0$,得 $yz = x^2 - 8x + 7$. 由 $y^2 + z^2 + yz - 6x + 6 = 0$,得 $(y+z)^2 = yz + 6x - 6$. 于是
$$(y+z)^2 = x^2 - 8x + 7 + 6x - 6 = (x-1)^2,$$
即 $y + z = \pm(x-1)$. 从而 y 和 z 是方程 $t^2 \mp (x-1)t + (x^2 - 8x + 7) = 0$ 的两个根,因为 t 是实数,所以
$$\Delta = (x-1)^2 - 4(x^2 - 8x + 7) \geqslant 0,$$
解得 $1 \leqslant x \leqslant 9$.

解法 2
$$(y^2 + z^2 + yz - 6x + 6) + 3(x^2 - yz - 8x + 7) = (y-z)^2 - 3(9-x)(x-1).$$

说明 解法 1 是常规解法. 也可利用不等式 $(y+z)^2 \geqslant 4yz$,则不需要构造方程.

使用计算机,容易算出:当 $y = z = -4$ 时,$x_{\max} = 9$;当 $y = z = 0$ 时,$x_{\min} = 1$. 说明当 $y = z$ 时,x 取得最值,猜测存在多项式 $(y-z)^2$;由 $1 \leqslant x \leqslant 9$,构造出多项式 $(9-x)(x-1)$;结合条件 $x^2 - yz - 8x + 7 = 0$,$y^2 + z^2 + yz - 6x + 6 = 0$,然后让计算机利用多项式算法,去寻找这四项之间的关系. 由于此题计算量不大,也可手工解决. 最终得到一行证明的解法 2.

例 15 对于正数 x, y, z, t,求证:$4 + x^2 + xy^2 + xyz^2 + xyzt^2 \geqslant 4xyzt$.

证法 1 因为 x, y, z 为正数,所以 $xyzt^2 - 4xyzt + 4 + x^2 + xy^2 + xyz^2 \geqslant 0$,即

$$t^2 - 4t + \frac{4 + x^2 + xy^2 + xyz^2}{xyz} \geq 0.$$

将其视为关于 t 的二次不等式,要使其恒成立,则必须 $4^2 - 4\dfrac{4 + x^2 + xy^2 + xyz^2}{xyz} \leq 0$,即

$$z^2 - 4z + \frac{4 + x^2 + xy^2}{xy} \geq 0.$$

将其视为关于 z 的二次不等式,要使其恒成立,则必须 $4^2 - 4\dfrac{4 + x^2 + xy^2}{xy} \leq 0$,即

$$y^2 - 4y + \frac{4 + x^2}{x} \geq 0.$$

将其视为关于 y 的二次不等式,要使其恒成立,则必须 $4^2 - 4\dfrac{4 + x^2}{x} \leq 0$,即 $\dfrac{4 + x^2}{x} \geq 4$. 由 $x^2 - 4x + 4 = (x - 2)^2 \geq 0$ 可得 $\dfrac{4 + x^2}{x} \geq 4$ 恒成立.

证法 2

$$xyzt^2 - 4xyzt + 4 + x^2 + xy^2 + xyz^2$$
$$= xyz(t - 2)^2 + xy(z - 2)^2 + x(y - 2)^2 + (x - 2)^2.$$

例 16 已知关于 x 的方程 $x^3 - ax^2 - 2ax + a^2 - 1 = 0$ 只有一个实数根,求实数 a 的取值范围.(2006 年全国初中数学竞赛试题)

解 将方程看作是关于 a 的一元二次方程 $a^2 - (x^2 + 2x)a + (x^3 - 1) = 0$,则

$$[-(x^2 + 2x)]^2 - 4(x^3 - 1) = (x^2 + 2)^2, \quad a = \frac{x^2 + 2x \pm (x^2 + 2)}{2},$$

于是 $x = a + 1$,而 $2a = x^2 + 2x + (x^2 + 2)$ 必须无实数解,即 $x^2 + x - (a - 1) = 0$ 无实数解,亦即 $1^2 + 4(a - 1) < 0$,解得 $a < \dfrac{3}{4}$.

说明 很多资料都有此题,论述基本一样.将三次看成二次,视角转化确实奇妙,但想到并不容易.其实完全可以不管什么三次、二次,只需配方即可:

$$a^2 - (x^2 + 2x)a + (x^3 - 1) = \left(a - \frac{x^2 + 2x}{2}\right)^2 - \left(\frac{2 + x^2}{2}\right)^2$$
$$= (-1 - a + x)(1 - a + x + x^2).$$

例 17 若 $9\cos B + 3\sin A + \tan C = 0$,$\sin^2 A - 4\cos B \tan C = 0$,求证:$\tan C = 9\cos B$.

证法 1 关于 a 的一元二次方程 $\cos B \cdot a^2 + \sin A \cdot a + \tan C = 0$ 显然有根 $a = 3$,由于其判别式 $\sin^2 A - 4\cos B \tan C = 0$,因此 $a = 3$ 是方程的重根,于是 $a = -\dfrac{\sin A}{2\cos B} = 3$,故 $\sin A = -6\cos B$. 将其代入 $9\cos B + 3\sin A + \tan C = 0$,得 $9\cos B + 3(-6\cos B) + \tan C = 0$,

即 $\tan C = 9\cos B$.

证法 2 因为

$$9\cos B + 3\sin A + \tan C = \cos B\left(3 + \frac{\sin A}{2\cos B}\right)^2 + \tan C - \cos B\left(\frac{\sin A}{2\cos B}\right)^2$$

$$= \cos B\left(3 + \frac{\sin A}{2\cos B}\right)^2 + \frac{4\cos B\tan C - \sin^2 A}{4\cos B},$$

所以 $-\dfrac{\sin A}{2\cos B} = 3$,即 $\tan C = 9\cos B$.

例 18 已知三角形三边长 a,b,c,任意实数 x,y,z,求证: $a(x-y)(x-z) + b(y-x)(y-z) + c(z-x)(z-y) \geqslant 0$.

证明 因为 $a + b > c$,即 $ac + bc > c^2$,所以 $a^2 + b^2 + c^2 - 2ab - 2bc - 2ca < 0$.

$a(x-y)(x-z) + b(y-x)(y-z) + c(z-x)(z-y)$
$= ax^2 + x(-ay - by + cy - az + bz - cz) + (by^2 + ayz - byz - cyz + cz^2)$,

将其视为关于 x 的一元二次方程,其判别式是

$$(-ay - by + cy - az + bz - cz)^2 - 4a(by^2 + ayz - byz - cyz + cz^2)$$

$$= (a^2 + b^2 + c^2 - 2ab - 2bc - 2ca)(y - z)^2 \leqslant 0.$$

说明 如果总追求恒等式,未必简洁.

例 19 求 $y = 2\sqrt{x-4} + 3\sqrt{5-x}$ 的最大值.

解法 1

$$y' = \frac{1}{\sqrt{x-4}} - \frac{3}{2\sqrt{5-x}} = \frac{2\sqrt{5-x} - 3\sqrt{x-4}}{2\sqrt{5-x}\sqrt{x-4}},$$

由 $2\sqrt{5-x} - 3\sqrt{x-4} = 0$ 可得极值点 $x = \dfrac{56}{13}$.

当 $x \in \left[4, \dfrac{56}{13}\right]$ 时,$y' \geqslant 0$;当 $x \in \left[\dfrac{56}{13}, 5\right]$ 时,$y' \leqslant 0$,即 y 在 $\left[4, \dfrac{56}{13}\right]$ 内单调递增,在 $\left[\dfrac{56}{13}, 5\right]$ 内单调递减,从而 y 在 $x = \dfrac{56}{13}$ 时有最大值,且为 $\sqrt{13}$.

解法 2 根据柯西不等式 $(ab + cd)^2 \leqslant (a^2 + c^2)(b^2 + d^2)$,当且仅当 $ad = bc$ 时取等号.

令 $a = 2$,$b = \sqrt{x-4}$,$c = 3$,$d = \sqrt{5-x}$,代入可得 $y^2 \leqslant (4 + 9)(x - 4 + 5 - x)$,即 $y^2 \leqslant 13$,所以 $y \leqslant \sqrt{13}$,即 y 的最大值是 $\sqrt{13}$.

由等号成立的条件可得 $2\sqrt{5-x} = 3\sqrt{x-4}$,即 $x = \dfrac{56}{13}$ 时 y 有最大值 $\sqrt{13}$.

也可直接用恒等式 $(ab + cd)^2 + (bc - ad)^2 = (a^2 + c^2)(b^2 + d^2)$ 来做,这样初中生都可以理解.

特殊取等要小心

不等式的取等条件常被认为是解题的突破口.因此有大量研究,探索如何利用取等条件来破解不等式,这些研究对解题都是很有价值的.

我们平常所见不等式中,对称不等式占相当大的比例,而这类不等式多数时候又是在变量相等时取得等号,于是很多人就"习惯变自然",将之视为一般规律.事实则不然.除了在变量都相等的时候可能取等外,在一些边界情况下也可能取等.甚至有时取等需解多元高次方程组,情况就更复杂了.

对于复杂的取等,要分情况一一讨论.有时甚至还要对各种情况分组讨论.如果找到其中可能的一组解,就匆忙下手,也容易出问题.

总之,对于对称不等式,我们一方面要充分利用其对称性,同时要注意对称不等式在解答过程中未必是对称的,取等条件更不一定对称.

高等数学教学非常注重反例.一个命题成立需要若干条件,为什么缺一个就不行,教材上往往就会给出一个反例,以此来说明这个条件是缺不得的.

中学数学反例教学做得差些.教材总是引导我们从正确走向正确,很少讲如果不这样为什么不行.

譬如讲基本不等式 $a^2 + b^2 \geqslant 2ab$ 时,会强调,当 $a = b$ 时不等式等号成立.久而久之,很多学生,甚至老师都会形成错觉,认为对称不等式一定在对称的参数相等时取得最值.

这种看法多数时候是正确的,往往也成为探究最值的一种思路.如下面这道经典的题目:

例1 已知正数 a,b 满足 $a + b = 1$,求证: $\left(a + \dfrac{1}{a}\right)\left(b + \dfrac{1}{b}\right) \geqslant \dfrac{25}{4}$.

将此题略加修改,进行探究.

正数 a,b 满足 $a + b = 2$,发现当 $a = b$ 时, $\left(a + \dfrac{1}{a}\right)\left(b + \dfrac{1}{b}\right)$ 取得最小值.

正数 a,b 满足 $a + b = 3$,发现当 $a = b$ 时, $\left(a + \dfrac{1}{a}\right)\left(b + \dfrac{1}{b}\right)$ 取得最小值.

正数 a,b 满足 $a + b = 4$,发现当 $a = b$ 时, $\left(a + \dfrac{1}{a}\right)\left(b + \dfrac{1}{b}\right)$ 取得最小值.

反例马上就要出现了：

正数 a,b 满足 $a+b=5$，发现当 $a=b=2.5$ 时，$\left(a+\dfrac{1}{a}\right)\left(b+\dfrac{1}{b}\right)=8.41$；而当 $a=\dfrac{5+\sqrt{25-4\sqrt{26}}}{2}$，$b=\dfrac{5-\sqrt{25-4\sqrt{26}}}{2}$ 时，$\left(a+\dfrac{1}{a}\right)\left(b+\dfrac{1}{b}\right)=2\sqrt{26}-2\approx8.19$. 或者当 $a=3$，$b=2$ 时，$\left(a+\dfrac{1}{a}\right)\left(b+\dfrac{1}{b}\right)\approx8.333$.

下面分析原因：设正数 a,b 满足 $a+b=k$，求 $\left(a+\dfrac{1}{a}\right)\left(b+\dfrac{1}{b}\right)$ 的最小值.

$$\left(a+\frac{1}{a}\right)\left(b+\frac{1}{b}\right)=ab+\frac{1}{ab}+\frac{(a+b)^2-2ab}{ab}=ab+\frac{k^2+1}{ab}-2$$
$$\geqslant 2\sqrt{k^2+1}-2,$$

当 $ab=\sqrt{k^2+1}$ 时取得等号.

但由于 k 值未定，而 a,b 又有所限制，上式的等号未必能取到（图 19.1）. 当 $x=ab\leqslant\dfrac{(a+b)^2}{4}=\dfrac{k^2}{4}\leqslant\sqrt{k^2+1}$，即 $0<k\leqslant 2\sqrt{2+\sqrt{5}}\approx4.12$ 时，$y=x+\dfrac{k^2+1}{x}$ 单调递减，故

$$\min\left[\left(a+\frac{1}{a}\right)\left(b+\frac{1}{b}\right)\right]=\frac{k^2}{4}+\frac{k^2+1}{\dfrac{k^2}{4}}-2=\left(\frac{k}{2}+\frac{2}{k}\right)^2.$$

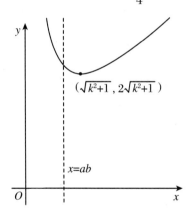

图 19.1

综上可得

$$\min\left[\left(a+\frac{1}{a}\right)\left(b+\frac{1}{b}\right)\right]=\begin{cases}\left(\dfrac{k}{2}+\dfrac{2}{k}\right)^2, & 0<k\leqslant 2\sqrt{2+\sqrt{5}}\approx4.12\\[2mm]2\sqrt{k^2+1}-2, & 2\sqrt{2+\sqrt{5}}<k\end{cases}.$$

上述案例由教材上的经典案例逐步转换而来，涉及基本不等式、对勾函数等多个知识点，若在教学中应用，肯定能让学生记忆深刻，理解更为透彻.

类似的反例还可以找出很多. 从一本厚一点的不等式专著中就可以轻松找出几个来. 譬

如已知实数 a，b 满足 $a+b=1$，求 $ab(a^4+b^4)$ 的最值.

图 19.2 是 $y=x(1-x)\left[x^4+(1-x)^4\right]$ 的函数图像，显然没有最小值，当 $x=\dfrac{1}{2}\pm\dfrac{1}{6}\sqrt{-15+6\sqrt{10}}$ 时，求得最大值为 $\dfrac{1}{27}(5\sqrt{10}-14)$.

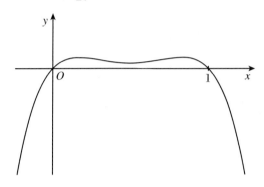

图 19.2

研究不等式，注意到取等条件是很有好处的，取等条件能给我们带来一些前进的指示，事实上，取等条件还能告诉我们哪些路不能走. 由于均值不等式在中学阶段是最基础、最重要的不等式，所以很多人形成条件反射，不由自主地联系均值不等式，总希望利用 $\left(\dfrac{a+b+c}{3}\right)^3\geqslant abc$ 或 $(a+b+c)^2\geqslant 3(ab+bc+ca)$ 来进行代换. 殊不知，这样做就"默认"等号在 $a=b=c$ 时取得，忽视了其他可能的取等条件，这样的解答存在隐患.

例2 已知 a，b，$c\in[0,1]$，$a+b+c=1$，求证：
$$(ab+bc+ca)+48(ab+bc+ca)abc\geqslant 25abc.$$

分析 可尝试下面思路来探索零点.

设 $f(a,b,c)=(ab+bc+ca)+48(ab+bc+ca)abc-25abc$，则
$$f\left(a,\dfrac{1-a}{2},\dfrac{1-a}{2}\right)=(1-a)(1-2a)^2(1-3a)^2,$$

于是重点关注 $a=1$，$\dfrac{1}{2}$，$\dfrac{1}{3}$ 的情况. 当然这种思路只适合不等式取等时有两个变量相等的情况(当然包括三个变量相等). 但有些不等式取等时三个变量各不相同，这种思路失效.

证明 齐次化得
$$(ab+bc+ca)(a+b+c)^3+48(ab+bc+ca)abc-25abc(a+b+c)^2$$
$$=\sum a(b-c)^2(3a-b-c)^2\geqslant 0.$$

取等条件见表 19.1.

表 19.1

$a = 0$	$b - c = 0$	$3a - b - c = 0$
$b = 0$	$c - a = 0$	$3b - c - a = 0$
$c = 0$	$a - b = 0$	$3c - a - b = 0$

结合 $a, b, c \in [0, 1]$, $a + b + c = 1$, 进行组合分析. 按照组合计算, 应该有 $3 \times 3 \times 3 = 27$ 种可能. 根据对称性, 可以减少大量的分析. 为节约篇幅, 仅分析下面 6 种情况.

(1) 若取 $a = 0, b = 0, c = 0$, 与 $a + b + c = 1$ 矛盾.

(2) 若取 $a = 0, b = 0, a - b = 0$, 结合 $a + b + c = 1$, 得 $c = 1$.

(3) 若取 $a = 0, b = 0, 3c - a - b = 0$, 得 $c = 0$, 与 $a + b + c = 1$ 矛盾.

(4) 若取 $b - c = 0, c - a = 0, a - b = 0$, 结合 $a + b + c = 1$, 得 $a = b = c = \dfrac{1}{3}$.

(5) 若取 $b - c = 0, 3b - c - a = 0, 3c - a - b = 0$, 结合 $a + b + c = 1$, 得 $a = \dfrac{1}{2}$, $b = c = \dfrac{1}{4}$.

(6) 若取 $3a - b - c = 0, 3b - c - a = 0, 3c - a - b = 0$, 与 $a + b + c = 1$ 矛盾.

综上所述, 不等式取等条件是 $a = b = c = \dfrac{1}{3}$ 或 $a = \dfrac{1}{2}$, $b = c = \dfrac{1}{4}$ 或 $a = 1, b = c = 0$ 及其轮换.

例3 已知 a, b, c 为实数, 且 $a + bc = b + ac = c + ba = 1$, 求解 a, b, c. (2021 年清华大学自强计划测试数学试题改编)

解 由 $a + bc = b + ac$, 得 $(a - b)(1 - c) = 0$, 同理有 $(b - c)(1 - a) = (c - a)(1 - b) = 0$.

若 $a = b = c$, 则 $a + a^2 = 1$, 解得 $a = \dfrac{-1 \pm \sqrt{5}}{2}$.

若 a, b, c 不全相等, 则其中至少有一个为 1, 不妨设 $a = 1$, 则 $b = 1$ 或 $c = 1$, 不妨设 $b = 1$, 则 $c = 0$, 于是得 $a = 1, b = 1, c = 0$ 及其轮换.

例4 对于不全为 0 的非负数 a, b, c, 求证:

$$\frac{bc}{(4a + b + c)(b + c)} + \frac{ca}{(4b + c + a)(c + a)} + \frac{ab}{(4c + a + b)(a + b)} \leqslant \frac{1}{4}.$$

某资料上是这样证明的:

$$\frac{bc}{(4a + b + c)(b + c)} = \frac{bc}{4a(b + c) + (b + c)^2} \leqslant \frac{bc}{4a(b + c) + 4bc}$$

$$= \frac{1}{4} \cdot \frac{bc}{ab + bc + ca},$$

于是

$$\frac{bc}{(4a + b + c)(b + c)} + \frac{ca}{(4b + c + a)(c + a)} + \frac{ab}{(4c + a + b)(a + b)}$$

$$\leqslant \frac{1}{4} \cdot \frac{ab + bc + ca}{ab + bc + ca} = \frac{1}{4},$$

当且仅当 $a = b = c > 0$ 时等号成立.

分析

$$\frac{bc}{(4a + b + c)(b + c)} = \frac{bc}{4a(b + c) + (b + c)^2} \leqslant \frac{bc}{4a(b + c) + 4bc}$$

$$= \frac{1}{4} \cdot \frac{bc}{ab + bc + ca}$$

中最关键的一步(其余都是等价变形)用到了均值不等式 $(b + c)^2 \geqslant 4bc$, 取等条件是 $b = c$. 同理分析其他类似两式, 于是便得出 $a = b = c$. 又由于 a, b, c 为不全为 0 的非负数, 因此最终等号成立的条件是 $a = b = c > 0$.

这样分析看似没问题, 实则有遗漏. 上述证明把"重点"放在均值不等式上, 而忽视了其他可能, 譬如"边界". 事实上容易发现, 在 $b = c > 0$, $a = 0$ 时, 求证不等式成立, 即

$$\frac{bc}{(4a + b + c)(b + c)} + \frac{ca}{(4b + c + a)(c + a)} + \frac{ab}{(4c + a + b)(a + b)}$$

$$\leqslant \frac{1}{4} + 0 + 0 = \frac{1}{4}.$$

综上所述, 求证不等式等号成立的条件是 $a = b = c > 0$ 或 $b = c > 0$, $a = 0$ 及其轮换.

例 5 已知实数 $a, b, c \in [0, 1]$, 求证:

$$\frac{a}{b + c + 1} + \frac{b}{c + a + 1} + \frac{c}{a + b + 1} + (1 - a)(1 - b)(1 - c) \leqslant 1.$$

某资料上这样证明:

由于求证不等式具有对称性, 不妨设 $a \geqslant b \geqslant c$, 因此

$$\frac{a}{b + c + 1} + \frac{b}{c + a + 1} + \frac{c}{a + b + 1} \leqslant \frac{a}{b + c + 1} + \frac{b}{c + b + 1} + \frac{c}{c + b + 1}$$

$$= \frac{a + b + c}{b + c + 1} = 1 - \frac{1 - a}{1 + b + c},$$

只需证 $(1 - a)(1 - b)(1 - c) - \dfrac{1 - a}{1 + b + c} \leqslant 0$, 而

$$(1 - a)\left[1 - (1 - b)(1 - c)(1 + b + c)\right]$$

$$= (1 - a)\left[(b^2 - b^2 c) + (c^2 - bc^2) + bc\right] \geqslant 0.$$

所以命题得证, 当且仅当 $a = b = c = 1$ 时等号成立.

分析 $\dfrac{b}{c+a+1}\leqslant\dfrac{b}{c+b+1}$，不等式取等条件可能是 $a=b$，也可能是 $b=0$.

$\dfrac{c}{a+b+1}\leqslant\dfrac{c}{c+b+1}$，不等式取等条件可能是 $a=c$，也可能是 $c=0$.

$(1-a)(1-b)(1-c)-\dfrac{1-a}{1+b+c}\leqslant 0$，不等式取等条件可能是 $a=1$，也可能是 $b=c=0$.

综合以上三种情况，不等式取等条件是 $a=b=c=1$ 或 $b=c=0$（此时 $a\in[0,1]$）或 $a=b=1,c=0$ 及其轮换.

例6 已知非负实数 a,b,c 满足 $a+b+c=2$，求证：$a^3+b^3+c^3+\dfrac{15abc}{4}\geqslant 2$.

证明 设 $c=\min(a,b,c)$，$f(a,b,c)=a^3+b^3+c^3+\dfrac{15abc}{4}-2$，则

$$f(a,b,c)-f\left(\dfrac{a+b}{2},\dfrac{a+b}{2},c\right)=\dfrac{3}{16}(a-b)^2(4a+4b-5c)\geqslant 0,$$

取等条件可能是 $a=b$，也可能是 $4a+4b-5c=0$.

$$f\left(\dfrac{a+b}{2},\dfrac{a+b}{2},c\right)=f\left(\dfrac{2-c}{2},\dfrac{2-c}{2},c\right)=\dfrac{3}{16}c(3c-2)^2\geqslant 0,$$

取等条件可能是 $c=0$，也可能是 $c=\dfrac{2}{3}$.

若取 $a=b$ 和 $c=0$，可得 $a=b=1,c=0$.

若取 $a=b$ 和 $c=\dfrac{2}{3}$，可得 $a=b=c=\dfrac{2}{3}$.

若取 $4a+4b-5c=0$ 和 $c=0$，可得 $a=b=c=0$，与 $a+b+c=2$ 矛盾.

若取 $4a+4b-5c=0$ 和 $c=\dfrac{2}{3}$，可得 $a+b+c=\dfrac{3}{2}$，与 $a+b+c=2$ 矛盾.

综上所述，不等式取等条件是 $a=b=c=\dfrac{2}{3}$ 或 $a=b=1,c=0$ 及其轮换.

例7 已知实数 $a,b,c\in[0,2]$ 满足 $a+b+c=3$，求证：$a^3+b^3+c^3\leqslant 9$.

证明 不妨设 $a\geqslant b\geqslant c$，则 $1\leqslant a\leqslant 2$.

$b^3+c^3\leqslant(b+c)^3=(3-a)^3$，取等条件是 b 或 $c=0$；

要证 $a^3+(3-a)^3\leqslant 9$，即证 $9(a-1)(a-2)\leqslant 0$，取等条件是 $a=1$ 或 2.

所以等号成立的条件是 $(a,b,c)=(2,1,0)$ 及其轮换.

例8 已知非负实数 a,b,c 满足 $a+b+c=3$，求证：$\dfrac{a^2+1}{b+1}+\dfrac{b^2+1}{c+1}+\dfrac{c^2+1}{a+1}\leqslant\dfrac{45}{4}$.

证明 对于 $0\leqslant x\leqslant 3$，$(1+x)\left(1-\dfrac{x}{4}\right)-1=\dfrac{1}{4}(3-x)x$，于是 $\dfrac{1}{1+x}\leqslant 1-\dfrac{x}{4}$.

$$\frac{a^2+1}{b+1} \leqslant (3a+1)\left(1-\frac{b}{4}\right) = 3a+1-\frac{b}{4}-\frac{3ab}{4} \leqslant 1+3a-\frac{b}{4},$$

$$\frac{a^2+1}{b+1} + \frac{b^2+1}{c+1} + \frac{c^2+1}{a+1} \leqslant 3 + \frac{11}{4}(a+b+c) = \frac{45}{4}.$$

等号成立的条件是 a 和 b 中至少有一个为 0,另一个可以为 0 或 3.

结合 $a+b+c=3$,可得求证不等式等号成立的条件是 $(a,b,c)=(3,0,0)$ 及其轮换.

例9 已知非负实数 a,b,c,求证:$\dfrac{a}{b+c} + \dfrac{b}{c+a} + \dfrac{c}{a+b} + \dfrac{16(ab+bc+ca)}{a^2+b^2+c^2} \geqslant 8$.

证明 设 $a+b+c=1, ab+bc+ca=x$,则 $0 \leqslant x \leqslant \dfrac{1}{3}$.

因为

$$\frac{a}{b+c} + \frac{b}{c+a} + \frac{c}{a+b} = \frac{3abc + (a+b+c)^3 - 2(a+b+c)(ab+ac+bc)}{(a+b+c)(ab+ac+bc) - abc}$$

$$= \frac{3abc + 1 - 2x}{x - abc},$$

$$\frac{ab+bc+ca}{a^2+b^2+c^2} = \frac{ab+bc+ca}{(a+b+c)^2 - 2(ab+bc+ca)} = \frac{x}{1-2x},$$

所以

$$\frac{a}{b+c} + \frac{b}{c+a} + \frac{c}{a+b} + \frac{16(ab+bc+ca)}{a^2+b^2+c^2}$$

$$= \frac{3abc+1-2x}{x-abc} + \frac{16x}{1-2x} \geqslant \frac{1-2x}{x} + \frac{16x}{1-2x} = \frac{(6x-1)^2}{x(1-2x)} + 8 \geqslant 8.$$

由于 $a+b+c=1$ 不是必需的,因而 $6x-1=0$ 也不是必需的.

因为 $abc=0$,所以不妨设 $c=0$,解方程

$$\frac{a}{b+c} + \frac{b}{c+a} + \frac{c}{a+b} + \frac{16(ab+bc+ca)}{a^2+b^2+c^2} = 8,$$

得 $\dfrac{(a^2-4ab+b^2)^2}{ab(a^2+b^2)} = 0$,解得 $a=(2\pm\sqrt{3})b$.

综上所述,求证不等式在 $a=(2\pm\sqrt{3})b, c=0$ 及其轮换时等号成立.

例10 已知正数 a,b,c,d,求证:$\dfrac{a}{b+c} + \dfrac{b}{c+d} + \dfrac{c}{d+a} + \dfrac{d}{a+b} \geqslant 2$.

证明 因为 $(a+b+c+d)^2 - 4(a+b)(d+c) = (a+b-c-d)^2$,所以 $(a+b+c+d)^2 \geqslant 4(a+b)(d+c)$;同理 $(a+b+c+d)^2 \geqslant 4(c+b)(a+d)$.

要证 $\dfrac{a}{b+c} + \dfrac{b}{c+d} + \dfrac{c}{a+d} + \dfrac{d}{a+b} \geqslant 2$,只需证

$$\frac{a^2 + ad + bc + c^2}{(c+b)(a+d)} + \frac{ab + b^2 + d^2 + cd}{(a+b)(c+d)}$$

$$\geqslant \frac{4(a^2+ad+bc+c^2)+4(ab+b^2+d^2+cd)}{(a+b+c+d)^2} \geqslant 2,$$

即证 $2a^2+2b^2+2c^2+2d^2-4ac-4bd \geqslant 0$，而这等价于 $(a-c)^2+(b-d)^2 \geqslant 0$. 等号成立的条件是 $a=c,b=d$.

例11 已知 a,b,c 为锐角三角形的三条边，求证:

$$(a+b-c)^2(b+c-a)^2(c+a-b)^2 \geqslant (a^2+b^2-c^2)(b^2+c^2-a^2)(c^2+a^2-b^2).$$

证明

$$(a+b-c)^2(b+c-a)^2(c+a-b)^2$$
$$= [b^2-(a-c)^2][c^2-(a-b)^2][a^2-(b-c)^2].$$

因为

$$[b^2-(a-c)^2]^2-(b^2-a^2+c^2)(b^2+a^2-c^2) = 2(a-c)^2(a^2-b^2+c^2),$$

所以

$$[b^2-(a-c)^2]^2 \geqslant (b^2-a^2+c^2)(b^2+a^2-c^2).$$

类似三式相乘，命题得证.

$[b^2-(a-c)^2]^2 = (b^2-a^2+c^2)(b^2+a^2-c^2)$ 的条件是 $a=c$ 或 $a^2-b^2+c^2=0$.

类似有 $b=a$ 或 $b^2-c^2+a^2=0$；$c=b$ 或 $c^2-a^2+b^2=0$.

例12 已知非负实数 a,b,c 满足 $a+b+c=1$，求证: $a^3+b^3+c^3+6abc-\dfrac{1}{4} \geqslant 0$.

证明 设 $c=\min(a,b,c)$，$f(a,b,c)=a^3+b^3+c^3+6abc-\dfrac{1}{4}$，则

$$f(a,b,c)-f\left(\frac{a+b}{2},\frac{a+b}{2},c\right) = 3(a-b)^2(a+b-2c) \geqslant 0,$$

$$f\left(\frac{a+b}{2},\frac{a+b}{2},c\right) = f\left(\frac{1-c}{2},\frac{1-c}{2},c\right) = 3c(1-3c+3c^2) \geqslant 0.$$

因为 $1-3c+3c^2>0$，所以只有当 $c=0$ 时，$c(1-3c+3c^2)=0$，结合 $(a-b)^2$ · $(a+b-2c)=0$ 和 $a+b+c=1$，可得 $a=b=\dfrac{1}{2}$，所以不等式在 $a=b=\dfrac{1}{2},c=0$ 及其轮换时取等.

恒等式1:

$$a^3+b^3+c^3+6abc-\frac{1}{4}$$
$$= 3(a-b)^2(a+b-2c)+3c(1-3c+3c^2)$$
$$+(a+b+c-1)(1+a+a^2+b+2ab+b^2+4c+5ac+5bc-5c^2).$$

恒等式2:

$$a^3+b^3+c^3+6abc-\frac{(a+b+c)^3}{4} = \frac{3}{4}\sum a(a-b-c)^2.$$

例13 已知非负实数 a,b,c,d 满足 $a+b+c+d=4$,求证:

$$(1+3a)(1+3b)(1+3c)(1+3d)\leqslant 125+131abcd.$$

证明 设 $f(a,b,c,d)=125+131abcd-(1+3a)(1+3b)(1+3c)(1+3d)$,若设 $a\geqslant b\geqslant c\geqslant d$,则有 $c+d\leqslant 2,cd\leqslant 1,cd\leqslant\sqrt{cd}$.于是

$$f(a,b,c,d)-f\left(\frac{a+b}{2},\frac{a+b}{2},c,d\right)$$

$$=\frac{1}{4}(a-b)^2(9+27c+27d-50cd)\geqslant\frac{1}{4}(a-b)^2(9+54\sqrt{cd}-50cd)\geqslant 0.$$

同理有 $b+d\leqslant 2,bd\leqslant 1,bd\leqslant\sqrt{bd},f(a,b,c,d)\geqslant f\left(\frac{a+c}{2},b,\frac{a+c}{2},d\right)$.

反复调整四个自变量中的最大值、第二大的值和第三大的值,即 a,b,c,直至三者相等,此时 $a=b=c=\frac{4-d}{3}$.

而 $f\left(\frac{4-d}{3},\frac{4-d}{3},\frac{4-d}{3},d\right)=\frac{2}{27}(1-d)^2d(142-25d)\geqslant 0$ 对于 $0\leqslant d\leqslant 1$ 成立.

所以原不等式成立,等号成立的情况有二:

当 $d=1$ 时,$a=b=c=d=1$;

当 $d=0$ 时,$a=b=c=\frac{4}{3}$.

说明 有资料在证明 $f(a,b,c,d)\geqslant f\left(\frac{a+b}{2},\frac{a+b}{2},c,d\right)$ 后,直接就调整到四个数相等,再验证 $f(1,1,1,1)\geqslant 0$,得出等号成立当且仅当 $a=b=c=d=1$.这样做可能出问题.因为 $f(a,b,c,d)\geqslant f\left(\frac{a+b}{2},\frac{a+b}{2},c,d\right)$ 并不恒成立,而是有条件的.因此在逐步调整时,一定要小心,满足条件才能调整.这样才能把 $a=b=c=\frac{4}{3}$,$d=0$ 这种特殊取等条件找到.

例14 已知非负实数 a,b,c,d 满足 $a+b+c+d=4$,求证:$3(a^2+b^2+c^2+d^2)+4abcd\geqslant 16$.

证明 设 $f(a,b,c,d)=3(a^2+b^2+c^2+d^2)+4abcd-16$,若设 $a\geqslant b\geqslant c\geqslant d$,则有 $c+d\leqslant 2,cd\leqslant 1$.于是

$$f(a,b,c,d)-f\left(\frac{a+b}{2},\frac{a+b}{2},c,d\right)=\frac{1}{2}(a-b)^2(3-2cd)\geqslant 0.$$

同理有 $b+d\leqslant 2,bd\leqslant 1,f(a,b,c,d)\geqslant f\left(\frac{a+c}{2},b,\frac{a+c}{2},d\right)$.

反复调整四个自变量中的最大值、第二大的值和第三大的值,即 a,b,c,直至三者相等,此时 $a=b=c=\frac{4-d}{3}$.

而 $f\left(\dfrac{4-d}{3},\dfrac{4-d}{3},\dfrac{4-d}{3},d\right)=\dfrac{4}{27}(10-d)(1-d)^2 d\geqslant 0$ 对于 $0\leqslant d\leqslant 1$ 成立.

所以原不等式成立,等号成立的情况有二:

当 $d=1$ 时,$a=b=c=d=1$;

当 $d=0$ 时,$a=b=c=\dfrac{4}{3}$.

说明　有人看到题目结论和条件之间的差异,想利用 $(a+b+c+d)^2\leqslant 4(a^2+b^2+c^2+d^2)$ 进行放缩.这样的思路是有问题的,因为该思路默认等号在 $a=b=c=d=1$ 时取得,对 $a=b=c=\dfrac{4}{3},d=0$ 这种情况完全忽视.

例15　已知非负实数 a,b,c 满足 $a^2+b^2+c^2=a+b+c$,求证:$a^2 b^2+b^2 c^2+c^2 a^2\leqslant ab+bc+ca$.

证明　将 $a^2+b^2+c^2=a+b+c$ 两边平方并移项得
$$a^4+b^4+c^4-a^2-b^2-c^2=2(ab+bc+ca-a^2 b^2-b^2 c^2-c^2 a^2).$$

于是求证原不等式转化为
$$a^4+b^4+c^4\geqslant a^2+b^2+c^2,$$

等价于
$$(a+b+c)^2(a^4+b^4+c^4)\geqslant(a^2+b^2+c^2)^3,$$

其正确性由恒等式
$$(a^4+b^4+c^4)(a+b+c)^2-(a^2+b^2+c^2)^3=\sum f(a,b,c)$$

得出,其中
$$f(a,b,c)=ab(a-b)^2\left(a^2+ab+b^2+\dfrac{1}{2}c^2+\dfrac{1}{2}ac+\dfrac{1}{2}bc\right).$$

当 $(a,b,c)=(1,1,1)$ 或 $(0,0,0)$ 或 $(1,1,0)$ 或 $(1,0,0)$ 及其轮换时,原不等式等号成立.

注意:单纯从 $f(a,b,c)=ab(a-b)^2\left(a^2+ab+b^2+\dfrac{1}{2}c^2+\dfrac{1}{2}ac+\dfrac{1}{2}bc\right)$ 来看,好像 $a=b=c$ 就满足.但还需要结合题目中的 $a^2+b^2+c^2=a+b+c$.

例16　已知非负实数 a,b,c 满足 $a+b+c=3$,求证:$\dfrac{a^2}{a+2b^3}+\dfrac{b^2}{b+2c^3}+\dfrac{c^2}{c+2a^3}\geqslant 1$.

证明　因为 $3(ab+bc+ca)\leqslant(a+b+c)^2=9$,所以 $ab+bc+ca\leqslant 3$.
$$\dfrac{a^2}{a+2b^3}=a-\dfrac{2ab^3}{a+b^3+b^3}\geqslant a-\dfrac{2}{3}b\sqrt[3]{a^2}\geqslant a-\dfrac{2}{9}b(a+a+1)$$
$$=a-\dfrac{2}{9}b-\dfrac{4}{9}ab,\qquad\qquad\qquad ①$$

$$\frac{a^2}{a+2b^3} + \frac{b^2}{b+2c^3} + \frac{c^2}{c+2a^3} \geq \frac{7}{9}(a+b+c) - \frac{4}{9}(ab+bc+ca) \geq \frac{7}{3} - \frac{4}{3} = 1.$$

对于式①,一般总是把注意力集中在均值不等式等号成立的情况,譬如 $a = b^3, a = 1$,于是会得到 $a = b = 1$.这样却忽视了一些特殊情况,譬如 $b = 0$ 时,$\frac{a^2}{a+2b^3} \geq a - \frac{2}{9}b - \frac{4}{9}ab$ 也成立.不过对于此题,由于有 $a+b+c=3$ 的限制,最终等号成立只能在 $a=b=c=1$ 时.

若是单纯求解 $\frac{a^2}{a+2b^3} + \frac{b^2}{b+2c^3} + \frac{c^2}{c+2a^3} = 1$,则解有很多,如 $(a,b,c) = \left(\frac{1+\sqrt{3}}{4}, \frac{1}{2}, 0\right)$.

例17 已知 $a,b,c \geq 0, ab+bc+ca = a+b+c > 0$,求证:$a^4+b^4+c^4+29abc \geq 32$.

证明 设 $p = ab+bc+ca = a+b+c, r = abc$,则

$$p^2 = (a+b+c)^2 \geq 3(ab+bc+ca) = 3p,$$

结合 $p > 0$ 可知 $p \geq 3$.

由舒尔不等式 $a(a-b)(a-c) + b(b-c)(b-a) + c(c-a)(c-b) \geq 0$,得

$$(a+b+c)^3 - 4(a+b+c)(ab+bc+ca) + 9abc \geq 0,$$

即 $r \geq \dfrac{4p^2 - p^3}{9}$.

由于

$$\begin{aligned}
a^4+b^4+c^4 &= (a^2+b^2+c^2)^2 - 2(a^2b^2+b^2c^2+c^2a^2) \\
&= \left[(a+b+c)^2 - 2(ab+bc+ca)\right]^2 \\
&\quad - 2\left[(ab+bc+ca)^2 - 2(a+b+c)abc\right] \\
&= (p^2 - 2p)^2 - 2(p^2 - 2pr) \\
&= p^4 - 4p^3 + 2p^2 + 4pr,
\end{aligned}$$

故只需证

$$p^4 - 4p^3 + 2p^2 + 4pr + 29r \geq 32,$$

即证

$$p^4 - 4p^3 + 2p^2 + 4p \cdot \frac{4p^2 - p^3}{9} + 29 \cdot \frac{4p^2 - p^3}{9} \geq 32 \quad (\text{其中 } p \geq 3),$$

即

$$5p^4 - 49p^3 + 134p^2 \geq 9 \times 32,$$

也即

$$(p-4)^2(p-3)(5p+6) \geq 0.$$

由于 $(a+b+c)^2 \geq 3(ab+bc+ca)$ 恒成立,故只需考虑舒尔不等式,舒尔不等式的成立条件是当且仅当 $a=b=c$,或其中两个数相等而另外一个为零.

若 $p = 3$,则 $a = b = c = 1$;

若 $p=4$,则 $a=b=2,c=0$ 及其轮换.

例 18 已知非负实数 a,b,c 满足 $a^2+b^2+c^2=1$,求 $P=(a-b)(b-c)(c-a)(a+b+c)$ 的最大值.

解 设 $c\geqslant b\geqslant a$,因为

$$[(a+b+c)(b-a)+(c-b)(c-a)]^2-4(a-b)(b-c)(c-a)(a+b+c)$$
$$=(a^2+ab-b^2-2bc+c^2)^2,$$

所以

$$4P=4(a+b+c)(a-b)(b-c)(c-a)=4(a+b+c)(b-a)(c-b)(c-a)$$
$$\leqslant[(a+b+c)(b-a)+(c-b)(c-a)]^2=[b^2+c^2+a(b-2c)-a^2]^2$$
$$\leqslant(b^2+c^2)^2\leqslant(a^2+b^2+c^2)^2=1,$$

即 $P\leqslant\dfrac{1}{4}$.

其中 $a=a^2+ab-b^2-2bc+c^2=0$,得 $(a,b,c)=\left(0,\dfrac{\sqrt{2-\sqrt{2}}}{2},\dfrac{\sqrt{2+\sqrt{2}}}{2}\right)$.

所以取等条件是 $(a,b,c)=\left(0,\dfrac{\sqrt{2-\sqrt{2}}}{2},\dfrac{\sqrt{2+\sqrt{2}}}{2}\right)$ 及其轮换.

例 19 已知实数 $x,y,z\in[0,1]$,求 $\dfrac{x^3+1}{\sqrt{3y+1}}+\dfrac{y^3+1}{\sqrt{3z+1}}+\dfrac{z^3+1}{\sqrt{3x+1}}$ 的最大值.

解 因为

$$\left(1-\dfrac{y}{2}\right)^2(3y+1)-1=\dfrac{1}{4}y(1-y)(8-3y)\geqslant0,$$

所以

$$\dfrac{x^3+1}{\sqrt{3y+1}}\leqslant\dfrac{x+1}{\sqrt{3y+1}}\leqslant(x+1)\left(1-\dfrac{y}{2}\right),$$

不等式等号成立的条件是 $x=1$ 或 $0,y=1$ 或 0.

$$\dfrac{x^3+1}{\sqrt{3y+1}}+\dfrac{y^3+1}{\sqrt{3z+1}}+\dfrac{z^3+1}{\sqrt{3x+1}}\leqslant(x+1)\left(1-\dfrac{y}{2}\right)+(y+1)\left(1-\dfrac{z}{2}\right)+(z+1)\left(1-\dfrac{x}{2}\right)$$
$$=3+\dfrac{x+y+z-xy-yz-zx}{2}$$
$$=3+\dfrac{1+(x-1)(y-1)(z-1)-xyz}{2}\leqslant\dfrac{7}{2},$$

不等式等号成立的条件是 x,y,z 中至少有一个为 1,一个为 0.

所以 $\dfrac{x^3+1}{\sqrt{3y+1}}+\dfrac{y^3+1}{\sqrt{3z+1}}+\dfrac{z^3+1}{\sqrt{3x+1}}$ 在 $x=1,y=1,z=0$ 或 $x=1,y=0,z=0$ 及其轮换

时,取得最大值 $\dfrac{7}{2}$.

例20 已知正数 a,b,c,d 满足 $a^2+b^2+c^2+d^2=1$,求证:$\dfrac{a}{1-a^2}+\dfrac{b}{1-b^2}+\dfrac{c}{1-c^2}+\dfrac{d}{1-d^2}\geqslant\dfrac{3\sqrt{3}}{2}$.

分析 我们很希望有 $\dfrac{a}{1-a^2}\geqslant\dfrac{3\sqrt{3}}{2}a^2$,则 $\displaystyle\sum\dfrac{a}{1-a^2}\geqslant\sum\dfrac{3\sqrt{3}}{2}a^2=1$.

事实上有恒等式

$$a-\dfrac{3\sqrt{3}}{2}a^2(1-a^2)=\dfrac{3\sqrt{3}}{2}a^2\left(a-\dfrac{1}{\sqrt{3}}\right)^2+3a\left(a-\dfrac{1}{\sqrt{3}}\right)^2,$$

等号成立的条件是 $a=b=c,d=0$ 及其轮换.

说明 1 此时切莫随意写"$a=b=c=d=\dfrac{1}{2}$".很多人看到条件 $a^2+b^2+c^2+d^2=1$,就会猜测取等条件为 $a=b=c=d=\dfrac{1}{2}$.事实上不是.当 $a=\dfrac{1}{\sqrt{3}}$ 或 $a=-\dfrac{2}{\sqrt{3}}$ 或 $a=0$ 时,$\dfrac{a}{1-a^2}=\dfrac{3\sqrt{3}}{2}a^2$.而 $a=\dfrac{1}{2}$ 不满足 $\dfrac{a}{1-a^2}=\dfrac{3\sqrt{3}}{2}a^2$.此题取等条件应该是 $a=b=c=\dfrac{1}{\sqrt{3}},d=0$ 及其轮换.

说明 2 在计算出 $\dfrac{a}{1-a^2}=\dfrac{3\sqrt{3}}{2}a^2$ 的条件为 $a=\dfrac{1}{\sqrt{3}}$ 或 $a=-\dfrac{2}{\sqrt{3}}$ 或 $a=0$ 之后,可设

$$a-\dfrac{3\sqrt{3}}{2}a^2(1-a^2)=ma^2\left(a-\dfrac{1}{\sqrt{3}}\right)^2+na\left(a-\dfrac{1}{\sqrt{3}}\right)^2,$$

由此可得恒等式.当然也可用均值不等式:

$$\dfrac{a}{1-a^2}=\dfrac{\sqrt{2}a^2}{\sqrt{2a^2(1-a^2)(1-a^2)}}\geqslant\dfrac{\sqrt{2}a^2}{\sqrt{\left(\dfrac{2a^2+1-a^2+1-a^2}{3}\right)^3}}=\dfrac{3\sqrt{3}}{2}a^2,$$

想到这种思路的前提是充分利用 $a=\dfrac{1}{\sqrt{3}}$,即 $3a^2=1$.

例21 已知非负数 a,b,c 满足 $a+b+c=3$,求证:$27(a+b+c)^4\geqslant256(a^3b+b^3c+c^3a)+473abc(a+b+c)$.

证明 设

$$f(a,b,c)=\dfrac{280}{3}abc(a-c)^2+\left(\dfrac{69}{14}a+\dfrac{309}{14}b+\dfrac{219}{14}c\right)\left(a^2-b^2-\dfrac{8ab}{3}+3bc-\dfrac{ca}{3}\right)^2,$$

可以验证

$$(a+b+c)\left[27(a+b+c)^4-256(a^3b+b^3c+c^3a)-473abc(a+b+c)\right]$$

$$= f(a,b,c) + f(b,c,a) + f(c,a,b).$$

原不等式取等条件是 $a = b = c = 1$ 或 $a = \dfrac{4}{3}, b = \dfrac{3}{4}, c = 0$ 及其轮换.

说明 1　此处要研究 $27(a+b+c)^4 - 256(a^3 b + b^3 c + c^3 a) - 473abc(a+b+c)$ 的非负性,却先将之乘以 $a+b+c$.这是一种反常行为,只有用计算机反复尝试才可能得出.

说明 2　由于 $abc(a-c)^2 = 0$ 和 $a^2 - b^2 - \dfrac{8ab}{3} + 3bc - \dfrac{ca}{3} = 0$ 搭配起来可能性很多,因此取等时要特别小心.

例22　已知正数 a,b,c 满足 $a+b+c=3$,求证:$3(a^4+b^4+c^4) + (a^2+b^2+c^2) + 6 \geqslant 6(a^3+b^3+c^3)$.

证明　设 $f(a,b,c) = (k_1 a^2 + k_2 b^2 + k_3 c^2 + k_4 ab + k_5 bc + k_6 ca)^2$,则

$$3(a^4 + b^4 + c^4) + (a^2 + b^2 + c^2) + 6 - 6(a^3 + b^3 + c^3)$$

$$= 3(a^4 + b^4 + c^4) + \left(\frac{a+b+c}{3}\right)^2 (a^2 + b^2 + c^2)$$

$$+ 6\left(\frac{a+b+c}{3}\right)^4 - 6(a^3 + b^3 + c^3)\frac{a+b+c}{3}$$

$$= f(a,b,c) + f(b,c,a) + f(c,a,b).$$

根据待定系数法,解得

$$f(a,b,c) = \frac{16}{27} \sum \left(a^2 - b^2 + \frac{5}{4}bc - \frac{5}{4}ca\right)^2.$$

解方程组 $f(a,b,c) = f(b,c,a) = f(c,a,b) = 0$,得 $a = b = c$ 或 $a = b, c = \dfrac{a}{4}$ 及其轮换.结合 $a+b+c=3$,原不等式取等条件是 $a = b = c = 1$ 或 $a = b = \dfrac{4}{3}, c = \dfrac{1}{3}$ 及其轮换.

20 再谈神证明

在本书第 1 卷中,有关于神证明的论述,不少读者表示有兴趣.

一行解题是非常炫酷的.在武侠小说中,也常有一剑封喉、一招制敌的说法.譬如《天龙八部》中,传闻天山童姥杀敌从不用第二招.

经过本人最近几年的实践,发现一行解题是可能的.在《点几何解题》这本书里,就记载了几百个一行等式证明几何题的例子.事实上,笔者已经研究成功过 2000 多个几何题.下面会给出一些其他方面的例子.

一行解题是有科学依据的,不像市面上某些骗人的"秒杀".只不过这一研究到目前为止还没引起大家的注意,还停留在比较初级的阶段.

个人研究心得有三:

借助比较高深的数学;借助计算机;研究者先依照一般方法求得解答,然后反复琢磨,精益求精,譬如基于调整法就可以得到恒等式.

例 1 已知 $(c-a)^2 - 4(a-b)(b-c) = 0$,求证:$a+c = 2b$.

证明

$$(c-a)^2 - 4(a-b)(b-c) = (a+c-2b)^2.$$

例 2 已知正数 a,b,c,d,且 $ad = bc$,求证:$(a^2+b^2)(c^2+d^2) = (ac+bd)^2$.

证明

$$(a^2+b^2)(c^2+d^2) = (ac+bd)^2 + (bc-ad)^2.$$

例 3 求证:$2(a-b)(a-c) + 2(b-c)(b-a) + 2(c-a)(c-b) = (b-c)^2 + (c-a)^2 + (a-b)^2$.

分析 只要注意到恒等式 $(a-b) + (b-c) + (c-a) = 0$,将其两边平方即可.

例 4 已知 a,b,c 均不为 0,$a+b+c = 0$,求证:$2a^2 + bc = (b-a)(c-a)$.

证明

$$2a^2 + bc - (b - a)(c - a) = a(a + b + c).$$

例 5 若 $3\cos x + 4\sin x = 5$,求 $\tan x$.

解

$$\left(\frac{3}{5}\cos x + \frac{4}{5}\sin x\right)^2 + \left(\frac{4}{5}\cos x - \frac{3}{5}\sin x\right)^2 = \cos^2 x + \sin^2 x,$$

$$\tan x = \frac{\sin x}{\cos x} = \frac{4}{3}.$$

例 6 已知 $\frac{1}{4}(b - c)^2 = (a - b)(c - a)$,且 $a \neq 0$,则 $\frac{b + c}{a} =$ _____.(1999 年初中数学竞赛试题)

分析 若 $b - c = 0$,则 $a = b = c$,于是 $\frac{b + c}{a} = 2$.猜测 $(b - c)^2 - 4(a - b)(c - a)$ 中含有因式 $-2a + b + c$.

解 可验证 $(b - c)^2 - 4(a - b)(c - a) = (-2a + b + c)^2$,则 $\frac{b + c}{a} = 2$.

例 7 已知实数 x, y, z 满足 $x + y + z = 0$,$xy + yz + zx = -3$,求 $x^3 y + y^3 z + z^3 x$.

解法 1 解方程组 $x + y + z = xy + yz + zx + 3 = 0$,得

$$x = \frac{-z - \sqrt{3}\sqrt{4 - z^2}}{2}, \quad y = \frac{-z + \sqrt{3}\sqrt{4 - z^2}}{2}$$

或

$$x = \frac{-z + \sqrt{3}\sqrt{4 - z^2}}{2}, \quad y = \frac{-z - \sqrt{3}\sqrt{4 - z^2}}{2}.$$

将前一组解代入 $x^3 y + y^3 z + z^3 x$ 计算,另一组也可类似操作.

$$x^3 y + y^3 z + z^3 x = \left(-9 + \frac{9z^2}{2} - \frac{z^4}{2} - \frac{3}{2}\sqrt{3}z\sqrt{4 - z^2} + \frac{1}{2}\sqrt{3}z^3\sqrt{4 - z^2}\right)$$

$$+ \left(-\frac{9z^2}{2} + z^4 + \frac{3}{2}\sqrt{3}z\sqrt{4 - z^2}\right) + \left(-\frac{z^4}{2} - \frac{1}{2}\sqrt{3}z^3\sqrt{4 - z^2}\right)$$

$$= -9.$$

解法 2 显然关于 t 的方程 $(t - x)(t - y)(t - z) = 0$ 有三个解 x, y, z,则

$$t^3 - t^2(x + y + z) + t(xy + yz + zx) - xyz = 0,$$

即 $t^3 - 3t - \lambda = 0$,其中 $\lambda = xyz$,从而 $\begin{cases} x^3 - 3x - \lambda = 0 \\ y^3 - 3y - \lambda = 0 \\ z^3 - 3z - \lambda = 0 \end{cases}$,将第一行、第二行、第三行分别乘以

y,z,x,可得

$$\begin{cases} x^3 y - 3xy - \lambda y = 0 \\ y^3 z - 3yz - \lambda z = 0, \\ z^3 x - 3zx - \lambda x = 0 \end{cases}$$

三式相加可得

$$x^3 y + y^3 z + z^3 x - 3(xy + yz + zx) - \lambda(x + y + z) = 0,$$

所以 $x^3 y + y^3 z + z^3 x = -9$.

解法 3

$$x^3 y + y^3 z + z^3 x = (x + y + z)(x^2 y + y^2 z + z^2 x + xyz) - (xy + yz + zx)^2 = -9.$$

说明 解法 1 是基本方法,初中生只要学过一元二次方程,按部就班操作,就能顺利解答,没有任何难度.缺点是有一点点计算,不过不是很复杂.解答看起来不"漂亮",但胜在朴素,易于掌握.解法 2 用到韦达定理,这也是常用的套路,此方法基本上不用笔算,如若思路清楚,可直接解答.解法 3 一行解答,非常神奇,让人初一看,甚至怀疑是不是做对了.但仔细检查,发现用到的恒等式确实成立.那么此方法如何想到呢? 可以尝试 3 个多项式相互做除法,通常用高次除以低次.也可以基于解法 2 的研究,观察得到 $x^3 y + y^3 z + z^3 x - 3(xy + yz + zx)$ $-\lambda(x + y + z) = 0$ 后,考虑 $xy + yz + zx = -3$,于是 $x^3 y + y^3 z + z^3 x + (xy + yz + zx)^2 -$ $\lambda(x + y + z) = 0$,根据多项式除法 $\dfrac{x^3 y + y^3 z + z^3 x + (xy + yz + zx)^2}{x + y + z}$ 可得 $\lambda = x^2 y + y^2 z +$ $z^2 x + xyz$. 于是得到恒等式 $x^3 y + y^3 z + z^3 x = (x + y + z)(x^2 y + y^2 z + z^2 x + xyz) -$ $(xy + yz + zx)^2$. 可以猜想出题人是不是根据此恒等式出题的.当然必须看到,解法 3 得来不易,先完成解法 2,然后观察其关键式子,仔细琢磨是一回事,其中也有运气成分.

例 8 已知实数 a,b,c 满足 $a - 7b + 8c - 4 = 8a + 4b - c - 7 = 0$,求 $a^2 - b^2 + c^2$.

解法 1 解方程组 $a - 7b + 8c - 4 = 8a + 4b - c - 7 = 0$,得 $a = \dfrac{13 - 5c}{12}$,$b =$ $\dfrac{-5 + 13c}{12}$,于是 $a^2 - b^2 + c^2 = 1$.

解法 2

$$a^2 - b^2 + c^2 - 1$$
$$= \left(-\frac{1}{5}a + \frac{3}{20}c + \frac{1}{4}\right)(a - 7b + 8c - 4) + \left(\frac{3}{20}a - \frac{1}{4}b + \frac{1}{5}c\right)(8a + 4b - c - 7).$$

说明 解法 1 是常规解法,容易想到,操作也简单.解法 2 则是在解法 1 的基础上进行的,也就是先得到 $a^2 - b^2 + c^2 = 1$,再用待定系数法设 $a^2 - b^2 + c^2 - 1 = (k_1 a + k_2 b + k_3 c$ $+ k_4)(a - 7b + 8c - 4) + (t_1 a + t_2 b + t_3 c)(8a + 4b - c - 7)$,其中一组解就是解法 2.虽然解法 2 看起来是一行解答,但背后的操作并不简单.

例9 已知实数 a，b，c，求 $\left(\dfrac{a-b}{b-c}\right)^2+\left(\dfrac{b-c}{c-a}\right)^2+\left(\dfrac{c-a}{a-b}\right)^2$ 的最小值.

分析 求表达式的最小值，通常要先猜出当 a，b，c 取何值时表达式最小，但此题却不好猜.尝试分拆，好像也无好的思路.对于有条件使用符号计算软件的读者，建议遇到这类问题时，直接用软件.

证明

$$\left(\frac{a-b}{b-c}\right)^2+\left(\frac{b-c}{c-a}\right)^2+\left(\frac{c-a}{a-b}\right)^2-5$$

$$=\frac{(a^3+b^3+c^3+6abc-2a^2b-2b^2c-2ac^2-a^2c-ab^2-bc^2)^2}{(a-b)^2(a-c)^2(b-c)^2}.$$

说明 也有资料给出恒等式

$$\left(\frac{a-b}{b-c}\right)^2+\left(\frac{b-c}{c-a}\right)^2+\left(\frac{c-a}{a-b}\right)^2=5+\left(\frac{a-b}{b-c}+\frac{b-c}{c-a}+\frac{c-a}{a-b}+1\right)^2.$$

这样证明确实让人瞠目结舌.下面"补全"这一证明.从逻辑上来说，上述恒等式证明是完全的，交代恒等式怎么来的只是方便读者好懂，并不是必须的.

设 $x=\dfrac{a-b}{b-c}$，$y=\dfrac{b-c}{c-a}$，$z=\dfrac{c-a}{a-b}$，则 $\begin{cases}x+\dfrac{1}{y}+1=0\\[2mm]y+\dfrac{1}{z}+1=0,\\[2mm]z+\dfrac{1}{x}+1=0\end{cases}$ 即 $\begin{cases}xy+y+1=0\\yz+z+1=0,\\zx+x+1=0\end{cases}$ 于是 $xy+yz+$

$zx+x+y+z+3=0$.从而

$$\begin{aligned}x^2+y^2+z^2-5&=(x+y+z)^2-2(xy+yz+zx)-5\\&=(x+y+z)^2-2(-3-x-y-z)-5\\&=(x+y+z+1)^2\geqslant0,\end{aligned}$$

所以

$$\left(\frac{a-b}{b-c}\right)^2+\left(\frac{b-c}{c-a}\right)^2+\left(\frac{c-a}{a-b}\right)^2=5+\left(\frac{a-b}{b-c}+\frac{b-c}{c-a}+\frac{c-a}{a-b}+1\right)^2.$$

扩展:对于此类不等式，可利用计算机批量生成.设 $T=\left(\dfrac{k_1a-k_2b}{b-c}\right)^2+\left(\dfrac{k_1b-k_2c}{c-a}\right)^2$

$+\left(\dfrac{k_1c-k_2a}{a-b}\right)^2$，其中 k_1，k_2 在 $\{1,2,3\}$ 中取值，先求出 T 的最小值 $T_{\min}$，然后对 $T-T_{\min}$ 分解因式，如果结果为平方式，则输出

$$\left(\frac{a-2b}{b-c}\right)^2+\left(\frac{b-2c}{c-a}\right)^2+\left(\frac{c-2a}{a-b}\right)^2$$

$$=10+\frac{(a^3-3a^2b-ab^2+b^3-a^2c+9abc-3b^2c-3ac^2-bc^2+c^3)^2}{(a-b)^2(b-c)^2(c-a)^2};$$

$$\left(\frac{3a-2b}{b-c}\right)^2 + \left(\frac{3b-2c}{c-a}\right)^2 + \left(\frac{3c-2a}{a-b}\right)^2$$

$$= 34 + \frac{(3a^3 - 5a^2b - 3ab^2 + 3b^3 - 3a^2c + 15abc - 5b^2c - 5ac^2 - 3bc^2 + 3c^3)^2}{(a-b)^2(b-c)^2(c-a)^2};$$

$$\left(\frac{2a-3b}{b-c}\right)^2 + \left(\frac{2b-3c}{c-a}\right)^2 + \left(\frac{2c-3a}{a-b}\right)^2$$

$$= 29 + \frac{(2a^3 - 5a^2b - 2ab^2 + 2b^3 - 2a^2c + 15abc - 5b^2c - 5ac^2 - 2bc^2 + 2c^3)^2}{(a-b)^2(b-c)^2(c-a)^2}.$$

例10 已知 $x+y+z-xyz=0$，求证：

$$x(1-y^2)(1-z^2) + y(1-x^2)(1-z^2) + z(1-x^2)(1-y^2) - 4xyz = 0.$$

分析 我们需要证明求证式中有因式 $x+y+z-xyz$．然后根据对称性做一些假设．

证明 设

$$x(1-y^2)(1-z^2) + y(1-x^2)(1-z^2) + z(1-x^2)(1-y^2) - 4xyz$$

$$= (x+y+z-xyz)[A(x^2+y^2+z^2) + B(xy+yz+zx) + C].$$

令 $x=0, y=z=1$，得 $2A+B+C=0$；

令 $x=0, y=0, z=1$，得 $A+C=1$；

令 $x=y=z=1$，得 $3A+3B+C=-2$．

由以上三式解得 $A=0, B=-1, C=1$，于是

$$x(1-y^2)(1-z^2) + y(1-x^2)(1-z^2) + z(1-x^2)(1-y^2) - 4xyz$$

$$= (x+y+z-xyz)(1-xy-yz-zx) = 0.$$

例11 $\triangle ABC$ 中，若 $\dfrac{a^2+b^2-c^2}{4ab} + \dfrac{b^2+c^2-a^2}{4bc} + \dfrac{c^2+a^2-b^2}{2ca} = 1$，求证：$a, b, c$ 成等差数列．

分析 只需证条件式子中含有 $a-2b+c$，且注意到 a, c 对称．因此不难写出恒等式：

$$\frac{a^2+b^2-c^2}{4ab} + \frac{b^2+c^2-a^2}{4bc} + \frac{c^2+a^2-b^2}{2ca} - 1$$

$$= \frac{(-a+b+c)(a+b-c)(a-2b+c)}{4abc}.$$

例12 设 x, y 为实数，且满足 $\begin{cases}(x-1)^3 + 1997(x-1) = -1 \\ (y-1)^3 + 1997(y-1) = 1\end{cases}$，求 $x+y$．（1997年全国高中数学联赛试题）

解 原方程组可化为 $\begin{cases}(x-1)^3 + 1997(x-1) = -1 \\ (1-y)^3 + 1997(1-y) = -1\end{cases}$，由于 $f(t) = t^3 + 1997t$ 单调递增，因此 $x-1 = 1-y$，即 $x+y=2$．

说明 这一解法比较巧妙．也可用笨方法解决，也就是建立条件和结论之间的恒等

式:设

$$(x-1)^3 + 1997(x-1) + 1 - m\left[(y-1)^3 + 1997(y-1) - 1\right]$$
$$= (x + y - k)(k_1 x^2 + k_2 xy + k_3 y^2 + k_4 x + k_5 y + k_6),$$

解得 $m = -1, k_1 = 1, k_2 = -1, k_3 = 1, k_4 = -1, k_5 = -1, k_6 = 1998, k = 2$.

例13 设正数 a, b, c, d 满足 $c + d = 1, \dfrac{c^2}{a} + \dfrac{d^2}{b} = \dfrac{1}{a+b}$,求证:$\dfrac{c^4}{a^3} + \dfrac{d^4}{b^3} = \dfrac{1}{(a+b)^3}$.

证明 由 $(a+b)\left(\dfrac{c^2}{a} + \dfrac{d^2}{b}\right) - (c+d)^2 = \dfrac{(bc-ad)^2}{ab}$,得 $c = \dfrac{a}{a+b}, d = \dfrac{b}{a+b}$. 故

$$\frac{c^4}{a^3} + \frac{d^4}{b^3} = \frac{a^4}{a^3(a+b)^4} + \frac{b^4}{b^3(a+b)^4} = \frac{1}{(a+b)^3}.$$

例14 已知锐角 α, β 满足 $\dfrac{\cos^4 \alpha}{\cos^2 \beta} + \dfrac{\sin^4 \alpha}{\sin^2 \beta} = 1$,求证:$\dfrac{\cos^4 \beta}{\cos^2 \alpha} + \dfrac{\sin^4 \beta}{\sin^2 \alpha} = 1$.

证明

$$\left(\cos^2 \beta + \sin^2 \beta\right)\left(\frac{\cos^4 \alpha}{\cos^2 \beta} + \frac{\sin^4 \alpha}{\sin^2 \beta}\right) - \left(\cos^2 \alpha + \sin^2 \alpha\right)^2$$
$$= \frac{(\cos\alpha \sin\beta - \cos\beta \sin\alpha)^2 (\cos\beta \sin\alpha + \cos\alpha \sin\beta)^2}{\cos^2 \beta \sin^2 \beta},$$

于是 $\tan\alpha = \tan\beta, \alpha = \beta$,所以 $\dfrac{\cos^4 \beta}{\cos^2 \alpha} + \dfrac{\sin^4 \beta}{\sin^2 \alpha} = 1$.

例15 求满足方程 $y^4 + 2x^4 + 1 = 4x^2 y$ 的所有整数对 (x, y).

解 因为 $1 + 2x^4 - 4x^2 y + y^4 = 2(x^2 - y)^2 + (y^2 - 1)^2$,所以 $(x, y) = (1, 1)$ 或 $(-1, 1)$.

说明 通过猜测和代入检验,容易发现 $(x, y) = (1, 1)$ 或 $(-1, 1)$ 符合要求,但是否还有其他的取值,则需要通过配方来判断.

例16 已知 $a + b + c = 0$,求证:$a^2 b^2 + b^2 c^2 + c^2 a^2 = \left(\dfrac{a^2 + b^2 + c^2}{2}\right)^2$.

证明 由 $a + b + c = 0$,得 $(a + b + c)^2 = 0$,即

$$a^2 + b^2 + c^2 = -2(ab + bc + ca).$$

两边平方得 $(a^2 + b^2 + c^2)^2 = 4(ab + bc + ca)^2$,即

$$(a^2 + b^2 + c^2)^2 = 4\left[a^2 b^2 + b^2 c^2 + c^2 a^2 + 2abc(a + b + c)\right],$$

所以

$$\left(\frac{a^2 + b^2 + c^2}{2}\right)^2 = a^2 b^2 + b^2 c^2 + c^2 a^2.$$

恒等式:

$$a^2 b^2 + b^2 c^2 + c^2 a^2 - \left(\frac{a^2 + b^2 + c^2}{2}\right)^2$$

$$= \frac{1}{4}(-a+b+c)(a-b+c)(a+b-c)(a+b+c).$$

例 17 已知 $yz = a^2, zx = b^2, xy = c^2, x^2 + y^2 + z^2 = d^2$，求证：$a^4 b^4 + a^4 c^4 + b^4 c^4 = a^2 b^2 c^2 d^2$.

证法 1

$$\frac{b^2 c^2}{a^2} + \frac{c^2 a^2}{b^2} + \frac{a^2 b^2}{c^2} - d^2 = \frac{a^4 b^4 + a^4 c^4 + b^4 c^4 - a^2 b^2 c^2 d^2}{a^2 b^2 c^2}.$$

证法 2 反复做多项式除法.

$$a^4 b^4 + a^4 c^4 + b^4 c^4 - a^2 b^2 c^2 d^2$$
$$= (-a^2 b^4 - a^2 c^4 + b^2 c^2 d^2 - b^4 yz - c^4 yz)(yz - a^2)$$
$$\quad + (b^4 c^4 - b^2 c^2 d^2 yz + b^4 y^2 z^2 + c^4 y^2 z^2),$$
$$b^4 c^4 - b^2 c^2 d^2 yz + b^4 y^2 z^2 + c^4 y^2 z^2$$
$$= (-b^2 c^4 - c^4 xz + c^2 d^2 yz - b^2 y^2 z^2 - xy^2 z^3)(zx - b^2)$$
$$\quad + z^2(c^4 x^2 - c^2 d^2 xy + c^4 y^2 + x^2 y^2 z^2),$$
$$z^2(c^4 x^2 - c^2 d^2 xy + c^4 y^2 + x^2 y^2 z^2)$$
$$= z^2(-c^2 x^2 + d^2 xy - x^3 y - c^2 y^2 - xy^3)(xy - c^2)$$
$$\quad + x^2 y^2 z^2(x^2 + y^2 + z^2 - d^2),$$

合并上述三式，可写成恒等式：结论 $= f_1 \cdot$ 条件 $1 + f_2 \cdot$ 条件 $2 + \cdots + f_n \cdot$ 条件 n，从而易得条件 $1 =$ 条件 $2 = \cdots =$ 条件 $n = 0 \Rightarrow$ 结论 $= 0$.

说明 证法 1 是人类常用思路，需要观察条件和结论之间的差异，从而发现思路：消去 x, y, z，而消去 x, y, z 也需要一些技巧. 发现思路和使用技巧，对于计算机来说，还是存在一些困难，计算机更擅长死板地处理问题，哪怕看起来很笨拙、很繁杂. 这种思路需要大量的多项式运算，但没有任何技巧，非常适合计算机.

例 18 已知正数 $a, b, c, d, a^4 + b^4 + c^4 + d^4 = 4abcd$，求证：$a = b = c = d$.

证明

$$a^4 + b^4 + c^4 + d^4 - 2a^2 b^2 + 2a^2 b^2 - 2c^2 d^2 + 2c^2 d^2 - 4abcd = 0,$$

即

$$(a^4 - 2a^2 b^2 + b^4) + (c^4 - 2c^2 d^2 + d^4) + 2(a^2 b^2 - 2abcd + c^2 d^2) = 0,$$

也即

$$(a^2 - b^2)^2 + (c^2 - d^2)^2 + 2(ab - cd)^2 = 0.$$

所以

$$\begin{cases} a^2 = b^2 \\ c^2 = d^2, \\ ab = cd \end{cases}$$

解得 $\begin{cases} a = b \\ c = d \\ b = c \end{cases}$，故 $a = b = c = d$.

说明 高中生学了均值不等式之后，觉得此题显然. 但若不用均值不等式呢？

例 19 若 $\dfrac{a}{bc - a^2} + \dfrac{b}{ca - b^2} + \dfrac{c}{ab - c^2} = 0$，求证：$\dfrac{a}{(bc - a^2)^2} + \dfrac{b}{(ca - b^2)^2} + \dfrac{c}{(ab - c^2)^2} = 0$.

证明

$$\dfrac{a}{(bc - a^2)^2} + \dfrac{b}{(ca - b^2)^2} + \dfrac{c}{(ab - c^2)^2}$$

$$= \dfrac{(ab + bc + ca)(a^2 + b^2 + c^2 - ab - bc - ca)}{(bc - a^2)(b^2 - ac)(ab - c^2)} \left(\dfrac{a}{bc - a^2} + \dfrac{b}{ca - b^2} + \dfrac{c}{ab - c^2} \right).$$

例 20 若实数 $a + b + c + d = 0$，求证：$(bc - ad)(ac - bd)(ab - cd)$ 是完全平方数.

证明 因为 $d = -a - b - c$，所以

$$bc - ad = bc + a(a + b + c) = a(a + b) + c(a + b) = (a + c)(a + b),$$

$$ac - bd = ac + b(a + b + c) = b(a + b) + c(a + b) = (b + c)(a + b),$$

$$ab - cd = ab + c(a + b + c) = c(c + a) + b(c + a) = (b + c)(c + a),$$

从而

$$(bc - ad)(ac - bd)(ab - cd) = (a + b)^2 (b + c)^2 (c + a)^2.$$

说明 在得出结果之后，也可改写成恒等式：

$$(bc - ad)(ac - bd)(ab - cd) - (a + b)^2 (b + c)^2 (c + a)^2$$

$$= - (a + b + c + d) \cdot \big[-2abc(ab + bc + ca) + (a + b + c)(ab + bc + ca)^2$$

$$+ abcd(a + b + c) - (ab + bc + ca)^2 d + abcd^2 \big].$$

例 21 已知 $-1 < a, b, c < 1$，求证：$ab + bc + ca + 1 > 0$.

证法 1 设 $f(x) = x(b + c) + bc + 1 > 0$，$f(1) = (b + c) + bc + 1 > 0$，$f(-1) = -(b + c) + bc + 1 > 0$，因为一次函数的单调性，$f(a)$ 在 $f(1)$ 和 $f(-1)$ 之间，所以 $f(a) > 0$.

证法 2

$$2(ab + ac + bc + 1) = (1 - a)(1 - b)(1 - c) + (a + 1)(b + 1)(c + 1) > 0.$$

说明 证法 1 用一次函数性质处理，破坏了 a, b, c 的对称性，这一方面需要改进；证法 1 将 $f(a)$ 看成是 $f(-1)$ 和 $f(1)$ 的线性组合，这一点非常好，需要保留.

设 $(am + n)(1 - b)(1 - c) + [1 - (am + n)](b + 1)(c + 1) = ab + ac + bc + 1$ 恒成立，展开成

$$a[b(-2m - 1) + c(-2m - 1)] + b(1 - 2n) + c(1 - 2n) = 0,$$

解得 $m = -\dfrac{1}{2}, n = \dfrac{1}{2}$,于是产生了证法 2 这一妙解.恒等式证法的好处是,擦去中间思考过程并不影响结论成立.此解法让人觉得神奇,但又顺理成章,巧妙运用了题目条件.

例 22 已知二次函数 $f(x) = ax^2 + bx + c$ 有零点,若 $(a-b)^2 + (b-c)^2 + (c-a)^2 \geqslant Ma^2$ 恒成立,求 M 的最大值.

分析 思路有二.一种是赶紧消去 x,只留下 $b^2 - 4ac \geqslant 0$,此后与所谓的二次函数毫无关系;另一种是利用二次函数.

解法 1 设 $f(x) = ax^2 + bx + c = a(x - x_1)(x - x_2)$,则 $-b = ax_1 + ax_2, c = ax_1x_2$. 于是

$$\frac{(a-b)^2 + (b-c)^2 + (c-a)^2}{a^2} = (1 + x_1 + x_2)^2 + (x_1 + x_2 + x_1x_2)^2 + (x_1x_2 - 1)^2$$

$$= 2(1 + x_1 + x_1^2)(1 + x_2 + x_2^2)$$

$$= 2\left[\frac{3}{4} + \left(x_1 + \frac{1}{2}\right)^2\right]\left[\frac{3}{4} + \left(x_2 + \frac{1}{2}\right)^2\right]$$

$$\geqslant 2 \times \frac{3}{4} \times \frac{3}{4} = \frac{9}{8}.$$

解法 2 由题意得 $b^2 - 4ac \geqslant 0$,设 $\dfrac{b}{a} = x, \dfrac{c}{a} = y$,则 $x^2 - 4y \geqslant 0$. 于是

$$\frac{(a-b)^2 + (b-c)^2 + (c-a)^2}{a^2}$$

$$= (1-x)^2 + (x-y)^2 + (1-y)^2 = 2x^2 + 2y^2 - 2x - 2y - 2xy + 2$$

$$= \frac{3}{4}(x^2 - 4y) + \frac{1}{4}(x-1)^2 + \left(y - \frac{1}{4}\right)^2 + \left[\left(y - \frac{1}{4}\right) - (x-1)\right]^2 + \frac{9}{8}$$

$$\geqslant \frac{9}{8}.$$

说明 由 $x^2 - 4y \geqslant 0$,我们可以猜测最有可能的情况是 $x = 2, y = 1$ 或 $x = 1, y = \dfrac{1}{4}$.然后再使用待定系数法去生成恒等式.

超越函数(Transcendental Functions)指的是变量之间的关系不能用有限次加、减、乘、除、乘方、开方运算表示的函数.如三角函数、对数函数、反三角函数、指数函数等就属于超越函数.这些函数的运算与多项式运算法则完全不同.譬如一提及和差化积,就会联想到三角函数运算.而在高等数学中,可以将这些超越函数的运算转化成多项式计算来处理.

例 23 设 $E(x) = \displaystyle\sum_{n=0}^{\infty} \frac{x^n}{n!}, E(y) = \displaystyle\sum_{m=0}^{\infty} \frac{y^m}{m!}$,求 $E(x)E(y)$.

解

$$E(x)E(y) = \left(1 + x + \frac{x^2}{2} + \frac{x^3}{6} + \frac{x^4}{24} + \cdots\right)\left(1 + y + \frac{y^2}{2} + \frac{y^3}{6} + \frac{y^4}{24} + \cdots\right)$$

$$= 1 + x + y + \frac{x^2}{2} + \frac{y^2}{2} + xy + \frac{x^3}{6} + \frac{xy^2}{2} + \frac{x^2 y}{2} + \frac{y^3}{6} + \frac{x^4}{24}$$

$$+ \frac{x^3 y}{6} + \frac{x^2 y^2}{4} + \frac{xy^3}{6} + \frac{y^4}{24} + \frac{x^4 y}{24} + \cdots$$

$$= 1 + (x + y) + \frac{(x + y)^2}{2} + \frac{(x + y)^3}{6} + \frac{(x + y)^4}{24} + \cdots$$

$$= \sum_{n=0}^{\infty} \frac{(x + y)^n}{n!} = E(x + y).$$

例24 求证：$2\sin x \cos x = \sin 2x$，$\sin^2 x + \cos^2 x = 1$.

证明

$$2\sin x \cos x = 2\left(x - \frac{x^3}{6} + \frac{x^5}{120} - \frac{x^7}{5040} + \cdots\right)\left(1 - \frac{x^2}{2} + \frac{x^4}{24} - \frac{x^6}{720} + \cdots\right)$$

$$= 2x - \frac{4x^3}{3} + \frac{4x^5}{15} - \frac{8x^7}{315} + \frac{4x^9}{2835} + \cdots$$

$$= (2x) - \frac{(2x)^3}{6} + \frac{(2x)^5}{120} - \frac{(2x)^7}{5040} + \cdots$$

$$= \sin 2x,$$

$$\sin^2 x + \cos^2 x = \left(x - \frac{x^3}{6} + \frac{x^5}{120} - \frac{x^7}{5040} + \cdots\right)^2 + \left(1 - \frac{x^2}{2} + \frac{x^4}{24} - \frac{x^6}{720} + \cdots\right)^2$$

$$= \left(x^2 - \frac{x^4}{3} + \frac{2x^6}{45} - \frac{x^8}{315} + \frac{2x^{10}}{14175} + \cdots\right)$$

$$+ \left(1 - x^2 + \frac{x^4}{3} - \frac{2x^6}{45} + \frac{x^8}{315} - \frac{2x^{10}}{14175} + \cdots\right)$$

$$= 1.$$

三角函数的教学中，公式繁多.在化简过程中，有一种常规操作，就是切割化弦.有观点认为：这是我们要将不太熟悉的内容转化为熟悉的内容.这样解释当然有其道理.但从更深层次考虑，切割化弦之后，会发生什么？

为简便计，设 $C = \cos x$，$S = \sin x$，三角表达式化简成关于 C 和 S 的表达式之后，就可将其看作是多项式问题来解决，而且是自带约束（$C^2 + S^2 = 1$）的多项式问题.要想证明该多项式为 0，只需证明该多项式中含有因式 $C^2 + S^2 - 1$ 即可.

先考虑单变量的形式.

若 $P(C,S)$，$Q(C,S)$ 表示含有变量 C，S 的多项式，且 $C^2 + S^2 = 1$，则

$$P(C,S) = (C^2 + S^2 - 1)Q(C,S).$$

证明 设 $P(C,S) = (C^2 + S^2 - 1)Q(C,S) + R_1(S)C + R_2(S)$，当 $P(C,S) = 0$ 时，$R_1(S)\sqrt{1 - S^2} + R_2(S) = 0$，即 $[R_1(S)]^2(1 - S^2) - [R_2(S)]^2 = 0$. 由于存在无穷多个 $S(0 \leqslant S \leqslant 1)$，使得 $[R_1(S)]^2(1 - S^2) - [R_2(S)]^2 = 0$，根据多项式的性质，必须使得 $R_1(S)$

$= R_2(S) = 0$，所以有 $P(C,S) = (C^2 + S^2 - 1)Q(C,S)$.

例25 求证：$\dfrac{\tan x \sin x}{\tan x - \sin x} = \dfrac{\tan x + \sin x}{\tan x \sin x}$.

证明

$$\frac{\dfrac{S}{C} \cdot S}{\dfrac{S}{C} - S} - \frac{\dfrac{S}{C} + S}{\dfrac{S}{C} \cdot S} = \frac{C^2 + S^2 - 1}{(1 - C)S}.$$

例26 求证：$\dfrac{\sec x - 1}{\tan x} = \dfrac{\tan x}{\sec x + 1}$.

证明

$$\frac{\dfrac{1}{C} - 1}{\dfrac{S}{C}} - \frac{\dfrac{S}{C}}{\dfrac{1}{C} + 1} = \frac{C^2 + S^2 - 1}{-(1 + C)S}.$$

例27 求证：$\dfrac{1 - \sin x}{1 - \cos x} \cdot \dfrac{1 + \csc x}{1 + \sec x} = \cot^3 x$.

证明

$$\frac{1 - S}{1 - C} \cdot \frac{1 + \dfrac{1}{S}}{1 + \dfrac{1}{C}} - \left(\frac{C}{S}\right)^3 = \frac{C(C - S)(C + S)(C^2 + S^2 - 1)}{(1 - C)(1 + C)S^3}.$$

例28 求证：$(\csc x - \sin x)(\sec x - \cos x)(\tan x + \cot x) = 1$.

证明

$$\left(\frac{1}{S} - S\right)\left(\frac{1}{C} - C\right)\left(\frac{S}{C} + \frac{C}{S}\right) - 1 = \frac{(C^2 S^2 - C^2 - S^2)(C^2 + S^2 - 1)}{C^2 S^2}.$$

例29 求证：$\dfrac{\sin^8 x}{8} - \dfrac{\cos^8 x}{8} - \dfrac{\sin^6 x}{3} + \dfrac{\cos^6 x}{6} + \dfrac{\sin^4 x}{4}$ 的值与 x 无关.

证法1 先猜后证.

设 $x = 0$，算得 $\dfrac{\sin^8 x}{8} - \dfrac{\cos^8 x}{8} - \dfrac{\sin^6 x}{3} + \dfrac{\cos^6 x}{6} + \dfrac{\sin^4 x}{4} = \dfrac{1}{24}$，则

$$24\left(\frac{S^8}{8} - \frac{C^8}{8} - \frac{S^6}{3} + \frac{C^6}{6} + \frac{S^4}{4} - \frac{1}{24}\right)$$

$$= (C^2 + S^2 - 1)\left[1 + C^2 + C^4 - 3C^6 + (1 + 2C^2 + 3C^4)S^2\right.$$

$$\left. + (-5 - 3C^2)S^4 + 3S^6\right].$$

证法2 一般方法：

$$\sin^8 x - \cos^8 x = (\sin^4 x + \cos^4 x)(\sin^4 x - \cos^4 x)$$

$$= (1 - 2\sin^2 x \cos^2 x)(\sin^2 x + \cos^2 x)(\sin^2 x - \cos^2 x)$$

$$= [1 - 2\sin^2 x(1 - \sin^2 x)][\sin^2 x - (1 - \sin^2 x)]$$

$$= (2\sin^4 x - 2\sin^2 x + 1)(2\sin^2 x - 1),$$

$$\cos^6 x - \sin^6 x = (\cos^2 x - \sin^2 x)(\cos^4 x + \cos^2 x \sin^2 x + \sin^4 x)$$

$$= (\cos^2 x - \sin^2 x)(1 - \sin^2 x \cos^2 x)$$

$$= (1 - 2\sin^2 x)(1 - \sin^2 x + \sin^4 x),$$

$$\frac{\sin^8 x}{8} - \frac{\cos^8 x}{8} - \frac{\sin^6 x}{3} + \frac{\cos^6 x}{6} + \frac{\sin^4 x}{4}$$

$$= \frac{1}{24}[(2\sin^2 x - 1)(6\sin^4 x - 6\sin^2 x + 3 - 4 + 4\sin^2 x - 4\sin^4 x) - 4\sin^6 x + 6\sin^4 x]$$

$$= \frac{1}{24}[(2\sin^2 x - 1)(2\sin^4 x - 2\sin^2 x - 1) - 4\sin^6 x + 6\sin^4 x] = \frac{1}{24}.$$

再研究多变量的形式.

若 $P, Q_1, Q_2, \cdots, Q_n$ 表示含有变量 $C_1, S_1, C_2, S_2, \cdots, C_n, S_n$ 的多项式,且 $C_i^2 + S_i^2 = 1$,

则 $P = \sum\limits_{i=1}^{n}(C_i^2 + S_i^2 - 1)Q_i$.

例 30 求证:$\triangle ABC$ 中,$\sin A + \sin B + \sin C = 4\cos\dfrac{A}{2}\cos\dfrac{B}{2}\cos\dfrac{C}{2}$.

证明 设 $C_1 = \cos\dfrac{A}{2}, S_1 = \sin\dfrac{A}{2}, C_2 = \cos\dfrac{B}{2}, S_2 = \sin\dfrac{B}{2}$,则

$$\sin A + \sin B + \sin C - 4\cos\frac{A}{2}\cos\frac{B}{2}\cos\frac{C}{2}$$

$$= \sin A + \sin B + \sin(A + B) - 4\cos\frac{A}{2}\cos\frac{B}{2}\sin\frac{A + B}{2}$$

$$= 2S_1 C_1 + 2S_2 C_2 + 2(S_1 C_2 + S_2 C_1)(C_1 C_2 - S_1 S_2) - 4C_1 C_2(S_1 C_2 + S_2 C_1)$$

$$= 2S_1 C_1(1 - S_2^2 - C_2^2) + 2S_2 C_2(1 - S_1^2 - C_1^2).$$

21 ▶ 幂级数生成恒等式

高等数学对初等数学的指导意义是肯定的.但具体如何操作,还需做一些细致的探索.基于算两次的思想,通过幂级数展开,可以批量生成代数恒等式.这为初等数学的命题研究注入了新的血液.

探究 1 已知 $a+b+c=1$,$a^2+b^2+c^2=1$,挖掘关于 a,b,c 的结论.

探究 由 $a+b+c=1$,$a^2+b^2+c^2=1$,得 $ab+bc+ca=0$.设 $abc=r$,则

$$(a+x)(b+x)(c+x) = abc + (ab+ac+bc)x + (a+b+c)x^2 + x^3$$
$$= r + x^2 + x^3,$$

从不同角度看待 $(a+x)(b+x)(c+x)$,这种算两次的思想为下文探究打下基础.

根据 $\ln(a+x) = \ln a + \dfrac{x}{a} - \dfrac{x^2}{2a^2} + \dfrac{x^3}{3a^3} - \dfrac{x^4}{4a^4} + \dfrac{x^5}{5a^5} - \dfrac{x^6}{6a^6} + \dfrac{x^7}{7a^7} - \cdots$,得

$$\ln[(a+x)(b+x)(c+x)]$$
$$= \ln(abc) + \left(\frac{1}{a} + \frac{1}{b} + \frac{1}{c}\right)x - \frac{1}{2}\left(\frac{1}{a^2} + \frac{1}{b^2} + \frac{1}{c^2}\right)x^2 + \frac{1}{3}\left(\frac{1}{a^3} + \frac{1}{b^3} + \frac{1}{c^3}\right)x^3$$
$$- \frac{1}{4}\left(\frac{1}{a^4} + \frac{1}{b^4} + \frac{1}{c^4}\right)x^4 + \frac{1}{5}\left(\frac{1}{a^5} + \frac{1}{b^5} + \frac{1}{c^5}\right)x^5 - \frac{1}{6}\left(\frac{1}{a^6} + \frac{1}{b^6} + \frac{1}{c^6}\right)x^6$$
$$+ \frac{1}{7}\left(\frac{1}{a^7} + \frac{1}{b^7} + \frac{1}{c^7}\right)x^7 - \cdots,$$

$$\ln(r + x^2 + x^3) = \ln r + \frac{x^2}{r} + \frac{x^3}{r} - \frac{x^4}{2r^2} - \frac{x^5}{r^2} + \frac{(2-3r)x^6}{6r^3} + \frac{x^7}{r^3} - \cdots.$$

根据系数相等可得

$$\frac{1}{a} + \frac{1}{b} + \frac{1}{c} = 0,$$

$$-\frac{1}{2}\left(\frac{1}{a^2} + \frac{1}{b^2} + \frac{1}{c^2}\right) = \frac{1}{3}\left(\frac{1}{a^3} + \frac{1}{b^3} + \frac{1}{c^3}\right) = \frac{1}{abc},$$

$$\frac{1}{4}\left(\frac{1}{a^4} + \frac{1}{b^4} + \frac{1}{c^4}\right) = \frac{1}{2(abc)^2},$$

$$\frac{1}{5}\left(\frac{1}{a^5} + \frac{1}{b^5} + \frac{1}{c^5}\right) = -\frac{1}{(abc)^2},$$

$$-\frac{1}{6}\left(\frac{1}{a^6}+\frac{1}{b^6}+\frac{1}{c^6}\right)=\frac{2-3abc}{6(abc)^3},$$

$$\frac{1}{7}\left(\frac{1}{a^7}+\frac{1}{b^7}+\frac{1}{c^7}\right)=\frac{1}{(abc)^3}.$$

探究 2 已知 $a+b+c=1,a^2+b^2+c^2=1$,挖掘关于 a,b,c 的结论.

探究 由 $a+b+c=1,a^2+b^2+c^2=1$,得 $ab+bc+ca=0$.设 $abc=r$,为了与探究 1 区别,我们考虑

$$(1+ax)(1+bx)(1+cx)=1+(a+b+c)x+(ab+ac+bc)x^2+abcx^3$$
$$=1+x+rx^3.$$

根据幂级数展开可得 $\ln(1+x)=x-\frac{x^2}{2}+\frac{x^3}{3}-\frac{x^4}{4}+\frac{x^5}{5}-\frac{x^6}{6}+\frac{x^7}{7}-\cdots$,则

$$\ln\left[(1+ax)(1+bx)(1+cx)\right]$$
$$=\ln(1+ax)+\ln(1+bx)+\ln(1+cx)$$
$$=(a+b+c)x-\frac{1}{2}(a^2+b^2+c^2)x^2+\frac{1}{3}(a^3+b^3+c^3)x^2$$
$$-\frac{1}{4}(a^4+b^4+c^4)x^2+\frac{1}{5}(a^5+b^5+c^5)x^2$$
$$-\frac{1}{6}(a^6+b^6+c^6)x^2+\frac{1}{7}(a^7+b^7+c^7)x^2-\cdots,$$

$$\ln(1+x+rx^3)$$
$$=(x+rx^3)-\frac{(x+rx^3)^2}{2}+\frac{(x+rx^3)^3}{3}-\frac{(x+rx^3)^4}{4}$$
$$+\frac{(x+rx^3)^5}{5}-\frac{(x+rx^3)^6}{6}+\frac{(x+rx^3)^7}{7}-\cdots$$
$$=x-\frac{1}{2}x^2+\frac{1}{3}(1+3r)x^3-\frac{1}{4}(1+4r)x^4+\frac{1}{5}(1+5r)x^5$$
$$-\frac{1}{6}(1+6r+3r^2)x^6+\frac{1}{7}(1+7r+7r^2)x^7-\cdots.$$

根据系数相等可得 $a^n+b^n+c^n=nabc+1$ 在 $n=3,4,5$ 时成立.

当 $n\geqslant6$ 时都成立,情况较复杂,如

$$a^6+b^6+c^6=1+6abc+3(abc)^2,$$
$$a^7+b^7+c^7=1+7abc+7(abc)^2.$$

探究 3 已知 $a+b+c=0$,挖掘关于 a,b,c 的结论.

探究 设 $ab+bc+ca=q,abc=r$,则

$$(1+ax)(1+bx)(1+cx)=1+(a+b+c)x+(ab+ac+bc)x^2+abcx^3$$
$$=1+qx^2+rx^3.$$

根据幂级数展开可得 $\ln(1+x)=x-\frac{x^2}{2}+\frac{x^3}{3}-\frac{x^4}{4}+\frac{x^5}{5}-\frac{x^6}{6}+\frac{x^7}{7}-\cdots$,则

$$\ln\left[(1 + ax)(1 + bx)(1 + cx)\right]$$

$$= \ln(1 + ax) + \ln(1 + bx) + \ln(1 + cx)$$

$$= (a + b + c)x - \frac{1}{2}(a^2 + b^2 + c^2)x^2 + \frac{1}{3}(a^3 + b^3 + c^3)x^2 - \frac{1}{4}(a^4 + b^4 + c^4)x^2$$

$$+ \frac{1}{5}(a^5 + b^5 + c^5)x^2 - \frac{1}{6}(a^6 + b^6 + c^6)x^2 + \frac{1}{7}(a^7 + b^7 + c^7)x^2 - \cdots,$$

$$\ln(1 + qx^2 + rx^3)$$

$$= (qx^2 + rx^3) - \frac{(qx^2 + rx^3)^2}{2} + \frac{(qx^2 + rx^3)^3}{3} - \frac{(qx^2 + rx^3)^4}{4} + \frac{(qx^2 + rx^3)^5}{5} - \cdots$$

$$= qx^2 + rx^3 - \frac{q^2}{2}x^4 - qrx^5 + \frac{1}{6}(2q^3 - 3r^2)x^6 + q^2rx^7 + \cdots.$$

根据系数相等可得 $\dfrac{a^2 + b^2 + c^2}{2} = -q$，$\dfrac{a^3 + b^3 + c^3}{3} = r$，$\dfrac{a^4 + b^4 + c^4}{4} = \dfrac{q^2}{2}$，$\dfrac{a^5 + b^5 + c^5}{5}$

$= -qr$，$\dfrac{a^7 + b^7 + c^7}{7} = q^2r$，所以

$$\frac{a^2 + b^2 + c^2}{2} = -(ab + ac + bc),$$

$$\frac{a^3 + b^3 + c^3}{3} = abc,$$

$$\frac{a^4 + b^4 + c^4}{2} = \left(\frac{a^2 + b^2 + c^2}{2}\right)^2,$$

$$\frac{a^5 + b^5 + c^5}{5} = \frac{a^2 + b^2 + c^2}{2} \cdot \frac{a^3 + b^3 + c^3}{3},$$

$$\left(\frac{a^3 + b^3 + c^3}{3}\right)^2 \frac{a^4 + b^4 + c^4}{2} = \left(\frac{a^5 + b^5 + c^5}{5}\right)^2,$$

$$\frac{a^3 + b^3 + c^3}{3} \cdot \frac{a^4 + b^4 + c^4}{2} = \frac{a^7 + b^7 + c^7}{7},$$

$$\frac{a^2 + b^2 + c^2}{2} \cdot \frac{a^5 + b^5 + c^5}{5} = \frac{a^7 + b^7 + c^7}{7},$$

$$\left(\frac{a^2 + b^2 + c^2}{2}\right)^2 \frac{a^3 + b^3 + c^3}{3} = \frac{a^7 + b^7 + c^7}{7},$$

$$\frac{a^4 + b^4 + c^4}{2}\left(\frac{a^5 + b^5 + c^5}{5}\right)^2 = \left(\frac{a^7 + b^7 + c^7}{7}\right)^2,$$

$$\frac{a^3 + b^3 + c^3}{3} \cdot \frac{a^7 + b^7 + c^7}{7} = \left(\frac{a^5 + b^5 + c^5}{5}\right)^2.$$

由条件 $a + b + c = 0$ 联想代换 $a = x - y$，$b = y - z$，$c = z - x$，于是上述结论均可改写成新的形式，如 $\dfrac{a^3 + b^3 + c^3}{3} = abc$ 改写成

$$(x - y)^3 + (y - z)^3 + (z - x)^3 = 3(x - y)(y - z)(z - x).$$

另外,上述探究都只针对三个变量,事实上完全可以扩展到更多变量.如:

当 $a+b+c+d=1, a^2+b^2+c^2+d^2=1$ 时,可得

$$a^3+b^3+c^3+d^3=1+3(abc+abd+acd+bcd),$$
$$a^4+b^4+c^4+d^4=1+4(abc+abd+acd+bcd)-4abcd,$$
$$a^5+b^5+c^5+d^5=1+5(abc+abd+acd+bcd)+5abcd.$$

当 $a_1+a_2+\cdots+a_n=0$ 时,可得

$$\frac{a_1^5+a_2^5+\cdots+a_n^5}{5}=\frac{a_1^2+a_2^2+\cdots+a_n^2}{2}\cdot\frac{a_1^3+a_2^3+\cdots+a_n^3}{3}.$$

我们在解题的时候,常常会想,这道题设计这么精妙,出题人如何想到的呢?譬如"已知 $a+b+c=0$,求证:$\dfrac{a^2+b^2+c^2}{2}\cdot\dfrac{a^3+b^3+c^3}{3}=\dfrac{a^5+b^5+c^5}{5}$".如果只是单纯解题,将 $c=-a-b$ 代入计算即可.只是解完之后,除了进行大量计算之外,好像也没其他的收获.而若去挖掘题目背后的设计,特别是基于高等数学,站在比较高的位置去思考,可能所得远远超过解题本身.本章给出的这些结论,如果没有掌握方法,即使运气好,偶然碰上了其中一两个,再想找更多也是不容易的.而若方法得当,则可以像工业生产一样批量生成.这毫无疑问是一种进步.

有一个流传很广的故事,说的是法国皇帝拿破仑三世宴请宾客时,宾客使用的餐具都是银制品,唯独他本人使用铝制品.这是因为当时冶炼铝技术非常落后,铝非常珍贵.拿破仑用铝碗,也是为了显示自己的高贵.炼铝技术的进步使得铝更高产,而命题方法的改进也能使得命题更高产.本章可看作是一个案例吧.

22 幂级数生成不等式

22.1 从《奇妙的切割》谈起

《啊哈！灵机一动》是著名科普作家马丁·加德纳的代表作,其中记载了一个有趣的故事《奇妙的切割》.

故事的主人公兰莎是个测量员,他善于把各种形状的木头分割成若干形状相同的小块.一次,有人请他把一块木头分割成形状相同的四块(图 22.1),兰莎对这块木头进行分割(图 22.2).又有一次,有人请他把一块土地划分为形状相同的四部分(图 22.3).这可不是件容易的事情.但是,经过一番苦思冥想,他终于解决了问题(图 22.4).把一块正方形的木头分成四块相同的小正方形,这对于兰莎来说自然不成问题(图 22.5),但是要把它分成同样形状的五块,兰莎有些犯难了."这如何是好!"兰莎暗想,"一定能找出一种办法来,噢,有了!"

你知道兰莎想到怎样分割了吗? 像图 22.6 所示的方法可以把一个正方形分成任意等份.

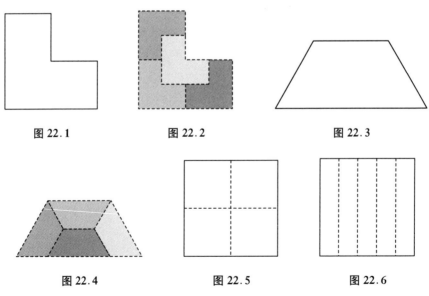

图 22.1　　　　图 22.2　　　　图 22.3

图 22.4　　　　图 22.5　　　　图 22.6

前两个问题都不是规则图形,解答有一定难度.而最后一问,解答方法如此浅显却难以想到,令人惊讶、令人遗憾.正如古语有云:智者千虑,必有一失.当然兰莎最终还是弥补了这"一失".

故事虽然结束了,但留给我们很大的思考空间.

思考 1:可缩图形的充分挖掘

前两个问题中,分割后的小块与分割前的大块形状相似.如果一个图形能分成若干彼此全等而又与原图形相似的小图形,那么我们可以把这一类图形取个名字叫作"可缩图形".

显然,若干小的可缩图形可以拼成同形状的大的可缩图形.假设某种可缩图形能够取之不尽,用之不竭,可以推想它们拼成的同形状的大的可缩图形能够逐步铺满整个平面.譬如兰莎解决的第一个 L 形可缩图形问题,四个同样的小 L 形可以拼成一个大 L 形,然后四个同样的大 L 形可以拼成一个更大的 L 形.这样无止境地拼下去,结果当然会拼成一个无尽头的平面.反之,一个大 L 形分成四个小 L 形,一个小 L 形再分成四个更小的 L 形.这样无止境地分下去,图形会越来越小,直至无穷小.

对于无穷小,中学数学教学涉及的并不多.在无穷等比递缩数列公式中算是出现了一次.在介绍 $S = a_1 + a_1 q + a_1 q^2 + a_1 q^3 + \cdots = \dfrac{a_1}{1-q}$ 的时候,几乎所有教科书上都会有这样的一幅图片(图 22.7),用来直观表示 $\dfrac{1}{2} + \dfrac{1}{2^2} + \cdots + \dfrac{1}{2^n} + \cdots = 1$.如果结合可缩图形的性质,我们完全可以在图 22.2、图 22.4 的基础上继续作图,得到图 22.8、图 22.9,这两幅图片都能直观表示 $\dfrac{1}{4} + \dfrac{1}{4^2} + \cdots + \dfrac{1}{4^n} + \cdots = \dfrac{1}{3}$.我们可以用更常见的图形表达这一式子,如图 22.10 和图 22.11 所示.

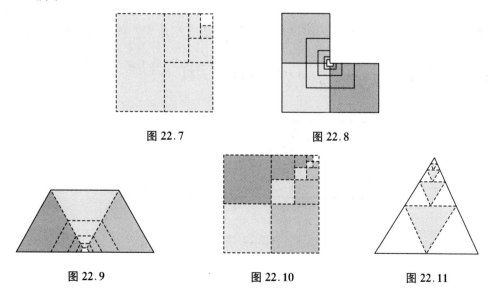

图 22.7　　　　　　　　　　　图 22.8

图 22.9　　　　　　图 22.10　　　　　　图 22.11

进一步扩大战果. 图 22.12 表示 $\frac{1}{5} + \frac{1}{5^2} + \cdots + \frac{1}{5^n} + \cdots = \frac{1}{4}$（图 22.12 的构造和图 22.11 没有本质的区别. 作正方形，在其正中位置作一小正方形，两正方形面积比为 $1:5$，而四周的梯形面积也为整个大正方形的 $1/5$. 继续这样下去，不断产生的梯形会填满整个大正方形的 $1/4$）. 这一表达式是否还能另外构造图形呢？上文提到了正方形等分成 5 个小正方形是很困难的，所以必须另辟蹊径. 图 22.13～图 22.15 就是其中一种设计（灰色部分先是占整个图形面积的 $1/5$，逐步分割最中间的那个小正方形，扩展为 $\frac{1}{5} + \frac{1}{5^2}$，$\frac{1}{5} + \frac{1}{5^2} + \frac{1}{5^3}$，$\cdots$），而在此基础上另一种设计则已经构成标准的分形图案了（图 22.13，图 22.16，图 22.17）.

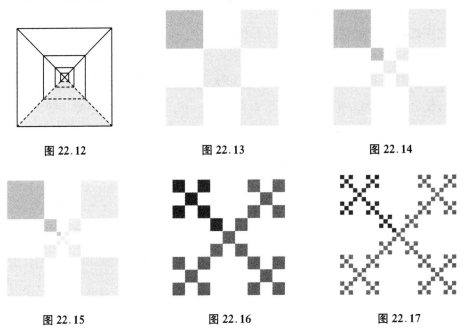

图 22.12　　　　　　　图 22.13　　　　　　　图 22.14

图 22.15　　　　　　　图 22.16　　　　　　　图 22.17

那么，更一般的 $q + q^2 + \cdots + q^n + \cdots = \frac{q}{1-q}$ 该怎么构造呢？如图 22.18 所示，由三角形相似得 $\frac{q + q^2 + q^3 + \cdots}{1} = \frac{q}{1-q}$，再利用合分比公式得 $\frac{1 + q + q^2 + q^3 + \cdots}{1} = \frac{q + 1 - q}{1-q} =$

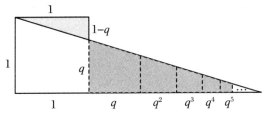

图 22.18

$\dfrac{1}{1-q}$. 若将首项由 1 改成 a_1, 则得 $S = a_1 + a_1 q + a_1 q^2 + a_1 q^3 + \cdots = \dfrac{a_1}{1-q}$.

思考 2: 等分面积的深入研究

一个问题, 如果约束条件太多, 很可能造成无解的结局; 而一旦约束条件过少, 则会产生很多解, 求解的意义就不大了.

将正方形等分成五个小正方形, 这是个无解的问题, 但它能被分成五个别的什么形状呢? 若不要求分割后的形状相同, 只要求面积相等, 那么分割方法可就多了. 此时可附加一条件以作限制: 分割后各部分都要经过正方形中心 O. 这也是可以做到的, 如图 22.19 所示, 将正方形周长分成 5 等份, 其依据是等底等高的三角形面积相等.

若要将一个圆等分面积, 最容易想到的就是作一条直径. 这样做虽然很简单、直接, 但少了一点乐趣. 若用图 22.20 所示的分割方式, 则有趣得多, 该图形也就是大家非常熟悉的太极图案. 图 22.21 展示了将圆面积三等分, 继续操作是能够将圆面积 n 等分的.

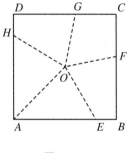

图 22.19

图 22.20

假如我们得到图 22.20 后, 另走一条路呢? 也是可行的. 如图 22.22 所示, 作一直径, n 等分该直径, 然后作一些半圆; 这样的操作同样能够将圆面积 n 等分. 读者可以尝试证明.

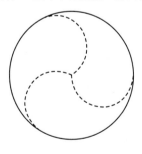

图 22.21

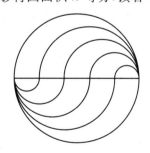

图 22.22

22.2　等比数列三例

例1 为什么"$0<|q|<1$,则$\lim\limits_{n\to\infty}q^n=0$"?

一位老师求助在等比数列教学中遇到的问题.

在他讲了等比数列求和公式$S_n=\dfrac{a_1(1-q^n)}{1-q}(q\neq1)$后,又提到$\dfrac{1}{2}+\dfrac{1}{4}+\dfrac{1}{8}+\dfrac{1}{16}+\cdots=1$,

原因是当数列项数无穷多,且$0<|q|<1$时,$\lim\limits_{n\to\infty}q^n=0$,$S_n=\dfrac{a_1}{1-q}$.

此时有学生提出疑问,为什么"$0<|q|<1$时,$\lim\limits_{n\to\infty}q^n=0$"?

老师说:这不是显然的吗? 因为$0<|q|<1$,所以越多个q相乘,其绝对值就越小,也就越接近于0.

现在问题来了:你认可这位老师的解释吗? 你对此有何看法?

这位老师的这种表达是一种说明,但不是数学中的证明.那么这个显然的事实应该如何严格证明呢? 其实在高等数学中就有这样的证明题.

证明 若$0<q<1$,设$q=\dfrac{1}{1+\alpha}$,其中$0<\alpha$,则$0<q^n=\dfrac{1}{(1+\alpha)^n}\leqslant\dfrac{1}{1+n\alpha}$,根据两边夹定理,有$\lim\limits_{n\to\infty}q^n=0$.一般地,$0<|q|<1$,$|q^n|=|q|^n\to0$.

例2 等比数列求和公式能否统一?

分析　等比数列求和公式通常这样写:$S_n=\begin{cases}na_1 & (q=1)\\ \dfrac{a_1(1-q^n)}{1-q} & (q\neq1)\end{cases}$.

能不能不分开讨论,统一处理呢? 其实是可以统一的.

解　将$q=1$代入$\dfrac{a_1(1-q^n)}{1-q}$得到$\dfrac{0}{0}$,使用洛必达法则之后即为$\dfrac{a_1(0-nq^{n-1})}{-1}=na_1$.

类似的例子有三角形垂心的向量表示.

若点P为非直角三角形垂心,则$\tan A\,\overrightarrow{PA}+\tan B\,\overrightarrow{PB}+\tan C\,\overrightarrow{PC}=\mathbf{0}$.初等数学中,一般回避$\tan90°$.一旦有了极限的视角,就可以统一处理了.

当$A\to90°$时,$P\to\dfrac{\tan90°\cdot A+\tan B\cdot B+\tan C\cdot C}{\tan90°+\tan B+\tan C}\to A$,此时垂心就是直角三角形的直角顶点.

例3 已知$0<x<1$,求证:$\dfrac{x}{1-x}-\dfrac{x^3}{1-x^3}+\dfrac{x^5}{1-x^5}-\cdots=\dfrac{x}{1+x^2}+\dfrac{x^2}{1+x^4}+\dfrac{x^3}{1+x^6}+\cdots$.

证明

$$\frac{x}{1-x} - \frac{x^3}{1-x^3} + \frac{x^5}{1-x^5} - \cdots$$

$$= (x + x^2 + x^3 + x^4 + \cdots) - (x^3 + x^6 + x^9 + x^{12} + \cdots)$$

$$+ (x^5 + x^{10} + x^{15} + x^{20} + \cdots) - \cdots$$

$$= x(1 - x^2 + x^4 - x^6 + \cdots) + x^2(1 - x^4 + x^8 - x^{12} + \cdots)$$

$$+ x^3(1 - x^6 + x^{12} - x^{18} + \cdots) + \cdots$$

$$= \frac{x}{1+x^2} + \frac{x^2}{1+x^4} + \frac{x^3}{1+x^6} + \cdots.$$

22.3 从有限到无穷:证明和发现不等式

幂级数是数学分析中的重要概念.

$a_0 + a_1(x - x_0) + a_2(x - x_0)^2 + \cdots + a_n(x - x_0)^n + \cdots = \sum\limits_{n=0}^{\infty} a_n(x - x_0)^n$ 称作幂级数,其中 x_0 为常数,$a_0, a_1, \cdots, a_n$ 称为幂级数的系数.

特别是当 $x_0 = 0$ 时,$a_0 + a_1 x + a_2 x^2 + \cdots + a_n x^n + \cdots = \sum\limits_{n=0}^{\infty} a_n x^n$.

幂级数其实是特殊的多项式,其最高次幂是无穷大量.譬如,泰勒展开式就是幂级数.

从形式上看,很容易联想到中学所学的等比数列求和.连同幂级数求和也和等比数列求和有相通之处.

例 1 求证:$\sum\limits_{n=1}^{\infty} n x^n = \dfrac{x}{(1-x)^2}$,其中 $x \in (0,1)$.

证法 1 因为

$$\sum_{n=1}^{\infty} n x^n = x + 2x^2 + 3x^3 + \cdots + n x^n,$$

$$x\sum_{n=1}^{\infty} n x^n = x^2 + 2x^3 + 3x^4 + \cdots + n x^{n+1},$$

$$(1-x)\sum_{n=1}^{\infty} n x^n = x + x^2 + x^3 + x^4 + \cdots + x^n - n x^{n+1} = \frac{x}{1-x},$$

所以 $\sum\limits_{n=1}^{\infty} n x^n = \dfrac{x}{(1-x)^2}$.

证法 2 $\sum\limits_{n=0}^{\infty} x^n = \dfrac{1}{1-x}$,对等式两边关于 x 求导,则 $\sum\limits_{n=0}^{\infty} n x^{n-1} = \dfrac{1}{(1-x)^2}$,即 $\sum\limits_{n=0}^{\infty} n x^n = $

$$\frac{x}{(1-x)^2}.$$

类似的幂级数求和在高等数学中有很多.这不仅仅是一些习题,若利用得当,也可发挥更大的作用.下面推理将用到一些求和公式,请读者自己证明.

利用无穷递缩等比数列证明不等式,已经有一些资料介绍了.考虑到有些读者并不了解,因此此处重复介绍,也为后面的发现不等式做准备.

证明已有命题和发现新命题可看作硬币的两面.发现的过程也是证明的过程,只是侧重点有所不同.此处重在发现,因此有些过程简写了.从一些基本不等式出发,通过连加的方式,利用无穷递缩等比数列求和公式得到新的不等式,是一件很有趣的事情.可以想象,读者掌握了这一招,就可以创造出更多的不等式.在此过程中,需要注意变量范围通常限定在$(0,1)$,但在得到新不等式之后,可以考虑是否会扩大变量范围,譬如$\dfrac{a}{b+c}+\dfrac{b}{c+a}+\dfrac{c}{a+b}\geqslant\dfrac{3}{2}$就是对所有正数成立的.

例2 已知正数a,b,c,求证:$\dfrac{a}{b+c}+\dfrac{b}{c+a}+\dfrac{c}{a+b}\geqslant\dfrac{3}{2}$.

证明 不妨设$a+b+c=1,a,b,c\in(0,1)$,则有$\dfrac{a}{1-a}+\dfrac{b}{1-b}+\dfrac{c}{1-c}\geqslant\dfrac{3}{2}$,故

$$\frac{a}{1-a}+\frac{b}{1-b}+\frac{c}{1-c}=\sum_{n=1}^{\infty}a^n+\sum_{n=1}^{\infty}b^n+\sum_{n=1}^{\infty}c^n$$

$$=3\sum_{n=1}^{\infty}\frac{a^n+b^n+c^n}{3}\geqslant3\sum_{n=1}^{\infty}\left(\frac{a+b+c}{3}\right)^n$$

$$=3\sum_{n=1}^{\infty}\left(\frac{1}{3}\right)^n=3\cdot\frac{\frac{1}{3}}{1-\frac{1}{3}}=\frac{3}{2}.$$

例3 已知锐角α,β,γ满足$\cos^2\alpha+\cos^2\beta+\cos^2\gamma=1$,求证:$\cot^2\alpha+\cot^2\beta+\cot^2\gamma\geqslant\dfrac{3}{2}$.

证明 因为$\cot^2\alpha=\dfrac{\cos^2\alpha}{1-\cos^2\alpha}=\sum_{n=1}^{\infty}\cos^{2n}\alpha$,所以

$$\cot^2\alpha+\cot^2\beta+\cot^2\gamma=\sum_{n=1}^{\infty}\cos^{2n}\alpha+\sum_{n=1}^{\infty}\cos^{2n}\beta+\sum_{n=1}^{\infty}\cos^{2n}\gamma$$

$$=3\sum_{n=1}^{\infty}\frac{(\cos^2\alpha)^n+(\cos^2\beta)^n+(\cos^2\gamma)^n}{3}$$

$$\geqslant3\sum_{n=1}^{\infty}\left(\frac{\cos^2\alpha+\cos^2\beta+\cos^2\gamma}{3}\right)^n$$

$$= 3\sum_{n=1}^{\infty}\left(\frac{1}{3}\right)^n = 3\cdot\frac{\frac{1}{3}}{1-\frac{1}{3}} = \frac{3}{2}.$$

例4 设正数 a,b,c 满足 $abc=1$，求证：$\dfrac{1}{a^3(b+c)} + \dfrac{1}{b^3(c+a)} + \dfrac{1}{c^3(a+b)} \geqslant \dfrac{3}{2}$.

（第36届国际数学奥林匹克试题）

证明 设 $t = \dfrac{1}{a} + \dfrac{1}{b} + \dfrac{1}{c}$，则 $\dfrac{1}{ta} + \dfrac{1}{tb} + \dfrac{1}{tc} = 1, 0 < \dfrac{1}{ta}, \dfrac{1}{tb}, \dfrac{1}{tc} < 1$. 因为

$$\frac{1}{a^3(b+c)} = \frac{abc}{a^3(b+c)} = \frac{\frac{1}{a^2}}{\frac{1}{b}+\frac{1}{c}} = \frac{\frac{1}{a^2}}{t-\frac{1}{a}} = \frac{1}{a}\cdot\frac{\frac{1}{ta}}{1-\frac{1}{ta}},$$

所以

$$\frac{1}{a^3(b+c)} + \frac{1}{b^3(c+a)} + \frac{1}{c^3(a+b)}$$

$$= \frac{1}{a}\left[\frac{1}{ta} + \left(\frac{1}{ta}\right)^2 + \left(\frac{1}{ta}\right)^3 + \cdots + \left(\frac{1}{ta}\right)^n + \cdots\right]$$

$$+ \frac{1}{b}\left[\frac{1}{tb} + \left(\frac{1}{tb}\right)^2 + \left(\frac{1}{tb}\right)^3 + \cdots + \left(\frac{1}{tb}\right)^n + \cdots\right]$$

$$+ \frac{1}{c}\left[\frac{1}{tc} + \left(\frac{1}{tc}\right)^2 + \left(\frac{1}{tc}\right)^3 + \cdots + \left(\frac{1}{tc}\right)^n + \cdots\right]$$

$$= \frac{1}{t}\left(\frac{1}{a^2} + \frac{1}{b^2} + \frac{1}{c^2}\right) + \frac{1}{t^2}\left(\frac{1}{a^3} + \frac{1}{b^3} + \frac{1}{c^3}\right) + \frac{1}{t^3}\left(\frac{1}{a^4} + \frac{1}{b^4} + \frac{1}{c^4}\right) + \cdots$$

$$+ \frac{1}{t^n}\left(\frac{1}{a^{n+1}} + \frac{1}{b^{n+1}} + \frac{1}{c^{n+1}}\right) + \cdots$$

$$\geqslant \frac{1}{t}\cdot\frac{\left(\frac{1}{a}+\frac{1}{b}+\frac{1}{c}\right)^2}{3} + \frac{1}{t^2}\cdot\frac{\left(\frac{1}{a}+\frac{1}{b}+\frac{1}{c}\right)^3}{3^2} + \frac{1}{t^3}\cdot\frac{\left(\frac{1}{a}+\frac{1}{b}+\frac{1}{c}\right)^4}{3^3} + \cdots$$

$$+ \frac{1}{t^n}\cdot\frac{\left(\frac{1}{a}+\frac{1}{b}+\frac{1}{c}\right)^{n+1}}{3^n} + \cdots$$

$$= \frac{1}{t}\cdot\frac{t^2}{3} + \frac{1}{t^2}\cdot\frac{t^3}{3^2} + \frac{1}{t^3}\cdot\frac{t^4}{3^3} + \cdots + \frac{1}{t^n}\cdot\frac{t^{n+1}}{3^n} + \cdots$$

$$= t\left(\frac{1}{3} + \frac{1}{3^2} + \frac{1}{3^3} + \cdots + \frac{1}{3^n} + \cdots\right)$$

$$= t\cdot\frac{\frac{1}{3}}{1-\frac{1}{3}} = \frac{1}{2}t = \frac{1}{2}\left(\frac{1}{a} + \frac{1}{b} + \frac{1}{c}\right)$$

$$\geqslant \frac{1}{2}\cdot 3\sqrt[3]{\frac{1}{abc}} = \frac{3}{2}.$$

例5 设 $a>1,b>1$，求证：$\dfrac{a^2}{b-1}+\dfrac{b^2}{a-1}\geqslant 8$.

证明 由 $a>1,b>1$，得 $0<\dfrac{1}{a},\dfrac{1}{b},\dfrac{1}{\sqrt{ab}}<1$，故

$$\dfrac{a^2}{b-1}+\dfrac{b^2}{a-1}=\dfrac{\dfrac{a^2}{b}}{1-\dfrac{1}{b}}+\dfrac{\dfrac{b^2}{a}}{1-\dfrac{1}{a}}$$

$$=\dfrac{a^2}{b}\left(1+\dfrac{1}{b}+\dfrac{1}{b^2}+\dfrac{1}{b^3}+\cdots\right)+\dfrac{b^2}{a}\left(1+\dfrac{1}{a}+\dfrac{1}{a^2}+\dfrac{1}{a^3}+\cdots\right)$$

$$=\left(\dfrac{a^2}{b}+\dfrac{b^2}{a}\right)+\left(\dfrac{a^2}{b^2}+\dfrac{b^2}{a^2}\right)+\left(\dfrac{a^2}{b^3}+\dfrac{b^2}{a^3}\right)+\left(\dfrac{a^2}{b^4}+\dfrac{b^2}{a^4}\right)+\cdots$$

$$\geqslant 2\sqrt{ab}+2+2\dfrac{1}{\sqrt{ab}}+2\left(\dfrac{1}{\sqrt{ab}}\right)^2+2\left(\dfrac{1}{\sqrt{ab}}\right)^3+\cdots$$

$$=\dfrac{2\sqrt{ab}}{1-\dfrac{1}{\sqrt{ab}}}.$$

要证 $\dfrac{2\sqrt{ab}}{1-\dfrac{1}{\sqrt{ab}}}\geqslant 8$，只需证 $\sqrt{ab}+\dfrac{4}{\sqrt{ab}}\geqslant 4$，由均值不等式知显然成立.

例6 设 $a,b\in(0,1)$，求证：$\dfrac{a^n}{1-a^2}+\dfrac{b^n}{1-b^2}\geqslant\dfrac{a^n+b^n}{1-ab}$.

证明 $\dfrac{a^n}{1-a^2}+\dfrac{b^n}{1-b^2}\geqslant\dfrac{a^n+b^n}{1-ab}$ 等价于

$$a^n\sum_{k=0}^{\infty}a^{2k}+b^n\sum_{k=0}^{\infty}b^{2k}\geqslant(a^n+b^n)\sum_{k=0}^{\infty}(ab)^k,$$

也等价于

$$\sum_{k=0}^{\infty}(a^{n+2k}+b^{n+2k}-a^{n+k}b^k-a^kb^{n+k})\geqslant 0,$$

即

$$(a^k-b^k)(a^{n+k}-b^{n+k})\geqslant 0.$$

例7 设正数 a,b,c 满足 $a+b+c=1$，求证：$\dfrac{1}{(1-a)^2}+\dfrac{1}{(1-b)^2}+\dfrac{1}{(1-c)^2}\geqslant 3\cdot\left(\dfrac{3}{2}\right)^2$.

证明

$$\dfrac{1}{(1-a)^2}+\dfrac{1}{(1-b)^2}+\dfrac{1}{(1-c)^2}=\sum_{k=1}^{\infty}ka^{k-1}+\sum_{k=1}^{\infty}kb^{k-1}+\sum_{k=1}^{\infty}kc^{k-1}$$

$$= 3 \sum_{k=1}^{\infty} k \cdot \frac{a^{k-1} + b^{k-1} + c^{k-1}}{3}$$

$$\geqslant 3 \sum_{k=1}^{\infty} k \cdot \left(\frac{a+b+c}{3} \right)^{k-1}$$

$$= \sum_{k=1}^{\infty} 3k \cdot \left(\frac{1}{3} \right)^{k-1} = 9 \sum_{k=1}^{\infty} \left[k \cdot \left(\frac{1}{3} \right)^k \right]$$

$$= 9 \cdot \frac{\frac{1}{3}}{\left(1 - \frac{1}{3}\right)^2} = 3 \cdot \left(\frac{3}{2} \right)^2.$$

说明 其中用到了 $\sum_{n=0}^{\infty} n x^{n-1} = \frac{1}{(1-x)^2}$，即 $\sum_{n=0}^{\infty} n x^n = \frac{x}{(1-x)^2}$.

例 8 已知正实数 $x_1, x_2, \cdots, x_n$ 满足 $x_1 + x_2 + \cdots + x_n = s, r \geqslant 1$，求证：

$$\frac{x_1^r}{x_2 + x_3 + \cdots + x_n} + \frac{x_2^r}{x_1 + x_3 + x_4 + \cdots + x_n} + \cdots + \frac{x_n^r}{x_1 + x_2 + \cdots + x_{n-1}} \geqslant \frac{n}{n-1} \left(\frac{s}{n} \right)^{r-1}.$$

证明 设 $x_i' = \frac{x_i}{s}$，则

$$\frac{x_1^r}{s - x_1} + \frac{x_2^r}{s - x_2} + \cdots + \frac{x_n^r}{s - x_n} = s^{r-1} \left(\frac{x_1'^r}{1 - x_1'} + \frac{x_2'^r}{1 - x_2'} + \cdots + \frac{x_n'^r}{1 - x_n'} \right)$$

$$= s^{r-1} \left(\sum_{i=0}^{\infty} x_1'^{i+r} + \cdots + \sum_{i=0}^{\infty} x_n'^{i+r} \right)$$

$$= s^{r-1} \sum_{i=0}^{\infty} \left(x_1'^{i+r} + \cdots + x_n'^{i+r} \right)$$

$$\geqslant s^{r-1} \sum_{i=0}^{\infty} \left[n \cdot \left(\frac{x_1' + \cdots + x_n'}{n} \right)^{i+r} \right]$$

$$= s^{r-1} \sum_{i=0}^{\infty} \frac{1}{n^{i+r-1}} = \frac{n}{n-1} \left(\frac{s}{n} \right)^{r-1}.$$

当 $r = 1$ 时，特例如下：

已知正实数 $x_1, x_2, \cdots, x_n, n \geqslant 2$，求证：

$$\frac{x_1}{x_2 + x_3 + \cdots + x_n} + \frac{x_2}{x_1 + x_3 + x_4 + \cdots + x_n} + \cdots + \frac{x_n}{x_1 + x_2 + \cdots + x_{n-1}} \geqslant \frac{n}{n-1}.$$

例 9 设正数 a, b, c 满足 $a^2 + b^2 + c^2 = 1$，求证：$\frac{1}{1-ab} + \frac{1}{1-bc} + \frac{1}{1-ca} \leqslant \frac{9}{2}$.

证明

$$\frac{1}{1-ab} + \frac{1}{1-bc} + \frac{1}{1-ca}$$

$$= [1 + ab + (ab)^2 + \cdots] + [1 + bc + (bc)^2 + \cdots] + [1 + ca + (ca)^2 + \cdots]$$

$$= (1 + 1 + 1) + (ab + bc + ca) + [(ab)^2 + (bc)^2 + (ca)^2] + \cdots$$

$$\leqslant 3 + 1 + \frac{1}{3} + \cdots = \frac{3}{1 - \frac{1}{3}} = \frac{9}{2}.$$

例 10 设正数 a, b, c 满足 $a + b + c = 1$,求证:$\dfrac{ab}{1 - c^2} + \dfrac{bc}{1 - a^2} + \dfrac{ca}{1 - b^2} \leqslant \dfrac{3}{8}$.

证明

$$\frac{ab}{1 - c^2} + \frac{bc}{1 - a^2} + \frac{ca}{1 - b^2}$$

$$= ab(1 + c^2 + c^4 + \cdots) + bc(1 + a^2 + a^4 + \cdots) + ca(1 + b^2 + b^4 + \cdots)$$

$$= (ab + bc + ca) + abc(a + b + c) + abc(a^3 + b^3 + c^3) + \cdots$$

$$\leqslant \frac{1}{3} + \frac{1}{27} + \cdots = \frac{\frac{1}{3}}{1 - \frac{1}{9}} = \frac{3}{8}.$$

例 11 设正数 a, b, c 满足 $a + b + c = 1$,求证:$\dfrac{1}{1 - a} + \dfrac{1}{1 - b} + \dfrac{1}{1 - c} \geqslant \dfrac{9}{2}$.

证明

$$\frac{1}{1 - a} + \frac{1}{1 - b} + \frac{1}{1 - c} = (1 + a + a^2 + \cdots) + (1 + b + b^2 + \cdots) + (1 + c + c^2 + \cdots)$$

$$= (1 + 1 + 1) + (a + b + c) + (a^2 + b^2 + c^2) + \cdots$$

$$\geqslant 3 + 1 + \frac{1}{3} + \cdots = \frac{3}{1 - \frac{1}{3}} = \frac{9}{2}.$$

例 12 已知正数 a, b, c,求证:$\dfrac{ab}{a + 2b + c} + \dfrac{bc}{a + b + 2c} + \dfrac{ca}{2a + b + c} \leqslant \dfrac{a + b + c}{4}$.

证明 设 $a + b + c = \dfrac{1}{2}$,则只需证 $\dfrac{ab}{1 - (c + a)} + \dfrac{bc}{1 - (a + b)} + \dfrac{ab}{1 - (b + c)} \leqslant \dfrac{1}{8}$. 易证

$$\frac{ab}{1 - (c + a)} + \frac{bc}{1 - (a + b)} + \frac{ab}{1 - (b + c)}$$

$$= [ab + (ab)(c + a) + (ab)(c + a)^2 + \cdots]$$

$$\quad + [bc + (bc)(a + b) + (bc)(a + b)^2 + \cdots]$$

$$\quad + [ca + (ca)(b + c) + (ca)(b + c)^2 + \cdots]$$

$$= (ab + bc + ca) + [(ab)(c + a) + (bc)(a + b) + (ca)(b + c)]$$

$$\quad + [(ab)(c + a)^2 + (bc)(a + b)^2 + (ca)(b + c)^2] + \cdots$$

$$\leqslant \frac{1}{12} + \frac{1}{36} + \frac{1}{108} + \cdots = \frac{\frac{1}{12}}{1 - \frac{1}{3}} = \frac{1}{8}.$$

例13　已知非负实数 a，b，c，d 满足 $ab + bc + cd + da = 1$，求证：$\dfrac{a^3}{b+c+d}$ + $\dfrac{b^3}{c+d+a} + \dfrac{c^3}{d+a+b} + \dfrac{d^3}{a+b+c} \geqslant \dfrac{1}{3}$.

证明　设 $S = a + b + c + d$，则 $0 < \dfrac{a}{S} < 1$，所以

$$\frac{a^3}{b+c+d} = \frac{a^3}{S-a} = \frac{1}{S} \cdot \frac{a^3}{1-\frac{a}{S}} = \frac{a^3}{S} \sum_{n=0}^{\infty} \left(\frac{a}{S}\right)^n,$$

故

$$\frac{a^3}{b+c+d} + \frac{b^3}{c+d+a} + \frac{c^3}{d+a+b} + \frac{d^3}{a+b+c}$$

$$\geqslant \left(\frac{a^3}{S} + \frac{a^4}{S^2} + \frac{a^5}{S^3} + \cdots\right) + \left(\frac{b^3}{S} + \frac{b^4}{S^2} + \frac{b^5}{S^3} + \cdots\right) + \left(\frac{c^3}{S} + \frac{c^4}{S^2} + \frac{c^5}{S^3} + \cdots\right)$$

$$+ \left(\frac{d^3}{S} + \frac{d^4}{S^2} + \frac{d^5}{S^3} + \cdots\right)$$

$$= \frac{a^3 + b^3 + c^3 + d^3}{S} + \frac{a^4 + b^4 + c^4 + d^4}{S^2} + \frac{a^5 + b^5 + c^5 + d^5}{S^3} + \cdots$$

$$\geqslant \frac{1}{S} \cdot \frac{1}{4^2}(a+b+c+d)^3 + \frac{1}{S^2} \cdot \frac{1}{4^3}(a+b+c+d)^4$$

$$+ \frac{1}{S^3} \cdot \frac{1}{4^4}(a+b+c+d)^5 + \cdots$$

$$= \frac{1}{S} \cdot \frac{S^3}{4^2} + \frac{1}{S^2} \cdot \frac{S^4}{4^3} + \frac{1}{S^3} \cdot \frac{S^5}{4^4} + \cdots = \frac{S^2}{4^2} + \frac{S^2}{4^3} + \frac{S^2}{4^4} + \cdots$$

$$\geqslant \frac{\frac{1}{4^2}}{1 - \frac{1}{4}} \cdot 4(ab + bc + cd + da) = \frac{1}{3}.$$

例14　求证：$\dfrac{a^2}{b+c} + \dfrac{b^2}{c+a} + \dfrac{c^2}{a+b} \geqslant \dfrac{a+b+c}{2}$，其中 a，b，$c \in (0,1)$.

证法1　设 $a + b + c = 1$，则

$$\frac{a^2}{1-a} + \frac{b^2}{1-b} + \frac{c^2}{1-c}$$

$$= (a^2 + a^3 + a^4 + \cdots) + (b^2 + b^3 + b^4 + \cdots) + (c^2 + c^3 + c^4 + \cdots)$$

$$= (a^2 + b^2 + c^2) + (a^3 + b^3 + c^3) + (a^4 + b^4 + c^4) + \cdots$$

$$\geqslant \frac{1}{3} + \frac{1}{3^2} + \frac{1}{3^3} + \cdots = \frac{1}{2}.$$

证法2　由 $\dfrac{a^2}{b+c} - \left(a - \dfrac{1}{4}b - \dfrac{1}{4}c\right) = \dfrac{\frac{1}{4}(2a-b-c)^2}{c+b}$，得 $\dfrac{a^2}{b+c} \geqslant a - \dfrac{1}{4}b - \dfrac{1}{4}c$，所

以 $\dfrac{a^2}{b+c}+\dfrac{b^2}{c+a}+\dfrac{c^2}{a+b}\geqslant\dfrac{a+b+c}{2}$,且无须限制 $a,b,c\in(0,1)$.

例 15 求证:$\dfrac{a^2}{a+b}+\dfrac{b^2}{b+c}+\dfrac{c^2}{c+a}\geqslant\dfrac{a+b+c}{2}$,其中 $a,b,c\in(0,1)$.

分析 设 $a+b+c=1$,则

$$\dfrac{a^2}{1-c}+\dfrac{b^2}{1-a}+\dfrac{c^2}{1-b}$$

$$=(a^2+a^2c+a^2c^2+\cdots)+(b^2+b^2a+b^2a^2+\cdots)+(c^2+c^2b+c^2b^2+\cdots)$$

$$=(a^2+b^2+c^2)+(a^2c+b^2a+c^2b)+(a^2c^2+b^2a^2+c^2b^2)+\cdots$$

$$\geqslant\dfrac{1}{3}+\dfrac{1}{3^2}+\dfrac{1}{3^3}+\cdots=\dfrac{1}{2}.$$

上述推导有误,因为 $a^2c+b^2a+c^2b\geqslant\dfrac{1}{3^2}$ 不成立,如 $a\to 1,b=c\to 0$ 时,$a^2c+b^2a+c^2b\to 0$.

此路不通,并不表示猜测的不等式不成立.

证明 由 $\dfrac{a^2}{a+b}-\left(\dfrac{3}{4}a-\dfrac{1}{4}b\right)=\dfrac{(a-b)^2}{4(a+b)}$,得 $\dfrac{a^2}{a+b}\geqslant\dfrac{3}{4}a-\dfrac{1}{4}b$,所以 $\dfrac{a^2}{a+b}+\dfrac{b^2}{b+c}+$

$\dfrac{c^2}{c+a}\geqslant\dfrac{a+b+c}{2}$,且无须限制 $a,b,c\in(0,1)$.

例 16 已知正数 $a_i<1,a_{n+1}=a_1$,求证:$\displaystyle\sum_{i=1}^{n}\dfrac{1}{1-a_i^2}\geqslant\sum_{i=1}^{n}\dfrac{1}{1-a_ia_{i+1}}$.

证明

$$\dfrac{1}{1-a_1^2}+\dfrac{1}{1-a_2^2}+\cdots+\dfrac{1}{1-a_n^2}$$

$$=\sum_{k=0}^{\infty}(a_1^2)^k+\sum_{k=0}^{\infty}(a_2^2)^k+\cdots+\sum_{k=0}^{\infty}(a_n^2)^k$$

$$=\dfrac{1}{2}\sum_{k=0}^{\infty}(a_1^{2k}+a_2^{2k})+\dfrac{1}{2}\sum_{k=0}^{\infty}(a_2^{2k}+a_3^{2k})+\cdots+\dfrac{1}{2}\sum_{k=0}^{\infty}(a_n^{2k}+a_1^{2k})$$

$$\geqslant\sum_{k=0}^{\infty}a_1^ka_2^k+\sum_{k=0}^{\infty}a_2^ka_3^k+\cdots+\sum_{k=0}^{\infty}a_n^ka_1^k$$

$$=\dfrac{1}{1-a_1a_2}+\dfrac{1}{1-a_2a_3}+\cdots+\dfrac{1}{1-a_na_1}.$$

当熟练掌握这一方法之后,除了可以用来证明已知问题外,还可以发现新命题.

例 17 发现:$\dfrac{1}{1-a^2}+\dfrac{1}{1-b^2}\geqslant\dfrac{2}{1-ab}$,其中 $a,b\in(0,1)$.

探索 由 $a^2+b^2\geqslant 2ab,(a^n)^2+(b^n)^2\geqslant 2a^nb^n$,得

$$\sum_{n=0}^{\infty}(a^n)^2+\sum_{n=0}^{\infty}(b^n)^2\geqslant 2\sum_{n=0}^{\infty}a^nb^n,$$

即

$$\sum_{n=0}^{\infty}(a^2)^n + \sum_{n=0}^{\infty}(b^2)^n \geqslant 2\sum_{n=0}^{\infty}(ab)^n,$$

亦即

$$\frac{1}{1-a^2} + \frac{1}{1-b^2} \geqslant \frac{2}{1-ab}.$$

说明 由恒等式

$$\frac{1}{1-a^2} + \frac{1}{1-b^2} - \frac{2}{1-ab} = \frac{(a-b)^2(1+ab)}{(1-a^2)(1-b^2)(1-ab)}$$

发现 $a,b\in(-1,1)$ 时也成立,只不过很多时候习惯让变量取正数而已.下面不再一一说明.

例 18 发现:$\dfrac{a}{1-a^2} + \dfrac{b}{1-b^2} \geqslant \dfrac{a+b}{1-ab}$,其中 $a,b\in(0,1)$.

探索

$$a+b = a+b,$$

$$a\cdot a^2 + b\cdot b^2 \geqslant (a+b)(ab),$$

$$a\cdot(a^2)^n + b\cdot(b^2)^n \geqslant (a+b)(ab)^n,$$

$$\sum_{n=0}^{\infty}[a\cdot(a^2)^n] + \sum_{n=0}^{\infty}[b\cdot(b^2)^n] \geqslant \sum_{n=0}^{\infty}[(a+b)(ab)^n],$$

即

$$\frac{a}{1-a^2} + \frac{b}{1-b^2} \geqslant \frac{a+b}{1-ab}.$$

说明 恒等式:

$$\frac{a}{1-a^2} + \frac{b}{1-b^2} - \frac{a+b}{1-ab} = \frac{(a-b)^2(a+b)}{(1-a^2)(1-b^2)(1-ab)}.$$

例 19 发现:$\dfrac{a}{1-b^2} + \dfrac{b}{1-a^2} \geqslant \dfrac{a+b}{1-ab}$,其中 $a,b\in(0,1)$.

探索

$$a+b = a+b,$$

$$a\cdot b^2 + b\cdot a^2 \geqslant (a+b)(ab),$$

$$a\cdot(b^2)^n + b\cdot(a^2)^n \geqslant (a+b)(ab)^n,$$

$$\sum_{n=0}^{\infty}[a\cdot(b^2)^n] + \sum_{n=0}^{\infty}[b\cdot(a^2)^n] \geqslant \sum_{n=0}^{\infty}[(a+b)(ab)^n],$$

即

$$\frac{a}{1-b^2} + \frac{b}{1-a^2} \geqslant \frac{a+b}{1-ab}.$$

说明 恒等式:

$$\frac{a}{1-b^2} + \frac{b}{1-a^2} - \frac{a+b}{1-ab} = \frac{ab(a+b)(a-b)^2}{(1-a^2)(1-b^2)(1-ab)}.$$

例20 发现：$\dfrac{1}{1-a^2} + \dfrac{1}{1-b^2} + \dfrac{1}{1-c^2} \geqslant \dfrac{1}{1-ab} + \dfrac{1}{1-bc} + \dfrac{1}{1-ca}$，其中 $a,b,c \in (0,1)$.

探索

$$a^2 + b^2 + c^2 \geqslant ab + bc + ca,$$

$$a^{2n} + b^{2n} + c^{2n} \geqslant (ab)^n + (bc)^n + (ca)^n,$$

$$\sum_{n=0}^{\infty} a^{2n} + \sum_{n=0}^{\infty} b^{2n} + \sum_{n=0}^{\infty} c^{2n} \geqslant \sum_{n=0}^{\infty} (ab)^n + \sum_{n=0}^{\infty} (bc)^n + \sum_{n=0}^{\infty} (ca)^n,$$

即

$$\frac{1}{1-a^2} + \frac{1}{1-b^2} + \frac{1}{1-c^2} \geqslant \frac{1}{1-ab} + \frac{1}{1-bc} + \frac{1}{1-ca}.$$

例21 发现：$\dfrac{1}{1-a^3} + \dfrac{1}{1-b^3} + \dfrac{1}{1-c^3} + \dfrac{1}{1-d^3} \geqslant \dfrac{1}{1-abc} + \dfrac{1}{1-bcd} + \dfrac{1}{1-cda} + \dfrac{1}{1-dab}$，

其中 $a,b,c,d \in (0,1)$.

探索

$$3(a^3 + b^3 + c^3 + d^3)$$

$$= (a^3 + b^3 + c^3) + (b^3 + c^3 + d^3) + (c^3 + d^3 + a^3) + (d^3 + a^3 + b^3)$$

$$\geqslant 3abc + 3bcd + 3cda + 3dab,$$

$$\frac{1}{1-a^3} + \frac{1}{1-b^3} + \frac{1}{1-c^3} + \frac{1}{1-d^3}$$

$$= \sum_{n=0}^{\infty} (a^{3n} + b^{3n} + c^{3n} + d^{3n})$$

$$\geqslant \sum_{n=0}^{\infty} [(abc)^n + (bcd)^n + (cda)^n + (dab)^n]$$

$$= \frac{1}{1-abc} + \frac{1}{1-bcd} + \frac{1}{1-cda} + \frac{1}{1-dab}.$$

例22 发现：$\left(\dfrac{a}{1-a^2}\right)^2 + \left(\dfrac{b}{1-b^2}\right)^2 \geqslant \dfrac{2ab}{(1-ab)^2}$，其中 $a,b \in (0,1)$.

探索

$$a^2 + b^2 \geqslant 2ab,$$

$$(a^n)^2 + (b^n)^2 \geqslant 2a^n b^n,$$

$$\sum_{n=0}^{\infty} (a^n)^2 + \sum_{n=0}^{\infty} (b^n)^2 \geqslant 2\sum_{n=0}^{\infty} a^n b^n,$$

即

$$\sum_{n=0}^{\infty}\left[n(a^2)^n\right]+\sum_{n=0}^{\infty}\left[n(b^2)^n\right]\geqslant 2\sum_{n=0}^{\infty}\left[n(ab)^n\right],$$

亦即

$$\left(\frac{a}{1-a^2}\right)^2+\left(\frac{b}{1-b^2}\right)^2\geqslant\frac{2ab}{(1-ab)^2}.$$

例23 发现：$\left(\dfrac{a}{1-a^2}\right)^2+\left(\dfrac{b}{1-b^2}\right)^2+\left(\dfrac{c}{1-c^2}\right)^2\geqslant\dfrac{ab}{(1-ab)^2}+\dfrac{bc}{(1-bc)^2}+\dfrac{ca}{(1-ca)^2}$，

其中 $a,b,c\in(-1,1)$.

探索

$$a^2+b^2+c^2\geqslant ab+bc+ca,$$

$$a^{2n}+b^{2n}+c^{2n}\geqslant(ab)^n+(bc)^n+(ca)^n,$$

$$na^{2n}+nb^{2n}+nc^{2n}\geqslant n(ab)^n+n(bc)^n+n(ca)^n,$$

$$\sum_{n=0}^{\infty}\left[n(a^2)^n\right]+\sum_{n=0}^{\infty}\left[n(b^2)^n\right]+\sum_{n=0}^{\infty}\left[n(c^2)^n\right]$$

$$\geqslant\sum_{n=0}^{\infty}\left[n(ab)^n\right]+\sum_{n=0}^{\infty}\left[n(bc)^n\right]+\sum_{n=0}^{\infty}\left[n(ca)^n\right],$$

即

$$\left(\frac{a}{1-a^2}\right)^2+\left(\frac{b}{1-b^2}\right)^2+\left(\frac{c}{1-c^2}\right)^2\geqslant\frac{ab}{(1-ab)^2}+\frac{bc}{(1-bc)^2}+\frac{ca}{(1-ca)^2}.$$

例24 发现：$\dfrac{a}{1-a^3b}+\dfrac{b}{1-b^3c}+\dfrac{c}{1-c^3d}+\dfrac{d}{1-d^3a}\geqslant\dfrac{a+b+c+d}{1-abcd}$，其中 $a,b,c,d\in$

$(-1,1)$.

探索

$$a+b+c+d=a+b+c+d,$$

$$a\cdot a^3b+b\cdot b^3c+c\cdot c^3d+d\cdot d^3a\geqslant(a+b+c+d)(abcd),$$

$$a\cdot(a^3b)^n+b\cdot(b^3c)^n+c\cdot(c^3d)^n+d\cdot(d^3a)^n\geqslant(a+b+c+d)(abcd)^n,$$

$$\sum_{n=0}^{\infty}\left[a\cdot(a^3b)^n\right]+\sum_{n=0}^{\infty}\left[b\cdot(b^3c)^n\right]+\sum_{n=0}^{\infty}\left[c\cdot(c^3d)^n\right]+\sum_{n=0}^{\infty}\left[d\cdot(d^3a)^n\right]$$

$$\geqslant\sum_{n=0}^{\infty}\left[(a+b+c+d)(abcd)^n\right],$$

即

$$\frac{a}{1-a^3b}+\frac{b}{1-b^3c}+\frac{c}{1-c^3d}+\frac{d}{1-d^3a}\geqslant\frac{a+b+c+d}{1-abcd}.$$

说明 此处重在说明如何发现新命题，其中过程有跳步.譬如 $a\cdot a^3b+b\cdot b^3c+c\cdot$

$c^3d + d \cdot d^3a \geqslant (a+b+c+d)(abcd)$,从感觉上是对的,但要写清楚还要花点笔墨.

$$\frac{23a \cdot a^3b + 7b \cdot b^3c + 11c \cdot c^3d + 10d \cdot d^3a}{51} \geqslant \sqrt[51]{a^{102}b^{51}c^{51}d^{51}} = a^2bcd,$$类似写出其他三

式,四式相加可证.

例25 发现:$\dfrac{1}{1-a^3} + \dfrac{1}{1-b^3} + \dfrac{1}{1-c^3} + \dfrac{3}{1-abc} \geqslant \dfrac{1}{1-a^2b} + \dfrac{1}{1-ab^2} + \dfrac{1}{1-b^2c} + \dfrac{1}{1-bc^2}$

$+ \dfrac{1}{1-c^2a} + \dfrac{1}{1-ca^2}$,其中 $a,b,c \in (0,1)$.

探索 由舒尔不等式 $a^3 + b^3 + c^3 + 3abc \geqslant ab(a+b) + bc(b+c) + ca(c+a)$,得

$$(a^n)^3 + (b^n)^3 + (c^n)^3 + 3a^nb^nc^n$$
$$\geqslant a^nb^n(a^n + b^n) + b^nc^n(b^n + c^n) + c^na^n(c^n + a^n),$$

$$\frac{1}{1-a^3} + \frac{1}{1-b^3} + \frac{1}{1-c^3} + \frac{3}{1-abc}$$
$$\geqslant \frac{1}{1-a^2b} + \frac{1}{1-ab^2} + \frac{1}{1-b^2c} + \frac{1}{1-bc^2} + \frac{1}{1-c^2a} + \frac{1}{1-ca^2}.$$

例26 发现:$(1-ab)^2 \geqslant (1-a^2)(1-b^2)$,其中 $a,b \in (0,1)$.

探索 $\ln\dfrac{1}{1-x} = \displaystyle\sum_{n=1}^{\infty} \dfrac{1}{n}x^n$,其中 $|x| < 1$.

由 $a^2 + b^2 \geqslant 2ab$,得

$$\sum_{n=1}^{\infty} \frac{1}{n}(a^2)^n + \sum_{n=1}^{\infty} \frac{1}{n}(b^2)^n \geqslant 2\sum_{n=1}^{\infty} \frac{1}{n}(ab)^n,$$

即

$$\ln\frac{1}{1-a^2} + \ln\frac{1}{1-b^2} \geqslant 2\ln\frac{1}{1-ab} \quad (\text{此处用到 } a,b \in (-1,1)),$$

亦即

$$\ln\left(\frac{1}{1-a^2} \cdot \frac{1}{1-b^2}\right) \geqslant \ln\left(\frac{1}{1-ab}\right)^2,$$

故

$$\frac{1}{1-a^2} \cdot \frac{1}{1-b^2} \geqslant \left(\frac{1}{1-ab}\right)^2,$$

即

$$(1-ab)^2 \geqslant (1-a^2)(1-b^2).$$

说明 使用 $\ln\dfrac{1}{1-x} = \displaystyle\sum_{n=1}^{\infty} \dfrac{1}{n}x^n$ 的前提是 $|x| < 1$.在得到新不等式时,可以探索扩展

其定义域.譬如对于 $(1-ab)^2 \geqslant (1-a^2)(1-b^2)$ 的成立,由恒等式 $(1-ab)^2 -$

$(1-a^2)(1-b^2)=(a-b)^2$ 可得 a,b 可取任意实数.

例27 发现: $(1-ab)(1-bc)(1-ca) \geqslant (1-a^2)(1-b^2)(1-c^2)$, 其中 $a,b,c \in (0,1)$.

探索 由 $a^2+b^2+c^2 \geqslant ab+bc+ca$, 得

$$\sum_{n=1}^{\infty} \frac{1}{n}(a^2)^n + \sum_{n=1}^{\infty} \frac{1}{n}(b^2)^n + \sum_{n=1}^{\infty} \frac{1}{n}(c^2)^n$$

$$\geqslant \sum_{n=1}^{\infty} \frac{1}{n}(ab)^n + \sum_{n=1}^{\infty} \frac{1}{n}(bc)^n + \sum_{n=1}^{\infty} \frac{1}{n}(ca)^n,$$

即

$$\ln \frac{1}{1-a^2} + \ln \frac{1}{1-b^2} + \ln \frac{1}{1-c^2}$$

$$\geqslant \ln \frac{1}{1-ab} + \ln \frac{1}{1-bc} + \ln \frac{1}{1-ca} \quad (\text{此处用到 } a,b,c \in (-1,1)),$$

亦即

$$\ln \left(\frac{1}{1-a^2} \cdot \frac{1}{1-b^2} \cdot \frac{1}{1-c^2} \right) \geqslant \ln \left(\frac{1}{1-ab} \cdot \frac{1}{1-bc} \cdot \frac{1}{1-ca} \right),$$

故

$$\frac{1}{1-a^2} \cdot \frac{1}{1-b^2} \cdot \frac{1}{1-c^2} \geqslant \frac{1}{1-ab} \cdot \frac{1}{1-bc} \cdot \frac{1}{1-ca},$$

即

$$(1-ab)(1-bc)(1-ca) \geqslant (1-a^2)(1-b^2)(1-c^2).$$

说明 使用 $\ln \frac{1}{1-x} = \sum_{n=1}^{\infty} \frac{1}{n}x^n$ 的前提是 $|x| < 1$. 在得到新不等式时,可以探索扩展其定义域.

$$(1-ab)(1-bc)(1-ca) \geqslant (1-a^2)(1-b^2)(1-c^2)$$

等价于

$$a^2+b^2+c^2-(ab+bc+ca) \geqslant \frac{1}{2} \left[a^2(b-c)^2 + b^2(c-a)^2 + c^2(a-b)^2 \right],$$

很显然不等式左边为2次,右边为4次,如果不限制在 $a,b,c \in (-1,1)$,极易找到反例.

为了使不等式左右两边次数相同,我们尝试探究:

$$F = 2(a+b+c)^2 \left[a^2+b^2+c^2-(ab+bc+ca) \right]$$

$$- \left[a^2(b-c)^2 + b^2(c-a)^2 + c^2(a-b)^2 \right]$$

$$\geqslant 0,$$

$$F = \sum \left[\frac{1}{2}ab(a-b)^2 + \frac{1}{8}(2a^4+4a^3b+3b^4+4a^3c+3c^4-16a^2bc) \right].$$

例 28 发现：$(1-abc)^3 \geqslant (1-a^3)(1-b^3)(1-c^3)$，其中 $a,b,c \in (0,1)$.

探索 由 $a^3 + b^3 + c^3 \geqslant 3abc$，得

$$\sum_{n=1}^{\infty} \frac{1}{n}(a^3)^n + \sum_{n=1}^{\infty} \frac{1}{n}(b^3)^n + \sum_{n=1}^{\infty} \frac{1}{n}(c^3)^n \geqslant 3\sum_{n=1}^{\infty} \frac{1}{n}(abc)^n,$$

即

$$\ln \frac{1}{1-a^3} + \ln \frac{1}{1-b^3} + \ln \frac{1}{1-c^3} \geqslant 3\ln \frac{1}{1-abc} \quad (\text{此处用到 } a,b,c \in (-1,1)),$$

亦即

$$\ln \left(\frac{1}{1-a^3} \cdot \frac{1}{1-b^3} \cdot \frac{1}{1-c^3} \right) \geqslant \ln \left(\frac{1}{1-abc} \right)^3,$$

故

$$\frac{1}{1-a^3} \cdot \frac{1}{1-b^3} \cdot \frac{1}{1-c^3} \geqslant \left(\frac{1}{1-abc} \right)^3,$$

即

$$(1-abc)^3 \geqslant (1-a^3)(1-b^3)(1-c^3).$$

例 29 发现：

$$(1-abc)(1-bcd)(1-cda)(1-dab)$$
$$\geqslant (1-a^3)(1-b^3)(1-c^3)(1-d^3),$$

其中 $a,b,c,d \in (0,1)$.

探索 由 $a^3 + b^3 + c^3 + d^3 \geqslant abc + bcd + cda + dab$，得

$$\sum_{n=1}^{\infty} \frac{1}{n}(a^3)^n + \sum_{n=1}^{\infty} \frac{1}{n}(b^3)^n + \sum_{n=1}^{\infty} \frac{1}{n}(c^3)^n + \sum_{n=1}^{\infty} \frac{1}{n}(d^3)^n$$

$$\geqslant \sum_{n=1}^{\infty} \frac{1}{n}(abc)^n + \sum_{n=1}^{\infty} \frac{1}{n}(bcd)^n + \sum_{n=1}^{\infty} \frac{1}{n}(cda)^n + \sum_{n=1}^{\infty} \frac{1}{n}(dab)^n,$$

即

$$\ln \frac{1}{1-a^3} + \ln \frac{1}{1-b^3} + \ln \frac{1}{1-c^3} + \ln \frac{1}{1-d^3}$$

$$\geqslant \ln \frac{1}{1-abc} + \ln \frac{1}{1-bcd} + \ln \frac{1}{1-cab} + \ln \frac{1}{1-dab} \quad (\text{此处用到 } a,b,c,d \in (0,1)),$$

亦即

$$\ln \left(\frac{1}{1-a^3} \cdot \frac{1}{1-b^3} \cdot \frac{1}{1-c^3} \cdot \frac{1}{1-d^3} \right) \geqslant \ln \left(\frac{1}{1-abc} \cdot \frac{1}{1-bcd} \cdot \frac{1}{1-cda} \cdot \frac{1}{1-dab} \right),$$

故

$$(1-abc)(1-bcd)(1-cda)(1-dab) \geqslant (1-a^3)(1-b^3)(1-c^3)(1-d^3).$$

例30 发现：$\dfrac{1+a^2}{(1-a^2)^2}+\dfrac{1+b^2}{(1-b^2)^2}\geqslant 2\,\dfrac{1+ab}{(1-ab)^2}$，其中 $a,b\in(0,1)$.

探索 $\displaystyle\sum_{n=0}^{\infty}(2n+1)x^n=\dfrac{1+x}{(1-x)^2}$，其中 $|x|<1$.

由 $a^2+b^2\geqslant 2ab$，得

$$\sum_{n=1}^{\infty}(2n+1)(a^2)^n+\sum_{n=1}^{\infty}(2n+1)(b^2)^n\geqslant 2\sum_{n=1}^{\infty}(2n+1)(ab)^n,$$

即

$$\dfrac{1+a^2}{(1-a^2)^2}+\dfrac{1+b^2}{(1-b^2)^2}\geqslant 2\,\dfrac{1+ab}{(1-ab)^2}\quad(\text{此处用到 }a,b\in(-1,1)).$$

例31 发现：$\dfrac{1}{(1-a^2)^2}+\dfrac{1}{(1-b^2)^2}\geqslant\dfrac{2}{(1-ab)^2}$，其中 $a,b\in(0,1)$.

探索 $\displaystyle\sum_{n=0}^{\infty}(n+1)x^n=\dfrac{1}{(1-x)^2}$，其中 $|x|<1$.

由 $a^2+b^2\geqslant 2ab$，得

$$\sum_{n=1}^{\infty}(n+1)(a^2)^n+\sum_{n=1}^{\infty}(n+1)(b^2)^n\geqslant 2\sum_{n=1}^{\infty}(n+1)(ab)^n,$$

即

$$\dfrac{1}{(1-a^2)^2}+\dfrac{1}{(1-b^2)^2}\geqslant\dfrac{2}{(1-ab)^2}\quad(\text{此处用到 }a,b\in(-1,1)).$$

例32 发现：$\dfrac{a^2(1+a^2)}{(1-a^2)^3}+\dfrac{b^2(1+b^2)}{(1-b^2)^3}\geqslant\dfrac{2ab(1+ab)}{(1-ab)^3}$，其中 $a,b\in(0,1)$.

探索 $\displaystyle\sum_{n=0}^{\infty}n^2x^n=\dfrac{x(1+x)}{(1-x)^3}$，其中 $|x|<1$.

由 $a^2+b^2\geqslant 2ab$，得

$$\sum_{n=1}^{\infty}n^2(a^2)^n+\sum_{n=1}^{\infty}n^2(b^2)^n\geqslant 2\sum_{n=1}^{\infty}n^2(ab)^n,$$

即

$$\dfrac{a^2(1+a^2)}{(1-a^2)^3}+\dfrac{b^2(1+b^2)}{(1-b^2)^3}\geqslant\dfrac{2ab(1+ab)}{(1-ab)^3}\quad(\text{此处用到 }a,b\in(-1,1)).$$

上述例子表明，只要你找到一个合适的幂级数求和公式，如 $\displaystyle\sum_{n=0}^{\infty}x^n=\dfrac{1}{1-x}$，$x\in(0,1)$，再找一个简单不等式，如 $a^2+b^2\geqslant 2ab$，组合之后就可得到新的不等式. 由于幂级数和简单不等式的个数无穷无尽，因此依照这种方法，理论上可得到无数不等式.

所得不等式的变量范围最初都是限定在 $(0,1)$ 之内，但并不一定需要这个限定，读者可尝试扩展范围. 无穷个数运算与有限个数运算相比较，运算法则有些是不同的. 这也是容易

犯错的地方. 探究者可先用此法探索得到新命题, 再用其他初等数学方法解决, 有时会更简洁.

读者可尝试发现下面不等式.

设 $a, b \in (0,1)$, 求证: $\dfrac{a^3}{1-a^3} + \dfrac{b^3}{1-b^3} \geqslant \dfrac{a^2 b}{1-a^2 b} + \dfrac{ab^2}{1-ab^2}$.

恒等式:

$$\dfrac{a^3}{1-a^3} + \dfrac{b^3}{1-b^3} - \dfrac{a^2 b}{1-a^2 b} - \dfrac{ab^2}{1-ab^2} = \dfrac{(a+b)(1+ab+a^2 b^2)(a-b)^2(1-ab)}{(1-a^3)(1-b^3)(1-a^2 b)(1-ab^2)}.$$

说明 此不等式可看作是由 $a^3 + b^3 \geqslant a^2 b + ab^2$ 求和得到的.

设 $a, b, c \in (0,1)$, 求证: $\dfrac{1}{1-a^3} + \dfrac{1}{1-b^3} + \dfrac{1}{1-c^3} \geqslant \dfrac{3}{1-abc}$.

设 $a, b, c \in (0,1)$, 求证: $\dfrac{a}{1-a^3} + \dfrac{b}{1-b^3} + \dfrac{c}{1-c^3} \geqslant \dfrac{a+b+c}{1-abc}$.

设 $a, b, c \in (0,1)$, 求证: $\dfrac{a}{1-b^2 c} + \dfrac{b}{1-c^2 a} + \dfrac{c}{1-a^2 b} \geqslant \dfrac{a+b+c}{1-abc}$.

23 结式及其应用

多元高次方程组如何求解,通常有吴方法(我国数学家吴文俊先生所创)、GB法、结式法等.下面简单介绍结式法及其若干应用.

学习高等数学,要面对高维这一难关.我们不妨先研究 2 维、3 维的情况.

考虑方程组 $\begin{cases} f = a_2 x^2 + a_1 x + a_0 = 0 \\ g = b_2 x^2 + b_1 x + b_0 = 0 \end{cases}$,若有公共解,则存在多项式 h,使得 $f = q_1 \cdot h$,$g = q_2 \cdot h$,于是 $f \cdot q_2 = g \cdot q_1$,不妨设

$$(a_2 x^2 + a_1 x + a_0)(c_1 x + c_0) = (b_2 x^2 + b_1 x + b_0)(-d_1 x - d_0),$$

展开得

$$(a_2 c_1 + b_2 d_1) x^3 + (a_2 c_0 + a_1 c_1 + b_2 d_0 + b_1 d_1) x^2$$
$$+ (a_1 c_0 + a_0 c_1 + b_1 d_0 + b_0 d_1) x + a_0 c_0 + b_0 d_0$$
$$= 0,$$

即

$$\begin{cases} a_2 c_1 + b_2 d_1 = 0 \\ a_2 c_0 + a_1 c_1 + b_2 d_0 + b_1 d_1 = 0 \\ a_1 c_0 + a_0 c_1 + b_1 d_0 + b_0 d_1 = 0 \\ a_0 c_0 + b_0 d_0 = 0 \end{cases},$$

亦即

$$\begin{bmatrix} 0 & a_2 & 0 & b_2 \\ a_2 & a_1 & b_2 & b_1 \\ a_1 & a_0 & b_1 & b_0 \\ a_0 & 0 & b_0 & 0 \end{bmatrix} \begin{bmatrix} c_0 \\ c_1 \\ d_0 \\ d_1 \end{bmatrix} = 0.$$

若齐次线性方程组存在非零解,则其系数行列式 $\begin{vmatrix} 0 & a_2 & 0 & b_2 \\ a_2 & a_1 & b_2 & b_1 \\ a_1 & a_0 & b_1 & b_0 \\ a_0 & 0 & b_0 & 0 \end{vmatrix} = 0$,行列互换得

$\begin{vmatrix} b_2 & b_1 & b_0 & 0 \\ 0 & b_2 & b_1 & b_0 \\ a_2 & a_1 & a_0 & 0 \\ 0 & a_2 & a_1 & a_0 \end{vmatrix} = 0$,初等行变换得 $\begin{vmatrix} a_2 & a_1 & a_0 & 0 \\ 0 & a_2 & a_1 & a_0 \\ b_2 & b_1 & b_0 & 0 \\ 0 & b_2 & b_1 & b_0 \end{vmatrix} = 0.$

一般地,设多项式 $f(x) = \sum_{k=0}^{m} a_k x^k$, $g(x) = \sum_{k=0}^{n} b_k x^k$,定义 $m+n$ 阶行列式

$$R(f,g) = \begin{vmatrix} a_m & a_{m-1} & \cdots & \cdots & a_{m-n+1} & a_{m-n} & \cdots & \cdots & a_0 & \cdots & \cdots & 0 \\ 0 & a_m & a_{m-1} & \cdots & \cdots & a_{m-n+1} & \cdots & \cdots & a_1 & a_0 & \cdots & 0 \\ \vdots & \vdots & \vdots & & & \vdots & & & \vdots & & & \vdots \\ 0 & \cdots & \cdots & \cdots & a_m & a_{m-1} & \cdots & \cdots & a_{n-1} & \cdots & a_1 & a_0 \\ b_n & b_{n-1} & \cdots & \cdots & b_1 & b_0 & 0 & \cdots & \cdots & \cdots & \cdots & 0 \\ 0 & b_n & b_{n-1} & \cdots & \cdots & b_1 & b_0 & \cdots & \cdots & \cdots & \cdots & 0 \\ \vdots & \vdots & \vdots & & & \vdots & \vdots & & \vdots & & & \vdots \\ 0 & \cdots & \cdots & \cdots & \cdots & \cdots & \cdots & \cdots & b_{n-1} & \cdots & b_1 & b_0 \end{vmatrix}$$

为 $f(x)$ 和 $g(x)$ 的结式.

性质 多项式 $f(x)$ 和 $g(x)$ 有公共根(在复数域中)的充要条件是它们的结式 $R(f,g)$ 为 0.

例1 使用结式法判断 $f = x^3 - 1$, $g = x^2 - 1$ 是否有公共根.

解 对于 $f = x^3 - 1$, $g = x^2 - 1$,显然二者有公共根,验算得

$$\begin{vmatrix} 1 & 0 & 0 & -1 & 0 \\ 0 & 1 & 0 & 0 & -1 \\ 1 & 0 & -1 & 0 & 0 \\ 0 & 1 & 0 & -1 & 0 \\ 0 & 0 & 1 & 0 & -1 \end{vmatrix} = 0.$$

例2 化参数方程 $\begin{cases} x = a\left(t + \dfrac{1}{t}\right) \\ y = b\left(t - \dfrac{1}{t}\right) \end{cases}$ $(a,b \in \mathbf{R}^+, a,b$ 为常数$)$为普通方程.

解法 1 注意到 $\left(t+\dfrac{1}{t}\right)^2-\left(t-\dfrac{1}{t}\right)^2=4$，则 $\dfrac{x^2}{a^2}-\dfrac{y^2}{b^2}=4$.

解法 2 设 $F(t,x)=at^2-xt+a$，$G(t,y)=bt^2-yt-b$，则

$$\begin{vmatrix} a & -x & a & 0 \\ 0 & a & -x & a \\ b & -y & -b & 0 \\ 0 & b & -y & -b \end{vmatrix}=a\begin{vmatrix} a & -x & a \\ -y & -b & 0 \\ b & -y & -b \end{vmatrix}+b\begin{vmatrix} -x & a & 0 \\ a & -x & a \\ b & -y & -b \end{vmatrix}$$

$$=a^2y^2-b^2x^2+4a^2b^2=0,$$

即 $\dfrac{x^2}{a^2}-\dfrac{y^2}{b^2}=4$.

例 3 化参数方程 $\begin{cases} x=\dfrac{2t+1}{t^2+1} \\ y=\dfrac{t^2+2t-1}{t^2+1} \end{cases}$（$t$ 为参数）为普通方程.

解 设 $F(t,x)=xt^2-2t+x-1$，$G(t,y)=(y-1)t^2-2t+y+1$，则

$$R(F,G)=\begin{vmatrix} x & -2 & x-1 & 0 \\ 0 & x & -2 & x-1 \\ y-1 & -2 & y+1 & 0 \\ 0 & y-1 & -2 & y+1 \end{vmatrix}=\begin{vmatrix} x & -2 & -1 & 0 \\ 0 & x & -2 & x-1 \\ y-1 & -2 & 2 & 0 \\ 0 & y-1 & -2 & y+1 \end{vmatrix}$$

$$=\begin{vmatrix} 0 & 0 & -1 & 0 \\ -2x & x+4 & -2 & x-1 \\ 2x+y-1 & -6 & 2 & 0 \\ -2x & y+3 & -2 & y+1 \end{vmatrix}=-\begin{vmatrix} -2x & x+4 & x-1 \\ 2x+y-1 & -6 & 0 \\ -2x & y+3 & y+1 \end{vmatrix}$$

$$=8x^2-4xy+5y^2-8x+2y-7=0.$$

例 4 $\triangle ABC$ 中，设 $p=\dfrac{a+b+c}{2}$，$x_1=b\cos C$，$x_2=c\cos B$，$x_1+x_2=a$，$x_1x_2=$

$bc\dfrac{a^2+b^2-c^2}{2ab}\cdot\dfrac{a^2+c^2-b^2}{2ac}=\dfrac{(a^2+b^2-c^2)(a^2-b^2+c^2)}{4a^2}$.

一方面，计算

$(x_1+p)+(x_2+p)=2a+b+c$,

$(x_1+p)(x_2+p)=\left(b\dfrac{a^2+b^2-c^2}{2ab}+\dfrac{a+b+c}{2}\right)\left(c\dfrac{a^2+c^2-b^2}{2ac}+\dfrac{a+b+c}{2}\right)$

$$=\dfrac{(2a^2+ab+b^2+ac-c^2)(2a^2+ab-b^2+ac+c^2)}{4a^2}.$$

另一方面,x_1,x_2 是 $f = x^2 - ax + \dfrac{(a^2 + b^2 - c^2)(a^2 - b^2 + c^2)}{4a^2}$ 的两个解,设 $g = x + p - y$,计算结式

$$\begin{vmatrix} 1 & -a & \dfrac{(a^2 + b^2 - c^2)(a^2 - b^2 + c^2)}{4a^2} \\ 1 & p - y & 0 \\ 0 & 1 & p - y \end{vmatrix} = 0,$$

得

$$4a^2 y^2 - 4a^2(1 + a + 2p)y + (a^2 + b^2 - c^2 + 2ap)(a^2 - b^2 + c^2 + 2ap) = 0.$$

于是

$$(x_1 + p) + (x_2 + p) = 2a + b + c,$$

$$(x_1 + p)(x_2 + p) = \dfrac{(2a^2 + ab + b^2 + ac - c^2)(2a^2 + ab - b^2 + ac + c^2)}{4a^2}.$$

这个例子很简单,主要是为了方便验算. 先建立关于 x_1,x_2 的方程,然后再建立一个变换函数,经过计算我们发现所得结果和常规算法是一样的. 结合算两次的思想,可以把这一操作进行推广. 掌握这一思路后,就可以尝试更复杂的例子了. 特别是三角形中,有很多三个一组的几何量,用之构成三次方程,可以产生大量恒等式. 这其中,计算高阶行列式最好使用计算机.

例 5 △ABC 中,记 $p = \dfrac{a + b + c}{2}$,$S = \sqrt{\dfrac{a + b + c}{2} \cdot \dfrac{-a + b + c}{2} \cdot \dfrac{a - b + c}{2} \cdot \dfrac{a + b - c}{2}}$,

$R = \dfrac{abc}{4S}$,$r = \dfrac{S}{p}$,$a + b + c = 2p$,$2pr = 2S = ab \sin C = \dfrac{abc}{2R}$,$abc = 4Rrp$,$S^2 = p(p - a) \cdot (p - b)(p - c)$,$p^2 r^2 = p(p - a)(p - b)(p - c)$,$pr^2 = p^3 - p^2(a + b + c) + p(ab + bc + ca) - abc = -p^3 + p(ab + bc + ca) - 4Rrp$,所以 $ab + bc + ca = p^2 + r^2 + 4Rr$.

考虑多项式 $f = x^3 - 2px^2 + (p^2 + r^2 + 4Rr)x - 4Rrp$,$g = x^2 + 2Rr - y$ 有公共解,其结式

$$R(f,g) = \begin{vmatrix} 1 & -2p & p^2 + r^2 + 4Rr & -4pRr & 0 \\ 0 & 1 & -2p & p^2 + r^2 + 4Rr & -4pRr \\ 1 & 0 & 2Rr - y & 0 & 0 \\ 0 & 1 & 0 & 2Rr - y & 0 \\ 0 & 0 & 1 & 0 & 2Rr - y \end{vmatrix} = 0,$$

即

$$-y^3 + 2(p^2 - r^2 - rR)y^2 - (p^2 + r^2 - 2rR)(p^2 + r^2 + 2rR)y + 2rR(p^2 + r^2 + 2rR)^2$$
$$= 0.$$

由于 a,b,c 是 $f = x^3 - 2px^2 + (p^2 + r^2 + 4Rr)x - 4Rrp$ 的三个根,而 $a^2 + 2Rr, b^2 + 2Rr,$ $c^2 + 2Rr$ 是 $R(f,g)$ 的三个根,故由韦达定理可得

$$(a^2 + 2Rr)(b^2 + 2Rr)(c^2 + 2Rr) = 2rR(p^2 + r^2 + 2Rr)^2.$$

基于上面思路,可进行批量生产:

$$(a^2 - p^2 - r^2)(b^2 - p^2 - r^2)(c^2 - p^2 - r^2) + 4r^2(p^2 + r^2 + 2rR)^2 = 0,$$

$$(a^2 + p^2 + r^2 + 4Rr)(b^2 + p^2 + r^2 + 4Rr)(c^2 + p^2 + r^2 + 4Rr)$$
$$= 4p^2(p^2 + r^2 + 2rR)^2,$$

$$(a^2 - p^2)(b^2 - p^2)(c^2 - p^2) + p^2 r^2(4p^2 + r^2 + 8rR)$$
$$= 0,$$

$$(a^2 - 2p^2 + 2r^2 + 4rR)(b^2 - 2p^2 + 2r^2 + 4rR)(c^2 - 2p^2 + 2r^2 + 4rR)$$
$$+ 2(p^2 + r^2 + 2rR)(-4p^2 rR + p^4 - r^4)$$
$$= 0,$$

$$(a^2 - p^2 + r^2 + 4rR)(b^2 - p^2 + r^2 + 4rR)(c^2 - p^2 + r^2 + 4rR)$$
$$+ 4p^2 r^2(p + r + 2R)(p - r - 2R)$$
$$= 0,$$

$$(a - p + r)(b - p + r)(c - p + r) + 2r^2(p - r - 2R) = 0.$$

上文中的 $g = x^2 + 2Rr - y$ 若改成其他关于 x 的式子,使得 x 容易被 y 表示,则可使用更直接代入的方法.

解 $y = \dfrac{x - p}{x + p}$,得 $x = \dfrac{p(1 + y)}{1 - y}$,代入 $f = x^3 - 2px^2 + (p^2 + r^2 + 4Rr)x - 4Rrp$,得

$$\frac{p(r^2 - r^2 y + 8rRy + 4p^2 y^2 - r^2 y^2 - 16rRy^2 + 4p^2 y^3 + r^2 y^3 + 8rRy^3)}{(1 - y)^3} = 0,$$

即

$$r^2 - r(r - 8R)y + (4p^2 - r^2 - 16rR)y^2 + (4p^2 + r^2 + 8rR)y^3 = 0.$$

求解方程

$$r^2 t_1 - r(r - 8R)t_2 + (4p^2 - r^2 - 16rR)t_3 + (4p^2 + r^2 + 8rR)t_4 = 0,$$

即

$$r^2(t_1 - t_2 - t_3 + t_4) + 4p^2(t_3 + t_4) + 8rR(t_2 - 2t_3 + t_4) = 0.$$

求解 $t_1 - t_2 - t_3 + t_4 = t_3 + t_4 = t_2 - 2t_3 + t_4 = 0$,得 $t_2 = \dfrac{3t_1}{5}, t_3 = \dfrac{t_1}{5}, t_4 = -\dfrac{t_1}{5}$,

$$5r^2 - 3r(r - 8R) + (4p^2 - r^2 - 16rR) - (4p^2 + r^2 + 8rR) = 0,$$

即

$$5 \frac{r^2}{4p^2 + r^2 + 8rR} - 3 \frac{r(r - 8R)}{4p^2 + r^2 + 8rR} + \frac{4p^2 - r^2 - 16rR}{4p^2 + r^2 + 8rR} - 1 = 0.$$

由韦达定理得

$$5 \frac{a-p}{a+p} \cdot \frac{b-p}{b+p} \cdot \frac{c-p}{c+p} - 3\left(\frac{a-p}{a+p} \cdot \frac{b-p}{b+p} + \frac{b-p}{b+p} \cdot \frac{c-p}{c+p} + \frac{c-p}{c+p} \cdot \frac{a-p}{a+p} \right)$$

$$+ \left(\frac{a-p}{a+p} + \frac{b-p}{b+p} + \frac{c-p}{c+p} \right) + 1$$

$$= 0,$$

类似得

$$5 \frac{2a-p}{a+p} \cdot \frac{2b-p}{b+p} \cdot \frac{2c-p}{c+p} - 7\left(\frac{2a-p}{a+p} \cdot \frac{2b-p}{b+p} + \frac{2b-p}{b+p} \cdot \frac{2c-p}{c+p} + \frac{2c-p}{c+p} \cdot \frac{2a-p}{a+p} \right)$$

$$+ 8\left(\frac{2a-p}{a+p} + \frac{2b-p}{b+p} + \frac{2c-p}{c+p} \right)$$

$$= 4,$$

$$5 \frac{3a-p}{a+p} \cdot \frac{3b-p}{b+p} \cdot \frac{3c-p}{c+p} - 11\left(\frac{3a-p}{a+p} \cdot \frac{3b-p}{b+p} + \frac{3b-p}{b+p} \cdot \frac{3c-p}{c+p} + \frac{3c-p}{c+p} \cdot \frac{3a-p}{a+p} \right)$$

$$+ 21\left(\frac{3a-p}{a+p} + \frac{3b-p}{b+p} + \frac{3c-p}{c+p} \right)$$

$$= 27,$$

$$8 \frac{a-p}{a+2p} \cdot \frac{b-p}{b+2p} \cdot \frac{c-p}{c+2p} - 5\left(\frac{a-p}{a+2p} \cdot \frac{b-p}{b+2p} + \frac{b-p}{b+2p} \cdot \frac{c-p}{c+2p} + \frac{c-p}{c+2p} \cdot \frac{a-p}{a+2p} \right)$$

$$+ 2\left(\frac{a-p}{a+2p} + \frac{b-p}{b+2p} + \frac{c-p}{c+2p} \right)$$

$$= -1.$$

例6 $\triangle ABC$ 中,记 $p = \frac{a+b+c}{2}$, $S = \sqrt{\frac{a+b+c}{2} \cdot \frac{-a+b+c}{2} \cdot \frac{a-b+c}{2} \cdot \frac{a+b-c}{2}}$,

$R = \frac{abc}{4S}$, $r = \frac{S}{p}$, $a+b+c = 2p$, $r_1 = \frac{2S}{-a+b+c}$, $r_2 = \frac{2S}{a-b+c}$, $r_3 = \frac{2S}{a+b-c}$.

由于 $r_1 + r_2 + r_3 = 4R + r$, $r_1 r_2 + r_2 r_3 + r_3 r_1 = p^2$, $r_1 r_2 r_3 = p^2 r$, 因此 r_1, r_2, r_3 是 $x^3 - (4R + r)x^2 + p^2 x - p^2 r = 0$ 的三个根.

仿照上文方法,可得

$$(r_1^2 + p^2)(r_2^2 + p^2)(r_3^2 + p^2) - 16p^4 R^2 = 0,$$

即

$$(r_1 - r)(r_2 - r)(r_3 - r) - 4r^2 R = 0,$$

故

$$2\frac{r_1-p}{2r_1+p}\cdot\frac{r_2-p}{2r_2+p}\cdot\frac{r_3-p}{2r_3+p}-7\left(\frac{r_1-p}{2r_1+p}\cdot\frac{r_2-p}{2r_2+p}+\frac{r_2-p}{2r_2+p}\cdot\frac{r_3-p}{2r_3+p}+\frac{r_3-p}{2r_3+p}\cdot\frac{r_1-p}{2r_1+p}\right)$$

$$+2\left(\frac{r_1-p}{2r_1+p}+\frac{r_2-p}{2r_2+p}+\frac{r_3-p}{2r_3+p}\right)$$

$$=-2,$$

$$7\frac{r_1-r}{2r_1+r}\cdot\frac{r_2-r}{2r_2+r}\cdot\frac{r_3-r}{2r_3+r}+4\left(\frac{r_1-r}{2r_1+r}\cdot\frac{r_2-r}{2r_2+r}+\frac{r_2-r}{2r_2+r}\cdot\frac{r_3-r}{2r_3+r}+\frac{r_3-r}{2r_3+r}\cdot\frac{r_1-r}{2r_1+r}\right)$$

$$+\left(\frac{r_1-r}{2r_1+r}+\frac{r_2-r}{2r_2+r}+\frac{r_3-r}{2r_3+r}\right)$$

$$=2,$$

$$\frac{3r_1-r}{r_1+r}\cdot\frac{3r_2-r}{r_2+r}\cdot\frac{3r_3-r}{r_3+r}-\left(\frac{3r_1-r}{r_1+r}+\frac{3r_2-r}{r_2+r}+\frac{3r_3-r}{r_3+r}\right)=2,$$

$$2\frac{r_1-r}{r_1+r}\cdot\frac{r_2-r}{r_2+r}\cdot\frac{r_3-r}{r_3+r}+\left(\frac{r_1-r}{r_1+r}\cdot\frac{r_2-r}{r_2+r}+\frac{r_2-r}{r_2+r}\cdot\frac{r_3-r}{r_3+r}+\frac{r_3-r}{r_3+r}\cdot\frac{r_1-r}{r_1+r}\right)=1.$$

例7 $\triangle ABC$ 中，$\tan\dfrac{A}{2}=\dfrac{r}{p-a}$，$\tan\dfrac{B}{2}=\dfrac{r}{p-b}$，$\tan\dfrac{C}{2}=\dfrac{r}{p-c}$，由于 $\dfrac{r}{p-a}+\dfrac{r}{p-b}+$

$\dfrac{r}{p-c}=\dfrac{4R+r}{p}$，$\dfrac{r}{p-a}\cdot\dfrac{r}{p-b}+\dfrac{r}{p-b}\cdot\dfrac{r}{p-c}+\dfrac{r}{p-c}\cdot\dfrac{r}{p-a}=1$，$\dfrac{r}{p-a}\cdot\dfrac{r}{p-b}\cdot\dfrac{r}{p-c}=\dfrac{r}{p}$，

因此 $\tan\dfrac{A}{2}$，$\tan\dfrac{B}{2}$，$\tan\dfrac{C}{2}$ 是 $x^3-\dfrac{r+4R}{p}x^2+x-\dfrac{r}{p}=0$ 的三个根.

仿照上文方法，可得

$$\frac{\left(\tan\frac{A}{2}-1\right)\left(\tan\frac{B}{2}-1\right)\left(\tan\frac{C}{2}-1\right)}{\left(\tan\frac{A}{2}+1\right)\left(\tan\frac{B}{2}+1\right)\left(\tan\frac{C}{2}+1\right)}$$

$$+\left[\frac{\left(\tan\frac{A}{2}-1\right)\left(\tan\frac{B}{2}-1\right)}{\left(\tan\frac{A}{2}+1\right)\left(\tan\frac{B}{2}+1\right)}+\frac{\left(\tan\frac{B}{2}-1\right)\left(\tan\frac{C}{2}-1\right)}{\left(\tan\frac{B}{2}+1\right)\left(\tan\frac{C}{2}+1\right)}+\frac{\left(\tan\frac{C}{2}-1\right)\left(\tan\frac{A}{2}-1\right)}{\left(\tan\frac{C}{2}+1\right)\left(\tan\frac{A}{2}+1\right)}\right]$$

$$-\left[\frac{\tan\frac{A}{2}-1}{\tan\frac{A}{2}+1}+\frac{\tan\frac{B}{2}-1}{\tan\frac{B}{2}+1}+\frac{\tan\frac{C}{2}-1}{\tan\frac{C}{2}+1}\right]$$

$$=1.$$

24.1　欧拉线的发现与证明

读初中的时候,偶然在一本课外书上看到了欧拉线:如图 24.1 所示,任意三角形的外心 O、重心 G、垂心 H 三点共线(此线被称为欧拉线),并且 $2OG = GH$. 当时觉得很有意思,希望记下来,反复好几次,都没记住,经常把三个点的位置记错,甚至有时候还将内心也扯进来了. 无意中想到,既然是对任意三角形成立,那么对直角三角形也应该成立,于是便得到图 24.2,$\angle ABC = 90°$,垂心 H 与点 B 重合,外心 O 则是斜边 AC 的中点,此时欧拉线成为斜边上的中线,显然有 $2OG = GH$ 成立. 从此便再也没有记错.

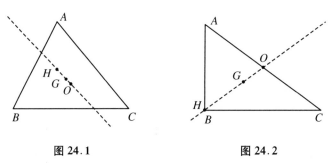

图 24.1　　　　　　图 24.2

后来,笔者甚至想,当初欧拉发现欧拉线,是不是也是先发现直角三角形中的欧拉线,再推广到一般三角形中去的呢? 就好像毕达哥拉斯先是发现等腰直角三角形满足勾股定理,再推广到一般直角三角形中去. 对欧拉线是如何被发现的,笔者一直充满好奇,但查阅了很多资料,始终未果.

在《100 个著名初等数学问题:历史和解》中,提到欧拉线定理是欧拉的一篇论文的成果之一,并给出下面这个巧妙证明.

如图 24.3 所示,设 M 为边 AB 的中点,S 为重心,则 $SC = 2SM$;设 U 为外心,延长 US 到 SO,使得 $SO = 2SU$,并连接 OC;根据这两个等式,可判断 $\triangle MUS \backsim \triangle COS$,于是 $CO /\!/ MU$,即 $CO \perp AB$;或者以文字来表达:连接点 O 和三角形一顶点的直线与三角形这一顶点

的对边垂直,因此连线是三角形的一个高.所以三高必然都通过点 O,点 O 就是三角形的垂心.欧拉线定理得证.

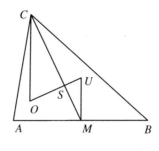

图 24.3

欧拉的证明是如此巧妙,比起一般资料上的构造外接圆和平行四边形的证法,要简洁很多.

那欧拉线定理到底是怎么被发现的呢? 感谢网络的发达,笔者终于找到了答案.《美国数学月刊》刊登过 Ed Sandifer 先生一系列关于欧拉解决问题的文章:*How Euler Did It*,其中就有一篇是关于欧拉线(Euler line)的.而在欧拉的一本传记 *Euler:The Master of Us All* 中,也同样记录了欧拉线被发现的过程.

在欧拉(1707~1783 年)之前,三角形五心很早就被发现,它们各自的性质已经被研究得比较透彻了.那五心之间有何联系? 很少有人研究,更确切地说,应该是很少有人想到去研究.

那为什么欧拉会想到去研究这些"心"之间的联系呢? 说来也是机缘巧合.欧拉对海伦公式很有兴趣,给出了好几种巧妙证明.在研究海伦公式之后,他想:三条边能够唯一确定三角形,那么三角形的相关性质也应该可以由三边来表示,譬如面积就可以由海伦公式来确定.能否利用三角形三边来研究三角形的一些特殊点呢? 三角形中最特殊的点莫过于三角形的重心、垂心、外心、内心了.(注:文献中没有表明欧拉在此处研究过旁心,可能是因为旁心在三角形外部,且有三个.)

于是,欧拉运用刚刚研究海伦公式的结论,结合当时还没被广泛使用的坐标思想(当时数学界还是认为欧氏几何比解析几何更美妙),开始了以下的探索.

用 S 表示 $\triangle ABC$ 的面积,设 $p=\dfrac{a+b+c}{2}$,则由海伦公式可得

$$
\begin{aligned}
S &= \sqrt{p(p-a)(p-b)(p-c)} \\
&= \sqrt{\frac{a+b+c}{2}\cdot\frac{-a+b+c}{2}\cdot\frac{a-b+c}{2}\cdot\frac{a+b-c}{2}},
\end{aligned}
$$

从而

$$
\begin{aligned}
16S^2 &= [(b+c)+a][(b+c)-a][a-(b-c)][a+(b-c)] \\
&= (b^2+2bc+c^2-a^2)(a^2+2bc-b^2-c^2)
\end{aligned}
$$

$$= 2a^2 b^2 + 2a^2 c^2 + 2b^2 c^2 - a^4 - b^4 - c^4 \quad (\text{注意:此结论在后面会反复用到}).$$

如图 24.4 所示,由 $a^2 = b^2 + c^2 - 2bc\cos A = b^2 + c^2 - 2AP \cdot c$,得 $AP = \dfrac{b^2 + c^2 - a^2}{2c}$,

同理 $BM = \dfrac{a^2 + c^2 - b^2}{2a}$;而 $AM = \dfrac{2S}{a}$,由 $\triangle ABM \backsim \triangle AEP$ 得

$$EP = \frac{BM \cdot AP}{AM} = \frac{a^2 + c^2 - b^2}{2a} \cdot \frac{b^2 + c^2 - a^2}{2c} \bigg/ \frac{2S}{a}$$

$$= \frac{2a^2 b^2 - a^4 - b^4 + c^4}{8cS} = \frac{16S^2 - 2a^2 c^2 - 2b^2 c^2 + 2c^4}{8cS}$$

$$= \frac{2S}{c} + \frac{c(c^2 - a^2 - b^2)}{4S}.$$

所以垂心 E 的坐标是

$$E(AP, EP) = \left(\frac{b^2 + c^2 - a^2}{2c}, \frac{2S}{c} + \frac{c(c^2 - a^2 - b^2)}{4S} \right).$$

如图 24.5 所示,R, L 分别是 AB, BC 上的中点,AL 交 CR 于点 F, C, F 在 AB 上的射影为 P, Q,则

$$AQ = AR - RQ = \frac{1}{2}c - \frac{1}{3}RP = \frac{1}{2}c - \frac{1}{3}(AR - AP)$$

$$= \frac{1}{2}c - \frac{1}{3}\left(\frac{1}{2}c - \frac{b^2 + c^2 - a^2}{2c} \right) = \frac{b^2 + 3c^2 - a^2}{6c}.$$

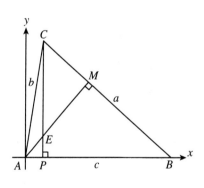

图 24.4

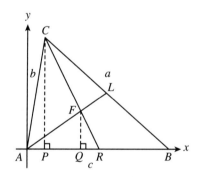

图 24.5

由 $\triangle RFQ \backsim \triangle RCP$ 得 $FQ = \dfrac{1}{3}CP = \dfrac{2S}{3c}$,所以重心 F 的坐标是

$$F(AQ, FQ) = \left(\frac{b^2 + 3c^2 - a^2}{6c}, \frac{2S}{3c} \right).$$

如图 24.6 所示,HR, HD 分别是 AB, AC 上的中垂线,AM 是 BC 上的高,易得 $CM = \dfrac{a^2 + b^2 - c^2}{2a}$,$AM = \dfrac{2S}{a}$,注意到 $\angle ACB = \angle AHR$,易得 $\triangle ACM \backsim \triangle AHR$,因此

$$HR = \frac{CM \cdot AR}{AM} = \frac{1}{2}c \cdot \frac{a^2 + b^2 - c^2}{2a} \bigg/ \frac{2S}{a} = \frac{c(a^2 + b^2 - c^2)}{8S},$$

所以外心 H 的坐标是

$$H(AR, HR) = \left(\frac{c}{2}, \frac{c(a^2 + b^2 - c^2)}{8S} \right).$$

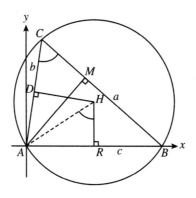

图 24.6

至此,欧拉通过建立坐标系,利用三边边长表示了垂心 E、重心 F、外心 H 的坐标,它们分别是

$$E\left(\frac{b^2 + c^2 - a^2}{2c}, \frac{2S}{c} + \frac{c(c^2 - a^2 - b^2)}{4S} \right),$$

$$F\left(\frac{b^2 + 3c^2 - a^2}{6c}, \frac{2S}{3c} \right),$$

$$H\left(\frac{c}{2}, \frac{c(a^2 + b^2 - c^2)}{8S} \right).$$

但求出这三个坐标又有什么用呢? 丝毫看不出垂心、重心、外心之间有何关系. 欧拉继续前进着,靠着他那天才的计算能力. 而我们后来者重新来走欧拉这条艰辛的道路,也难免不倒吸一口凉气.

$$EF^2 = \left(\frac{b^2 + c^2 - a^2}{2c} - \frac{b^2 + 3c^2 - a^2}{6c} \right)^2 + \left[\frac{2S}{c} + \frac{c(c^2 - a^2 - b^2)}{4S} - \frac{2S}{3c} \right]^2$$

$$= \left(\frac{b^2 - a^2}{3c} \right)^2 + \left[\frac{4S}{3c} + \frac{c(c^2 - a^2 - b^2)}{4S} \right]^2$$

$$= \frac{(b^2 - a^2)^2 + 16S^2}{9c^2} + \frac{2(c^2 - a^2 - b^2)}{3} + \frac{c^2(a^4 + b^4 + c^4 + 2a^2b^2 - 2a^2c^2 - 2b^2c^2)}{16S^2}$$

$$= \frac{(b^2 - a^2)^2 + 16S^2}{9c^2} + \frac{2(c^2 - a^2 - b^2)}{3} + \frac{c^2(4a^2b^2 - 16S^2)}{16S^2}$$

$$= \frac{(b^2 - a^2)^2 + 16S^2}{9c^2} - \frac{2a^2 + 2b^2 + c^2}{3} + \frac{a^2b^2c^2}{4S^2},$$

$$EH^2 = \left(\frac{b^2 + c^2 - a^2}{2c} - \frac{c}{2} \right)^2 + \left[\frac{2S}{c} + \frac{c(c^2 - a^2 - b^2)}{4S} - \frac{c(a^2 + b^2 - c^2)}{8S} \right]^2$$

$$= \left(\frac{b^2 - a^2}{2c} \right)^2 + \left[\frac{2S}{c} + \frac{3c(c^2 - a^2 - b^2)}{8S} \right]^2$$

$$= \frac{(b^2 - a^2)^2}{4c^2} + \frac{3(c^2 - a^2 - b^2)}{2} + \frac{9c^2(a^4 + b^4 + c^4 + 2a^2 b^2 - 2a^2 c^2 - 2b^2 c^2)}{64S^2}$$

$$= \frac{(b^2 - a^2)^2 + 16S^2}{4c^2} + \frac{3(c^2 - a^2 - b^2)}{2} + \frac{9c^2(4a^2 b^2 - 16S^2)}{64S^2}$$

$$= \frac{(b^2 - a^2)^2 + 16S^2}{4c^2} - \frac{6a^2 + 6b^2 + 3c^2}{4} + \frac{9a^2 b^2 c^2}{16S^2},$$

$$FH^2 = \left(\frac{b^2 + 3c^2 - a^2}{6c} - \frac{c}{2} \right)^2 + \left[\frac{2S}{3c} - \frac{c(a^2 + b^2 - c^2)}{8S} \right]^2$$

$$= \left(\frac{b^2 - a^2}{6c} \right)^2 + \frac{4S^2}{9c^2} - \frac{a^2 + b^2 - c^2}{6} + \frac{c^2(a^4 + b^4 + c^4 + 2a^2 b^2 - 2a^2 c^2 - 2b^2 c^2)}{64S^2}$$

$$= \frac{(b^2 - a^2)^2 + 16S^2}{36c^2} - \frac{a^2 + b^2 - c^2}{6} + \frac{c^2(4a^2 b^2 - 16S^2)}{64S^2}$$

$$= \frac{(b^2 - a^2)^2 + 16S^2}{36c^2} - \frac{2a^2 + 2b^2 + c^2}{12} + \frac{a^2 b^2 c^2}{16S^2}.$$

至此,欧拉发现 $EF^2 = 4FH^2$,$EH^2 = 9FH^2$,因此得出结论:如图 24.7 所示,△ABC 的垂心 E、重心 F、外心 H 三点共线,且 $EF = 2FH$.

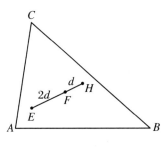

图 24.7

以上就是欧拉发现、证明欧拉线的过程.这一过程在今天看来,确实有点烦琐.要强调的是,上文还省略了欧拉走过的弯路,就是欧拉也曾用类似的方法计算过三角形的内心,却没有新的发现.

发现一条数学性质是不容易的.有时发现了某性质,却长时间得不到证明,这种事情在数学史上也是常有的.而欧拉线的发现与证明,两者合二为一.

尽管欧拉线的发现并不像阿基米德发现浮力定律那样具有传奇色彩,给出的证明我们现代人也会嫌其烦琐不再使用了,但这一史实给了我们很多启发.

(1)数学性质的发现并不是单纯地依靠逻辑推理.很多时候是源于一个简单的想法,然后尝试着去探索.

(2)探索过程中难免会走弯路,甚至会感觉前面没有路了.要坚持,不能轻言放弃.即使是数学大师的探索,在后人眼里,可能都是笨拙的.

(3)练好数学基本功.即使是在计算机高度发达的今天,扎实的计算能力和适当的等式变形依然是学习和研究数学的基本功.

（4）要掌握数学软件.因为我们今天面对的数学问题比欧拉时代更复杂,而我们又有几人能拥有欧拉那样超凡的计算能力? 具体到三角形特殊点的研究,动态几何软件就是很好的探索工具.笔者曾让一些不知道欧拉线的中学生用超级画板去探究三角形的内心、外心、垂心、重心之间的关系,有一大半中学生能够独立发现欧拉线定理.而依靠计算机的高速运算能力,人们已经在三角形中找到几千个具有特殊性质的点.这样的批量大生产是过去手工小作坊操作难以想象的.

（5）有些数学工作者对初等数学中的问题不屑一顾,认为自己应该是干大事的.想想欧拉,一代数学大师,不拒绝初等数学中的小问题,而且持续研究,不断改进,并不是做过就丢.欧拉线的最初发现是在 1747 年,而《100 个著名初等数学问题:历史和解》中的巧妙证明则是欧拉在 1765 年给出的.正如中国那句古语:泰山不让土壤,故能成其大;河海不择细流,故能就其深.

最后,我们要感谢欧拉①.今天还能看到欧拉这样的大数学家在处理小问题时的原始思路,这是很不容易的.若是换作高斯,许多定理的发现过程将会成为谜团.

24.2　欧拉巧解三角形比例

面对一些有难度的数学问题,我们可能花费很大的力气都没能攻克,但一看答案却是那么巧妙而简单.有人觉得沮丧,叹气道:一次又一次的解题碰壁,就是不断证明自己是傻子的过程.

巧妙的解题到底是如何想到的呢? 进一步问,数学中那么多性质是如何被发现的呢? 这在我们"公理化"的课本上是难以寻找答案的.不少人推崇波利亚的数学发现法,但笔者认为欧拉更值得研究.正如阿贝尔所说,要向大师学习,而不是向大师的门徒学习.

下面给出的几何题在今天的读者看来可能是寻常的,但对发现者而言,却并不是那么容易,希望能够给大家一些启发.

欧拉在纸上画下图 24.8,这是一幅很平常的图,无非就是在△ABC 中,有三条线段 Aa,Bb,Cc 交于一点 O（欧拉用小写字母表示点,此处保留原貌）.欧拉思考:若给出 AO,BO,CO,aO,bO,cO 的长度,能否重构一个三角形? 欧拉发现,除非这些线段比例很特殊,否则是不能完成的.

在探究中,欧拉发现等式:$\dfrac{AO}{Oa} \cdot \dfrac{BO}{Ob} \cdot \dfrac{CO}{Oc} = \dfrac{AO}{Oa} + \dfrac{BO}{Ob} + \dfrac{CO}{Oc} + 2$.欧拉给出的证明是如

---

① http://www.eulersociety.org/.

此之长,以致有人怀疑这是不是真的出自欧拉之手.

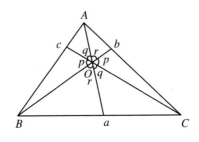

图 24.8

证明 如图 24.8 所示标记六个角,显然 $p + q + r = 180°$. 由面积关系可得

$$\frac{1}{2}OA \cdot OB \sin r = \frac{1}{2}OA \cdot Oc \sin q + \frac{1}{2}OB \cdot Oc \sin p,$$

即

$$\frac{\sin r}{Oc} = \frac{\sin q}{OB} + \frac{\sin p}{OA}.$$

同理可得

$$\frac{\sin p}{Oa} = \frac{\sin r}{OC} + \frac{\sin q}{OB}, \quad \frac{\sin q}{Ob} = \frac{\sin p}{OA} + \frac{\sin r}{OC}.$$

设 $OA = \alpha \cdot Oa, OB = \beta \cdot Ob, OC = \gamma \cdot Oc$,并定义 P, Q, R 如下:

$$P = \frac{\sin p}{OA} = \frac{\sin p}{\alpha \cdot Oa}, \quad Q = \frac{\sin q}{OB} = \frac{\sin q}{\beta \cdot Ob}, \quad R = \frac{\sin r}{OC} = \frac{\sin r}{\gamma \cdot Oc},$$

则

$$\alpha P = Q + R, \quad \beta Q = R + P, \quad \gamma R = P + Q,$$

解得

$$\frac{P}{R} = \frac{\gamma + 1}{\alpha + 1}, \quad \frac{Q}{P} = \frac{\alpha + 1}{\beta + 1}, \quad \frac{R}{Q} = \frac{\beta + 1}{\gamma + 1},$$

于是

$$P : Q : R = \frac{1}{\alpha + 1} : \frac{1}{\beta + 1} : \frac{1}{\gamma + 1}.$$

由 $\gamma R = P + Q, \alpha P = Q + R$,两式消去 R 得 $\frac{P}{Q} = \frac{\gamma + 1}{\alpha\gamma - 1}$. 而 $\frac{Q}{P} = \frac{\alpha + 1}{\beta + 1}$,所以

$$\alpha\beta\gamma = \alpha + \beta + \gamma + 2.$$

证得 $\alpha\beta\gamma = \alpha + \beta + \gamma + 2$ 后,欧拉继续前行.他在等式两边同时加上 $\alpha\beta + \beta\gamma + \gamma\alpha + \alpha + \beta + \gamma + 1$,于是等式左边等于 $(\alpha + 1)(\beta + 1)(\gamma + 1)$,等式右边等于 $\alpha\beta + \beta\gamma + \gamma\alpha + 2(\alpha + \beta + \gamma) + 3 = (\alpha + 1)(\beta + 1) + (\beta + 1)(\gamma + 1) + (\gamma + 1)(\alpha + 1)$. 在等式的变形中,欧拉展示出高超的技巧,让人惊讶.而欧拉在此处用了一个词"显然(obviously)"来形容,也让读者感到郁闷.

接着,欧拉在等式两边同除以$(\alpha+1)(\beta+1)(\gamma+1)$,得$1=\dfrac{1}{\alpha+1}+\dfrac{1}{\beta+1}+\dfrac{1}{\gamma+1}$.将$OA=\alpha Oa$,$OB=\beta Ob$,$OC=\gamma Oc$代入可得$\dfrac{Oa}{Aa}+\dfrac{Ob}{Bb}+\dfrac{Oc}{Cc}=1$.

文章若到此结束,也是一篇绝佳的初等数学研究论文,因为所得的这两个结论并不常见(切莫以今天的眼光对待).然而大师就是大师,哪会轻易停手.欧拉一方面将结论向球面几何扩展(此处略),另一方面寻求简证.下面这种证明被欧拉认为是巧妙而简洁的.

如图24.9所示,作$OM \parallel AB$,$ON \parallel AC$,则$BM+MN+NC=BC$,即$\dfrac{BM}{BC}+\dfrac{MN}{BC}+\dfrac{NC}{BC}=1$.由三角形相似和平行线的性质可知

$$\frac{BM}{BC}=\frac{Oc}{Cc}, \qquad \frac{MN}{BC}=\frac{Oa}{Aa}, \qquad \frac{NC}{BC}=\frac{Ob}{Bb},$$

所以$\dfrac{Oa}{Aa}+\dfrac{Ob}{Bb}+\dfrac{Oc}{Cc}=1$.

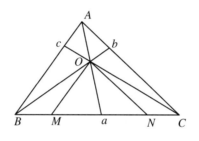

图 24.9

欧拉对此感到骄傲,他说:这毫无疑问是这一定理的最简证明,但它是经历了许多弯路才得到的.

正如鲁迅先生所说的那样:即使天才,在生下来的时候的第一声啼哭,也和平常的儿童的一样,绝不会就是一首好诗.欧拉无疑是个数学天才,但即便如此,最初解这道题的时候还是走了不少弯路.

作为"事后诸葛亮"的我们,能够得到哪些启示呢?这两个定理$\dfrac{AO}{Oa}\cdot\dfrac{BO}{Ob}\cdot\dfrac{CO}{Oc}=\dfrac{AO}{Oa}+\dfrac{BO}{Ob}+\dfrac{CO}{Oc}+2$和$\dfrac{Oa}{Aa}+\dfrac{Ob}{Bb}+\dfrac{Oc}{Cc}=1$是可以互相推导的,而前者项数较多,既有乘法又有加法,明显比后者复杂,而且后者有巧证,那么从后者推导前者要容易得多.欧拉当然很清楚这一点,但他写文章时还是照着最初的思路来写,给我们留下的不仅仅是最终的结论,还有中间的过程.在探索未知的道路上,除了勇于尝试之外,并没有一条确切的逻辑大道可走.就像闯进了一间黑房子,碰倒了桌子、椅子,跌跌撞撞好像走了很久,直到拉开灯才晓得也就那几步路而已.

接下来我们要思考的问题是,欧拉所谓的最简证明可以改进吗?其实连辅助线都可以

不添加的,$\dfrac{Oa}{Aa}+\dfrac{Ob}{Bb}+\dfrac{Oc}{Cc}$ 等价于 $\dfrac{S_{\triangle OBC}}{S_{\triangle ABC}}+\dfrac{S_{\triangle OCA}}{S_{\triangle ABC}}+\dfrac{S_{\triangle OAB}}{S_{\triangle ABC}}$,而后者等于 1 则是显然的.如果你对等式变形感到很奇怪(为什么线段之比可以转化成面积之比呢?),那你有必要了解一下共边定理,参看张景中先生的图书《一线串通的初等数学》.

24.3　欧拉探究 $\angle B=m\angle A$

等腰三角形两个底角相等,即 $a=b$ 时,$\angle A=\angle B$.那么若 $\angle B=m\angle A$,三角形三边关系如何?

等边对等角看似简单,但若深入思考也能引出不少值得研究的问题,探究的过程历经艰辛,超出当初的想象.正如王安石诗云:看似寻常最奇崛,成如容易却艰辛.下面我们就来重温一下欧拉的探究过程.

欧拉作了图 24.10.假设 $\angle B=2\angle A$,BD 是 $\angle B$ 的角平分线,则 $\angle A=\angle ABD=\angle DBC$.由 $\triangle ABC\backsim\triangle BDC$ 得 $\dfrac{AC}{BC}=\dfrac{AB}{BD}=\dfrac{BC}{CD}$,即 $\dfrac{b}{a}=\dfrac{c}{\frac{ac}{b}}=\dfrac{a}{\frac{a^2}{b}}$,所以 $BD=\dfrac{ac}{b}$,$AD=b-\dfrac{a^2}{b}$.

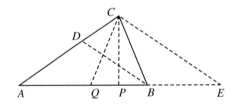

图 24.10

到此好像并没有什么收获.欧拉又在图上添了几条辅助线,作 AB 边上的高 CP,点 B 关于 CP 的对称点为点 Q,延长 AB 至点 E,使得 $AP=PE$.由 $\triangle ABD\backsim\triangle AEC$ 得 $\dfrac{BD}{EC}=\dfrac{AB}{AE}$,即 $\dfrac{\frac{ac}{b}}{b}=\dfrac{c}{a+c}$,亦即 $b^2-a^2=ac$.结论:$b^2-a^2=ac\Leftrightarrow\angle B=2\angle A$.

笔者读到此处,不由得惊叹欧拉的辅助线添得巧妙,同时也在想:能不能从 $\angle B=2\angle A$ 推出 $b^2-a^2=ac$? 理论上是可以推出的,尝试如下:$\angle B=2\angle A$ 等价于 $\sin B=2\sin A\cos A$,即 $b=a\dfrac{b^2+c^2-a^2}{bc}$.若设 $b^2-a^2=kc$,则可以约去 c,于是 $b=a\dfrac{k+c}{b}$,即 $b^2=ak+ac$,对比可得 $k=a$,所以 $b^2-a^2=ac$.但此处"设 $b^2-a^2=kc$"来得蹊跷,很不自然.

如图 24.11 所示,假设 $\angle B=3\angle A$,作 $\angle ABc=2\angle A$.欧拉习惯性地用希腊字母 α,β,γ

来表示 $\triangle ABc$ 的三边. 根据已有结果得 $\beta^2 - \alpha^2 = \alpha\gamma$. 由 $\triangle ACB \backsim \triangle BCc$ 得 $\dfrac{b}{a} = \dfrac{c}{\frac{ac}{b}} = \dfrac{a}{\frac{a^2}{b}}$, 所

以 $Bc = \dfrac{ac}{b}$, $Cc = \dfrac{a^2}{b}$, $Ac = b - \dfrac{a^2}{b}$. 对照 $\triangle ABc$ 和 $\triangle ABC$ 的公共部分, 可得 $\gamma = c, \beta = b -$

$\dfrac{a^2}{b}, \alpha = \dfrac{ac}{b}$. 代入 $\beta^2 - \alpha^2 = \alpha\gamma$, 得 $\left(b - \dfrac{a^2}{b}\right)^2 - \left(\dfrac{ac}{b}\right)^2 = \dfrac{ac^2}{b}$, 化简得 $(b^2 - a^2)(b + a) - ac^2 = 0$.

结论: $(b^2 - a^2)(b + a) - ac^2 = 0 \Leftrightarrow \angle B = 3\angle A$.

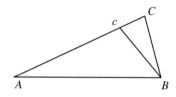

图 24.11

按照以上的方法, 欧拉继续进行推导, 得到了一些关系式, 列举部分如下:

$m = 1$, $A = b - a = 0$.

$m = 2$, $B = b^2 - a(c + a) = 0$.

$m = 3$, $C = b^3 - ab^2 - a^2 b - a(c^2 - a^2) = 0$.

$m = 4$, $D = b^4 - a(c + 2a)b^2 - a(c + a)(c^2 - a^2) = 0$.

$m = 5$, $E = b^5 - ab^4 - 2a^2 b^3 - a(c^2 - 2a^2)b^2 - a^2(c^2 - a^2)b - a(c^2 - a^2)^2 = 0$.

$m = 6$, $F = b^6 - a(c + 3a)b^4 - a(c^2 + ac - 3a^2)b^2 - a(c + a)(c^2 - a^2)^2 = 0$.

$m = 7$, $G = b^7 - ab^6 - 3a^2 b^5 - a(c^2 - 3a^2)b^4 - a^2(2c^2 - 3a^2)b^3$
$\qquad\qquad - a(c^2 - a^2)(c^2 - 3a^2)b^2 - a^2(c^2 - a^2)^2 b - a(c^2 - a^2)^3$
$\qquad = 0$.

$m = 8$, $H = b^8 - a(c + 4a)b^6 - a(c^3 + 3ac^2 - 3a^2 c - ba^2)b^4$
$\qquad\qquad - a(c + a)(c^2 - a^2)(c^2 + ac - 4a^2)b^2 - a(c + a)(c^2 - a^2)^3$
$\qquad = 0$.

······

以上推导也许没多大的技术难度, 但工作量之大不难想象. 接下来的工作更是困难, 这些公式有规律吗?

欧拉凭借超强的数学直觉, 很容易就有了突破, 首先要将 m 分奇偶数来讨论. 欧拉的分析整理使得这些表达式具有了数学美感, 下面仅列出最简单的一个规律.

奇数项推导:

$$\frac{C(b^2 - a^2 + c^2) - E}{b^2 c^2} = A,$$

$$\frac{E(b^2 - a^2 + c^2) - G}{b^2 c^2} = C,$$

$$\frac{G(b^2 - a^2 + c^2) - I}{b^2 c^2} = E.$$

偶数项推导:

$$\frac{D(b^2 - a^2 + c^2) - F}{b^2 c^2} = B,$$

$$\frac{F(b^2 - a^2 + c^2) - H}{b^2 c^2} = D.$$

由于在网上找到的欧拉著作是最初的影印版,有点模糊,又是德文,数学符号的用法也有所变迁,加上笔者的数学功底有限,对于欧拉后来的进一步推广,难以翻译下去.有兴趣的读者请看原文,全文共 36 页,后面的更精彩.

对于边角关系的推广,笔者在没看欧拉的文章之前,也曾有过一点思考.当时有一位中学老师要上公开课,他问我如何导入正弦定理比较有新意.我给出的引导过程如下:

研究三角形,最基本的就是研究三角形边角关系.我们曾经学过"大边对大角,大角对大边;等边对等角,等角对等边"的几何性质.是否就足够了呢? 大边所对的角要大一些,那大多少呢? 如果有人问:$\triangle ABC$ 中,$\angle A = 2\angle B \Leftrightarrow BC = 2AC$? 依靠以前的知识,我们好像答不上来,因为以前的讨论仅仅是定性分析,还要进一步定量研究.

给出问题,用问题引出下面的反例.多给学生一些时间,引出这两个反例是不难的.

$\angle A = 2\angle B \Leftrightarrow BC = 2AC$ 不成立,如在等腰直角三角形中,$\dfrac{\sin 45°}{\sin 90°} = \dfrac{\sqrt{2}}{2}$(图 24.12);或在有一个角是 30° 的直角三角形中,$\dfrac{\sin 30°}{\sin 90°} = \dfrac{1}{2}$,$\dfrac{\sin 60°}{\sin 30°} = \sqrt{3}$(图 24.13).

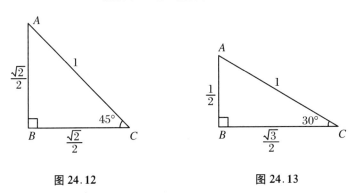

图 24.12　　　　　　　　图 24.13

反例不能从根本上解决问题,但能在一定程度上解决疑惑,同时给我们留下了线索:三角形边角关系可能与三角函数有关.由图 24.13 我们可以猜想:$\dfrac{\sin A}{\sin C} = \dfrac{a}{c}$.引入结束,进入证明阶段.

读史使人明智.笔者想:此处的史不仅包括宏观的数学发展史,也包括一个个数学问题的解决过程,哪怕是一个初等数学问题,特别是像欧拉这样的大数学家研究发现的过程. 记住拉普拉斯的话吧:读读欧拉,读读欧拉,他是我们所有人的老师.(原文:Read Euler, read Euler. He is the master of us all.)

24.4 多项式形式的素数公式

在一些科普著作甚至数论专著中有类似的段落:

> 数学家一直在寻求能表示所有素数的简单公式.
>
> 有人找到函数 $n^2 - n + 41$,它在 $n = 1, 2, 3, \cdots, 40$ 时都表示素数,在 $n = 41$ 时失效.
>
> 有人找到函数 $n^2 + n + 41$,它在 $n = 1, 2, 3, \cdots, 39$ 时都表示素数,在 $n = 40, 41$ 时失效.

类似的段落还常常出现在介绍数学归纳法的资料中:

> 是否对一切正整数 n,$n^2 + n + 41$ 都是素数?
>
> 当 $n = 1, 2, 3, \cdots, 39$ 时,$n^2 + n + 41$ 都是素数.
>
> 是否可以确定对于一切 n,$n^2 + n + 41$ 都是素数呢?
>
> 如果就此下结论,那就犯了以偏概全的错误.事实上,$40^2 + 40 + 41 = 41^2$,$41^2 + 41 + 41 = 41 \times 43$ 都是合数.

编写者的意图常常是为了说明使用归纳法要谨慎,不能妄下判断,从另一角度说明了数学归纳法的重要性和科学性.

笔者反思,假如自己看到这个问题,会不会从 1 到 40 一个个去试呢? 绝对不会,这太烦琐了.

对于 $f(x) = x^2 + x + M$,当 $x = M$ 时是合数是显然的,当 $x = M - 1$ 时也必是合数.证明如下:$f(M-1) = (M-1)^2 + (M-1) + M = M^2$.

对于这样简单的推理,一般人都能轻松做到,又怎么会一个个去试呢?

笔者猜测:类似 $n^2 + n + 41$ 的素数公式流传甚广,除了一些不明真相的群众以讹传讹的缘故之外,恐怕这样的素数公式还是有背景的!

一次随意的网络漫游时,笔者在一个国外的网站上看到了这方面的资料.原来出自欧拉和丹尼尔·伯努利.丹尼尔是著名的伯努利家族中的杰出代表,是约翰·伯努利的次子.欧拉和丹尼尔交流学术,先后通信 40 年,为后人称颂.在通信中,丹尼尔向欧拉提供最重要的科学信息,欧拉运用杰出的数学才能给以最迅速的帮助.他们同时还和哥德巴赫等数学家进行学术通信.

欧拉在给朋友丹尼尔的一封信中写道:"质数的表达公式,在我们这一辈恐怕是找不到了.不过,我还是想用一个式子来表达它,纵然不能得到全部质数.我选择的式子是 $f(x) = x^2 - x + 41$,式中 $x = 0,1,2,3,\cdots,40$."

丹尼尔认为一个简单的多项式能够连续表达这么多质数,意义重大.研究后,丹尼尔做了改进,将 $x = y + 1$ 代入 $f(x)$,则 $f(y) = (y+1)^2 - (y+1) + 41 = y^2 + y + 41$.于是当 $y = -40, -39, \cdots, 0, 1, 2, \cdots, 38, 39$ 时,$f(n)$ 都是质数,这样得到了连续 80 个质数.若设 $y = z - 40$,则 $f(z) = (z-40)^2 - (z-40) + 41 = z^2 - 79z + 1601$.当 $z = 0, 1, 2, \cdots, 78, 79$ 时,$f(z)$ 都是质数.

其实,欧拉早就清楚地认识到寻找一个素数表达式是极其困难的.哥德巴赫在给欧拉的一封信中提到:"一个整系数多项式 $f(x) = a_0 x^n + a_1 x^{n-1} + \cdots + a_{n-1} x + a_n$ 不可能对所有整数 x 都为质数.但有些多项式可以得到相当多的质数."

欧拉很容易就证明了哥德巴赫提出的命题.

证明 设 $f(p) = r$,其中 p 是整数,r 是质数;设 k 为任意整数,则

$$f(p + kr) = a_0(p + kr)^n + a_1(p + kr)^{n-1} + \cdots + a_{n-1}(p + kr) + a_n,$$
$$f(p + kr) - f(p) = a_0[(p + kr)^n - p^n] + a_1[(p + kr)^{n-1} - p^{n-1}]$$
$$+ \cdots + a_{n-1}[(p + kr) - p].$$

显然等式右边含有因数 r,不妨设 $f(p + kr) - f(p) = Cr$,所以 $f(p + kr) = Cr + f(p) = (C+1)r$ 是合数.

从以上史实容易看出,当初欧拉研究类似 $n^2 + n + 41$ 这样的式子时,并不是一个数一个数那样验算的.欧拉超凡的计算能力和敏锐的数学直觉,在数学史上都是有名的.归纳法常常在问题无法一下子看清,慢慢试探时使用.而对于简单问题,能够一次性分析解决不是更好吗?

一些资料上提到的"$n^2 + n + 72491$(也有资料写成 $n^2 - n + 72491$)在 $0 \leqslant n \leqslant 11000$ 时都表示素数",则更不靠谱,因为 $72491 = 71 \times 1021$,当 n 为 71 的倍数时,$n^2 + n + 72491$ 就存在 71 这一因子.

本章论述的是一个小问题,但小问题也能给我们启示:

一是科学传播和普及工作要坚持科学性,所引资料最好能够查找原文;如果找不到原文,也要多找一些材料,对于资料中可能存在的错漏之处,要比较鉴别,有需要的话,可采用

计算机验证结果,尽可能传播可靠的信息,而不是人云亦云,以讹传讹.在史料的基础上发表意见,要尊重作者原意,不能断章取义,随意发挥.后人看到这样曲解的材料,极有可能对前辈数学家产生误解.这是对前辈的不敬,也不利于数学传承.

二是教学中(包括教辅教参)选取案例,也要多思量.以前的学生接受信息的渠道比较简单,对老师和书本比较依赖,不会去怀疑老师和书本.而现在的学生信息来源很多,反叛心理强,不再像过去的学生那样迷信权威,他们会大胆地提出自己的看法.这就对老师和教材提出了更高的要求.假如教学过程中,一些聪明的学生早已看出问题本质,而教材还让学生一个数一个数去验算,这不是教人走弯路,误人子弟吗?

学习吴方法解题①

数学大师吴文俊先生除了在拓扑学、数学机械化等领域做出了开创性的贡献外,对数学教育也有着深刻的见解.张奠宙先生等认为:吴先生关于数学教育的论述已经并将继续对中国的数学教育产生深刻的影响,进一步研究吴先生的数学教育思想具有重要的现实意义.

吴先生除了在思想上指导我们,他所创造的吴方法能否被更多中学数学老师了解,甚至进入中学课堂?早在20世纪80年代初,吴先生就希望在中学里推行机械化数学,只是那时候计算机还不普及,难以进行.在1995年的一次讲话中,吴先生再次提出这一问题,表示现在不做,将来也还是要做,希望有愿意做的同志加入进来.有试验表明,这是完全可能的.推广普及机械化数学是一个大任务.下面我们谈谈学习吴方法的一点粗浅心得.更多有关吴方法的具体介绍和详细案例,有不少的学术著作和科普著作可供参考.

吴方法解几何题是基于解析几何.只不过通常的解析法是根据几何关系列出等式,最后尽可能多地解出未知数,然后将解出的结果代入要求证的式子,判断是否为0.问题是有些要求解的未知数交缠在多个方程中,方程并不好解.吴先生别出心裁,采用了一个极其巧妙的方式,避开了方程求解.

这个方法说起来很简单,也常见.先来看初中代数问题.

例1 已知 $x^3 + x^2 - 4x + 2 = 0$,求 $x^5 + 3x^4 - 4x^2 - 4x + 6$.

常规方法 先求解 $x^3 + x^2 - 4x + 2 = 0$,可得 $x = -1 + \sqrt{3}, -1 - \sqrt{3}, 1$.分别将三个解代入 $x^5 + 3x^4 - 4x^2 - 4x + 6$,计算量大.譬如计算 $(\sqrt{3} - 1)^5 + 3(\sqrt{3} - 1)^4 - 4(\sqrt{3} - 1)^2 - 4(\sqrt{3} - 1) + 6$,花费很大力气求得结果为2.再将另外两根代入求解.

巧妙方法 做多项式除法,即

$$x^5 + 3x^4 - 4x^2 - 4x + 6 = (x^3 + x^2 - 4x + 2)(x^2 + 2x + 2) + 2 = 2.$$

我们最关心的不是 x 的取值,而是两个多项式之间的关系,而多项式除法能建立这种关系.这一技巧在代数运算中并不罕见,但好像并没引起足够的重视.而吴先生却将这一技巧运用得炉火纯青,并从中挖出了"金矿".鉴于吴方法解几何题的资料已经很多了,下面我们

---

① 本章与陈起航老师合作完成.

给出一个代数方面的例子.

例2 已知 a,b,c,x,y 为实数,若 $ax+by=1$,$bx+cy=1$,$cx+ay=1$,求证:$ab+bc+ca=a^2+b^2+c^2$.

证法 1 由 $ax+by=1$,$bx+cy=1$,得 $acx+bcy=c$,$b^2x+bcy=b$,相减得 $x=\dfrac{b-c}{b^2-ac}$,同理得 $y=\dfrac{b-a}{b^2-ac}$,代入 $cx+ay=1$ 得 $c\dfrac{b-c}{b^2-ac}+a\dfrac{b-a}{b^2-ac}=1$,所以 $ab+bc+ca=a^2+b^2+c^2$.

需要注意,上述解法默认 $ac-b^2\neq0$.事实上所求等式 $ab+bc+ca=a^2+b^2+c^2$ 可转化为 $(a-b)^2+(b-a)^2+(c-a)^2=0$,等价于 $a=b=c$,可推出 $ac-b^2=0$.

证法 1(改写) 由 $ax+by=1$,$bx+cy=1$,得 $acx+bcy=c$,$b^2x+bcy=b$,相减得 $(b^2-ac)x=b-c$,同理得 $(b^2-ac)y=b-a$.由 $cx+ay=1$,得 $(b^2-ac)cx+(b^2-ac)ay=b^2-ac$,则 $c(b-c)+a(b-a)=b^2-ac$,所以 $ab+bc+ca=a^2+b^2+c^2$.

这样一来,b^2-ac 不出现在分母上,不管其是否为 0,都不受影响.至于将 $cx+ay=1$ 两边同乘以 b^2-ac,也无须考虑 b^2-ac 是否为 0.

证法 2
$$ab+bc+ca=ab(ax+by)+bc(bx+cy)+ca(cx+ay)$$
$$=a^2(bx+cy)+b^2(cx+ay)+c^2(ax+by)=a^2+b^2+c^2.$$

证法 3
$$ab+bc+ca-a^2-b^2-c^2=\begin{vmatrix} a & b & -1 \\ c & a & -1 \\ b & c & -1 \end{vmatrix}=\begin{vmatrix} a & b & ax+by-1 \\ c & a & cx+ay-1 \\ b & c & bx+cy-1 \end{vmatrix}$$
$$=\begin{vmatrix} a & b & 0 \\ c & a & 0 \\ b & c & 0 \end{vmatrix}=0.$$

证法 4 方程组 $\begin{cases} ax+by-1=0 \\ bx+cy-1=0 \\ cx+ay-1=0 \end{cases}$ 有非零解 $(x,y,-1)$,所以系数行列式 $\begin{vmatrix} a & b & 1 \\ b & c & 1 \\ c & a & 1 \end{vmatrix}=0$,

展开得 $ab+bc+ca=a^2+b^2+c^2$.

证法 5
$$a^2+b^2+c^2-ab-bc-ca$$
$$=(ab-c^2)(ax+by-1)+(bc-a^2)(bx+cy-1)+(ac-b^2)(cx+ay-1)$$
$$=0.$$

证法 5 很有意思.如何想到的呢?不排除有天才凭直觉就能写出.下面用吴方法"死板"

地推出.

设 $f_1 = ax + by - 1$，$f_2 = bx + cy - 1$，$f_3 = cx + ay - 1$，$g = a^2 + b^2 + c^2 - ab - bc - ca$，问题归结为：$f_1 = 0$，$f_2 = 0$，$f_3 = 0 \Rightarrow g = 0$．

最直接的思路是证法 1，用 a，b，c 表示 x，y．但事实上 x，y 的取值并不是我们最关心的．我们最关心的是 f_1，f_2，f_3，g 这四个多项式之间的关系．下面通过多项式除法来建立关系．

第一步，用 f_2 除以 f_1，会得到

$$
ax + by - 1 \overline{)\begin{array}{r} \dfrac{b}{a} \\ bx + cy - 1 \\ bx + \cdots\cdots \end{array}}
$$

此时遇到分式 $\dfrac{b}{a}$，增加了运算的麻烦．因此我们改用 $a \times f_2$ 除以 f_1，于是有

$$
ax + by - 1 \overline{)\begin{array}{r} b \\ abx + acy - a \\ abx + b^2 y - b \end{array}}
$$

即

$$
a \times (bx + cy - 1) = (ax + by - 1) \times b + [(ac - b^2)y - a + b],
$$

若设 $f_4 = (ac - b^2)y - a + b$，则有 $a \times f_2 = b \times f_1 + f_4$．

将多项式除法写成扩倍因子×被除式＝除式×商＋余式，是吴方法所要求的规范表述形式．对上式而言，扩倍因子是 a，被除式是 $f_2 = bx + cy - 1$，除式是 $f_1 = ax + by - 1$，商是 b，余式是 $(ac - b^2)y - a + b$．

后面步骤中，我们省略演算过程．

第二步，用 f_3 扩倍除以 f_1，得到 $a \times f_3 = c \times f_1 + [(a^2 - bc)y - a + c]$，设 $f_5 = (a^2 - bc)y - a + c$，则 $a \times f_3 = c \times f_1 + f_5$．

至此，f_4，f_5 只和 y 有关，相当于消去了 x．接下来再做除法，消去 y，只剩和 a，b，c 有关的多项式．

第三步，用 f_5 扩倍除以 f_4，得到 $(ac - b^2) \times f_5 = (a^2 - bc) \times f_4 + a(a^2 + b^2 + c^2 - ab - bc - ca)$，则 $(ac - b^2) \times f_5 = (a^2 - bc) \times f_4 + a \times g$．

第四步，将结论表示出来．

$$
\begin{aligned}
a \times g &= (ac - b^2) \times f_5 - (a^2 - bc) \times f_4 \\
&= (ac - b^2) \times (a \times f_3 - c \times f_1) - (a^2 - bc) \times (a \times f_2 - b \times f_1),
\end{aligned}
$$

即

$$
a \times g = a \times (ab - c^2) \times f_1 + a \times (bc - a^2) \times f_2 + a \times (ac - b^2) \times f_3.
$$

若 $a = 0$，则 $x = \dfrac{1}{c}$，$y = \dfrac{1}{b}$，这与 $bx + cy - 1 = 0$ 矛盾，所以 $a \neq 0$，上述恒等式两边约去

a,可得证法 5.

当看到证法 5 这一漂亮的恒等式解法,你能想到中间过程要经过这么多次死板的除法运算吗? 正如华罗庚先生诗中所说:妙算还从拙中来.

吴文俊先生近些年接受媒体采访时常说这样一句话:"数学是笨人学的."这让很多人不解:学习数学需要天赋,数学好基本上就是脑袋瓜聪明的同义词,笨人怎么学数学呢? 吴先生的解释是:做研究不要自以为聪明,总是想些怪招,寄希望于灵机一动,而要扎扎实实下功夫寻找通法,形成算法.数学机械化研究的价值正在于此,让数学研究和数学教学摆脱大量烦琐的机械计算和推理,把节省下来的时间、精力用于更富有创造性的工作中去.

我们既要学习吴先生的思想方法,更要学习吴先生的精神.在 20 世纪七八十年代,没有电脑的情况下,吴先生采用最笨的办法——把自己当作机器,一步步手算,开创了数学机械化的中国学派.这种攻坚克难的精神永远值得我们学习.

吴方法是几何推理的经典方法.其基本定理是:若给定升列 $(A_1, A_2, \cdots, A_n)$,对任意多项式 G,如果对 G 升列的伪余式 $R_0 = 0$,则当 $I_i \neq 0$,且 $A_1 = A_2 = \cdots = A_n = 0$ 时,推得 $G = 0$,其中 I_i 是 A_i 的初式 $(i = 1, 2, \cdots, n)$.如果升列 $(A_1, A_2, \cdots, A_n)$ 不可约,则伪余式 $R_0 = 0$ 是 $G = 0$ 可从 $A_1 = A_2 = \cdots = A_n = 0$ 推出的充要条件.

上述定理为实现数学定理机器证明开辟了方向.此处为方便理解,采用较通俗的方式加以介绍,并辅以实例.

1637 年,笛卡儿的经典著作《几何学》出版,研究了如何将几何归约为代数,用代数运算来代替逻辑推理,这使得几何定理证明从此进入了崭新的阶段.小平邦彦指出,数学真正的突破并非来自对已有对象的更深入了解,而是来自完全新的观点和陈述方式,譬如从欧氏几何到解析几何的突破,并非来自欧氏几何中登峰造极的添加辅助线技巧.吴文俊先生认为,欧氏几何基于公理、定理进行形式推理,或把数量关系归于空间形式.这排除了数量关系,是非机械化的,欧氏几何应让位于解析几何.

吴方法以解析几何为基础,但与一般的解析法有本质区别.一般的解析法先将命题条件

转化成方程组 $\begin{cases} f_1(x_1, x_2, x_3, \cdots, x_n) = 0 \\ f_2(x_1, x_2, x_3, \cdots, x_n) = 0 \\ \cdots \\ f_n(x_1, x_2, x_3, \cdots, x_n) = 0 \end{cases}$,然后希望化简成"三角"形式

$\begin{cases} F_1(x_1) = 0 \\ F_2(x_1, x_2) = 0 \\ \cdots \\ F_n(x_1, x_2, x_3, \cdots, x_n) = 0 \end{cases}$,这样便于从上到下求解出 $x_1, x_2, x_3, \cdots, x_n$,将其代入结论多项

式 $g(x_1, x_2, x_3, \cdots, x_n)$,通过计算 g 是否为 0 来判定几何命题是否成立.

吴方法也很希望得到"三角"形式,只不过接下来却不解方程,而是通过从下到上做多项式除法,依次消去 $x_n, \cdots, x_3, x_2, x_1$,最终得到等式 $c \cdot g = a_1 F_n + a_2 F_{n-1} + \cdots + a_n F_1 + R$,通过计算 R 是否为 0 来判定几何命题是否成立.这样做成功避开了非线性方程组求解难题.人工计算多项式除法是烦琐的,但仅仅是烦琐,并没有技术难度,正好交由计算机完成.

将求解问题转变成代数方程后,有两种处理方式:(1) 老老实实求解,实际应用通常只对实数解有兴趣;(2) 只考虑解空间,即零点集的结构,如维数及代数簇的分解,或者考虑不同代数簇间的包含关系.

吴方法是先将几何关系转化成多项式方程,然后再消去方程中一些不感兴趣的变元,化简得到新的结论.秦九韶-海伦公式是吴方法自动发现的典型案例.其具体操作如下:

令 x_1, x_2, x_3, x_4 分别表示 $\triangle A_0 A_1 A_2$ 的三边边长 $A_0 A_1, A_0 A_2, A_1 A_2$ 和三角形的面积,希望探究四者之间的关系.选定坐标,使得 $A_0 = (0,0), A_1 = (x_5, 0), A_2 = (x_6, x_7)$.几何条件可化为方程组:

$$\begin{cases} h_1 = 2x_4 - x_5 x_7 \\ h_2 = x_5 - x_1 \\ h_3 = x_2^2 - x_6^2 - x_7^2 \\ h_4 = x_3^2 - (x_6 - x_5)^2 - x_7^2 \end{cases},$$

消元可得

$$x_1^4 - 2x_1^2 x_2^2 + x_2^4 - 2x_1^2 x_3^2 - 2x_2^2 x_3^2 + x_3^4 + 16x_4^2 = 0,$$

变形得

$$16x_4^2 = (-x_1 + x_2 + x_3)(x_1 - x_2 + x_3)(x_1 + x_2 - x_3)(x_1 + x_2 + x_3),$$

写成常见形式,即

$$S = \sqrt{\frac{-a+b+c}{2} \frac{a+b-c}{2} \frac{a-b+c}{2} \frac{a+b+c}{2}}.$$

上述做法既是发现的过程,同时也是证明的过程.要研究几何量 x_1, x_2, x_3, x_4 之间的关系,首先要引入坐标参数 x_5, x_6, x_7 作为桥梁以便建立方程组,然后"过河拆桥",消去坐标参数,得到关于面积、边长的关系式.

吴消元法涉及大量的多项式计算,使得中间过程如同黑箱子,并不透明.而基于我们最新的思考,可建立恒等式,使得多项式之间的关系变得清晰,由原来的"不可读证明"变为"可读证明".

$$x_1^4 - 2x_1^2 x_2^2 + x_2^4 - 2x_1^2 x_3^2 - 2x_2^2 x_3^2 + x_3^4 + 16x_4^2$$
$$= 4(2x_4 + x_1 x_7)(2x_4 - x_5 x_7)$$
$$\quad + (-x_1^3 + 3x_1 x_2^2 + x_1 x_3^2 - x_1^2 x_5 - x_2^2 x_5 + x_3^2 x_5 + 2x_2^2 x_6 - 2x_3^2 x_6$$
$$\quad - 2x_1 x_5 x_6 + 8x_4 x_7)(x_5 - x_1)$$
$$\quad + (x_1^2 + x_2^2 - x_3^2 - 4x_1 x_5 + 2x_1 x_6)(x_2^2 - x_6^2 - x_7^2)$$

$$+(-x_1^2 - x_2^2 + x_3^2 - 2x_1x_6)[x_3^2 - (x_6 - x_5)^2 - x_7^2].$$

此方法是研究多项式之间的关系,并不局限于几何,因此其适用范围相当广阔.

几何代数化之后,几何题的成立与否取决于能否从 $\{f_i = 0\}$ 推出 $g = 0$,求解 $\{f_i = 0\}$ 并不是推出 $g = 0$ 的必要条件,既然是可有可无的步骤,为何不跳过?最关键的不是 x_i 的取值,而是多项式之间的关系,多项式除法能建立这种关系.从这一角度思考,吴方法比解析法更高明、更本质.

例3　如图 25.1 所示,平行四边形 $ABCD$ 中,AC 交 BD 于点 E,求证:$EA = EC$.

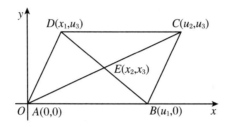

图 25.1

分析　设 $A(0,0)$,$B(u_1,0)$,$C(u_2,u_3)$,$D(x_1,u_3)$,$E(x_2,x_3)$.

由 $AD /\!/ BC$,得
$$f_1 = u_2 - u_1 - x_1 = 0. \qquad ①$$

由 E 在 BD 上,得
$$f_2 = x_3(x_1 - u_1) - u_3(x_2 - u_1) = 0. \qquad ②$$

由 E 在 AC 上,得
$$f_3 = x_3 u_2 - x_2 u_3 = 0. \qquad ③$$

式①～式③三式表示题目已知,$DC /\!/ AB$ 在取坐标时已用.

要证 $EA = EC$,只需证 $x_2^2 + x_3^2 = (u_2 - x_2)^2 + (u_3 - x_3)^2$,即
$$g = u_2^2 - 2x_2 u_2 + u_3^2 - 2x_3 u_3 = 0. \qquad ④$$

一般的解析法是尽可能多地从条件等式中解出未知数,再代入求证等式.在 $u_1 \neq 0$,$u_3 \neq 0$ 的条件下,解得 $x_1 = u_2 - u_1$,$x_2 = \dfrac{u_2}{2}$,$x_3 = \dfrac{u_3}{2}$,于是
$$u_2^2 - 2x_2 u_2 + u_3^2 - 2x_3 u_3 = u_2^2 - 2 \cdot \frac{u_2}{2} u_2 + u_3^2 - 2 \cdot \frac{u_3}{2} u_3 = 0.$$

命题得证.

吴方法则与之不同.先将已知条件等式整序三角化:
$$F_1 = u_2 - u_1 - x_1,$$
$$F_2 = x_3(x_1 - u_1) + x_3 u_2 + u_3 u_1,$$
$$F_3 = x_3 u_2 - x_2 u_3,$$

其中,F_2 由②-③得来.所谓整序三角化,就是第一个式子只含有 x_1,第二个式子含有 x_1,x_3,第三个式子含有 x_1(此例可认为关于 x_1 的式子系数为 0),x_2,x_3,则 $\{f_i\}$ 就化成了"三角"形式 $\{F_i\}$:$\begin{matrix}x_1\\x_1,x_3\\x_1,x_3,x_2\end{matrix}$,这构成了消元顺序:$x_2$,$x_3$,$x_1$.

用 g 除以 F_3(都看作是关于 x_2 的多项式),为避免出现分式,改用 u_3g 除以 F_3,即

$$u_3(u_2^2 - 2u_2x_2 + u_3^2 - 2u_3x_3) = 2u_2(x_3u_2 - x_2u_3) + (u_2^2u_3 + u_3^3 - 2u_2^2x_3 - 2u_3^2x_3).$$

再用余式 $u_2^2u_3 + u_3^3 - 2u_2^2x_3 - 2u_3^2x_3$ 去除以 F_2,得

$$(u_1 + u_2 - x_1)(u_2^2u_3 + u_3^3 - 2u_2^2x_3 - 2u_3^2x_3)$$
$$= (2u_2^2 + 2u_3^2)[x_3(x_1 - u_1 - u_2) + u_1u_3]$$
$$+ (-u_1u_2^2u_3 + u_2^3u_3 - u_1u_3^3 + u_2u_3^3 - u_2^2u_3x_1 - u_3^3x_1).$$

再用余式 $-u_1u_2^2u_3 + u_2^3u_3 - u_1u_3^3 + u_2u_3^3 - u_2^2u_3x_1 - u_3^3x_1$ 去除以 F_1,得

$$-u_1u_2^2u_3 + u_2^3u_3 - u_1u_3^3 + u_2u_3^3 - u_2^2u_3x_1 - u_3^3x_1 = u_3(u_2^2 + u_3^2)(u_2 - u_1 - x_1).$$

此时余式为 0,判定命题成立.写成恒等式形式:

$$u_3(u_1 + u_2 - x_1)(u_2^2 - 2u_2x_2 + u_3^2 - 2u_3x_3)$$
$$= 2u_2(u_1 + u_2 - x_1)(x_3u_2 - x_2u_3) + (2u_2^2 + 2u_3^2)[x_3(x_1 - u_1 - u_2) + u_1u_3]$$
$$+ u_3(u_2^2 + u_3^2)(u_2 - u_1 - x_1).$$

至此,吴方法解答完毕.如果在此基础上再做一点工作,即将 F_i 反过来用 f_i 表示,则能建立结论和条件之间的关系,使得解答更好理解.即

$$u_3(u_1 + u_2 - x_1)g$$
$$= 2u_2(u_1 + u_2 - x_1) \times ③ + (2u_2^2 + 2u_3^2) \times (② - ③) + u_3(u_2^2 + u_3^2) \times ①.$$

基于 $u_1 + u_2 - x_1 \neq 0$,$u_3 \neq 0$ 的前提,容易由①②③推出 $g = 0$.

当 $u_3 = 0$ 或 $u_1 + u_2 - x_1 = 0$ 时,平行四边形退化,四顶点共线.

说明 1 此题仅涉及线性方程,解析法易于求解,如涉及圆或多次相交,解析法的工作量会迅猛增加.

说明 2 吴方法的整序三角化能使得代数关系由杂乱无章变得井然有序,为多项式除法提供基础.一般来说,整序三角化涉及复杂运算,对线性方程组操作类似高斯消元法,一旦方程组中含有高次方程,则相当麻烦,绝非本题中那样容易处理.

说明 3 吴方法指出几何命题的退化条件.这是传统的解析法所忽视的.

整序三角化消元是吴方法最大的创新,无疑也是一大难点,远远超出中学生所能接受的范围.我们发现,吴方法可看作是一种特殊的恒等式方法.三角化和伪除法只是方法与过程,恒等式才是目的和实质.若希望推广或改良吴方法,需另想办法建立恒等式来关联条件和结论.

例4 如图 25.2 所示，平行四边形 $ABCD$ 中，$AC \perp BD$，求证：$AB = AD$.

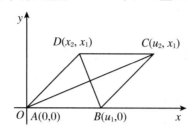

图 25.2

吴方法解答：

(1) 几何代数化. 根据假设 $AD \parallel BC$，得 $f_1 = x_1(u_2 - u_1) - x_1 x_2 = 0$；

根据假设 $AC \perp BD$，得 $f_2 = x_1^2 + u_2(x_2 - u_1) = 0$；

要证结论 $AB = AD$，即根据假设 $AD \parallel BC$，得 $g = u_1^2 - (x_1^2 + x_2^2) = 0$.

(2) 整序三角化. 由 $x_1 \neq 0$，得 $f_1^* = -x_2 + u_2 - u_1 = 0$，$f_2^* = f_2 = x_1^2 + u_2 x_2 - u_1 u_2 = 0$. 这里把 f_1^* 看作只有 x_2 的方程，f_2^* 看作只有 x_2 和 x_1 的方程，x_2 看作第一个约束变元，x_1 看作第二个约束变元，至此题目假设部分完成整序三角化.

(3) 做逐次除法. 把 g 和 f_2^* 看作 x_1 的多项式，做多项式除法得 $g = -f_2^* + R_2$，其中 $R_2 = -x_2^2 + u_2 x_2 - u_1^2 - u_1 u_2 = (x_2 - u_1)f_1^*$，所以 $g = -f_2^* + (x_2 - u_1)f_1^*$. 由于 $f_1^* = f_2^* = 0$，因此 $g = 0$.

一般资料介绍吴方法，都是几何代数化、整序三角化、伪除法三步. 而根据我们的理解，认为吴方法可看成是几何代数化和生成恒等式两步. 基于这一思路，用点几何代替解析几何，用待定系数法代替整序三角化和伪除法，以便生成的恒等式更加简单好懂.

点几何恒等式方法解答：

(1) 获取题中的点集合 $P = \{A, B, C, D\}$. 根据依赖关系，从 P 中选择若干基本点 $P' = \{A, B, C\}$，用基本点表示非基本点：$D = A + C - B$.

(2) 写出条件多项式：$(A - C) \cdot [B - (A + C - B)] = 0$，结论多项式：$(A - B)^2 - [A - (A + C - B)]^2 = 0$.

(3) 将结论表达式表示为条件表达式的线性组合 F：

$$(A - B)^2 - [A - (A + C - B)]^2 + k_1(A - C) \cdot [B - (A + C - B)] = 0.$$

(4) 将 F 展开为以基本点 A, B, C 为变量的方程式：

$$A^2(1 - k_1) + C^2(k_1 - 1) + A \cdot B(2k_1 - 2) + B \cdot C(2 - 2k_1) = 0.$$

(5) 解系数方程组 $1 - k_1 = k_1 - 1 = 2k_1 - 2 = 2 - 2k_1 = 0$，得 $k_1 = 1$，输出恒等式：

$$\{(A - B)^2 - [A - (A + C - B)]^2\} + (A - C) \cdot [B - (A + C - B)] = 0.$$

由恒等式以及 $(A - C) \cdot [B - (A + C - B)] = 0$，可得 $(A - B)^2 - [A - (A + C - B)]^2$

$=0$,即 $AB=AD$.

在(1)中,基本点的选取默认是编号在前的点更"基本".如 A,B,C,D 四点构成平行四边形,即 $A-B+C-D=0$,写成显性表示就是 $D=A-B+C$.如果人工干涉,采用 $C=B+D-A$,再设 $A=0$,最后所得恒等式则更简单漂亮,即 $B^2-D^2=(B+D)(B-D)$.一个平方差公式竟然与菱形性质关联,充分体现了数学的广泛联系和自洽性.

求得恒等式 $F=0$ 后,将已知条件代入,于是若干项为 0,立刻可得结论.数学中常常要研究逆命题,此题由恒等式易得 $AB=AD \Leftrightarrow AC \perp BD$.

例5 如图 25.3 所示,在 $\triangle ABC$ 中,D 是 AB 的中点,E,F 分别是直线 CA,CB 上的点,若 $DE \perp DF$,$CA \perp CB$,求证:$EF^2=EA^2+BF^2$.

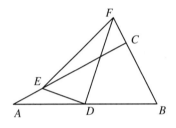

图 25.3

证法 1 设 $A(2a,0),B(0,2b),C(0,0),D(a,b),E(e,0),F(0,f)$.

因为 $DE \perp DF$,所以 $\overrightarrow{DE} \cdot \overrightarrow{DF}=0$,即 $a^2+b^2-ae-bf=0$,解得 $f=\dfrac{a^2+b^2-ae}{b}$.故

$$EA^2+FB^2-EF^2=4(a^2-ae+b^2-bf)=4\left(a^2-ae+b^2-b\frac{a^2+b^2-ae}{b}\right)$$
$$=0.$$

证法 2 设 $A(2a,0),B(0,2b),C(0,0),D(a,b),E(e,0),F(0,f)$.

因为 $DE \perp DF$,所以 $\overrightarrow{DE} \cdot \overrightarrow{DF}=0$,即 $a^2+b^2-ae-bf=0$.故

$$EA^2+FB^2-EF^2=(e-2a)^2+(f-2b)^2-(e^2+f^2)=4(a^2-ae+b^2-bf).$$

显然 $EA^2+FB^2-EF^2-4\overrightarrow{DE} \cdot \overrightarrow{DF}=0$,所以 $EA^2+FB^2=EF^2 \Leftrightarrow DE \perp DF$.

证法 1 是常见的解析法.$DE \perp DF$ 这一条件使得 e 和 f 两个参数是相互约束的,这里可以用 e 来表示 f,从而减少变量个数.最后将 f 代入求证结论,判断其是否为 0.证法 2 的思路则不一样,根据条件和结论都可以转化成多项式,最终发现多项式之间存在关联.更确切地说,是希望用条件表达式来表示结论多项式.证法 2 的好处显然易见,不单证明了原命题,还证明其逆命题也成立.

考虑到原题中有两个垂直关系,那么是否可以证明一个更复杂的结论:如图 25.3 所示,在 $\triangle ABC$ 中,D 是 AB 的中点,E,F 是直线 CA,CB 上的点,求证:$EF^2=EA^2+BF^2$,$DE \perp DF$,$CA \perp CB$,这三个条件任意知道两个,可得第三个.

证法 1 和证法 2 中采用的是解析法,建立了直角坐标系,设坐标时不由自主地利用了 $CA \perp CB$ 这一条件.为避免这一缺陷,下面我们采用向量来表示几何关系.

证法 3 $EF^2 = EA^2 + BF^2$ 等价于 $(\overrightarrow{CF} - \overrightarrow{CE})^2 - (\overrightarrow{CA} - \overrightarrow{CE})^2 - (\overrightarrow{CF} - \overrightarrow{CB})^2 = 0$,即

$$- \overrightarrow{CA}^2 - \overrightarrow{CB}^2 - 2\overrightarrow{CE} \cdot \overrightarrow{CF} + 2\overrightarrow{CA} \cdot \overrightarrow{CE} + 2\overrightarrow{CB} \cdot \overrightarrow{CF} = 0. \qquad ①$$

$DE \perp DF$ 等价于 $(\overrightarrow{CE} - \overrightarrow{CD}) \cdot (\overrightarrow{CF} - \overrightarrow{CD}) = 0$,即

$$\left(\overrightarrow{CE} - \frac{\overrightarrow{CA} + \overrightarrow{CB}}{2} \right) \cdot \left(\overrightarrow{CF} - \frac{\overrightarrow{CA} + \overrightarrow{CB}}{2} \right) = 0,$$

亦即

$$4\overrightarrow{CE} \cdot \overrightarrow{CF} - 2\overrightarrow{CE} \cdot \overrightarrow{CA} - 2\overrightarrow{CE} \cdot \overrightarrow{CB} - 2\overrightarrow{CF} \cdot \overrightarrow{CA}$$
$$- 2\overrightarrow{CF} \cdot \overrightarrow{CB} + 2\overrightarrow{CA} \cdot \overrightarrow{CB} + \overrightarrow{CA}^2 + \overrightarrow{CB}^2$$
$$= 0. \qquad ②$$

$CA \perp CB$ 等价于 $EA \perp FB$,即

$$(\overrightarrow{CA} - \overrightarrow{CE}) \cdot (\overrightarrow{CB} - \overrightarrow{CF}) = 0,$$

亦即

$$\overrightarrow{CA} \cdot \overrightarrow{CB} - \overrightarrow{CA} \cdot \overrightarrow{CF} - \overrightarrow{CB} \cdot \overrightarrow{CE} + \overrightarrow{CE} \cdot \overrightarrow{CF} = 0. \qquad ③$$

易得 ① + ② - 2×③ = 0,于是一举证明三个命题.

向量几何可认为是解析几何的返璞归真,建立的是隐形的斜坐标系.证法 3 的缺陷是写起来较为烦琐,若设 C 为原点,$\overrightarrow{CX}$ 表示成 X,则证法 3 可以十分简洁地改写.

证法 4

$$2(A - E) \cdot (B - F) + [(E - A)^2 + (B - F)^2 - (E - F)^2]$$
$$- 4\left(\frac{A + B}{2} - E \right) \cdot \left(\frac{A + B}{2} - F \right)$$
$$= 0.$$

经过我们的实践,恒等式解题的思路是普遍适用的.下面再给出一些例子.其中,点几何恒等式解几何题是最简洁的.可参看《点几何解题》一书.

例 6 平面四边形 $ABCD$ 中,求证:四个条件 $AC \perp BD$,$AB = AD$,$AD /\!/ BC$,$AB /\!/ CD$ 中,任意已知三个,可推得第四个.

证明

$$(-2y_A + y_B + y_D)[(x_A - x_C)(x_B - x_D) + (y_A - y_C)(y_B - y_D)]$$
$$- (y_A - y_C)[(x_A - x_B)^2 + (y_A - y_B)^2 - (x_A - x_D)^2 - (y_A - y_D)^2]$$
$$- (x_B - x_D)[(x_A - x_D)(y_B - y_C) - (x_B - x_C)(y_A - y_D)]$$
$$- (x_B - x_D)[(x_C - x_D)(y_A - y_B) - (x_A - x_B)(y_C - y_D)]$$
$$= 0.$$

例7 如图 25.4 所示,已知 $\triangle ABC$ 中,$AC = BC$,$\angle ACB = 90°$,BD 平分 $\angle ABC$,求证:$AB = BC + CD$.

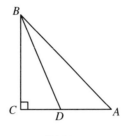

图 25.4

分析 $AC = BC$ 可表示为 $BC - CA = 0$;

$\angle ACB = 90°$ 可表示为 $CA^2 + BC^2 - AB^2 = 0$;

BD 平分 $\angle ABC$ 可表示为 $\dfrac{BC}{BA} = \dfrac{DC}{DA}$,即 $BC \cdot (CA - CD) - AB \cdot CD = 0$;

$AB = BC + CD$ 可表示为 $AB - BC - CD = 0$.

证明

$$AB^2(AB - BC - CD)$$
$$= (-AB \cdot CA + AB \cdot BC - BC^2 + AB \cdot CD - CA \cdot CD)(BC - CA)$$
$$+ (-AB + BC - CD)(CA^2 + BC^2 - AB^2)$$
$$+ (2AB - CA - BC)[BC \cdot (CA - CD) - AB \cdot CD].$$

例8 如图 25.5 所示,已知圆内接四边形 $ABCD$,求证:$AC \cdot BD = AB \cdot CD + AD \cdot BC$.

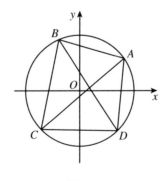

图 25.5

证明 以四边形 $ABCD$ 的外接圆为单位圆,$A(\cos\alpha, \sin\alpha)$,$B(\cos\beta, \sin\beta)$,$C(\cos\gamma, \sin\gamma)$,$D(\cos\delta, \sin\delta)$,其中 $0 < \alpha < \beta < \gamma < \delta < 2\pi$,则

$$AB = \sqrt{(\cos\alpha - \cos\beta)^2 + (\sin\alpha - \sin\beta)^2}$$

$$= \sqrt{4\sin^2\frac{\alpha+\beta}{2}\sin^2\frac{\alpha-\beta}{2} + 4\sin^2\frac{\alpha-\beta}{2}\cos^2\frac{\alpha+\beta}{2}} = 2\sin\frac{\beta-\alpha}{2}.$$

同理可得

$$BC = 2\sin\frac{\gamma-\beta}{2}, \quad CD = 2\sin\frac{\delta-\gamma}{2}, \quad DA = 2\sin\frac{\delta-\alpha}{2},$$

$$AC = 2\sin\frac{\gamma-\alpha}{2}, \quad BD = 2\sin\frac{\delta-\beta}{2}.$$

故

$AB \cdot CD + BC \cdot DA$

$$= 4\sin\frac{\beta-\alpha}{2}\sin\frac{\delta-\gamma}{2} + 4\sin\frac{\gamma-\beta}{2}\sin\frac{\delta-\alpha}{2}$$

$$= 2\left(\cos\frac{\beta-\alpha-\delta+\gamma}{2} - \cos\frac{\beta-\alpha+\delta-\gamma}{2} + \cos\frac{\gamma-\beta-\delta+\alpha}{2} - \cos\frac{\gamma-\beta+\delta-\alpha}{2}\right)$$

$$= 2\left(\cos\frac{\beta-\alpha-\delta+\gamma}{2} - \cos\frac{\gamma-\beta+\delta-\alpha}{2}\right)$$

$$= 4\sin\frac{\gamma-\alpha}{2}\sin\frac{\delta-\beta}{2} = AC \cdot BD.$$

说明1　托勒密定理等价于三角恒等式

$$\sin\frac{\beta-\alpha}{2}\sin\frac{\delta-\gamma}{2} + \sin\frac{\gamma-\beta}{2}\sin\frac{\delta-\alpha}{2} = \sin\frac{\gamma-\alpha}{2}\sin\frac{\delta-\beta}{2}.$$

说明2　注意到在等腰$\triangle OAB$中，$\frac{AB}{2} = 1\times\sin\frac{\beta-\alpha}{2}$，可简化.

例9　帕普斯定理:如图25.6所示,图中有9个点,已知其中三点共线(实线部分,有8条),求证:第9条线(虚线)三点共线.

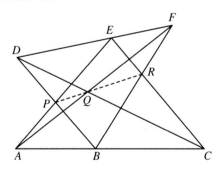

图25.6

利用共边定理,由A,B,C共线可得$\frac{AB}{AC} = \frac{[ADB]}{[ADC]} = \frac{[ARB]}{[ARC]}$,其中$[ABC]$表示$S_{\triangle ABC}$.同理得到其他8个式子.

A,B,C共线:$[ADB][ARC] = [ADC][ARB]$.

A, E, P 共线：$[ADE][ARP] = [ADP][ARE]$.

A, Q, F 共线：$[ADQ][ARF] = [ADF][ARQ]$.

D, E, F 共线：$[DRE][DAF] = [DRF][DAE]$.

D, Q, C 共线：$[DRQ][DAC] = [DRC][DAQ]$.

D, B, P 共线：$[DRB][DAP] = [DRP][DAB]$.

R, B, F 共线：$[RAB][RDF] = [RAF][RDB]$.

R, E, C 共线：$[RAE][RDC] = [RAC][RDE]$.

R, Q, P 共线：$[RAQ][RDP] = [RAP][RDQ]$.

观察发现，上面 9 个等式中，左边出现的三角形面积也会在右边出现，相乘后得到恒等式.或者说任意 8 个式子相乘，可得剩下的第 9 式.这 9 个式子每一个都很平凡，但合起来却威力巨大.需要说明的是，这样的证明一般人是很难想到的，因为 $\dfrac{AB}{AC} = \dfrac{[ADB]}{[ADC]} = \dfrac{[ARB]}{[ARC]}$ 中，将 D 换成 $E, F, \cdots$ 好像也行，但一旦换了，最后式子相乘，则不能消去.也就是说这 9 个式子是环环相扣的，一般人很难有这样的整体把握能力，需要利用计算机强大的搜索功能.更重要的是找到一种比较好的方式去表示三点共线这一知识点，使得问题的解决变得如此简单、美妙.

例 10 如图 25.7 所示，已知 A, B, C, P 四点共圆，P 到 BC, CA, AB 三边的垂足分别为 X, Y, Z，求证：X, Y, Z 三点共线.

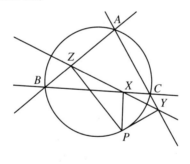

图 25.7

证明 设 $P(x, y)$，$A(\cos\alpha, \sin\alpha)$，$B(\cos\beta, \sin\beta)$，$C(\cos\gamma, \sin\gamma)$，$X(x_1, x_2)$，$Y(y_1, y_2)$，$Z(z_1, z_2)$.

根据 $PX \perp BC, B, X, C$ 三点共线可解得

$$X(x_1, x_2) = \left(\frac{x + \cos\beta + \cos\gamma - x\cos(\beta + \gamma) - y\sin(\beta + \gamma)}{2}, \frac{y + \sin\beta + \sin\gamma + y\cos(\beta + \gamma) - x\sin(\beta + \gamma)}{2} \right),$$

同理可得

$$Y(y_1, y_2) = \left(\frac{x + \cos\gamma + \cos\alpha - x\cos(\gamma+\alpha) - y\sin(\gamma+\alpha)}{2}, \atop \frac{y + \sin\gamma + \sin\alpha + y\cos(\gamma+\alpha) - x\sin(\gamma+\alpha)}{2} \right),$$

$$Z(z_1, z_2) = \left(\frac{x + \cos\alpha + \cos\beta - x\cos(\alpha+\beta) - y\sin(\alpha+\beta)}{2}, \atop \frac{y + \sin\alpha + \sin\beta + y\cos(\alpha+\beta) - x\sin(\alpha+\beta)}{2} \right),$$

$$\begin{vmatrix} x_1 & x_2 & 1 \\ y_1 & y_2 & 1 \\ z_1 & z_2 & 1 \end{vmatrix} = -(x^2 + y^2 - 1)\sin\frac{\alpha-\beta}{2}\sin\frac{\beta-\gamma}{2}\sin\frac{\gamma-\alpha}{2}.$$

从上述恒等式可看出：X，Y，Z 三点共线等价于点 P 在 $\triangle ABC$ 的外接圆上，当点 P 在圆 $x^2 + y^2 = R^2$ 上时，X，Y，Z 三点所构成的三角形面积为定值.

此题求垂足，有一定的计算量. 有条件的话，最好使用符号计算软件. 闯过这一关之后，则会发现柳暗花明又一村，得到一个非常简单、漂亮的恒等式. 该恒等式不仅证明了原命题，还证明了逆命题.

西姆松定理有没有更简单的证法呢？有的，一行恒等式就能解决. 短短一行，无须计算，在证明原命题的同时，发现逆命题，还能发现拓展命题. 此处略. 如果本书有第 3 卷的话，在第 3 卷中会有详细介绍.

我们认为一个好的数学证明最好是能满足以下要求：

（1）判断正误. 数学中的证明其实包括证否，所给结论未必都是正确的. 譬如证明哥德巴赫猜想，并不默认该结论正确. 这是证明的基本作用.

（2）加深理解几何结构. 从条件到结论，涉及很多知识点，这些知识点之间如何联系，知识之间如何逻辑演绎. 题目由多个条件组成，其内在联系是被掩盖起来的. 单个条件的研究没有太大意义，但若将条件组合起来，则可形成一个相对完整且复杂的结构. 好的证明应该让人更清晰地认识几何结构.

（3）发现新的结论、方法. 研究一个问题，除了希望研究问题本身外，对与之相关的问题，我们常常也是有兴趣的. 在一个几何结构中，通常蕴含多个几何关系，好的证明应该尽量多地呈现这些关系，而不仅仅是就题解题. 一题多解是教学的切实需求. 好的解法在给出之后，还能启发人想到其他的解法.

恒等式证明都满足这些要求，能确定命题的正确性，加深知识之间的联系，除了证明原命题外，还可发现一些新的性质，甚至改编成新的题目.

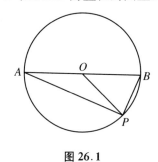

26 向量几何再探索

26.1　解析几何与向量几何相遇[①]

解析几何的创立,是数学史上的一项重要进展.使用解析法,可使得中学数学的一些问题可以机械化地按部就班操作,而无须花很大的脑力.但解析几何也非尽善尽美,于是后来数学家又提出了向量几何.是否有可能将多种几何的优点结合在一起呢? 我们经过尝试,认为是有可能的.

解析几何中,需建坐标系,根据维数来写点 A,如 x_A(一维),(x_A, y_A)(二维),(x_A, y_A, z_A)(三维)等.点的坐标值与所取坐标有关,但点的表述并不时刻带着原点走.

向量几何中,无须特别设坐标系,但所有向量的起点都可以平移到原点 O.此时 $\overrightarrow{OA}$ 的终点与点 A 是同一点.一个字母 A 代表了坐标分量的组合.

能否将两者结合? 设原点 O,用 A 代表 $\overrightarrow{OA}$.这样规定是容易的.问题是规定之后能带来什么好处? 这需要找一些例子来分析.

例 1 如图 26.1 所示,若 P 在以 AB 为直径的圆上,求证:$PA \perp PB$.

图 26.1

证法 1 设 $P(x, y)$,则 $PA \perp PB$ 等价于 $\dfrac{y - y_A}{x - x_A} \dfrac{y - y_B}{x - x_B} = -1$,得到以 AB 为直径的圆

---

① 本节与张景中院士合作完成.

方程$(y-y_A)(y-y_B)+(x-x_A)(x-x_B)=0$(可以验证当 P 与 A 或 B 重合时也符合要求),即

$$x^2+y^2-xx_A-xx_B-yy_A-yy_B+x_Ax_B+y_Ay_B=0,$$

等价于

$$\left(x-\frac{x_A+x_B}{2}\right)^2+\left(y-\frac{y_A+y_B}{2}\right)^2=\frac{(x_A-x_B)^2+(y_A-y_B)^2}{4},$$

所以得恒等式

$$(y-y_A)(y-y_B)+(x-x_A)(x-x_B)$$
$$=\left(x-\frac{x_A+x_B}{2}\right)^2+\left(y-\frac{y_A+y_B}{2}\right)^2-\frac{(x_A-x_B)^2+(y_A-y_B)^2}{4}.$$

使用恒等式方法,是希望证明原命题的同时,发现并证明逆命题:若 $PA\perp PB$,则 P 在以 AB 为直径的圆上.

证法 2　P 在以 AB 为直径的圆上等价于 $PO=\dfrac{AB}{2}$,即 $\left(\dfrac{\overrightarrow{PA}+\overrightarrow{PB}}{2}\right)^2-\left(\dfrac{\overrightarrow{PA}-\overrightarrow{PB}}{2}\right)^2=0$;$PA\perp PB$ 等价于 $\overrightarrow{PA}\cdot\overrightarrow{PB}=0$.设 $\left(\dfrac{\overrightarrow{PA}+\overrightarrow{PB}}{2}\right)^2-\left(\dfrac{\overrightarrow{PA}-\overrightarrow{PB}}{2}\right)^2=k\,\overrightarrow{PA}\cdot\overrightarrow{PB}$,则当 $k=1$ 时,得到恒等式

$$\left(\frac{\overrightarrow{PA}+\overrightarrow{PB}}{2}\right)^2-\left(\frac{\overrightarrow{PA}-\overrightarrow{PB}}{2}\right)^2=\overrightarrow{PA}\cdot\overrightarrow{PB}.$$

显然,$\left(\dfrac{\overrightarrow{PA}+\overrightarrow{PB}}{2}\right)^2-\left(\dfrac{\overrightarrow{PA}-\overrightarrow{PB}}{2}\right)^2=\overrightarrow{PA}\cdot\overrightarrow{PB}$ 这种表示要比等价的解析几何表示简洁,容易验证且无须考虑 P 与 A 或 B 重合的情况.

此时若设 P 为原点,将 $\overrightarrow{PX}$ 省写为 X,则 $\left(\dfrac{\overrightarrow{PA}+\overrightarrow{PB}}{2}\right)^2-\left(\dfrac{\overrightarrow{PA}-\overrightarrow{PB}}{2}\right)^2=\overrightarrow{PA}\cdot\overrightarrow{PB}$ 可化简为 $\left(\dfrac{A+B}{2}\right)^2-\left(\dfrac{A-B}{2}\right)^2=A\cdot B$.这看起来和一个代数恒等式没啥两样了.

长期研究积累了相当多的代数恒等式,能否结合几何意义,生成几何命题? 反之,已有几何命题能否转化成代数恒等式证明? 如果可行,意味着在代数恒等式和几何恒等式之间架构了一座桥梁,将几何性质的成立等价于代数式的成立,数形结合更加紧密.事实上,利用上述方法,我们已经证明了数以千计的几何题,参看《点几何解题》(张景中、彭翕成著).下面给出更多的案例.

例2　已知四点 A,B,C,D 满足 $AC^2+BD^2=AB^2+BC^2+CD^2+DA^2$,则四边形 $ABCD$ 是平行四边形.

按照习惯,常常假设四点共面,因此由恒等式

$$(x_A-x_B)^2+(y_A-y_B)^2+(x_B-x_C)^2+(y_B-y_C)^2+(x_C-x_D)^2+(y_C-y_D)^2$$
$$+(x_D-x_A)^2+(y_D-y_A)^2-[(x_A-x_C)^2+(y_A-y_C)^2+(x_D-x_B)^2+(y_D-y_B)^2]$$

$$= (x_A - x_B + x_C - x_D)^2 + (y_A - y_B + y_C - y_D)^2$$

可知命题正确.

使用恒等式来证明,是为了同时得到逆命题:平行四边形 $ABCD$ 满足 $AC^2 + BD^2 = AB^2 + BC^2 + CD^2 + DA^2$.

如果四点在一个三维空间中,仍然可得恒等式:

$$(x_A - x_B)^2 + (y_A - y_B)^2 + (z_A - z_B)^2 + (x_B - x_C)^2 + (y_B - y_C)^2 + (z_B - z_C)^2$$
$$+ (x_C - x_D)^2 + (y_C - y_D)^2 + (z_C - z_D)^2 + (x_D - x_A)^2 + (y_D - y_A)^2 + (z_D - z_A)^2$$
$$- \left[(x_A - x_C)^2 + (y_A - y_C)^2 + (z_A - z_C)^2 + (x_D - x_B)^2 + (y_D - y_B)^2 + (z_D - z_B)^2 \right]$$
$$= (x_A - x_B + x_C - x_D)^2 + (y_A - y_B + y_C - y_D)^2 + (z_A - z_B + z_C - z_D)^2,$$

只是多了一个维度.

可以想象,若从更高维的空间考虑问题,恒等式会变得更复杂.同时也反过来想,若是四点共线,就简单多了:

$$(x_A - x_B)^2 + (x_B - x_C)^2 + (x_C - x_D)^2 + (x_D - x_A)^2 - \left[(x_A - x_C)^2 + (x_D - x_B)^2 \right]$$
$$= (x_A - x_B + x_C - x_D)^2.$$

此时若设任意点 O 为原点,将字母 X 看作 $\overrightarrow{OX}$ 的省写,则可得恒等式

$$(B - A)^2 + (C - B)^2 + (D - C)^2 + (A - D)^2 - (C - A)^2 - (D - B)^2$$
$$= (A - B + C - D)^2,$$

于是得到四边形 $ABCD$ 是平行四边形的充要条件是 $AC^2 + BD^2 = AB^2 + BC^2 + CD^2 + DA^2$. 用一个字母 A 代替上文中的 x_A(一维),(x_A, y_A)(二维),(x_A, y_A, z_A)(三维)等种种.恒等式如一维情形一样简洁,证明的却是 n 维情形.在《绕来绕去的向量法》一书中,我们有过论述:

用向量解几何题,并非数学家引入向量的主要目的.向量理论的大用场,还在更多更高深更有用更重要的数学或物理学的分支里.向量的基本思想是把事物简化.本来用两个数、三个数甚至一万个数表示的东西,在一定条件下可以用一个字母表示.这样表示之后照样能运算,必要时又可以分解成两个数、三个数甚至一万个数.其神通好比孙悟空的毫毛,分开来可以变出成百上千个东西,合起来又是一点点.在中学里,学生熟悉的是几何,用向量解几何问题,是为了让他们初步体会一下向量的威力,体验一下分分合合的数学思想的高明之处.

又如中点的表示,若设点 C 是线段 AB 的中点,由 $\overrightarrow{AC} = \overrightarrow{CB}$ 转化为 $C - A = B - C$ 或 $C = \dfrac{A + B}{2}$.你会发现这其实就是 $\overrightarrow{OC} = \dfrac{\overrightarrow{OA} + \overrightarrow{OB}}{2}$ 或 $x_C = \dfrac{x_A + x_B}{2}$,$y_C = \dfrac{y_A + y_B}{2}$ 的简化或浓缩.

将字母 X 看作 $\overrightarrow{OX}$ 的省写,是希望能兼具解析法和向量法两家之长.此时 X 既是一个点又是向量,撇开几何意义,X 还是一个代数符号,身兼多职,是不是容易造成混淆?这种顾虑并不是不存在.但从好的方向想,X 的意义丰富,操作方便,能给我们带来一些新的思考.如

$(A-B+C-D)^2 = 4\left(\dfrac{A+C}{2}-\dfrac{B+D}{2}\right)^2$,看似是极其简单的代数变形,恒等式 $(B-A)^2 + (C-B)^2 + (D-C)^2 + (A-D)^2 - (C-A)^2 - (D-B)^2 = (A-B+C-D)^2$ 有了新的几何意义:在空间四边形 $ABCD$ 中,M,N 分别是对角线 AC,BD 的中点,则 $AB^2 + BC^2 + CD^2 + DA^2 = AC^2 + BD^2 + 4MN^2$.

例3 若 A,B,C,D 四点满足 $AC^2 + BD^2 = 2AB^2 + 2AD^2$,探究这四点可能的几何关系.

解 设 O 为原点,
$$(A-C)^2 + (B-D)^2 - 2(A-B)^2 - 2(A-D)^2$$
$$= -(3A-B-C-D)\cdot(A-B+C-D).$$

从恒等式可以看出,若 A,B,C,D 四点构成平行四边形,则 $A-B+C-D=0$,等式右边为 0,$AC^2 + BD^2 = 2AB^2 + 2AD^2$ 成立.反之,若 $AC^2 + BD^2 = 2AB^2 + 2AD^2$ 成立,则未必能推出 A,B,C,D 四点构成平行四边形,也有可能是 $3A-B-C-D=0$,即 A 是 $\triangle BCD$ 三点的重心;还有可能是 $3A-B-C-D$ 与 $A-B+C-D$ 垂直.

例4 Q 为 $\triangle ABC$ 的内心,求证:对于任意点 P,$aPA^2 + bPB^2 + cPC^2 = aQA^2 + bQB^2 + cQC^2 + (a+b+c)QP^2$.(1988 年第 29 届 IMO 候选题)

某资料给出这样的证明:

证明 设 $A(x_A,y_A)$,$B(x_B,y_B)$,$C(x_C,y_C)$,则内心 $Q\left(\dfrac{ax_A+bx_B+cx_C}{a+b+c},\right.$ $\left.\dfrac{ay_A+by_B+cy_C}{a+b+c}\right)$.

若以 Q 为坐标原点,则有 $ax_A+bx_B+cx_C=0$,$ay_A+by_B+cy_C=0$,故
$$aPA^2 + bPB^2 + cPC^2$$
$$= a(x_P-x_A)^2 + b(x_P-x_B)^2 + c(x_P-x_C)^2$$
$$\quad + a(y_P-y_A)^2 + b(y_P-y_B)^2 + c(y_P-y_C)^2$$
$$= (a+b+c)(x_P^2+y_P^2) + ax_A^2 + bx_B^2 + cx_C^2 + ay_A^2 + ay_B^2 + ay_C^2$$
$$\quad - 2x_P(ax_A+bx_B+cx_C) - 2y_P(ay_A+by_B+cy_C)$$
$$= (a+b+c)QP^2 + a(x_A^2+y_A^2) + b(x_B^2+y_B^2) + c(x_C^2+y_C^2)$$
$$= aQA^2 + bQB^2 + cQC^2 + (a+b+c)QP^2.$$

使用点向量的形式则可简化:设内心为原点,则 $aA+bB+cC=0$,所求证式子化为
$$aP^2 + aA^2 + bP^2 + bB^2 + cP^2 + cC^2 - 2P(aA+bB+cC)$$
$$= aA^2 + bB^2 + cC^2 + (a+b+c)P^2,$$

显然成立.

两种解法,实质一样.使用点向量的表示方式,远比传统的解析法简明.在传统解析法中,一个点分为横纵坐标,书写量要翻倍,且用到下标,导致书写输入麻烦.需要注意的是,题中的点 P 未必是在△ABC 所在平面内,这样一来,一个点将有三个分量,书写量增加是一方面,复杂的表达也容易干扰人的思考,难以看出问题的实质.

例5 △ABC 的边 AB 为定长 c,若边 BC 的中线为定长 r,试求顶点 C 的轨迹.

解法 1 以中点 O 为原点,AB 所在直线为 x 轴,如图 26.2 所示建立直角坐标系,则

$A\left(-\dfrac{c}{2},0\right),B\left(\dfrac{c}{2},0\right)$.设点 $C(x,y)$,则 BC 的中点 $E\left(\dfrac{x+\frac{c}{2}}{2},\dfrac{y}{2}\right)$,由已知 $AE=r$,得

$\left(\dfrac{x+\frac{c}{2}}{2}+\dfrac{c}{2}\right)^2+\left(\dfrac{y}{2}\right)^2=r^2$,即 $\left(x+\dfrac{3c}{2}\right)^2+y^2=4r^2$,所以 C 的轨迹是以 $\left(-\dfrac{3c}{2},0\right)$ 为圆心、

$2r$ 为半径的圆.

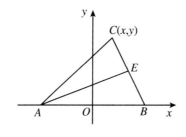

图 26.2

解法 2 $[C-(2A-B)]^2=4\left(A-\dfrac{B+C}{2}\right)^2$.

两种解法等价,而后者更简洁.建立此恒等式的思路是,探究定长 $|AB|$ 和中线长

$\left|A-\dfrac{B+C}{2}\right|$ 之间的关系.$4\left(A-\dfrac{B+C}{2}\right)^2=[C-(2A-B)]^2$ 看似只是简单的代数变形,却

有着完全不同的几何意义.从恒等式可看出,若 A,B 固定,中线长 $\left|A-\dfrac{B+C}{2}\right|$ 固定,则 C

的轨迹是圆心为 $2A-B$、半径为 $2\left|A-\dfrac{B+C}{2}\right|$ 的圆.

例6 过定点 A 引直线与定圆 O 相交于 M,N 两点,求弦 MN 的中点 P 的轨迹.

解法 1 如图 26.3 所示建立直角坐标系,设 $A(a,0),P(x,y)$,则由 $PA\perp PO$,得

$\dfrac{y-0}{x-0}\dfrac{y-0}{x-a}=-1$,即 $x^2+y^2-ax=0$,亦即 $\left(x-\dfrac{a}{2}\right)^2+y^2=\dfrac{a^2}{4}$,故所求轨迹是以 $\left(\dfrac{a}{2},0\right)$ 为圆

心、$\left|\dfrac{a}{2}\right|$ 为半径的圆在定圆内的部分.

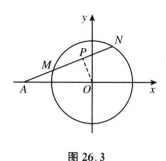

图 26.3

解法 2 设 $O = 0$,则

$$\left[\left(\frac{M+N}{2} - \frac{A}{2}\right)^2 - \left(\frac{A}{2}\right)^2\right] - \frac{M+N}{2} \cdot \left(\frac{M+N}{2} - A\right) = 0.$$

故所求轨迹是以 AO 的中点为圆心、AO 的一半为半径的圆在定圆内的部分.

例7 定圆 O 内有定点 A,B 为圆上动点,动点 P 满足 $PA = PB$,且 $BO \perp BP$,求 P 点的轨迹.

解法 1 如图 26.4 所示建立直角坐标系,设 $A(a, 0)$,$P(x, y)$,则由 $PA = PB$,得

$$(x - a)^2 + (y - 0)^2 = x^2 + y^2 - r^2,$$

即 $x = \dfrac{a^2 + r^2}{2a}$,故所求轨迹是平行于 y 轴的直线.

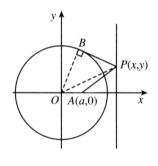

图 26.4

解法 2 设 O 为原点,则

$$[2P \cdot A - (A^2 + B^2)] + 2B \cdot (B - P) + [(P - A)^2 - (P - B)^2] = 0,$$

故所求轨迹是垂直于 OA 的一条直线,且满足 $2\overrightarrow{OP} \cdot \overrightarrow{OA} = OA^2 + OB^2$.

在例 6 中,将圆升维为球,解法 2 中的恒等式依然成立.例 7 也是如此.这些案例说明,结合解析几何和向量几何两者之长进行一些新的尝试,是可行的.特别是结合恒等式思想,表示更简洁,看得更清楚,更能揭示问题的实质.也可翻译成解析几何语言或向量几何语言.

26.2 点几何的教育价值①

26.2.1 争论从来都不断

初等几何在中小学数学教学中有着比较重要的地位.但对如何处理这一内容,则存在不同的看法.这些观点对于我们进一步认识初等几何,有一定的启发意义.

吴文俊先生认为,"中小学数学教育的现代化是指机械化,而欧几里得体系排除了数量关系,纯粹在形式间经过公理、定理来进行逻辑推理,或者把数量关系归之于空间形式,这是非机械化的.中学应该赶快离开欧几里得,欧氏几何让位于解析几何."吴先生的这一观点获得不少支持.因为欧氏几何的主要工具是全等、相似三角形,构造全等、相似三角形常常需要费尽心思构造千变万化的辅助线,而花大力气掌握各种辅助线的技巧对将来进一步的数学学习好像并没有太大的帮助.解析几何则使得数形结合更加紧密,用代数方法处理几何问题时思路清晰,有章可循,可操作性强.

王申怀先生则认为,平面几何与解析几何的最大区别在于对几何图形研究所采取的方法不同,这两种方法可以互相补充,互相协调,它们对学生的数学思想方法、数学思维的训练作用并非完全相同.因此欧氏几何让位于解析几何的行动要慎重考虑.

当然还有其他的一些处理方式.譬如我们曾提出面积法体系,这一体系被评论为"有助于解决几何中一题一证的难点,但由于该体系的基础和表述方式与现有教材存在差异,影响了普及.目前更多的是为初等数学研究者,特别是数学竞赛研究者所掌握".还有观点认为几何主要研究不变量,应以变换思想来处理,但也有人表示质疑,认为在中学不宜过多强调几何变换.

如果我们把目光放得更远一点,就会发现类似的争论早已有之.解析几何创立之后,支持者众,但也有不同看法,认为解析几何虽在某些方面胜于欧氏几何,但有时计算烦琐,显得笨拙,且大量的计算都没有明显的几何意义,希望寻求能够更直接处理几何问题的代数方法.

莱布尼茨曾提出一个问题:能否直接对几何对象做计算? 他希望通过固定的法则去建立一个方便计算或操作的符号体系,并由此演绎出用符号表达的事物的正确命题.他认为理想中的几何应该同时具有分析和综合的特点,而不像欧几里得几何与笛卡儿几何那样分别

---

① 本节与张景中院士合作完成.

只具有综合的与分析的特点.他希望有一种几何计算方法可以直接处理几何对象(点、线、面等),而不是笛卡儿引入的一串数字.他设想能有一种代数,它是如此接近于几何本身,以至于其中的每个表达式都有明确的几何解释:或者表示几何对象,或者表示它们之间的几何关系;这些表达式之间的代数运算,例如加、减、乘、除等,都能对应于几何变换.如果存在这样一种代数,它可以被恰当地称为"几何代数",它的元素即被称为"几何数".

沿着这一方向,数学家们开辟了"几何代数"的领域,孜孜不倦地寻求可能的合理的几何代数结构,试图实现莱布尼茨之梦.向量几何可看作是对莱布尼茨问题的初步回答.向量之间不仅能进行加减运算,还可以进行内、外积,且运算式都有明显的几何意义,有时利用向量处理几何问题也很方便.在向量几何之后,数学家们建立了更复杂的几何代数结构,此处略.

项武义先生认为,自古到今,几何学的研究在方法论上大体可以划分成下述四个阶段:(1)实验几何:用归纳实验去发现空间之本质;(2)推理几何:以实验几何之所得为基础,改用演绎法,以逻辑推理去探索新知,并对于已知的各种各样空间本质,精益求精地做系统化和深刻的分析;(3)坐标解析几何:通过坐标系的建立,把几何学和代数学简明有力地结合起来,开创了近代数学的先河;(4)向量几何:向量几何是不依赖于坐标系的解析几何,本质上是解析几何的返璞归真.

向量几何提出之后,也不断有专家提出新的想法.譬如莫绍揆先生认为,自线性代数兴起以来,直接从向量本身的性质(它可以说是几何性质)来处理问题,可以利用代数方法的长处,而处处符合几何直觉,有几何直觉的帮助.因此现在使用线性代数来讨论几何问题是大势所趋,无法阻挡.为克服向量几何的某些缺点且保持其优势,莫先生提出了更具物理意义的质点几何的理论和方法.他指出,向量本质上是几何变换,不是最基本的几何对象,因而希望建立以点为基础的几何代数体系.他借用力学的"质点"概念,把几何中的点看作是有位置无大小但有质量的东西,根据力学定律来对质点定义加法运算,然后以此为基础来研究几何.这种方法能对点直接进行运算,而且运算方便,运算表达式具有明显几何意义.

点常被认为是几何中最基本的元素.点动成线,线动成面,面动成体,其他几何元素都可以由点扩展生成.因此希望建立以点为基本研究对象的几何体系也是很自然的想法.向量涉及两点,且自由向量可以在空间任意平移.为了简便以及排除不确定性,可在空间取定点 O,称为原点,然后规定所有向量的始点都是原点,这样的向量称为位置向量,两个位置向量相等当且仅当它们的终点重合时,每个位置向量的终点与空间的点是一一对应的.

我们在糅合向量几何、重心坐标、质点几何等体系的基础上,初步建构了点几何纲要,其中包括了点的加法、数乘,两个点的内积、外积,三个点的外积及复数乘点等点几何中的基本概念,导出了近 20 条有关点运算的基本性质或基本公式,旨在建立一种几何代数系统,能够兼有坐标方法、向量方法和质点几何方法三者的长处而避免其缺点.下面将进一步阐述点几何在几何教学中的独特魅力,并辅以案例证明.

26.2.2 知识表示大不同

数学知识,特别是作为数学教育内容的基础知识,是客观世界的空间形式和数量关系的反映.同样的空间形式,同样的数量关系,可以用不同的数学命题、数学结构、数学体系来反映,正如从不同的角度给一头大象拍照一样,会得到十分不一样的照片,但它总是这一头象.只是有的反映方式便于学习、掌握、理解、记忆,有的则不然.不同的反映方式尽管都是客观世界的正确反映,但教育的效果却会大不相同.譬如罗马数字的算术和阿拉伯数字的算术,尽管算题时得出同样的结果,但在教育效果上的差别是显而易见的.

因此,为了数学教育的目的,我们应当用批判的眼光审视已有的数学知识.这里的批判当然不是怀疑这些数学知识的正确性,而是检查它在教育上的适用性.我们要用系统科学的观点,联系前后左右的教学,联系学生的心理特征与年龄特征,看一看,问一问:哪种反映方式较优? 能不能找到更优或最优的反映方式?

为了认识空间图形的性质,我们可以学欧氏的《几何原本》,可以学解析几何或三角学,可以学质点几何,也可以学向量几何,甚至还可以创造新的几何体系.哪种方案能更快更好地完成这一阶段数学教育的任务呢? 这需要我们仔细考察.

以中点为例加以说明.怎么表示点 C 是线段 AB 的中点? 方法很多.

文字描述:点 C 是线段 AB 的中点.

图形描述(图 26.5):

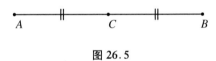

图 26.5

欧氏几何描述:$AC = CB$.但不要漏掉 A,B,C 共线,否则只能说明点 C 在线段 AB 的中垂线上.

向量几何描述:$\overrightarrow{AC} = \overrightarrow{CB}$,这可看作欧氏描述的改进版本,用向量符号表示共线的条件.或者是 $\overrightarrow{OC} = \dfrac{\overrightarrow{OA} + \overrightarrow{OB}}{2}$.

解析几何描述:$x_C = \dfrac{x_A + x_B}{2}$,$y_C = \dfrac{y_A + y_B}{2}$(若涉及高维几何则更复杂).

文字描述和图形描述需要转化成数学符号语言才能运算、推理.如果嫌向量符号麻烦,可把向量看作终点和起点之差,则 $\overrightarrow{AC} = \overrightarrow{CB}$ 转化为 $C - A = B - C$ 或 $C = \dfrac{A + B}{2}$.你会发现这其实就是 $\overrightarrow{OC} = \dfrac{\overrightarrow{OA} + \overrightarrow{OB}}{2}$ 或 $x_C = \dfrac{x_A + x_B}{2}$,$y_C = \dfrac{y_A + y_B}{2}$ 的浓缩版.这里的字母 X 可看作 $\overrightarrow{OX}$ 的省写,任意点 O 为原点.

中点如此表示，直线上的其他点也可以此类推，定义为 $C = tA + (1-t)B$. 当 $t = \dfrac{1}{2}$ 时，即为中点. 扩展开去，$\triangle ABC$ 所在平面上任意点定义为 $P = xA + yB + (1-x-y)C$. 这样定义的好处是显然的. 举几个简单例子.

中位线定理: $2\left(\dfrac{A+B}{2} - \dfrac{A+C}{2}\right) = B - C$.

重心定理: $\dfrac{A+B+C}{3} = \dfrac{2}{3}\dfrac{A+B}{2} + \dfrac{1}{3}C = \dfrac{2}{3}\dfrac{A+C}{2} + \dfrac{1}{3}B = \dfrac{2}{3}\dfrac{B+C}{2} + \dfrac{1}{3}A$.

用两个恒等式表示两个几何定理，既包括定理的叙述，同时也是定理的证明. 为了使初学者理解清楚，我们还是把图形作出来（熟练之后可省）. 如图 26.6 所示，在 $\triangle ABC$ 中，D，E，F 分别是三边中点，则中位线定理用向量表示为 $2\overrightarrow{FE} = \overrightarrow{BC}$，即 $2\left(\dfrac{A+B}{2} - \dfrac{A+C}{2}\right) = B - C$. 在恒等式中不引入 E，F，而用 $\dfrac{A+C}{2}$，$\dfrac{A+B}{2}$ 表示，显得更加简洁.

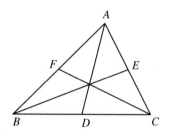

图 26.6

重心定理则是说：存在点 $\dfrac{A+B+C}{3}$ 在 AD 上，因为 $\dfrac{A+B+C}{3} = \dfrac{2}{3}\dfrac{B+C}{2} + \dfrac{1}{3}A$，此处 $D = \dfrac{B+C}{2}$，还说明点 $\dfrac{A+B+C}{3}$ 是 AD 的三等分点. 同理点 $\dfrac{A+B+C}{3}$ 在 BE，CF 上.

两次使用中位线定理，可推出重心定理：

由 $2\left(\dfrac{A+B}{2} - \dfrac{A+C}{2}\right) = B - C$，得 $\dfrac{2}{3}\dfrac{A+B}{2} + \dfrac{1}{3}C = \dfrac{2}{3}\dfrac{A+C}{2} + \dfrac{1}{3}B$；

由 $2\left(\dfrac{B+C}{2} - \dfrac{B+A}{2}\right) = C - A$，得 $\dfrac{2}{3}\dfrac{B+C}{2} + \dfrac{1}{3}A = \dfrac{2}{3}\dfrac{B+A}{2} + \dfrac{1}{3}C$.

所以

$$\frac{A+B+C}{3} = \frac{2}{3}\frac{A+B}{2} + \frac{1}{3}C = \frac{2}{3}\frac{A+C}{2} + \frac{1}{3}B = \frac{2}{3}\frac{B+C}{2} + \frac{1}{3}A.$$

上述表示方式叙述简洁，推理清楚，且有明显的几何意义，适合在教学中使用. 对比学术著作中的表述，两者天渊之别. 在人工智能的经典著作《初等代数和几何的判定法》（A. 塔尔斯基，J.C.C. 麦克锒赛著）中有关于三角形重心定理的叙述，仅仅是叙述，还不包括证明.

$(Ax)(Ay)(Az)(Ax')(Ay')(Az')\{[\sim B(x,y,z) \wedge \sim B(y,z,x) \wedge \sim B(z,x,y)$

$\wedge B(x,y',z) \wedge B(y,z',x) \wedge B(z,x',y) \wedge D(x,z';z',y) \wedge D(y,x';x',z) \wedge D(z,y';y',x)]$
$\rightarrow (EG)[B(x,G,x') \wedge B(y,G,y') \wedge B(z,G,z')]\}$

解释:任意六点 x,y,z,x',y',z' 满足 y 不在 x,z 之间,z 不在 y,x 之间,x 不在 z,y 之间(即 x,y,z 三点不共线),y' 在 x,z 之间,z' 在 y,x 之间,x' 在 z,y 之间,且 $xz'=z'y,yx'=x'z,zy'=y'x$,则存在点 G,且 G 在 x,x' 之间,G 在 y,y' 之间,G 在 z,z' 之间.$B(x,y,z)$ 读作 y 在 x 和 z 中间,$D(x,y;x',y')$ 读作 x 到 y 的距离等于 x' 到 y' 的距离.

这种表达像在初等代数的形式系统中一样,从原子公式经过使用否定词、合取词、析取词和量词构造出公式.通过这样形式化的表述,初等几何的语句即表达关于点的某个事实以及点与点之间的某种关系.

26.2.3　更多案例分析

在具体的解题实践中,我们发现,点几何不仅符合数学直观,能更方便地表达基本几何事实,而且有助于几何推理的简洁化.

如研究平行四边形.最常用的符号表示 $\square ABCD$,但并不能从 $\square$ 这个符号中推出平行四边形的任何性质.有时写作 $AB\underline{\underline{\parallel}}DC$,其中"平行且相等"的符号一般不参与运算,使得 $\underline{\underline{\parallel}}$ 和 $\square$ 一样,都只是死的记号;而只有赋予运算,几何对象才能计算起来灵活多变.若采用向量表示平行四边形:$\overrightarrow{AB}=\overrightarrow{DC}$,即 $B-A=C-D$(一组对边平行且相等的四边形是平行四边形);可化成 $B-C=A-D$(该平行四边形的另一组对边也平行且相等);可化成 $\dfrac{B+D}{2}=\dfrac{A+C}{2}$(该平行四边形的对角线相互平分);一些定理的推导也变得简单,如连接四边形中点得到的中点四边形是平行四边形,只是一个恒等式 $\dfrac{A+B}{2}-\dfrac{D+A}{2}=\dfrac{B+C}{2}-\dfrac{C+D}{2}$ 而已.四边形 $ABCD$ 是平行四边形的充要条件是 $AC^2+BD^2=AB^2+BC^2+CD^2+DA^2$,即

$$(B-A)^2+(C-B)^2+(D-C)^2+(A-D)^2-(C-A)^2-(D-B)^2$$
$$= (A-B+C-D)^2 = 4\left(\dfrac{A+C}{2}-\dfrac{B+D}{2}\right)^2.$$

由最后一步等式的变形,又得到新命题:四边形 $ABCD$ 中,M,N 分别是对角线 AC,BD 的中点,则 $AB^2+BC^2+CD^2+DA^2=AC^2+BD^2+4MN^2$.

看似是代数变形,却对应着几何性质.这正是我们希望实现的将几何对象点当成数来计算.数与形进一步融合,正如希尔伯特所说:代数符号是书写的图形,几何图形是图像化的公式.

$(a+b)^2-(a-b)^2=4ab$ 是经典的恒等式,一般将 a,b 看作实数,但如果将之看作向

量,设 $a = \overrightarrow{OA}$,$b = \overrightarrow{OB}$,则 $(\overrightarrow{OA} + \overrightarrow{OB})^2 - (\overrightarrow{OA} - \overrightarrow{OB})^2 = 4\overrightarrow{OA} \cdot \overrightarrow{OB}$ 有几何意义:平行四边形中,若一个角是直角,则对角线相等;反之也成立.

例1 内心定理:$\triangle ABC$ 中,AD,BE,CF 是三角平分线,求证:三线交于一点.

恒等式:

$$\frac{aA + bB + cC}{a + b + c} = \frac{a + b}{a + b + c}\frac{aA + bB}{a + b} + \left(1 - \frac{a + b}{a + b + c}\right)C$$

$$= \frac{b + c}{a + b + c}\frac{bB + cC}{b + c} + \left(1 - \frac{b + c}{a + b + c}\right)A$$

$$= \frac{c + a}{a + b + c}\frac{cC + aA}{c + a} + \left(1 - \frac{c + a}{a + b + c}\right)B.$$

说明 此处用到角平分线比例定理.

例2 垂心定理:$\triangle ABC$ 中,若 $AH \perp BC$,$BH \perp CA$,求证:$CH \perp AB$.

常规向量解答:

$$\overrightarrow{CH} \cdot \overrightarrow{AB} = \overrightarrow{CH} \cdot \overrightarrow{AC} + \overrightarrow{CH} \cdot \overrightarrow{CB} = \overrightarrow{CB} \cdot \overrightarrow{AC} + \overrightarrow{BH} \cdot \overrightarrow{AC} = \overrightarrow{CH} \cdot \overrightarrow{CB}$$

$$= \overrightarrow{CB} \cdot \overrightarrow{AH} = 0,$$

推导过程中如何利用三角形法则让一些学习者感到头疼,$\overrightarrow{AH} \cdot \overrightarrow{BC}$,$\overrightarrow{BH} \cdot \overrightarrow{CA}$,$\overrightarrow{CH} \cdot \overrightarrow{AB}$ 三者关系并不显然.

恒等式:

$$(A - B) \cdot (H - C) + (B - C) \cdot (H - A) + (C - A) \cdot (H - B) = 0.$$

说明 看起来证明的是三角形的垂心定理,事实不止于此.由于并未对 H 做任何约束,H 可能在平面 ABC 上(图26.7),也可能在平面 ABC 外(图26.8).形式上的转变让我们更容易看清楚内在的联系.为了中学教学的需要,甚至可以考虑先用点几何恒等式解答,再转化为常规的向量解题.要证 $\overrightarrow{BA} \cdot \overrightarrow{HC} + \overrightarrow{CB} \cdot \overrightarrow{HA} + \overrightarrow{CA} \cdot \overrightarrow{HB} = 0$,只需证 $(\overrightarrow{HA} - \overrightarrow{HB}) \cdot (\overrightarrow{HH} - \overrightarrow{HC}) + (\overrightarrow{HB} - \overrightarrow{HC}) \cdot (\overrightarrow{HH} - \overrightarrow{HA}) + (\overrightarrow{HC} - \overrightarrow{HA}) \cdot (\overrightarrow{HH} - \overrightarrow{HB}) = 0$,而这是显然成立的.因此得到一种比较自然的向量证法:

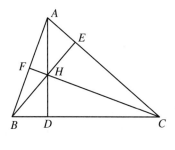

图 26.7

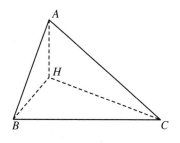

图 26.8

$$\vec{BA} \cdot \vec{HC} = (\vec{HA} - \vec{HB}) \cdot \vec{HC} = -(\vec{HB} - \vec{HC}) \cdot \vec{HA} - (\vec{HC} - \vec{HA}) \cdot \vec{HB} = 0.$$

例3 外心定理:△ABC 中,若点 O 在 AB,BC 的中垂线上,则点 O 在 CA 的中垂线上.

恒等式:

$$(A - B) \cdot \left(O - \frac{A+B}{2}\right) + (B - C) \cdot \left(O - \frac{B+C}{2}\right) + (C - A) \cdot \left(O - \frac{C+A}{2}\right) = 0$$

例2、例3 两个恒等式中,若其任意两部分为 0,则第三部分必为 0.

例4 外心定理和垂心定理的相互转化.如图 26.9 所示,传统证明中,要证△ABC 的三高共点 H,有时转化为证△DEF 的三中垂线共点,其中四边形 CABD,ABCE,BCAF 是平行四边形.基于点几何的恒等式变形是显然的.

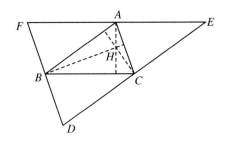

图 26.9

由 $D = B + C - A, E = A + C - B, F = A + B - C$,得

$$(D - E) \cdot \left(H - \frac{D+E}{2}\right) + (E - F) \cdot \left(H - \frac{E+F}{2}\right) + (F - D) \cdot \left(H - \frac{F+D}{2}\right) = 0$$

$$\Leftrightarrow \quad 2(B - A) \cdot (H - C) + 2(C - B) \cdot (H - A) + 2(A - C) \cdot (H - B) = 0.$$

例5 欧拉线定理:△ABC 中,外心 O、垂心 H、重心 G 三点共线.

根据垂心、外心的性质,有

$$(A - B) \cdot (H - C) = 0, \quad (A - B) \cdot [2O - (A + B)] = 0,$$

两式相加得

$$(A - B) \cdot [H + 2O - (A + B + C)] = 0.$$

同理可得

$$(B - C) \cdot [H + 2O - (A + B + C)] = 0,$$
$$(C - A) \cdot [H + 2O - (A + B + C)] = 0.$$

由于 $H + 2O - (A + B + C)$ 不能同时与三边垂直,所以只能是 $H + 2O - (A + B + C) = 0$,若设 $A + B + C = 3G$,则 $H + 2O = 3G$.这说明 H, O, G 三点共线,且 $HG = 2GO$.

26.2.4　结语

点几何、质点几何、向量几何都是几何的数学表示,本质上互通.这三种几何语言可以互译.如果规定从原点出发的向量叫点,向量几何就可以转化为点几何.如果规定两点差为向量,点几何就可以转化为向量几何.点几何最大的优势在于用少量符号忠实地描绘几何事实,从而减少人的思维劳动.与向量几何、质点几何相比,点几何更简明,几何意义更丰富,表达力更强,数形结合融为一体.在点几何解题实践中,我们还发现了一种恒等式方法,该方法效率高,可读性强,且能发现新的几何命题.

26.3　向量恒等式证明几何题

平面几何是数学中历史悠久的一个学科分支,有许多趣味问题,引人思考,让人着迷.同时欧氏几何要求论证严谨,让一些学习者望而却步.解析几何的出现,使得千变万化的几何题有了统一的证明思路.下面介绍的向量恒等式不但可以用一个式子证明几何命题,而且还能发现新的几何性质.

例1　如图 26.10 所示,△ABC 中,AD,BE 是高,F,G 分别是 AB,DE 的中点,求证:$FG \perp ED$.

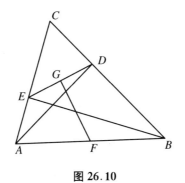

图 26.10

传统解法(图 26.11)有几个难点.一是辅助线难以想到,例1中的 EF(DF 类似)既是直角△EAB 斜边上的中线,又是等腰△FDE 的腰,起到很重要的桥梁作用;二是已知条件如何应用,包括什么时候用,如何结合其他条件以及允许使用的推理规则,变化繁多,例1中的 F 和 G 虽都是中点,但应用规则却不同.传统推理采用层层递进的演绎推理模式,中间环节只要一步没有理顺,则整个推理失败.

$$\left.\begin{array}{l} AD\perp BC\Rightarrow \mathrm{Rt}\triangle ADB \\ F\text{ 是 }AB\text{ 的中点} \end{array}\right\}\Rightarrow AF=DF\left.\begin{array}{l} \\ \\ \end{array}\right\}$$

$$\left.\begin{array}{l} EB\perp AC\Rightarrow \mathrm{Rt}\triangle AEB \\ F\text{ 是 }AB\text{ 的中点} \end{array}\right\}\Rightarrow AF=EF\left.\begin{array}{l} \\ \end{array}\right\}\Rightarrow EF=DF\left.\begin{array}{l} \\ \\ \\ \\ \end{array}\right\}\Rightarrow ED\perp FG$$

$$G\text{ 是 }DE\text{ 的中点}$$

图 26.11　例 1 的传统解答思路

辅助线的添加虽有一定规律,但多数情况下还是需要人的灵机一动,因此我们希望提出一种新的证明模式,能避开辅助线的添加;同时希望能缩短推理过程,采用计算来代替逻辑演绎.

首先假定,若设 O 为原点(简记为 $O=0$),将 $\overrightarrow{OX}$ 简记为 X,将 $\overrightarrow{XY}=\overrightarrow{OY}-\overrightarrow{OX}$ 简记为 $Y-X$,$\overrightarrow{OX}\cdot\overrightarrow{OY}$ 简记为 $X\cdot Y$ 或 XY(根据上下文理解,莫与线段 XY 混淆).这样的简记看似只是形式上的改变,但简单的符号表示丰富的含义,使得发明创新成为可能.其中,关于向量的一些基本知识和运算可看笔者的著作《绕来绕去的向量法》和《向量、复数与质点》.

简记之后,例 1 则变成如何用条件多项式 $(A-E)(B-E)=0$,$(A-D)(B-D)=0$ 来推出结论多项式 $\left(\dfrac{A+B}{2}-\dfrac{D+E}{2}\right)(D-E)=0$,其中 $F=\dfrac{A+B}{2}$,$G=\dfrac{D+E}{2}$.不妨设

$$\left(\dfrac{A+B}{2}-\dfrac{D+E}{2}\right)(D-E)+k_1(A-E)(B-E)+k_2(A-D)(B-D)=0,$$

以 A,B,D,E 为变量展开:

$$\left(\dfrac{1}{2}+k_1\right)E^2+\left(-\dfrac{1}{2}-k_1\right)BE+\left(\dfrac{1}{2}-k_2\right)BD+\left(-\dfrac{1}{2}+k_2\right)D^2+\left(-\dfrac{1}{2}-k_1\right)AE$$

$$+\left(\dfrac{1}{2}-k_2\right)AD+(k_1+k_2)AB$$

$$=0;$$

解系数方程组

$$\dfrac{1}{2}+k_1=-\dfrac{1}{2}-k_1=\dfrac{1}{2}-k_2=-\dfrac{1}{2}+k_2=-\dfrac{1}{2}-k_1=\dfrac{1}{2}-k_2=k_1+k_2=0,$$

得 $k_1=-\dfrac{1}{2}$,$k_2=\dfrac{1}{2}$,从而得到恒等式

$$\left(\dfrac{A+B}{2}-\dfrac{D+E}{2}\right)(D-E)-\dfrac{1}{2}(A-E)(B-E)+\dfrac{1}{2}(A-D)(B-D)=0.$$

由恒等式以及 $(A-E)(B-E)=0$ 和 $(A-D)(B-D)=0$,可得

$$\left(\dfrac{A+B}{2}-\dfrac{D+E}{2}\right)(D-E)=0,$$

即 $FG\perp ED$.从恒等式可以发现,对于结论的成立,点 C 并未起到任何作用,纯属多余,而 A,B,D,E 四点也未必共面.这样的发现让我们对问题有了更加深刻的认识,突出了本质,并推广到了高维.

n 个多项式相加等于 0,其中 $n-1$ 项都为 0,剩余那一项自然为 0.这看似平凡的道理,

却有妙用.可以将例1由一变成五(这里需要用到同一法的思想).

① 空间四边形 $ABDE$ 中,F 是 AB 的中点,G 是 DE 的中点,$EA \perp EB$,$DA \perp DB$,则 $FG \perp ED$.

② 空间四边形 $ABDE$ 中,F 是 AB 的中点,G 是 DE 的中点,$EA \perp EB$,$FG \perp ED$,则 $DA \perp DB$.

③ 空间四边形 $ABDE$ 中,F 是 AB 的中点,G 是 DE 的中点,$FG \perp ED$,$DA \perp DB$,则 $EA \perp EB$.

④ 空间四边形 $ABDE$ 中,F 是 AB 的中点,G 是 DE 上的点,$FG \perp ED$,$EA \perp EB$,$DA \perp DB$,则 G 是 DE 的中点.

⑤ 空间四边形 $ABDE$ 中,G 是 DE 的中点,F 是 AB 上的点,$FG \perp ED$,$EA \perp EB$,$DA \perp DB$,则 F 是 AB 的中点.

在传统几何研究中,构造一个有几何意义的恒等式不太容易,但如果挖掘向量恒等式这一宝库,则很容易构造有几何意义的恒等式.这一发现在数与形之间搭建了一座桥梁,数与形进一步融合,人们对于代数恒等式可以找到几何意义,而从几何问题则又可反推构造代数恒等式.事实上,向量恒等式在中学数学里早有出现,只是没有被重视.

经典案例有 $\triangle ABC$ 中的余弦定理:$(C-A)^2 - (A-B)^2 - (B-C)^2 + 2(B-A)(B-C) = 0$,其特例是勾股定理:$BA \perp BC \Leftrightarrow b^2 = c^2 + a^2$.若将恒等式 $(a+b)^2 - (a-b)^2 = 4ab$ 中的 a,b 看作向量,设 $a = \overrightarrow{OA}$,$b = \overrightarrow{OB}$,则 $(\overrightarrow{OA} + \overrightarrow{OB})^2 - (\overrightarrow{OA} - \overrightarrow{OB})^2 = 4\overrightarrow{OA} \cdot \overrightarrow{OB}$ 有几何意义:平行四边形中,若一个角是直角,则对角线相等;反之也成立.类似地,平方差公式 $A^2 - B^2 = (A+B)(A-B)$ 也有几何意义:平行四边形中,邻边相等的充要条件是对角线垂直.恒等式 $(P-A)(P-B) = \left(P - \dfrac{A+B}{2}\right)^2 - \left(\dfrac{A-B}{2}\right)^2$ 则表示泰勒斯定理:若点 P 满足 $\left(P - \dfrac{A+B}{2}\right)^2 = \left(\dfrac{A-B}{2}\right)^2$,则 $\angle APB$ 为直角,反之也成立.

经过几年的研究,笔者已经构造出数以千计的向量恒等式.限于篇幅,仅举例如下.

例2 如图 26.12 所示,$\triangle ABC$ 中,D 是 BC 上的点,若 $AB \perp AC$,$AD \perp BC$,求证:$AB^2 = BC \cdot BD$,$AD^2 = BD \cdot DC$(直角三角形射影定理).

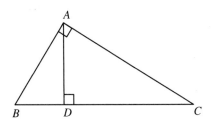

图 26.12

证明

$$(A - B)^2 - (B - C)(B - D) = (A - B)(A - C) - (B - C)(A - D).$$

这其实证明了,$\triangle ABC$ 中,D 是 BC 上的点,若已知三个条件 $AB \perp AC$,$AD \perp BC$,$AB^2 = BC \cdot BD$ 中的任意两个,可推得第三个. 也就是一个恒等式一举证明了三个命题. 这一点在下文中不再一一指出.

$$(A - D)^2 - (B - D)(D - C)$$
$$= (A - B)(A - C) + (D - A)(D - C) + (D - A)(D - B).$$

例3 如图 26.13 所示,四边形 $ABCD$ 内接于圆 O,直线 AB 交 CD 于点 P,求证:$PA \cdot PB = PC \cdot PD$(圆幂定理).

证明 设 $O = 0$,则

$$\left[(P - A)(P - B) - (P - C)(P - D) \right] - 2 \frac{A + B}{2}(B - P)$$
$$+ 2 \frac{C + D}{2}(D - P) + (B^2 - D^2)$$
$$= 0.$$

例4 如图 26.14 所示,已知平行四边形 $ABCD$,过点 A 作直线交 CB 于点 E,交 CD 于点 F,求证:$CB \cdot CE + CD \cdot CF = AC^2 + AE \cdot AF$.

证明 设 $C = 0$,则 $A = B + D$,从而

$$\left[BE + DF - (B + D)^2 + (B + D - E)(B + D - F) \right]$$
$$+ \left\{ (F - D)(F - E) - \left[F - (B + D) \right]F \right\}$$
$$= 0.$$

说明 $(F - D)(F - E) - [F - (B + D)]F = 0$ 用到了三角形相似,即 $\dfrac{FD}{FC} = \dfrac{FA}{FE}$.

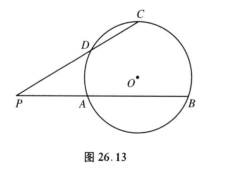

图 26.13

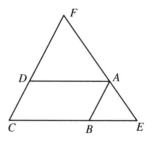

图 26.14

例5 如图 26.15 所示,$\triangle ABC$ 中,$\angle BAC = 90°$,M 为 AC 的中点. 在 BC 上取点 D,使得 $4BD = CD$. 过 B,M 作圆使得该圆与 AC 相切于点 M. 记 AB 与圆交于点 E. 求证:$AD \perp CE$.

证明 设 $A = 0$，则

$$5\frac{4B+C}{5}(C-E) - 4BC + EC + 4\left[BE - \left(\frac{C}{2}\right)^2\right] = 0.$$

例6 如图 26.16 所示，圆内接四边形 $ACBD$ 的对角线互相垂直，E 是对角线 AB，CD 的交点，F 是 AC 的中点，求证：$EF \perp BD$.

证明 设圆心 $O = 0$，$E = \frac{A+B}{2} + \frac{C+D}{2} = \frac{A+B+C+D}{2}$，$F = \frac{A+C}{2}$，则

$$2\left(\frac{A+B+C+D}{2} - \frac{A+C}{2}\right)(B-D) + (D^2 - B^2) = 0.$$

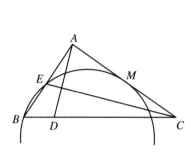

图 26.15

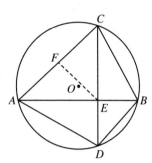

图 26.16

例7 如图 26.17 所示，已知圆内接四边形 $ABCD$，圆心为 P，对角线互相垂直且交于点 Q，E，F 分别是 BC，AD 的中点，求证：$QE = PF$.

证明 设圆心 $P = 0$，$Q = M + N = \frac{A+B+C+D}{2}$，则

$$\left(\frac{A+B+C+D}{2} - \frac{B+C}{2}\right) - \frac{A+D}{2} = 0,$$

说明 QE 与 FP 平行且相等.

例8 如图 26.18 所示，已知 BC 是圆上的定弦，而动点 A 在圆上运动，M 是 AC 的中点，作 $MP \perp AB$ 于点 P. 求点 P 的轨迹.

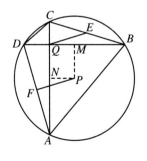

图 26.17

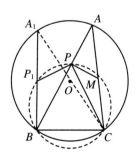

图 26.18

解 设圆心 O 为原点,则

$$\left(P - \frac{-C+B}{2}\right)(P-C) - \frac{B+C}{2}(B-C) - \frac{A+B}{2}(P-B) + (P-B)\left(\frac{A+C}{2} - P\right)$$
$$= 0,$$

$$\left(P - \frac{-C+B}{2}\right)(P-C) = 0,$$

说明点 P 的轨迹是圆.注意 $-C$ 的几何意义是 C 关于 O 的对径点.

例9 如图 26.19 所示,圆上的弦 AC 和 BD 交于点 P,在点 C 和 D 处分别对 AC 和 BD 所作的垂线交于点 Q,求证:直线 $AB \perp PQ$.(第一届沙雷金几何竞赛试题)

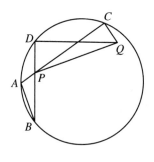

图 26.19

证明 设 $P = 0$,则

$$Q(A-B) - (AC - BD) + A(C-Q) - B(D-Q) = 0.$$

例10 如图 26.20 所示,设动点 P 到两定点 A,B 距离比为 $k\,(k \neq 1)$,即 $\dfrac{PA}{PB} = k$,M,N 为直线 AB 上的点,$\dfrac{AM}{MB} = \dfrac{AN}{BN} = k$,则 P 的轨迹是一个圆,且 MN 是直径.

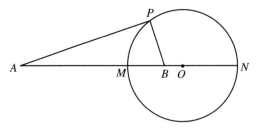

图 26.20

证明

$$\left[(P-A)^2 - k^2(P-B)^2\right] + (k^2-1)\left(P - \frac{A+kB}{1+k}\right)\left(P - \frac{A-kB}{1-k}\right) = 0.$$

说明 这是著名的阿波罗尼斯圆,很多资料花费大篇幅来证明.用点几何恒等式,只需一行.请特别留意 $k=1$ 的情况.

例11 如图 26.21 所示，$\triangle ABC$ 中，$AB = AC$，点 D 为 BC 的中点，连接 AD，点 E 为 AD 的中点，作 $DG \perp BE$ 于点 G，点 F 为 AC 的中点，连接 FG，FD，求证：$GF = DF$.

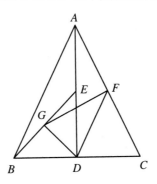

图 26.21

证明

$$\left[\left(G - \frac{A+C}{2}\right)^2 - \left(\frac{B+C}{2} - \frac{A+C}{2}\right)^2\right] + 2\left(G - \frac{B+C}{2}\right)\left(\frac{\frac{B+C}{2}+A}{2} - \frac{B+G}{2}\right)$$
$$= 0.$$

容易发现 $GF = DF$ 并不依赖于 $AB = AC$. 传统解法会不自觉地使用这一条件. 而恒等式方法有发现多余条件的功能，即使用上了这一条件，在最后系数求解的时候，也会求出其系数为 0.

例12 如图 26.22 所示，平行四边形 $ABCD$ 的对角线交于点 O，过 O 作 $\triangle BOC$ 的外接圆的切线交 CB 于点 F，直线 BC 与 $\triangle FOD$ 的外接圆不同于 F 的交点为 G. 求证：$AG = AB$.

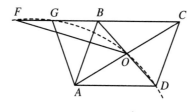

图 26.22

证明

$$2\left(A - \frac{G+B}{2}\right)(F - B) + 2\left[\left(F - \frac{A+C}{2}\right)^2 - (F-B)(F-C)\right]$$
$$+ \left\{(B-G)(B-F) - \left(B - \frac{A+C}{2}\right)[B - (A+C-B)]\right\}$$
$$= 0.$$

例13 如图 26.23 所示，$\triangle ABC$ 中，O 是外心，D,E,F 分别在 BC,CA,AB 上，$DE \perp CO$，$DF \perp BO$，设 K 是 $\triangle AFE$ 的外心，求证：$DK \perp BC$．（2012 年欧洲女子奥林匹克竞赛试题）

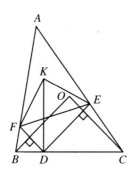

图 26.23

证明 设 $O = 0$，则

$$(K-D)(B-C) - (F-D)B + (E-D)C - \frac{B+A}{2}(A-F) - \frac{C+A}{2}(E-A)$$

$$+ \left(K - \frac{F+A}{2}\right)(A-B) - \left(K - \frac{E+A}{2}\right)(A-C)$$

$$= 0.$$

又

$$(B-D)(B-C) - (B-F)(B-A) - 2(F-D)B$$

$$+ 2\frac{B+C}{2}(B-D) - 2\frac{B+A}{2}(B-F)$$

$$= 0,$$

额外发现 D,C,F,A 四点共圆．根据对称性可知 B,D,E,A 四点共圆．

例14 如图 26.24 所示，设 H 为 $\triangle ABC$ 的垂心，M 为 CA 的中点，过点 B 作 $\triangle ABC$ 的外接圆的切线 BL，$HL \perp BL$，求证：$\triangle MBL$ 是等腰三角形．（2000 年俄罗斯圣彼得堡数学奥林匹克竞赛试题）

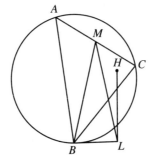

图 26.24

证明 设 $\triangle ABC$ 的外心为原点，$M = \dfrac{A + C}{2}$，$H = A + B + C$，则

$$\left(\frac{A + C}{2} - B\right)^2 - \left(\frac{A + C}{2} - L\right)^2 + (A + B + C - L)(B - L) - 2(B - L)B = 0.$$

26.4 向量恒等式自动发现和证明逆命题问题

问题通常不是孤立存在的．正如波利亚所说："好问题如同某种蘑菇，它们大都成堆地生长．找到一个以后，你应当在周围再找找，很可能在附近就有几个．"研究原命题的相关命题，有助于更深刻地认识原命题．其中，研究原命题的逆命题就是一种常见思路．同时，研究逆命题是编制新题的有效方式，简单直接，不少题目的题设和结论吻合较好，从解题实践来看，相当多情况下逆命题是成立的．

得到逆命题是容易的．只要将原命题的题设改成结论，并将结论改成题设，便可得到原命题的逆命题．有时命题的题设和结论含有多个事项，则一般不把题设与结论整个换位，而是把题设和结论中的单纯事项部分地、等数地加以调换．

最简单的情况是，原命题是 $A \Rightarrow B$，逆命题则是 $B \Rightarrow A$．稍微复杂一点的情况是，若 $\begin{cases} A \\ B \end{cases} \Rightarrow \begin{cases} C \\ D \end{cases}$ 为原命题，那么 $\begin{cases} C \\ B \end{cases} \Rightarrow \begin{cases} A \\ D \end{cases}, \begin{cases} A \\ D \end{cases} \Rightarrow \begin{cases} B \\ C \end{cases}, \begin{cases} D \\ B \end{cases} \Rightarrow \begin{cases} C \\ A \end{cases}, \begin{cases} C \\ D \end{cases} \Rightarrow \begin{cases} A \\ B \end{cases}, \begin{cases} A \\ D \end{cases} \Rightarrow \begin{cases} C \\ B \end{cases}$ 都可看作原命题的逆命题．有资料将这种情况称为偏逆命题．可见，逆命题产生的变式是多样化的，这为变式研究提供了很好的素材．但同时也要注意，若不讲究方法，解决这些变式会变得相当烦琐．

向量恒等式方法能自动发现和证明某些逆命题问题．其思路是，先将所有的条件结论用同一起点的向量表示，然后利用待定系数法将之联系在一起．若设 $f_i = 0$ 为题目条件，$g = 0$ 为题目结论，原题为 $f_1, f_2, \cdots, f_n \Rightarrow g$，那么希望建立向量恒等式 $k_1 f_1 + k_2 f_2 + \cdots + k_n f_n = g$，其中系数 $k_i \neq 0$．于是当 $f_1, f_2, \cdots, f_n, g$ 这 $n + 1$ 个式子中有 n 个成立时，剩下 1 个必成立．建立恒等式的好处是显然的，在证明原命题的同时举一反三，自动发现并证明了若干新命题，且无须另起炉灶证明一遍．

例 1 $\triangle ABC$ 中，证明：$\angle C = 90° \Leftrightarrow c^2 = a^2 + b^2$．

分析 在初中，证明勾股定理通常用面积法，方法多达数百种．而其逆命题的证法则少得多，且复杂不少．能否一次证明原命题和逆命题呢？当然是可能的．高中学了余弦定理就能解决这一问题．下面用向量恒等式的视角看余弦定理．

证明 $\angle C = 90°$ 等价于 $\overrightarrow{CA} \cdot \overrightarrow{CB} = 0$．

$c^2 = a^2 + b^2$ 等价于 $(\overrightarrow{CB} - \overrightarrow{CA})^2 - \overrightarrow{CA}^2 - \overrightarrow{CB}^2 = 0.$

设 $\left[(\overrightarrow{CB} - \overrightarrow{CA})^2 - \overrightarrow{CA}^2 - \overrightarrow{CB}^2\right] + k\overrightarrow{CA} \cdot \overrightarrow{CB} = 0$, 当 $k = 2$ 时, 得到恒等式

$$\left[(\overrightarrow{CB} - \overrightarrow{CA})^2 - \overrightarrow{CA}^2 - \overrightarrow{CB}^2\right] + 2\overrightarrow{CA} \cdot \overrightarrow{CB} = 0.$$

这样即可一举证明原命题和逆命题.

说明 把所有向量都转化成同一起点, 方便消去, 如此处 $\overrightarrow{AB} = \overrightarrow{CB} - \overrightarrow{CA}$.

例2 如图 26.25 所示, 若 P 在以 AB 为直径的圆上, 求证: $PA \perp PB$.

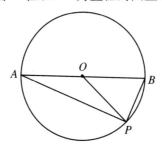

图 26.25

证明 P 在以 AB 为直径的圆上等价于 $PO = \dfrac{AB}{2}$, 即 $\left(\dfrac{\overrightarrow{PA} + \overrightarrow{PB}}{2}\right)^2 - \left(\dfrac{\overrightarrow{PA} - \overrightarrow{PB}}{2}\right)^2 = 0$;

$PA \perp PB$ 等价于 $\overrightarrow{PA} \cdot \overrightarrow{PB} = 0$.

设 $\left(\dfrac{\overrightarrow{PA} + \overrightarrow{PB}}{2}\right)^2 - \left(\dfrac{\overrightarrow{PA} - \overrightarrow{PB}}{2}\right)^2 = k\overrightarrow{PA} \cdot \overrightarrow{PB}$, 当 $k = 1$ 时, 得到恒等式

$$\left(\dfrac{\overrightarrow{PA} + \overrightarrow{PB}}{2}\right)^2 - \left(\dfrac{\overrightarrow{PA} - \overrightarrow{PB}}{2}\right)^2 = \overrightarrow{PA} \cdot \overrightarrow{PB}.$$

证明原命题的同时, 发现并证明了逆命题: 若 $PA \perp PB$, 则 P 在以 AB 为直径的圆上.

例3 直角 $\triangle ABC$ 中, 点 D 是斜边 AB 的中点, 点 P 是线段 CD 的中点, 求 $\dfrac{|PA|^2 + |PB|^2}{|PC|^2}$. (2012 年高考(江西理)试题)

解 设 $\dfrac{|PA|^2 + |PB|^2}{|PC|^2} = x$, 等价于 $\left(\dfrac{\overrightarrow{CA} + \overrightarrow{CB}}{4} - \overrightarrow{CA}\right)^2 + \left(\dfrac{\overrightarrow{CA} + \overrightarrow{CB}}{4} - \overrightarrow{CB}\right)^2 - x\left(\dfrac{\overrightarrow{CA} + \overrightarrow{CB}}{4}\right)^2 = 0$;

$CA \perp CB$ 等价于 $\overrightarrow{CA} \cdot \overrightarrow{CB} = 0$.

设 $\left(\dfrac{\overrightarrow{CA} + \overrightarrow{CB}}{4} - \overrightarrow{CA}\right)^2 + \left(\dfrac{\overrightarrow{CA} + \overrightarrow{CB}}{4} - \overrightarrow{CB}\right)^2 - x\left(\dfrac{\overrightarrow{CA} + \overrightarrow{CB}}{4}\right)^2 + k\overrightarrow{CA} \cdot \overrightarrow{CB} = 0$, 展开得

$$\frac{1}{16}(10 - x)\overrightarrow{CA}^2 + \frac{1}{16}(10 - x)\overrightarrow{CB}^2 + \frac{1}{8}(-6 + 8k - x)\overrightarrow{CA} \cdot \overrightarrow{CB} = 0.$$

解方程 $\dfrac{1}{16}(10 - x) = \dfrac{1}{16}(10 - x) = \dfrac{1}{8}(-6 + 8k - x) = 0$, 得 $x = 10, k = 2$, 从而得到恒等式

$$\left(\frac{\overrightarrow{CA}+\overrightarrow{CB}}{4}-\overrightarrow{CA}\right)^2+\left(\frac{\overrightarrow{CA}+\overrightarrow{CB}}{4}-\overrightarrow{CB}\right)^2-10\left(\frac{\overrightarrow{CA}+\overrightarrow{CB}}{4}\right)^2+2\overrightarrow{CA}\cdot\overrightarrow{CB}=0.$$

证明原命题的同时,发现并证明了逆命题:$\triangle ABC$ 中,点 D 是斜边 AB 的中点,点 P 是线段 CD 的中点,则 $|PA|^2+|PB|^2=10|PC|^2\Leftrightarrow CA\perp CB$.

若把证明题看作"有条件有结论的完整题",那么计算题则可看作有部分残缺.如果保留部分"足够充分",是可确定"残缺部分"的.毫无疑问,计算题要比证明题难,而使用恒等式方法的话,只需多设一个未知数而已.

例4 证明:矩形所在平面内任一点到其两对角线端点的距离的平方和相等.即已知点 O 是矩形 $ABCD$ 所在平面上的任意一点,则 $OA^2+OC^2=OB^2+OD^2$.

证明 $OA^2+OC^2=OB^2+OD^2$ 等价于 $\overrightarrow{OA}^2+\overrightarrow{OC}^2-\overrightarrow{OB}^2-(\overrightarrow{OA}+\overrightarrow{OC}-\overrightarrow{OB})^2=0$;

$BA\perp BC$ 等价于 $(\overrightarrow{OB}-\overrightarrow{OA})\cdot(\overrightarrow{OB}-\overrightarrow{OC})=0$.

仿照例3可得恒等式

$$\left[\overrightarrow{OA}^2+\overrightarrow{OC}^2-\overrightarrow{OB}^2-(\overrightarrow{OA}+\overrightarrow{OC}-\overrightarrow{OB})^2\right]+2(\overrightarrow{OB}-\overrightarrow{OA})\cdot(\overrightarrow{OB}-\overrightarrow{OC})=0.$$

证明原命题的同时,发现并证明了逆命题:平行四边形 $ABCD$ 中,O 为任意点,则 $OA^2+OC^2=OB^2+OD^2\Leftrightarrow BA\perp BC$.

说明 O 不一定在矩形 $ABCD$ 所在平面上.这也是向量解题的好处,可较为轻松地推广到高维空间.其余题不一一说明.

例5 证明:四边形 $ABCD$ 是平行四边形的充要条件是 $AC^2+BD^2=AB^2+BC^2+CD^2+DA^2$.

证明 $AC^2+BD^2=AB^2+BC^2+CD^2+DA^2$ 等价于

$$(\overrightarrow{OB}-\overrightarrow{OA})^2+(\overrightarrow{OC}-\overrightarrow{OB})^2+(\overrightarrow{OD}-\overrightarrow{OC})^2+(\overrightarrow{OA}-\overrightarrow{OD})^2$$
$$-(\overrightarrow{OC}-\overrightarrow{OA})^2-(\overrightarrow{OD}-\overrightarrow{OB})^2$$
$$=0.$$

四边形 $ABCD$ 是平行四边形等价于 $(\overrightarrow{OA}-\overrightarrow{OB}+\overrightarrow{OC}-\overrightarrow{OD})^2=0$.

设 $(\overrightarrow{OB}-\overrightarrow{OA})^2+(\overrightarrow{OC}-\overrightarrow{OB})^2+(\overrightarrow{OD}-\overrightarrow{OC})^2+(\overrightarrow{OA}-\overrightarrow{OD})^2-(\overrightarrow{OC}-\overrightarrow{OA})^2-(\overrightarrow{OD}-\overrightarrow{OB})^2=k(\overrightarrow{OA}-\overrightarrow{OB}+\overrightarrow{OC}-\overrightarrow{OD})^2$,当 $k=1$ 时,得到恒等式

$$(\overrightarrow{OB}-\overrightarrow{OA})^2+(\overrightarrow{OC}-\overrightarrow{OB})^2+(\overrightarrow{OD}-\overrightarrow{OC})^2+(\overrightarrow{OA}-\overrightarrow{OD})^2$$
$$-(\overrightarrow{OC}-\overrightarrow{OA})^2-(\overrightarrow{OD}-\overrightarrow{OB})^2$$
$$=(\overrightarrow{OA}-\overrightarrow{OB}+\overrightarrow{OC}-\overrightarrow{OD})^2.$$

显然 $(\overrightarrow{OA}-\overrightarrow{OB}+\overrightarrow{OC}-\overrightarrow{OD})^2=4\left(\frac{\overrightarrow{OA}+\overrightarrow{OC}}{2}-\frac{\overrightarrow{OB}+\overrightarrow{OD}}{2}\right)^2$,则根据恒等式

$$(\overrightarrow{OB}-\overrightarrow{OA})^2+(\overrightarrow{OC}-\overrightarrow{OB})^2+(\overrightarrow{OD}-\overrightarrow{OC})^2+(\overrightarrow{OA}-\overrightarrow{OD})^2$$
$$-(\overrightarrow{OC}-\overrightarrow{OA})^2-(\overrightarrow{OD}-\overrightarrow{OB})^2$$

$$= 4\left(\frac{\overrightarrow{OA} + \overrightarrow{OC}}{2} - \frac{\overrightarrow{OB} + \overrightarrow{OD}}{2}\right)^2$$

可得新命题:四边形 $ABCD$ 中,M,N 分别是对角线 AC,BD 的中点,则 $AB^2 + BC^2 + CD^2 + DA^2 = AC^2 + BD^2 + 4MN^2$.

例6 在 $\triangle ABC$ 中,$AB = AC$,P 为 BC 上一点,求证:$AB^2 = AP^2 + BP \cdot PC$.

证明 $AB^2 = AP^2 + BP \cdot PC$ 等价于 $\overrightarrow{AB}^2 - \overrightarrow{AP}^2 - (\overrightarrow{AP} - \overrightarrow{AB}) \cdot (\overrightarrow{AC} - \overrightarrow{AP}) = 0$;

$AB = AC$ 等价于 $(\overrightarrow{AB} - \overrightarrow{AP}) \cdot \dfrac{\overrightarrow{AB} + \overrightarrow{AC}}{2} = 0$.

设 $\overrightarrow{AB}^2 - \overrightarrow{AP}^2 - (\overrightarrow{AP} - \overrightarrow{AB}) \cdot (\overrightarrow{AC} - \overrightarrow{AP}) + k(\overrightarrow{AB} - \overrightarrow{AP}) \cdot \dfrac{\overrightarrow{AB} + \overrightarrow{AC}}{2} = 0$,当 $k = -2$ 时,得到恒等式

$$\overrightarrow{AB}^2 - \overrightarrow{AP}^2 - (\overrightarrow{AP} - \overrightarrow{AB}) \cdot (\overrightarrow{AC} - \overrightarrow{AP}) - 2(\overrightarrow{AB} - \overrightarrow{AP}) \cdot \frac{\overrightarrow{AB} + \overrightarrow{AC}}{2} = 0.$$

证明原命题的同时,发现并证明了逆命题:在 $\triangle ABC$ 中,P 为 BC 上一点,则 $AB^2 = AP^2 + BP \cdot PC \Leftrightarrow AB = AC$.

例7 如图 26.26 所示,$\triangle ABC$ 内有点 P,且 $BA \perp BC$,$BA = BC$,$PA : PB = 1 : 2$,$PA : PC = 1 : 3$,K 是 PC 的中点,求证:$AP \perp BK$.

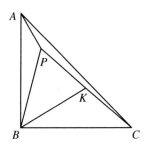

图 26.26

证明 $AP \perp BK$ 等价于 $(\overrightarrow{BA} - \overrightarrow{BP}) \cdot \dfrac{\overrightarrow{BP} + \overrightarrow{BC}}{2} = 0$;

$BA = BC$ 等价于 $\overrightarrow{BA}^2 - \overrightarrow{BC}^2 = 0$;

$PA : PB = 1 : 2$ 等价于 $4(\overrightarrow{BP} - \overrightarrow{BA})^2 - \overrightarrow{BP}^2 = 0$;

$PA : PC = 1 : 3$ 等价于 $9(\overrightarrow{BP} - \overrightarrow{BA})^2 - (\overrightarrow{BP} - \overrightarrow{BC})^2 = 0$.

设 $k_1(\overrightarrow{BA} - \overrightarrow{BP}) \cdot \dfrac{\overrightarrow{BP} + \overrightarrow{BC}}{2} + k_2(\overrightarrow{BA}^2 - \overrightarrow{BC}^2) + k_3 \overrightarrow{BA} \cdot \overrightarrow{BC} + k_4[4(\overrightarrow{BP} - \overrightarrow{BA})^2 - \overrightarrow{BP}^2] + k_5[9(\overrightarrow{BP} - \overrightarrow{BA})^2 - (\overrightarrow{BP} - \overrightarrow{BC})^2] = 0$,仿照例 3 展开,解方程得到非零系数,可得恒等式

$$-4(\overrightarrow{BA} - \overrightarrow{BP}) \cdot \frac{\overrightarrow{BP} + \overrightarrow{BC}}{2} + (\overrightarrow{BA}^2 - \overrightarrow{BC}^2) + 2\overrightarrow{BA} \cdot \overrightarrow{BC} + 2[4(\overrightarrow{BP} - \overrightarrow{BA})^2 - \overrightarrow{BP}^2]$$

$$- \left[9 \, (\overrightarrow{BP} - \overrightarrow{BA})^2 - (\overrightarrow{BP} - \overrightarrow{BC})^2 \right]$$
$$= 0.$$

说明 从 6 个条件"$BA \perp BC$，$BA = BC$，$PA : PB = 1 : 2$，$PA : PC = 1 : 3$，K 是 PC 的中点，$AP \perp BK$"中任选 5 个作为已知，剩余 1 个作为求证结论，有 6 种可能. 按一般思路，应该证 6 次. 这其中需要注意：由"$BA \perp BC$，$BA = BC$，$PA : PB = 1 : 2$，$PA : PC = 1 : 3$，$AP \perp BK$"推出 K 是 PC 的中点. 假设 K 在 PC 上运动，只有一种可能使得 $AP \perp BK$，而当 K 是 PC 的中点时满足条件，那么 K 只能是 PC 的中点.

例8 如图 26.27 所示，设 O 是 $\triangle ABC$ 的外心，D 是 AB 的中点，E 是 $\triangle ACD$ 的重心，且 $AB = AC$，求证：$OE \perp CD$.（1983 年英国数学奥林匹克竞赛试题）

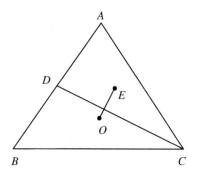

图 26.27

证明 $OE \perp CD$ 等价于 $\dfrac{\overrightarrow{OA} + \overrightarrow{OC} + \dfrac{\overrightarrow{OA} + \overrightarrow{OB}}{2}}{3} \cdot \left(\overrightarrow{OC} - \dfrac{\overrightarrow{OA} + \overrightarrow{OB}}{2} \right) = 0$；

$AB = AC$ 等价于 $(\overrightarrow{OA} - \overrightarrow{OB})^2 - (\overrightarrow{OA} - \overrightarrow{OC})^2 = 0$；

由 O 是 $\triangle ABC$ 的外心可得 $\dfrac{\overrightarrow{OB} + \overrightarrow{OC}}{2} \cdot (\overrightarrow{OB} - \overrightarrow{OC}) = 0$，$\dfrac{\overrightarrow{OC} + \overrightarrow{OA}}{2} \cdot (\overrightarrow{OA} - \overrightarrow{OC}) = 0$. 仿照例 3 可得恒等式

$$6 \cdot \frac{\overrightarrow{OA} + \overrightarrow{OC} + \dfrac{\overrightarrow{OA} + \overrightarrow{OB}}{2}}{3} \cdot \left(\overrightarrow{OC} - \frac{\overrightarrow{OA} + \overrightarrow{OB}}{2} \right) + 3 \cdot \frac{\overrightarrow{OB} + \overrightarrow{OC}}{2} \cdot (\overrightarrow{OB} - \overrightarrow{OC})$$
$$+ 3 \cdot \frac{\overrightarrow{OC} + \overrightarrow{OA}}{2} \cdot (\overrightarrow{OA} - \overrightarrow{OC}) - \left[(\overrightarrow{OA} - \overrightarrow{OB})^2 - (\overrightarrow{OA} - \overrightarrow{OC})^2 \right]$$
$$= 0.$$

证明原命题的同时，发现并证明了逆命题：设 O 是 $\triangle ABC$ 的外心，D 是 AB 的中点，E 是 $\triangle ACD$ 的重心，则 $OE \perp CD \Leftrightarrow AB = AC$.

从作图角度而言，$AB = AC \Rightarrow OE \perp CD$ 是自然的. 反之，在不知道 $AB = AC$ 的情况下，随意作 $\triangle ABC$，很难保证 $OE \perp CD$. 从解题角度来说，我们更习惯于使用 $AB = AC$，因为等腰三角形有许多熟知的性质. 而 $OE \perp CD$ 则让人难以下手，不知如何利用. 因此在以往几何研究中，类似 $AB = AC \Leftarrow OE \perp CD$ 的性质比较少见. 而使用恒等式方法，在证明原命题的同

时,自动发现并证明了这样的性质.

例9 如图 26.28 所示,已知 $ABCD$ 是圆内接四边形,对角线 AC 交 BD 于点 E,且 $BE = DE$,求证: $AB^2 + BC^2 + CD^2 + DA^2 = 2AC^2$.(1996 年北京数学竞赛试题)

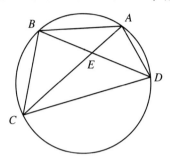

图 26.28

证明 由 $BE = DE$,得 $\overrightarrow{ED} = -\overrightarrow{EB}$.

$AB^2 + BC^2 + CD^2 + DA^2 = 2AC^2$ 等价于 $(\overrightarrow{EB} - \overrightarrow{EA})^2 + (\overrightarrow{EC} - \overrightarrow{EB})^2 + (-\overrightarrow{EB} - \overrightarrow{EC})^2 + (\overrightarrow{EA} + \overrightarrow{EB})^2 - 2(\overrightarrow{EA} - \overrightarrow{EC})^2 = 0$.

A, B, C, D 四点共圆等价于 $\overrightarrow{EA} \cdot \overrightarrow{EC} + \overrightarrow{EB}^2 = 0$.

仿照例 3 可得恒等式

$$\left[(\overrightarrow{EB} - \overrightarrow{EA})^2 + (\overrightarrow{EC} - \overrightarrow{EB})^2 + (-\overrightarrow{EB} - \overrightarrow{EC})^2 + (\overrightarrow{EA} + \overrightarrow{EB})^2 - 2(\overrightarrow{EA} - \overrightarrow{EC})^2\right]$$
$$- 4(\overrightarrow{EA} \cdot \overrightarrow{EC} + \overrightarrow{EB}^2)$$
$$= 0.$$

证明原命题的同时,发现并证明了逆命题:四边形 $ABCD$ 中,对角线 AC 交 BD 于点 E,且 $BE = DE$,则 $AB^2 + BC^2 + CD^2 + DA^2 = 2AC^2 \Leftrightarrow A, B, C, D$ 四点共圆.

下面几题仅给出向量恒等式,留给读者练习使用.

例10 如图 26.29 所示,$\triangle ABC$ 中,$AB = BC$,M 是 AB 的中点,P 是 CM 的中点,点 N 将边 BC 分为 $3:1$(由顶点 B 算起)的两部分,求证:$AP = MN$.(2013 年莫斯科数学奥林匹克竞赛试题)

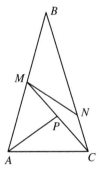

图 26.29

证 明

$$\left(\overrightarrow{BA} - \frac{\dfrac{\overrightarrow{BA}}{2} + \overrightarrow{BC}}{2}\right)^2 - \left(\frac{\overrightarrow{BA}}{2} - \frac{3\overrightarrow{BC}}{4}\right)^2 - \frac{5}{16}(\overrightarrow{BA}^2 - \overrightarrow{BC}^2) = 0.$$

例 11 如图 26.30 所示，$\triangle ABC$ 中，$AB = 3BC$，P,Q 为边 AB 上两点，且满足 $AP = PQ = QB$，点 M 是 AC 的中点，求证：$\angle PMQ = 90°$.（2018—2019 年波兰初中数学奥林匹克竞赛平面几何试题）

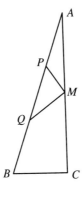

图 26.30

证 明

$$\left(\frac{\overrightarrow{BA} + \overrightarrow{BC}}{2} - \frac{\overrightarrow{BA}}{3}\right) \cdot \left(\frac{\overrightarrow{BA} + \overrightarrow{BC}}{2} - \frac{2\overrightarrow{BA}}{3}\right) - \frac{1}{36}(\overrightarrow{BA}^2 - 9\overrightarrow{BC}^2) = 0.$$

例 12 空间四边形 $ABCD$ 中，求证：$AD^2 + BC^2 = AB^2 + CD^2 \Leftrightarrow AC \perp BD$.

证 明

$$(\overrightarrow{OA} - \overrightarrow{OD})^2 + (\overrightarrow{OB} - \overrightarrow{OC})^2 - (\overrightarrow{OA} - \overrightarrow{OB})^2 - (\overrightarrow{OC} - \overrightarrow{OD})^2$$
$$= 2(\overrightarrow{OA} - \overrightarrow{OC}) \cdot (\overrightarrow{OB} - \overrightarrow{OD}).$$

例 13 如图 26.31 所示，已知 PQ 平行于矩形 $ABCD$ 的边 AD，求证：$AP^2 + CQ^2 = PB^2 + DQ^2$.

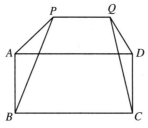

图 26.31

证明

$$[(\overrightarrow{BA} - \overrightarrow{BP})^2 + (\overrightarrow{BC} - \overrightarrow{BQ})^2 - \overrightarrow{BP}^2 - (\overrightarrow{BA} + \overrightarrow{BC} - \overrightarrow{BQ})^2]$$
$$+ 2\overrightarrow{BA} \cdot \overrightarrow{BC} + 2\overrightarrow{BA} \cdot (\overrightarrow{BP} - \overrightarrow{BQ})$$
$$= 0.$$

例 14 平行四边形 $ABCD$ 中,求证: $AC^2 + BD^2 = 2AB^2 + 2AD^2$.

证明

$$(\overrightarrow{OA} - \overrightarrow{OC})^2 + (\overrightarrow{OB} - \overrightarrow{OD})^2 - 2(\overrightarrow{OA} - \overrightarrow{OB})^2 - 2(\overrightarrow{OA} - \overrightarrow{OD})^2$$
$$= -(3\overrightarrow{OA} - \overrightarrow{OB} - \overrightarrow{OC} - \overrightarrow{OD}) \cdot (\overrightarrow{OA} - \overrightarrow{OB} + \overrightarrow{OC} - \overrightarrow{OD}).$$

从恒等式可以看出,若 A,B,C,D 四点构成平行四边形,则 $\overrightarrow{OA} - \overrightarrow{OB} + \overrightarrow{OC} - \overrightarrow{OD} = \mathbf{0}$, 等式右边为 0,求证命题成立. 反之,若 $(A-C)^2 + (B-D)^2 = 2(A-B)^2 + 2(A-D)^2$ 成立,则未必能推出 A,B,C,D 四点构成平行四边形,也有可能是 $3\overrightarrow{OA} - \overrightarrow{OB} - \overrightarrow{OC} - \overrightarrow{OD} = \mathbf{0}$,即 A 是 $\triangle BCD$ 三点的重心;还有可能是 $3\overrightarrow{OA} - \overrightarrow{OB} - \overrightarrow{OC} - \overrightarrow{OD}$ 与 $\overrightarrow{OA} - \overrightarrow{OB} + \overrightarrow{OC} - \overrightarrow{OD}$ 垂直. 此例与例 5 不同,要引起注意,这也是恒等式方法的优点,可迅速发现该结论在哪些情况下成立.

从上述案例可以看出,向量恒等式方法操作简单,计算量不大,且生成恒等式之后,有"举一反三"之特效.我们希望在代数恒等式和几何恒等式之间架构一座桥梁,将几何性质的成立等价于代数式的成立,使数形结合更加紧密.依照我们的解题经验,要想解题过程简洁,首先要找到一种比较简洁的方式表示几何关系,譬如中点关系、垂直关系、线段相等关系、共圆关系等,然后再用一种比较简洁的方式将题目中的条件、结论(也就是各种几何关系)串起来.而使用向量的表示是简洁的,使用待定系数法将条件串起来是可能的.

26.5 几何代数熔一炉 向量恒等式沟通数与形①

解析几何的建立,使得几何问题能转化成代数问题,从而按部就班地操作,也可以认为是架构了一座从几何通向代数的桥梁.反之,如何基于解析几何从代数通向几何? 这方面的研究似乎还比较少见.一座桥梁当然最好是两边互通,而不是单向的.我们研究发现,向量几何,特别是向量恒等式能很好地沟通数形关系.之前的研究已详细介绍基于点几何,从几何题出发生成代数恒等式的案例.下面重点介绍如何从代数通向几何.

在中学里,常用小写字母 x,y,a,b 等表示数,用大写字母 A,B 等表示几何中的点.这谈不上什么科学依据,只是一种约定而已.我们不妨学学郑板桥的难得糊涂,在大、小写字母

---

① 本节与张景中院士合作完成.

之间自由切换. 准备工作极其简单, 只需将向量做一点形式上的转化. 若设 O 为原点(简记为 $O=0$), 则可将 $\overrightarrow{OX}$ 简记为 X, $\overrightarrow{XY}=\overrightarrow{OY}-\overrightarrow{OX}$ 简记为 $Y-X$, $\overrightarrow{OX}\cdot\overrightarrow{OY}$ 简记为 $X\cdot Y$ 或 XY(根据上下文理解, 莫与线段 XY 混淆). 这样的简记改动不大, 但"轻装上阵"使得发明创新成为可能.

下面先给出一些代数恒等式(含条件恒等式), 单看这些代数式, 可能会觉得枯燥乏味, 但认识到这些代数式的几何意义之后, 则会改变看法. 这样的多角度审视会使得数学变得丰富多彩. 因为此处重点在于介绍代数与几何之间的转化, 所以对所给代数式不加证明, 请有兴趣的读者自证.

26.5.1 一次恒等式

例 1 $a-b=d-c\Leftrightarrow a-d=b-c\Leftrightarrow\dfrac{a+c}{2}=\dfrac{b+d}{2}$.

单纯从代数式角度来看, 此式实在简单. 但若从点几何的角度来看, 短短式子等价于几何命题:四边形中, 一组对边平行且相等的充要条件是另一组对边平行且相等. 四边形对边平行且相等的充要条件是四边形的对角线相互平分.

详细写出:

$$A-B=D-C \quad\Leftrightarrow\quad A-D=B-C \quad\Leftrightarrow\quad \frac{A+C}{2}=\frac{B+D}{2},$$

$$\overrightarrow{AB}=\overrightarrow{DC} \quad\Leftrightarrow\quad \overrightarrow{AD}=\overrightarrow{BC} \quad\Leftrightarrow\quad \frac{\overrightarrow{OA}+\overrightarrow{OC}}{2}=\frac{\overrightarrow{OB}+\overrightarrow{OD}}{2}.$$

例 2 $\dfrac{A+B+C}{3}=\dfrac{2}{3}\dfrac{A+B}{2}+\dfrac{1}{3}C=\dfrac{2}{3}\dfrac{A+C}{2}+\dfrac{1}{3}B=\dfrac{2}{3}\dfrac{B+C}{2}+\dfrac{1}{3}A$.

这看似只是简单的加法把戏, 其几何意义却对应着三角形重心定理:如图 26.32 所示, 存在点 $\dfrac{A+B+C}{3}$ 在 AD 上, 因为 $\dfrac{A+B+C}{3}=\dfrac{2}{3}\dfrac{B+C}{2}+\dfrac{1}{3}A$, 此处 $D=\dfrac{B+C}{2}$, 还说明点 $\dfrac{A+B+C}{3}$ 是 AD 的三等分点. 同理点 $\dfrac{A+B+C}{3}$ 在 BE, CF 上.

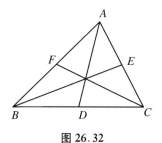

图 26.32

例 3 $2\left(\dfrac{A+D}{2}-\dfrac{B+C}{2}\right)=(A-B)+(D-C)$.

这实际上是四边形中位线的向量形式:如图 26.33 所示, 四边形 $ABCD$ 中, M, N 分别

是 AD,BC 的中点,则 $2\overrightarrow{MN} = \overrightarrow{AB} + \overrightarrow{DC}$,包括下面几种特例.

(1) 如果 A,D 两点重合,$2\overrightarrow{AN} = \overrightarrow{AB} + \overrightarrow{AC}$,此即三角形中线的向量形式;

(2) 如果 C,D 两点重合,$2\overrightarrow{MN} = \overrightarrow{AB}$,此即三角形中位线定理;

(3) 如果 $AB /\!/ CD$,此时四边形为梯形,$AB /\!/ CD /\!/ MN$,$2MN = AB + DC$,表示梯形的中位线定理;

(4) 如果 $AB /\!/ CD$,且 C,D 两点错位(图 26.34),此时四边形为梯形,$AB /\!/ CD /\!/ MN$,$2MN = AB - DC$,表示梯形两对角线的中点的连线平行于底边且等于两底差的一半.

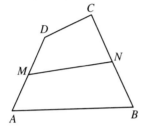

图 26.33

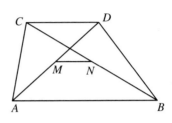

图 26.34

例4 $\dfrac{\dfrac{B+C}{2} + \dfrac{D+E}{2}}{2} - \dfrac{\dfrac{B+A}{2} + \dfrac{D+C}{2}}{2} = \dfrac{E-A}{4}$.

几何意义:如图 26.35 所示,五边形 $ABCDE$ 中,点 F,G,H,I 分别是 AB,BC,CD,DE 的中点,点 J,K 分别是 FH,GI 的中点,求证:$JK /\!/ AE$ 且 $JK = \dfrac{1}{4}AE$.

例5 $\dfrac{2\dfrac{A+D}{2} + \dfrac{B+C}{2}}{3} = \dfrac{\dfrac{2A+B}{3} + \dfrac{2D+C}{3}}{2}$.

几何意义:如图 26.36 所示,已知 M,N 分别为平面内任意四边形一组对边 AD,BC 的中点,A_1,A_2 三等分 AB,D_1,D_2 三等分 DC,求证:MN 被 A_1D_1,A_2D_2 三等分且 A_1D_1,A_2D_2 又被 MN 平分.

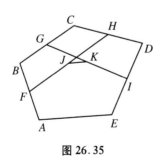

图 26.35

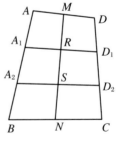

图 26.36

例6

$$U = \dfrac{A+B+2C}{4} = \dfrac{A+3\dfrac{B+2C}{3}}{4} = \dfrac{B+3\dfrac{A+2C}{3}}{4},$$

$$X = \frac{2A + 2B + C}{5} = \frac{2A + 3\dfrac{2B + C}{3}}{5} = \frac{2B + 3\dfrac{2A + C}{3}}{5},$$

$$O = \frac{A + B + C}{3} = \frac{4}{9} \cdot \frac{A + B + 2C}{4} + \frac{5}{9} \cdot \frac{2A + 2B + C}{5}.$$

几何意义:如图 26.37 所示,△ABC 中,在各边上作三等分点,这些三等分点与对边顶点连接后,产生交点 X,Y,Z,U,V,W,求证:XU,YV,ZW 交于一点.

例7

$$\frac{\dfrac{a+b}{2} + \dfrac{c+d}{2} + \dfrac{e+f}{2}}{3} = \frac{\dfrac{a+f}{2} + \dfrac{b+c}{2} + \dfrac{e+d}{2}}{3} = \frac{\dfrac{a+b+f}{3} + \dfrac{c+d+e}{3}}{2}$$

$$= \frac{\dfrac{a+b+c}{3} + \dfrac{d+e+f}{3}}{2} = \cdots.$$

几何意义:如图 26.38 所示,任意六边形 $ABCDEF$ 中,AB,CD,EF 各边中点构成的三角形的重心,AF,BC,DE 各边中点构成的三角形的重心,△ABF 的重心与△CDE 的重心连线的中点……求证:这些点重合.

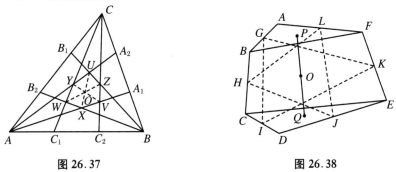

图 26.37   图 26.38

说明 A,B,C,D,E,F 六点无须共面.点的个数越多,可组合的形式也越多.读者可自行尝试一些组合.

26.5.2 二次恒等式

例8 设 a,b,c,d 四数成等比数列,求证:$(b-c)^2 + (c-a)^2 + (d-b)^2 = (a-d)^2$.

这是一道数列题,看似与几何题风马牛不相及.根据题目生成恒等式

$$\left[(b-c)^2 + (c-a)^2 + (d-b)^2 - (a-d)^2\right]$$

$$- 2(b^2 - ac) - 2(c^2 - bd) - 2(ad - bc)$$

$$= 0.$$

几何意义:五点 A,B,C,D,O 满足 $\overrightarrow{OB}^2 = \overrightarrow{OA} \cdot \overrightarrow{OC}, \overrightarrow{OC}^2 = \overrightarrow{OB} \cdot \overrightarrow{OD}, \overrightarrow{OA} \cdot \overrightarrow{OD} = \overrightarrow{OB}$

$\overrightarrow{OC}$,求证:$BC^2 + CA^2 + DB^2 = AD^2$.

例9 求证:$(a + b + c - d)^2 + (a + b - c + d)^2 + (a - b + c + d)^2 + (-a + b + c + d)^2 = 4(a^2 + b^2 + c^2 + d^2)$.

为使得几何意义更加明显,改写恒等式为

$$\left(\frac{a + b + c}{3} - \frac{d}{3}\right)^2 + \left(\frac{b + c + d}{3} - \frac{a}{3}\right)^2 + \left(\frac{c + d + a}{3} - \frac{b}{3}\right)^2 + \left(\frac{d + a + b}{3} - \frac{c}{3}\right)^2$$

$$= \frac{4}{9}(a^2 + b^2 + c^2 + d^2).$$

几何意义:四面体 $ABCD$ 中,O 是任意点,$\triangle ABC$,$\triangle BCD$,$\triangle CDA$,$\triangle DAB$ 的重心分别为 G_D,G_A,G_B,G_C,OA 的三等分点为 A'(靠近点 O),类似定义 B',C',D',求证:$G_A A'^2 + G_B B'^2 + G_C C'^2 + G_D D'^2 = \frac{4}{9}(OA^2 + OB^2 + OC^2 + OD^2)$.

例10 已知 $\dfrac{b + c + d}{c + d + a} = \dfrac{d + a + b}{a + b + c}$,求证:$a^2 + ad + d^2 = b^2 + bc + c^2$.

根据题目生成恒等式

$$[(a - d)^2 - (b - c)^2] + [(a + b + c)(b + c + d)$$
$$- (c + d + a)(d + a + b)] - 3(bc - ad)$$
$$= 0.$$

几何意义:四边形 $ABCD$ 中,O 是任意点,M,N,P,Q 分别是 $\triangle ABC$,$\triangle BCD$,$\triangle CDA$,$\triangle DAB$ 的重心,若 $AD = BC$,求证:$\overrightarrow{OM} \cdot \overrightarrow{ON} = \overrightarrow{OP} \cdot \overrightarrow{OQ} \Leftrightarrow \overrightarrow{OA} \cdot \overrightarrow{OD} = \overrightarrow{OB} \cdot \overrightarrow{OC}$.

例11 已知 $b^2 + c^2 = a^2$,求证:$\dfrac{a + b + c}{-a + b + c} = \dfrac{a + b - c}{-a + b + c}$.

根据题目生成恒等式

$$-2(b^2 + c^2 - a^2) + \left[3\frac{a + b + c}{3}(-a + b + c) - (a + b - c)(a - b + c)\right] = 0.$$

几何意义:如图 26.39 所示,G 是 $\triangle ABC$ 的重心,四边形 $BCAD$,$CABE$,$ABCF$ 是平行四边形,O 是任意点,求证:$OB^2 + OC^2 = OA^2 \Leftrightarrow 3\overrightarrow{OG} \cdot \overrightarrow{OE} = \overrightarrow{OD} \cdot \overrightarrow{OF}$.

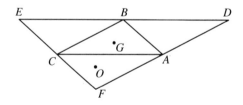

图 26.39

例12 求证:$\left(\dfrac{a + b + c}{2}\right)^2 + \left(\dfrac{-a + b + c}{2}\right)^2 + \left(\dfrac{a - b + c}{2}\right)^2 + \left(\dfrac{a + b - c}{2}\right)^2 = a^2 + b^2$

$+ c^2$.

改写恒等式为

$$9\left(\frac{a+b+c}{3}\right)^2 + (-a+b+c)^2 + (a-b+c)^2 + (a+b-c)^2 = 4(a^2+b^2+c^2).$$

几何意义：G 是 $\triangle ABC$ 的重心，四边形 $BCAD$，$CABE$，$ABCF$ 是平行四边形，O 是任意点，求证：$9OG^2 + OD^2 + OE^2 + OF^2 = 4(OA^2 + OB^2 + OC^2)$．

例 13 $(ay-bx)(cw-dz) + (az-cx)(dy-bw) + (aw-dx)(bz-cy) = 0$．

取其特例，设 $x=y=z=1$，$w=2$，即

$$(A-B)(2C-D) + (B-C)(2A-D) + (C-A)(2B-D) = 0.$$

几何意义：如图 26.40 所示，$\triangle ABC$ 中，O 为任意点，延长 OA 至点 X，使得 $OX = 2OA$，延长 OB 至点 Y，使得 $OY = 2OB$，延长 OC 至点 Z，使得 $OZ = 2OC$，分别过 X，Y，Z 向 BC，CA，AB 作垂线，则三条垂线交于点 D．

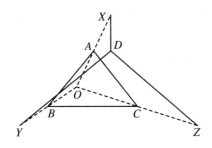

图 26.40

说明　当取其他系数时，几何意义有所不同．特别地，当 $x=y=z=w=1$ 时，$(A-B)(C-D) + (B-C)(A-D) + (C-A)(B-D) = 0$，此式的几何意义为垂心定理，而且 A，B，C，D 四点地位相等，可将 $D(A,B,C)$ 看成是 $\triangle ABC$（$\triangle BCD$，$\triangle CDA$，$\triangle DAB$）的垂心．从这容易引出垂心组的概念：以三点为三角形的顶点，另一点为该三角形的垂心的四点称为垂心组．垂心组中的每一点都为以其余三点为顶点的三角形的垂心．

例 14 求证：$(a^2+b^2+c^2)(x^2+y^2+z^2) = (ax+by+cz)^2 + (ay-bx)^2 + (bz-cy)^2 + (cx-az)^2$．

取其特例，设 $x=y=z=1$，即

$$A^2 + B^2 + C^2 = 3\left(\frac{A+B+C}{3}\right)^2 + \frac{(A-B)^2 + (B-C)^2 + (C-A)^2}{3}$$

$$= 3\left(\frac{A+B+C}{3}\right)^2 + \left(\frac{A+B+C}{3} - A\right)^2 + \left(\frac{A+B+C}{3} - B\right)^2$$

$$+ \left(\frac{A+B+C}{3} - C\right)^2.$$

其几何意义就是著名的莱布尼茨公式：G 为 $\triangle ABC$ 的重心，P 为任意点，则

$$PA^2 + PB^2 + PC^2 = 3PG^2 + \frac{AB^2 + BC^2 + CA^2}{3} = 3PG^2 + GA^2 + GB^2 + GC^2.$$

能否将 a 和 x 都看作是点？以目前我们的研究来说,不行,因为无法解释 $a^2 x^2$.也就是两点之间可定义乘法为向量内积,三个点(更多点)之间如何定义乘法,使得几何意义明显,还有待进一步研究.此处所涉及的仅为一次和二次代数恒等式.

下面也是一个经典代数恒等式,其几何意义留与读者练习.

$$(a^2 + b^2 + c^2 + d^2)(x^2 + y^2 + z^2 + t^2)$$
$$= (ax + by + cz + dt)^2 + (ay - bx + ct - dz)^2$$
$$+ (az - bt - cx + dy)^2 + (at + bz - cy - dx)^2$$
$$= (ax + by + cz + dt)^2 + (ay - bx)^2 + (az - cx)^2$$
$$+ (at - dx)^2 + (bz - cy)^2 + (bt - dy)^2 + (ct - dz)^2.$$

我们甚至可以"随手"写一些恒等式,然后去解读几何意义.

例 15 求证: $2\left(-\dfrac{D}{2} - \dfrac{B+C}{2}\right)(B - C) - (-B - C - D)(B - C) = 0$.

切莫随意消去 $B - C$.解读此恒等式的关键在于选择合适的原点,使得 $-\dfrac{D}{2}, -B - C$ 有较好的几何意义.

设 $G = \dfrac{A + B + C}{3} = 0, A = -B - C, P = \dfrac{D}{2}$,上述恒等式的几何意义:如图 26.41 所示, $\triangle ABC$ 中, $AD \perp BC$ 于点 D, E, F 分别为 CA, AB 的中点, BE 与 CF 交于点 G,直线 DG 与 EF 交于点 P,求证:点 P 在线段 BC 的中垂线上.

例 16 $2\left(\dfrac{C+D}{2} + \dfrac{B+A}{2} - \dfrac{A+D}{2}\right)(C - B) + (B^2 - C^2) = 0$.

解读此恒等式比较简单,只要选择原点 O 在 BC 的中垂线上,设 $O = 0$.上述恒等式的几何意义:如图 26.42 所示,四边形 $ABCD$ 中, E, F, G 分别是 CD, BA, AD 的中点, O 是 BC 的中垂线上的点,作平行四边形 $FOEN$,求证: $GN \perp BC$.

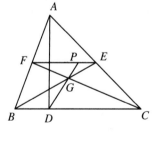

图 26.41

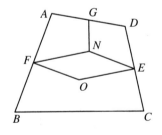

图 26.42

例 17 如图 26.43 所示, $\triangle ABC$ 中,设 BC 为最大边,在 BC 上取点 P, Q,满足 $BA =$

BQ，$CA = CP$，求证：$PQ^2 = 2BP \cdot QC \Leftrightarrow AB \perp AC$.

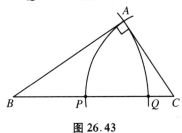

图 26.43

证法 1　设 $a = BC$，$b = CA = CP$，$c = BA = BQ$，则 $BP = a - b$，$PQ = -a + b + c$，QC $= a - c$，根据恒等式 $(-a + b + c)^2 - 2(a - b)(a - c) = b^2 + c^2 - a^2$，命题得证.

证法 2　设 $A = 0$，则

$$[(P - Q)^2 - 2(B - P)(Q - C)] - 2BC + [C^2 - (C - P)^2] + [B^2 - (B - Q)^2] = 0.$$

传统几何研究中，构造一个有几何意义的恒等式不太容易，譬如证法 1. 但如果挖掘向量恒等式这一宝库，则很容易构造有几何意义的恒等式. 针对证法 1 所得的恒等式

$$(-a + b + c)^2 - 2(a - b)(a - c) = b^2 + c^2 - a^2,$$

改写成

$$(-\overrightarrow{OA} + \overrightarrow{OB} + \overrightarrow{OC})^2 - 2(\overrightarrow{OA} - \overrightarrow{OB})(\overrightarrow{OA} - \overrightarrow{OC}) = \overrightarrow{OB}^2 + \overrightarrow{OC}^2 - \overrightarrow{OA}^2,$$

其几何意义：平行四边形 $ABCD$ 中，O 是任意点，$OB^2 + OC^2 = OA^2 + OD^2 \Leftrightarrow AB \perp AC$. 这在一些资料上称为矩形定理，却与例 17 可以借助同一恒等式表示.

需要强调的是，点几何中对恒等式的解读并不唯一. 如遇到 $(B - C)(A - D)$，一般朝 $BC \perp AD$ 去靠，因为这样较为简单. 事实上，$\overrightarrow{BC} \cdot \overrightarrow{AD}$ 中两向量未必垂直. 当 A，B，C，D 四点共线时，$(B - C)(A - D)$ 可理解成线段相乘. 按此思路重新审视前文中研究三角形垂心定理而建立的恒等式，容易联想到欧拉定理：直线上有四点 A，B，C，D，则 $\overrightarrow{AB} \cdot \overrightarrow{CD} + \overrightarrow{AC} \cdot \overrightarrow{DB} + \overrightarrow{AD} \cdot \overrightarrow{BC} = 0$. 说明在点几何视角下，垂心定理与欧拉定理可归于同一恒等式.

例 18　求证：$(A - C)^2 + (B - D)^2 - (A - B)^2 - (C - D)^2 - 2(B - C)(A - D) = 0$.

几何意义 1：四边形 $ABDC$ 中，$AD \perp BC$（图 26.44），求证：$AC^2 + BD^2 = AB^2 + CD^2$.

几何意义 2：梯形 $ABCD$ 中，$AD /\!/ BC$（图 26.45），求证：$AC^2 + BD^2 = AB^2 + CD^2 + 2BC \cdot AD$.

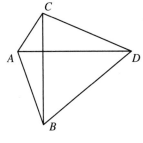

图 26.44

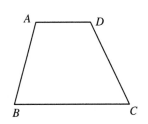

图 26.45

几何意义 3：若设 $D = \dfrac{B+C}{2}$，则 $(A-C)^2 - (A-B)^2 - 2\left(A - \dfrac{B+C}{2}\right)(B-C) = 0$，即等腰三角形中，底边上中线和高合二为一.

26.5.3 小结

不论数学如何发展，数形之间的关联与转化都是一个非常基本和重要的问题.大量案例表明，向量恒等式确实在数形之间架构了一座桥梁，使数形结合更加紧密，有助于几何、代数之间的融合.人类研究初等数学几千年，积累了大量的代数式和几何题.如果按照本方法，基于代数式生成几何题或基于几何题生成代数式，几何和代数携起手来，两者都会变得更加丰富多彩.

这一研究为初等数学研究提供了新的途径，对数学教学也有启发.譬如根据余弦定理有
$$\vec{AB}^2 + \vec{BC}^2 + \vec{CA}^2 = 2\,\vec{CA} \cdot \vec{CB} + 2\,\vec{BA} \cdot \vec{BC} + 2\,\vec{AB} \cdot \vec{AC},$$
得到代数恒等式
$$(a-b)^2 + (b-c)^2 + (c-a)^2$$
$$= 2(c-a)(c-b) + 2(b-a)(b-c) + 2(a-b)(a-c).$$
这样初高中知识相关联，初中生可先接触代数式，到了高中再理解其几何意义.如果有学校愿意实验，将点几何引入课堂，只需很少的一点教学改动，就可以让学生更深地体会数形结合.

26.6 向量形式的角平分线[①]

以我们多年的研究经验来看，向量法解决角度问题远比线段问题麻烦.特别是要想建立关于角度问题的向量恒等式，更是不易.我们最近发现，向量形式的角平分线充要条件有助于解决角度问题.

若 K 在 $\angle BAC$ 的平分线上，则 $\vec{AK} = k\left(\dfrac{\vec{AB}}{|\vec{AB}|} + \dfrac{\vec{AC}}{|\vec{AC}|}\right)$.反之也成立.

更进一步，若设 $\vec{AK} = m\,\vec{AB} + n\,\vec{AC}$，则 $m = \dfrac{k}{|\vec{AB}|}$，$n = \dfrac{k}{|\vec{AC}|}$，即 $n\,|\vec{AC}| = m\,|\vec{AB}|$.
实际使用时，常使用平方形式 $n^2 AC^2 = m^2 AB^2$，其中 m,n 同号.此称为向量形式的内角平分线充要条件.

需要指出的是，外角平分线也有类似性质，只是 m,n 异号.考虑到中学数学教学范围内很少出现外角平分线，所以本节举例只考虑内角平分线.向量形式的内角平分线充要条件看

---

① 本节与李有贵老师合作完成.

似只是在已有性质基础上前进了一小步,但研究下来,有比较多的好的应用.其中充要条件的好处就是常常可以举一反三,得到逆命题.

例1 如图 26.46 所示,梯形 $ABCD$ 中,$DC /\!/ AB$,$\angle ABC$ 的平分线与腰 AD 交于点 E,且 E 为 AD 的中点,求证:$BC = DC + AB$.

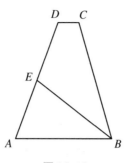

图 26.46

证明 设 $\overrightarrow{CD} = t\overrightarrow{BA}$,则 $\overrightarrow{BD} = \overrightarrow{BC} + t\overrightarrow{BA}$,$\overrightarrow{BE} = \dfrac{\overrightarrow{BA} + \overrightarrow{BD}}{2} = \dfrac{t+1}{2}\overrightarrow{BA} + \dfrac{1}{2}\overrightarrow{BC}$;

由于 E 在 $\angle ABC$ 的平分线上,因此 $(t+1)^2 \overrightarrow{BA}^2 = \overrightarrow{BC}^2$.

所以 $\overrightarrow{BC}^2 - (\overrightarrow{CD} + \overrightarrow{BA})^2 = \overrightarrow{BC}^2 - (t+1)^2 \overrightarrow{BA}^2 = 0$,即 $BC = DC + AB$.

说明 上述证明还发现了相关命题,即得到:如图 26.46 所示,在梯形 $ABCD$ 中,$DC /\!/ AB$,且 E 为 AD 的中点,求证:$BC = DC + AB$ 的充要条件是 E 在 $\angle ABC$ 的平分线上.

例2 如图 26.47 所示,$\triangle ABC$ 中,D,E 是线段 AC 上的点,且 $AD = CE$,BE 平分 $\angle DBC$,$BE = \sqrt{2}CE$,求证:$\angle ABC = 90°$.

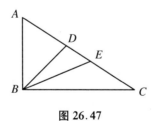

图 26.47

证明 设 $\overrightarrow{AD} = t\overrightarrow{AC}$,则 $\overrightarrow{CE} = t\overrightarrow{CA}$,$\overrightarrow{BD} = t\overrightarrow{BC} + (1-t)\overrightarrow{BA}$,$\overrightarrow{BE} = t\overrightarrow{BA} + (1-t)\overrightarrow{BC}$.两式消去 $\overrightarrow{BA}$ 得 $(1-t)\overrightarrow{BE} = t\overrightarrow{BD} + (1-2t)\overrightarrow{BC}$.

由于 E 在 $\angle ABC$ 的平分线上,因此

$$t^2 \overrightarrow{BD}^2 - (1-2t)^2 \overrightarrow{BC}^2 = t^2 \left[t\overrightarrow{BC} + (1-t)\overrightarrow{BA} \right]^2 - (1-2t)^2 \overrightarrow{BC}^2$$

$$= (t-1)^2 \left[t^2 \overrightarrow{BA}^2 + (t^2 + 2t - 1)\overrightarrow{BC}^2 \right] + 2t^3(1-t)\overrightarrow{BA} \cdot \overrightarrow{BC}$$

$$= 0, \qquad\qquad\qquad\qquad ①$$

$$2\overrightarrow{CE}^2 - \overrightarrow{BE}^2 = 2t^2(\overrightarrow{BA} - \overrightarrow{BC})^2 - \left[t\overrightarrow{BA} + (1-t)\overrightarrow{BC} \right]^2$$

$$= t^2 \overrightarrow{BA}^2 + (t^2 + 2t - 1)\overrightarrow{BC}^2 - 2t(t + 1)\overrightarrow{BA} \cdot \overrightarrow{BC} = 0. \qquad ②$$

由②×$(t-1)^2 -$①,得 $2(t^2 - t)\overrightarrow{BA} \cdot \overrightarrow{BC} = 0$,所以 $\angle ABC = 90°$.

说明 上述证明还发现了相关命题,即得到:如图 26.47 所示,$\triangle ABC$ 中,D,E 是线段 AC 上的点,且 $AD = CE$,BE 平分 $\angle DBC$,求证:$\angle ABC = 90°$ 的充要条件是 $BE = \sqrt{2}CE$.

例3 如图 26.48 所示,在 $\triangle ABC$ 中,AD 为中线,E 是 BC 上一点,$EF /\!/ AC$ 交 AD 于点 F,求证:$CF \perp AE$ 的充要条件是 AE 为角平分线.(1996 年莫斯科数学奥林匹克竞赛试题的加强)

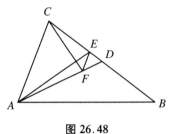

图 26.48

证明 设 $\overrightarrow{AE} = x\overrightarrow{AB} + (1-x)\overrightarrow{AC}$,改写成 $\overrightarrow{AE} - x(\overrightarrow{AB} + \overrightarrow{AC}) = (1-2x)\overrightarrow{AC}$,可得 $\overrightarrow{AF} = x(\overrightarrow{AB} + \overrightarrow{AC})$.

$CF \perp AE$ 等价于 $(\overrightarrow{AC} - \overrightarrow{AF}) \cdot \overrightarrow{AE} = 0$,即

$$[\overrightarrow{AC} - x(\overrightarrow{AB} + \overrightarrow{AC})][x\overrightarrow{AB} + (1-x)\overrightarrow{AC}] = -x^2\overrightarrow{AB}^2 + (1-x)^2\overrightarrow{AC}^2 = 0. \qquad ①$$

由 AE 为角平分线得

$$x^2\overrightarrow{AB}^2 - (1-x)^2\overrightarrow{AC}^2 = 0. \qquad ②$$

由①+②=0 可得 $CF \perp AE$ 的充要条件是 AE 为角平分线.

说明 上文求 $\overrightarrow{AF}$ 是平面向量基本定理的巧用.若不习惯,可设 $\overrightarrow{AF} = k(\overrightarrow{AB} + \overrightarrow{AC})$,由于 $EF /\!/ AC$,因此

$$\overrightarrow{AE} - \overrightarrow{AF} = x\overrightarrow{AB} + (1-x)\overrightarrow{AC} - k(\overrightarrow{AB} + \overrightarrow{AC}) = t\overrightarrow{AC},$$

于是 $x = k$,$\overrightarrow{AF} = x(\overrightarrow{AB} + \overrightarrow{AC})$.

例4 如图 26.49 所示,设点 E 是 $\angle AOB$ 平分线上的点,C,D 分别在 OA,OB 上,且 $EB /\!/ AD$,$EA /\!/ BC$,求证:$AC = BD$.

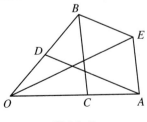

图 26.49

证明　设 $\overrightarrow{OE} = x\overrightarrow{OA} + y\overrightarrow{OB}$，则 $x^2\overrightarrow{OA}^2 = y^2\overrightarrow{OB}^2$.

$\overrightarrow{OE} = x\overrightarrow{OA} + y\overrightarrow{OB}$ 变形得 $\overrightarrow{OE} - \overrightarrow{OB} = x\left(\overrightarrow{OA} - \dfrac{1-y}{x}\overrightarrow{OB}\right)$，由于 $BE \parallel AD$，D 在 OB 上，

因此 $\overrightarrow{OD} = \dfrac{1-y}{x}\overrightarrow{OB}$，$\overrightarrow{DB} = \dfrac{y+x-1}{x}\overrightarrow{OB}$.

同理 $\overrightarrow{OE} - \overrightarrow{OA} = y\left(\overrightarrow{OB} - \dfrac{1-x}{y}\overrightarrow{OA}\right)$，则 $\overrightarrow{OC} = \dfrac{1-x}{y}\overrightarrow{OA}$，$\overrightarrow{CA} = \dfrac{x+y-1}{y}\overrightarrow{OA}$.

所以

$$\overrightarrow{CA}^2 - \overrightarrow{DB}^2 = \frac{(x+y-1)^2}{y^2}\overrightarrow{OA}^2 - \frac{(x+y-1)^2}{x^2}\overrightarrow{OB}^2$$

$$= \frac{(x+y-1)^2}{x^2 y^2}(x^2\overrightarrow{OA}^2 - y^2\overrightarrow{OB}^2)$$

$$= 0,$$

即 $AC = BD$.

说明　上述证明还发现了相关命题，即得到：如图 26.49 所示，设 E 为平面上一点，C，D 分别在 OA，OB 上，且 $EB \parallel AD$，$EA \parallel BC$，求证：$AC = BD$ 的充要条件是点 E 在 $\angle AOB$ 平分线上.

例5　如图 26.50 所示，$\triangle ABC$ 中，$\angle A = 90°$，$AD \perp BC$，DE，DF 分别平分 $\angle ADB$，$\angle ADC$，求证：$AE = AF$.

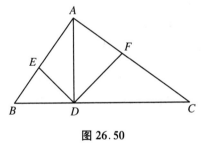

图 26.50

证明　设 $DA = a$，$DB = b$，$DC = c$，则由 $\angle A = 90°$，$AD \perp BC$，得 $a^2 = bc$，且

$$\overrightarrow{DE} = \frac{a}{a+b}\overrightarrow{DB} + \frac{b}{a+b}\overrightarrow{DA}, \qquad \overrightarrow{DF} = \frac{a}{a+c}\overrightarrow{DC} + \frac{c}{a+c}\overrightarrow{DA},$$

从而

$$\overrightarrow{AE}^2 - \overrightarrow{AF}^2 = \frac{a^2}{(a+b)^2}\overrightarrow{AB}^2 - \frac{a^2}{(a+c)^2}\overrightarrow{AC}^2$$

$$= \frac{a^2}{(a+b)^2}(b^2 + a^2) - \frac{a^2}{(a+c)^2}(c^2 + a^2)$$

$$= \frac{2a^3(c-b)(a^2 - bc)}{(a+b)^2(a+c)^2}$$

$$= 0,$$

所以 $AE = AF$.

说明 上述证明还发现了相关命题,即得到:如图 26.50 所示,$\triangle ABC$ 中,$AE = AF$,$AD \perp BC$,DE,DF 分别平分 $\angle ADB$,$\angle ADC$,求证:$\angle A = 90°$ 或 $AB = AC$.

例6 如图 26.51 所示,$\triangle ABC$ 中,$\angle ACB = 90°$,$AD \perp AB$,$AD = AB$,$BF \perp DC$,$AF \perp AC$,求证:CF 平分 $\angle ACB$.

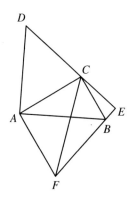

图 26.51

证明 设 $\overrightarrow{CD} = x\overrightarrow{CA} + y\overrightarrow{CB}$($y<0$),则 $\overrightarrow{AD} = (x-1)\overrightarrow{CA} + y\overrightarrow{CB}$.

设 $CA = b$,$CB = a$.

由 $AD = AB$,得 $\overrightarrow{AD}^2 - \overrightarrow{AB}^2 = 0$,即

$$(x-1)^2 b^2 + y^2 a^2 - a^2 - b^2 = 0. \qquad ①$$

由 $AD \perp AB$,得 $\overrightarrow{AD} \cdot \overrightarrow{AB} = 0$,即

$$[(x-1)\overrightarrow{CA} + y\overrightarrow{CB}](\overrightarrow{CB} - \overrightarrow{CA}) = 0,$$

亦即

$$ya^2 - (x-1)b^2 = 0. \qquad ②$$

联立方程①和②得 $\begin{cases} x = \dfrac{-a+b}{b} \\ y = -\dfrac{b}{a} \end{cases}$ 或 $\begin{cases} x = \dfrac{a+b}{b} \\ y = \dfrac{b}{a} \end{cases}$(舍去).

设 $\overrightarrow{AF} = t\overrightarrow{CB}$,则

$$\overrightarrow{BF} = \overrightarrow{BC} + \overrightarrow{CA} + \overrightarrow{AF} = \overrightarrow{CA} + (t-1)\overrightarrow{CB}.$$

由 $BF \perp CD$,得

$$\left[\overrightarrow{CA} + (t-1)\overrightarrow{CB}\right]\left(\frac{-a+b}{b}\overrightarrow{CA} - \frac{b}{a}\overrightarrow{CB}\right) = 0.$$

计算得 $b(b-a) - (t-1)ab = 0$,于是 $t = \dfrac{b}{a}$,$\overrightarrow{CF} = \overrightarrow{CA} + \dfrac{b}{a}\overrightarrow{CB}$,且 $a|\overrightarrow{CA}| = b|\overrightarrow{CB}|$,

所以 CF 平分 $\angle ACB$.

例7 如图 26.52 所示，$\triangle ABC$ 中，D 为线段 BC 上一点，满足 $AD \perp BC$，取边 AC 上一点 E，取边 AB 上一点 F，连接 DE，DF，若 AD，BE，CF 三线共点，求证：$\angle EDA = \angle FDA$.

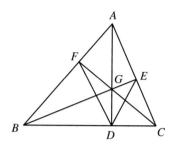

图 26.52

证明 设 AD，BE，CF 三线共点于 G，$\overrightarrow{DC} = m\overrightarrow{DB}$，$\overrightarrow{DG} = n\overrightarrow{DA}$，则

$$(1-n)\overrightarrow{DC} = m(1-n)\overrightarrow{DB}, \quad (1-m)\overrightarrow{DG} = n(1-m)\overrightarrow{DA},$$

于是

$$(1-n)\overrightarrow{DC} + n(1-m)\overrightarrow{DA} = m(1-n)\overrightarrow{DB} + (1-m)\overrightarrow{DG} = (1-mn)\overrightarrow{DE},$$

$$(1-n)\overrightarrow{DC} - (1-m)\overrightarrow{DG} = m(1-n)\overrightarrow{DB} - n(1-m)\overrightarrow{DA} = (m-n)\overrightarrow{DF},$$

两式相减得

$$2n(1-m)\overrightarrow{DA} = (1-mn)\overrightarrow{DE} + (n-m)\overrightarrow{DF}.$$

又

$$(1-mn)^2 \overrightarrow{DE}^2 - (n-m)^2 \overrightarrow{DF}^2$$

$$= [(1-n)\overrightarrow{DC} + n(1-m)\overrightarrow{DA}]^2 - [(1-n)m\overrightarrow{DB} - n(1-m)\overrightarrow{DA}]^2$$

$$= [(1-n)m\overrightarrow{DB} + n(1-m)\overrightarrow{DA}]^2 - [(1-n)m\overrightarrow{DB} - n(1-m)\overrightarrow{DA}]^2$$

$$= 4mn(1-n)(1-m)\overrightarrow{DB} \cdot \overrightarrow{DA}$$

$$= 0,$$

即

$$(1-mn)^2 \overrightarrow{DE}^2 = (n-m)^2 \overrightarrow{DF}^2,$$

所以 $\angle EDA = \angle FDA$.

说明 向量解法的好处是无须添加辅助线，按部就班计算即可.

也可扩展得到 $\angle EDA = \angle FDA \Leftrightarrow AD \perp BC$.

27 行列式与几何出题、解题

27.1 行列式计算与几何定理自动发现[①]

基于一个几何图形,给出若干条件,可推出哪些较深层次的结论? 有没有什么通用的方法,而不是依靠数学家的奇思妙想或灵机一动? 这是很多人都有兴趣的问题.

数学家吴文俊先生认为,有些几何定理的证明不单是传统的欧氏方法难以措手,即便是解析法也因计算繁复而无法解决.如果能找到一种机械化的方法,比较快捷地证明几何定理,那么有了这种手段之后,我们的创造力就能真正专注在新定理的发现上.可通过种种途径,尝试各种猜想,然后机器验证,若属实,则获得了一条定理.计算机作为计算工具,本质上与纸笔并无差别,但效率上则大有不同.这种借助于计算机发现定理的方法可称为机器发明或自动发现.

我们最近发现了一种自动发现几何定理的方法.这种新方法首先采用向量与复数的语言,列方程逐条描述几何关系,然后利用线性方程组的基础知识消去向量,得到若干行列式,最后基于行列式计算所得的等式,消去一些我们不感兴趣的变量,从而发现一些几何关系式.这种方法的好处是可以按部就班进行,可用计算机完成,也可人工操作,无须挖空心思去想各种技巧,所以能称得上机械化的自动发现.下面通过一些具体案例,来介绍这一方法.

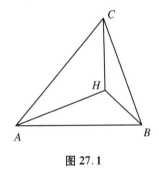

图 27.1

例1 如图 27.1 所示,H 是 $\triangle ABC$ 所在平面上一点,且 $AH \perp BC$,$BH \perp CA$,下面进行自动发现.

步骤1 首先采用向量与复数的语言,列方程逐条描述几何关系,并写成方程组的形式.

设 $\overrightarrow{BC}\mathrm{i} = x\overrightarrow{HA}$,$\overrightarrow{CA}\mathrm{i} = y\overrightarrow{HB}$,$\overrightarrow{AB}\mathrm{e}^{\mathrm{i}\theta} = z\overrightarrow{HC}$,其中 $\dfrac{BC}{HA} = x$,

---

[①] 本节与陈起航老师合作完成.

252

$\dfrac{CA}{HB} = y, \dfrac{AB}{HC} = z, e^{i\theta} = \cos\theta + i\sin\theta, \theta$ 为 $\overrightarrow{AB}, \overrightarrow{HC}$ 的夹角,则

$$\begin{cases} x\overrightarrow{HA} + \overrightarrow{HB}i - \overrightarrow{HC}i = 0 \\ -\overrightarrow{HA}i + y\overrightarrow{HB} + \overrightarrow{HC}i = 0 \\ \overrightarrow{HA}e^{i\theta} - \overrightarrow{HB}e^{i\theta} + z\overrightarrow{HC} = 0 \end{cases},$$

即

$$\begin{pmatrix} x & i & -i \\ -i & y & i \\ e^{i\theta} & -e^{i\theta} & z \end{pmatrix} \begin{pmatrix} \overrightarrow{HA} \\ \overrightarrow{HB} \\ \overrightarrow{HC} \end{pmatrix} = 0.$$

步骤 2 利用线性方程组的基础知识消去向量 X,得到行列式并计算.

得到关于变数 $X = \{\overrightarrow{HA}, \overrightarrow{HB}, \overrightarrow{HC}\}^{\mathrm{T}}$ 的向量方程组 $\begin{bmatrix} x & i & -i \\ -i & y & i \\ e^{i\theta} & -e^{i\theta} & z \end{bmatrix} X = 0$,其中有 3 个

变量 $\{\overrightarrow{HA}, \overrightarrow{HB}, \overrightarrow{HC}\}$、3 个方程;写成 $AX = 0$ 的形式,根据齐次线性方程组有非零解的充要条件是其系数行列式为零,计算 $|A| = 0$,可得

$$-x\sin\theta - y\sin\theta - z + xyz = (x + y)\cos\theta = 0.$$

步骤 3 基于行列式计算结果,消去若干变量,得到一些几何关系式.

因为 $x + y \neq 0$,所以 $\cos\theta = 0$,$\sin\theta = \pm 1$,于是 $CH \perp AB$.

若 $\sin\theta = 1$(图 27.1),$\theta = 90°$,H 在 $\triangle ABC$ 内部,$x + y + z = xyz$.

若 $\sin\theta = -1$(图 27.2),$\theta = 270°$,H 在 $\triangle ABC$ 外部,$x + y + xyz = z$.

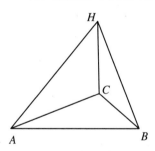

图 27.2

说明 笔者本意是希望证明三角形的垂心定理,不料却证明了一个三角恒等式.在锐角 $\triangle ABC$ 中,$x + y + z = xyz$ 等价于 $\tan A + \tan B + \tan C = \tan A \tan B \tan C$.从笔者的实践来看,时常会得到一些预想不到的结论.这也是本方法的魅力所在.

例 2 如图 27.3 所示,$\triangle ABC$ 中,$AB = AC$,$AB \perp AC$,D,E,F 分别在 AB,AC,BC 上,且 $AD = CE$,$AF \perp DE$,下面进行自动发现.

253

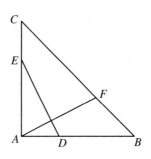

图 27.3

设 $\overrightarrow{AF}\mathrm{i} = z\overrightarrow{DE}$，$\overrightarrow{AD} = x\overrightarrow{AB}$，$\overrightarrow{EC} = x\overrightarrow{AC}$，则

$$\overrightarrow{DE} = \overrightarrow{AE} - \overrightarrow{AD} = (1-x)\overrightarrow{AC} - x\overrightarrow{AB} = \frac{1}{z}\overrightarrow{AF}\mathrm{i},$$

$$\overrightarrow{BF} = y\overrightarrow{BC}, \quad \overrightarrow{AF} = (1-y)\overrightarrow{AB} + y\overrightarrow{AC}, \quad \overrightarrow{AB}\mathrm{i} = \overrightarrow{AC},$$

于是有关于 $\boldsymbol{X} = \{\overrightarrow{AB}, \overrightarrow{AC}, \overrightarrow{AF}\}^{\mathrm{T}}$ 的向量方程组 $\begin{pmatrix} 1-y & y & -1 \\ -x & 1-x & -\dfrac{\mathrm{i}}{z} \\ \mathrm{i} & -1 & 0 \end{pmatrix}\boldsymbol{X} = \boldsymbol{0}$，其中有 3 个变

量、3 个方程；写成 $\boldsymbol{AX} = \boldsymbol{0}$ 的形式，计算行列式 $|\boldsymbol{A}| = 0$，可得

$$-x + \frac{y}{z} = 1 - x - \frac{1}{z} + \frac{y}{z} = 0,$$

所以 $z = 1$，$x = y$，于是 $AF = DE$，$\dfrac{AD}{AB} = \dfrac{EC}{AC} = \dfrac{BF}{BC}$。

例 3 如图 27.4 所示，$\triangle ABC$ 的外接圆弧 $\overparen{ACB}$ 的中点为 M，自 M 向 AC，CB 中较长的一条引垂线，设垂足为 D，下面进行自动发现。

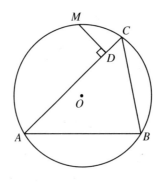

图 27.4

设 $r_1 = \mathrm{e}^{\mathrm{i}C} = \cos C + \mathrm{i}\sin C = u_1 + v_1\mathrm{i}$，$CD = x$，$\dfrac{\overrightarrow{AC}}{b}\mathrm{i} = \dfrac{\overrightarrow{DM}}{m}$，$\dfrac{\overrightarrow{CA}}{b}r_1 = \dfrac{\overrightarrow{CB}}{a}$，$\overrightarrow{MA}r_1 = \overrightarrow{MB}$，即

$$\left(\overrightarrow{MD} + \frac{b-x}{b}\overrightarrow{CA}\right)r_1 = \overrightarrow{MD} + \frac{x}{b}\overrightarrow{AC} + \overrightarrow{CB},$$

于是有关于 $\boldsymbol{X} = \{\overrightarrow{BC}, \overrightarrow{CA}, \overrightarrow{MD}\}^{\mathrm{T}}$ 的方程组 $\begin{vmatrix} 0 & \dfrac{i}{b} & -\dfrac{1}{m} \\ \dfrac{1}{a} & \dfrac{r_1}{b} & 0 \\ 1 & \dfrac{r_1(b-x)}{b}+\dfrac{x}{b} & r_1-1 \end{vmatrix} \boldsymbol{X} = \boldsymbol{0}$，将 $\boldsymbol{X}$ 看作

变量，有 3 个变量、3 个方程；写成 $\boldsymbol{AX} = \boldsymbol{0}$ 的形式，计算行列式 $|\boldsymbol{A}| = 0$，可得

$$au_1 - bu_1 + mv_1 - x + u_1 x = m - mu_1 + av_1 - bv_1 + v_1 x = 0,$$

分别解得

$$v_1 = \frac{-au_1 + bu_1 + x - u_1 x}{m}, \quad v_1 = \frac{m(u_1 - 1)}{a - b + x},$$

代入

$$u_1^2 + v_1^2 - 1 = u_1^2 + \frac{-au_1 + bu_1 + x - u_1 x}{m} \cdot \frac{m(u_1 - 1)}{a - b + x} - 1$$

$$= \frac{(u_1 - 1)(a - b + 2x)}{a - b + x}$$

$$= 0$$

得 $a - b + 2x = 0$，所以 $AD = DC + CB$.

说明　这一性质最早是数学大师阿基米德(约公元前 287—前 212 年)发现的，因此又称为阿基米德折线定理.笔者并不知道当年阿基米德是如何发现这一定理的.但通过本节的方法，普通人也能重新发现.事实上，利用此方法，我们还重新发现了几十条数学家发明的定理.

例 4　如图 27.5 所示，四边形 $ABCD$ 中，$BC = CD = DA = \dfrac{1}{2}AB$，下面进行自动发现.

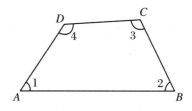

图 27.5

设 $AB = 2, BC = CD = DA = 1, \dfrac{\overrightarrow{AB}}{2}r_1 = \overrightarrow{AD}, \overrightarrow{BC}r_2 = \dfrac{\overrightarrow{BA}}{2}, \overrightarrow{CD}r_3 = \overrightarrow{CB}, \overrightarrow{DA}r_4 = \overrightarrow{DC}, r_i = \mathrm{e}^{\mathrm{i}\alpha_i} = \cos\alpha_i + \mathrm{i}\sin\alpha_i = u_i + v_i\mathrm{i}$，其中 $i = 1, 2, 3, 4, \overrightarrow{AB} + \overrightarrow{BC} + \overrightarrow{CD} + \overrightarrow{DA} = \boldsymbol{0}$.

于是有关于 $\boldsymbol{X} = \{\overrightarrow{AB}, \overrightarrow{BC}, \overrightarrow{CD}, \overrightarrow{DA}\}^{\mathrm{T}}$ 的方程组 $\begin{pmatrix} 1 & 1 & 1 & 1 \\ r_1 & 0 & 0 & 2 \\ 1 & 2r_2 & 0 & 0 \\ 0 & 1 & r_3 & 0 \\ 0 & 0 & 1 & r_4 \end{pmatrix} \boldsymbol{X} = \boldsymbol{0}$,其中有 4 个

变量、5 个方程;从 5 个方程中任取 4 个,有 5 种可能,每种可能都写成 $\boldsymbol{AX} = \boldsymbol{0}$ 的形式,分别计算行列式 $|\boldsymbol{A}| = 0$,可得

$$-1 + r_3 - 2r_2 r_3 + r_1 r_2 r_3 = -1 + 2r_2 - r_1 r_2 + r_1 r_2 r_4$$
$$= -2 + r_1 - r_1 r_4 + r_1 r_3 r_4$$
$$= -1 + r_4 - r_3 r_4 + 2r_2 r_3 r_4$$
$$= -1 + r_1 r_2 r_3 r_4$$
$$= 0.$$

根据复数性质,由 $-1 + r_4 - r_3 r_4 + 2r_2 r_3 r_4 = 0$,得 $-1 + \dfrac{1}{r_4} - \dfrac{1}{r_3 r_4} + 2\dfrac{1}{r_2 r_3 r_4} = 0$,即 $2 - r_2 + r_2 r_3 - r_2 r_3 r_4 = 0$. 将 $r_4 = \dfrac{1}{r_1 r_2 r_3}$ 代入得 $1 - 2r_1 + r_1 r_2 - r_1 r_2 r_3 = 0$,解得 $r_3 = \dfrac{1 - 2r_1 + r_1 r_2}{r_1 r_2}$,代入 $-1 + r_3 - 2r_2 r_3 + r_1 r_2 r_3 = 0$ 得

$$1 - 2r_1 - 2r_2 + 5r_1 r_2 - 2r_1^2 r_2 - 2r_1 r_2^2 + r_1^2 r_2^2 = 0,$$

即

$$\frac{1}{r_1 r_2} - 2\frac{1}{r_1} - 2\frac{1}{r_2} + 5 - 2r_1 - 2r_2 + r_1 r_2 = 0,$$

亦即

$$4\left(\frac{\dfrac{1}{r_1} + r_1}{2} + \frac{\dfrac{1}{r_2} + r_2}{2}\right) - 2\frac{\dfrac{1}{r_1 r_2} + r_1 r_2}{2} = 5,$$

故

$$4(\cos A + \cos B) - 2\cos(A + B) = 5.$$

由行列式计算得到 5 个等式,有多种消元的可能. 因此可得到更多的结论,留与读者证明.

(1) $1 - r_3 - r_4 - r_3 r_4 - r_3^2 r_4 - r_3 r_4^2 + r_3^2 r_4^2 = 0$,即 $2\cos(C + D) - 2(\cos C + \cos D) = 1$.

(2) $2 - r_1 - 2r_4 + 5r_1 r_4 - 2r_1^2 r_4 - r_1 r_4^2 + 2r_1^2 r_4^2 = 0$,即 $4\cos A + 2\cos D - 4\cos(A + D) = 5$.

(3) $r_2 - 2r_4 + 3r_2 r_4 - 2r_2^2 r_4 + r_2 r_4^2 = 0$,即 $2\cos D - 4\cos B + 3 = 0$.

(4) $-r_1 + 2r_3 - 3r_1 r_3 + 2r_1^2 r_3 - r_1 r_3^2 = 0$,即 $2\cos C - 4\cos A + 3 = 0$.

例5 如图 27.6 所示,圆 O 内切于四边形 $ABCD$,圆 O 半径为 r,与 AB,BC,CD,DA 分别切于点 E,F,G,H,下面进行自动发现.

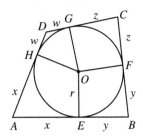

图 27.6

设 $\overrightarrow{OE} = \dfrac{y\overrightarrow{OA} + x\overrightarrow{OB}}{x+y}$, $\dfrac{\overrightarrow{OE}}{r}\mathrm{i} = \dfrac{\overrightarrow{AB}}{x+y} = \dfrac{\overrightarrow{OB} - \overrightarrow{OA}}{x+y}$, $\dfrac{y\overrightarrow{OA} + x\overrightarrow{OB}}{r}\mathrm{i} = \overrightarrow{OB} - \overrightarrow{OA}$,即

$$(y\mathrm{i} + r)\overrightarrow{OA} + (x\mathrm{i} - r)\overrightarrow{OB} = \mathbf{0}.$$

同理可得

$$(z\mathrm{i} + r)\overrightarrow{OB} + (y\mathrm{i} - r)\overrightarrow{OC} = \mathbf{0},$$
$$(w\mathrm{i} + r)\overrightarrow{OC} + (z\mathrm{i} - r)\overrightarrow{OD} = \mathbf{0},$$
$$(x\mathrm{i} + r)\overrightarrow{OD} + (w\mathrm{i} - r)\overrightarrow{OA} = \mathbf{0}.$$

于是有关于 $\boldsymbol{X} = \{\overrightarrow{OA}, \overrightarrow{OB}, \overrightarrow{OC}, \overrightarrow{OD}\}^{\mathrm{T}}$ 的方程组 $\begin{pmatrix} r+\mathrm{i}y & -r+\mathrm{i}x & 0 & 0 \\ 0 & r+\mathrm{i}z & -r+\mathrm{i}y & 0 \\ 0 & 0 & r+\mathrm{i}w & -r+\mathrm{i}z \\ -r+\mathrm{i}w & 0 & 0 & r+\mathrm{i}x \end{pmatrix} \boldsymbol{X} = \mathbf{0}$,

将 $\boldsymbol{X}$ 看作变量,有 4 个变量、4 个方程,写成 $\boldsymbol{AX} = \mathbf{0}$ 的形式,计算行列式 $|A| = 0$,可得

$$r^2 x + r^2 y + r^2 z + r^2 w - wxy - wxz - wyz - xyz = 0,$$

即

$$r = \sqrt{\dfrac{wxy + wxz + wyz + xyz}{w + x + y + z}}.$$

本节所给方法既能发现,同时也证明了该几何性质.本节所举例子都是手工操作完成的,若采用计算机辅助,效率会大大提高,特别是借助计算机的消元方法,可得到更多的定理.事实上,我们已经通过程序设计实现了这一算法,发现了几百个性质.即使是一些经典几何问题,使用这一方法,也会有新的发现.

27.2　向量方程消元法解几何题①

27.2.1　引言

自《几何原本》算起,几何研究已有两千多年历史.人类一直在探索几何的"王者之路":教学如何方便? 解题是否有通法? 计算机发明以后,自然就产生了几何定理机器证明这一新方向.吴文俊先生创造性的工作,大大推进了这一领域的研究.我们最新的研究进展有二,一是实现了点几何恒等式算法,将可读证明推进到"明证"的境界;二是提出了向量方程消元法.向量方程消元法虽是为机器证明产生,更适合机器运算,而不是人类手算,但考虑到这一算法的思路有一定可借鉴之处,因此与大家分享.

27.2.2　吴方法简介

1637 年,笛卡儿的经典著作《几何学》出版,研究了如何将几何归约为代数,用代数运算来代替逻辑推理,这使得几何定理证明从此进入了一个崭新的阶段.小平邦彦指出,数学真正的突破并非来自对已有对象的更深入了解,而是来自完全新的观点和陈述方式,譬如欧氏几何到解析几何的突破,并不来自欧氏几何中登峰造极的添加辅助线技巧.吴文俊先生认为,欧氏几何基于公理、定理进行形式推理,或把数量关系归之于空间形式.这排除了数量关系,是非机械化的,欧氏几何应让位于解析几何.结合中国古代的思想方法,吴先生创造性地提出吴方法.

如果不借助解析几何,所得关系式不用坐标,改用面积和边长这些几何量表示,可能更符合人们的习惯.

采用几何不变量进行机器证明研究,典型例子是面积法,专著《几何定理机器证明的几何不变量方法》中就有体现,只是面积法用消点代替了多项式消元.能否保留方程,又不借助坐标,而是利用长度、角度等几何量,将几何关系转化成方程,再进行几何证明?

---

① 本节与陈起航、张景中两位老师合作完成.

$$
\begin{cases}
f_1(x_1,x_2,x_3,\cdots)=0 \\
f_2(x_1,x_2,x_3,\cdots)=0 \\
\cdots \\
f_n(x_1,x_2,x_3,\cdots)=0
\end{cases}
\rightarrow
\begin{cases}
g_1(a,b,c,u_1,v_1,\cdots)=0 \\
g_2(a,b,c,u_1,v_1,\cdots)=0 \\
\cdots \\
g_n(a,b,c,u_1,v_1,\cdots)=0
\end{cases}.
$$

　　吴方法基于解析几何,设坐标参数 x_i,建立方程组 $f_i(x_1,x_2,x_3,\cdots,x_n)=0$.而我们提出的向量方程消元法以边长 a,b,c,角度正余弦值 u_k,v_k 为参数,建立方程组 $g_i(a,b,c,u_1,v_1,\cdots)=0$,有助于增强方程组的几何意义,特别是在角度问题上有优势.角度问题是几何中的难点.对于线段,不论是垂直或相等,最多只涉及四个点.两角度相等涉及六个点,若用解析几何表示,则涉及 12 个参数,可见表述角度关系之难度.

27.2.3　向量方程消元法

　　数学分支众多,各分支都有自身的定理求证与方程求解.由于多项式方程常见好懂,所以一提及方程就常默认是多项式方程.由于多项式方程不善于表示边角关系,因此有引入向量方程的必要.

　　两向量可通过旋转放缩相互转化.向量转化及特例如图 27.7 所示,存在关系 $\dfrac{\overrightarrow{AB}}{|AB|}\mathrm{e}^{\mathrm{i}\theta}=\dfrac{\overrightarrow{AC}}{|AC|}$,其中 θ 为向量夹角,$\mathrm{e}^{\mathrm{i}\theta}=\cos\theta+\mathrm{i}\sin\theta$.特别地,在正 $\triangle ABP$ 和正方形 $ABXY$ 中,有

$$
\overrightarrow{AB}\mathrm{e}^{\frac{\pi}{3}\mathrm{i}}=\overrightarrow{AB}\left(\cos\frac{\pi}{3}+\sin\frac{\pi}{3}\mathrm{i}\right)=\overrightarrow{AB}\left(\frac{1}{2}+\frac{\sqrt{3}}{2}\mathrm{i}\right)=\overrightarrow{AP},
$$

$$
\sqrt{2}\,\overrightarrow{AB}\mathrm{e}^{\frac{\pi}{4}\mathrm{i}}=\sqrt{2}\,\overrightarrow{AB}\left(\cos\frac{\pi}{4}+\sin\frac{\pi}{4}\mathrm{i}\right)=\sqrt{2}\,\overrightarrow{AB}\left(\frac{\sqrt{2}}{2}+\frac{\sqrt{2}}{2}\mathrm{i}\right)=\overrightarrow{AX},
$$

$$
\overrightarrow{AB}\mathrm{e}^{\frac{\pi}{2}\mathrm{i}}=\overrightarrow{AB}\left(\cos\frac{\pi}{2}+\sin\frac{\pi}{2}\mathrm{i}\right)=\overrightarrow{AB}\mathrm{i}=\overrightarrow{AY}.
$$

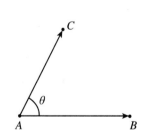
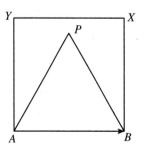

图 27.7

　　三角形是平面几何研究的关键.多边形可分割成三角形来处理.即便是圆,除了少数情况下需要涉及圆弧,譬如计算圆面积、周长等外,多数情况下都忽视圆弧,主要关注圆上的点

和圆心,而这些可利用圆周角定理、半径同长等转化为三角形边角关系的研究. 如图 27.8 所示,A,B,C,D 四点共圆可转化为 $\angle BAC = \angle BDC = \dfrac{1}{2}\angle BOC$ 或 $OA = OB = OC = OD$.

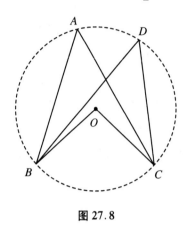

图 27.8

一个方法若能比较深刻地挖掘单个三角形的性质,推而广之便可发现复杂图形的性质. 本节将从单个三角形开始研究.

例 1 对于 $\triangle ABC$,尝试自动发现关于 $\{a,b,c,A,B,C\}$ 的关系式.

解 设 $\dfrac{\overrightarrow{AB}}{c}r_1 = \dfrac{\overrightarrow{AC}}{b}$,$\dfrac{\overrightarrow{BC}}{a}r_2 = \dfrac{\overrightarrow{BA}}{c}$,$\dfrac{\overrightarrow{CA}}{b}r_3 = \dfrac{\overrightarrow{CB}}{a}$,$\overrightarrow{AB} + \overrightarrow{BC} + \overrightarrow{CA} = \mathbf{0}$,这四式称为基本方程,

其中 $r_1 = \mathrm{e}^{\mathrm{i}A} = \cos A + \mathrm{i}\sin A = u_1 + v_1\mathrm{i}$,$r_2 = \mathrm{e}^{\mathrm{i}B} = \cos B + \mathrm{i}\sin B = u_2 + v_2\mathrm{i}$,$r_3 = \mathrm{e}^{\mathrm{i}C} = \cos C + \mathrm{i}\sin C = u_3 + v_3\mathrm{i}$,$u_1 = \cos A$,$v_1 = \sin A$,$u_2 = \cos B$,$v_2 = \sin B$,$u_3 = \cos C$,$v_3 = \sin C$.

于是有关于 $\mathbf{X} = \{\overrightarrow{AB},\overrightarrow{BC},\overrightarrow{CA}\}^{\mathrm{T}}$ 的方程组 $\begin{pmatrix} br_1 & 0 & c \\ a & cr_2 & 0 \\ 0 & b & ar_3 \\ 1 & 1 & 1 \end{pmatrix}\mathbf{X} = \mathbf{0}$,将 $\mathbf{X}$ 看作变量,有 3

个变量、4 个方程,从 4 个方程中任取 3 个,有 4 种可能,每种可能都写成 $\mathbf{AX} = \mathbf{0}$ 的形式,分别计算行列式 $|\mathbf{A}| = 0$,即

$$\begin{vmatrix} br_1 & 0 & c \\ a & cr_2 & 0 \\ 0 & b & ar_3 \end{vmatrix} = 0,\quad \begin{vmatrix} br_1 & 0 & c \\ a & cr_2 & 0 \\ 1 & 1 & 1 \end{vmatrix} = 0,\quad \begin{vmatrix} br_1 & 0 & c \\ 0 & b & ar_3 \\ 1 & 1 & 1 \end{vmatrix} = 0,\quad \begin{vmatrix} a & cr_2 & 0 \\ 0 & b & ar_3 \\ 1 & 1 & 1 \end{vmatrix} = 0,$$

化简得

$$\begin{cases} 1 + r_1 r_2 r_3 = 0 \\ a - cr_2 + br_1 r_2 = 0 \\ b - ar_3 + cr_2 r_3 = 0 \\ c - br_1 + ar_1 r_3 = 0 \end{cases}.$$

将 $r_1 = e^{iA} = u_1 + v_1 i, r_2 = e^{iB} = u_2 + v_2 i, r_3 = e^{iC} = u_3 + v_3 i$ 代入,并分离实部、虚部,此时等式个数翻倍,由 4 个变成 8 个:

$$\begin{cases} 1 + u_1 u_2 u_3 - u_3 v_1 v_2 - u_2 v_1 v_3 - u_1 v_2 v_3 = u_2 u_3 v_1 + u_1 u_3 v_2 + u_1 u_2 v_3 - v_1 v_2 v_3 = 0 \\ a - c u_2 + b u_1 u_2 - b v_1 v_2 = b u_2 v_1 - c v_2 + b u_1 v_2 = 0 \\ c - b u_1 + a u_1 u_3 - a v_1 v_3 = a u_1 v_3 - b v_1 + a u_3 v_1 = 0 \\ b - a u_3 + c u_2 u_3 - c v_2 v_3 = c u_3 v_2 - a v_3 + c u_2 v_3 = 0 \end{cases}$$

结合 $u_1^2 + v_1^2 - 1 = 0, u_2^2 + v_2^2 - 1 = 0, u_3^2 + v_3^2 - 1 = 0$,共有 11 个等式. 使用符号计算软件中的消元法(主要包括 Groebner 基法、吴方法、结式法)来处理上述等式,得到数以千计的关系式. 列举部分如下:

(1) $b v_1 - a v_2 = 0$,即正弦定理:

$$\frac{a}{b} = \frac{\sin A}{\sin B}.$$

(2) $a^2 + b^2 - c^2 - 2ab u_3 = 0$,即余弦定理:

$$a^2 + b^2 - c^2 - 2ab \cos C = 0.$$

(3) $c - b u_1 - a u_2 = 0$,即射影定理:

$$c = b \cos A + a \cos B.$$

(4) $v_1 - u_3 v_2 - u_2 v_3 = 0$,即正弦和角公式:

$$\sin A = \sin(B + C) = \sin B \cos C + \cos B \sin C.$$

(5) $u_1 + u_2 u_3 - v_2 v_3 = 0$,即余弦和角公式:

$$-\cos A = \cos(B + C) = \cos B \cos C - \sin B \sin C.$$

(6) $a^4 - 2a^2 b^2 + b^4 - 2a^2 c^2 - 2b^2 c^2 + c^4 + 4a^2 b^2 v_3^2 = 0$,即海伦公式:

$$\sqrt{\frac{-a + b + c}{2} \frac{a + b - c}{2} \frac{a - b + c}{2} \frac{a + b + c}{2}} = \frac{1}{2} ab \sin C = S_{\triangle ABC}.$$

与吴方法不同,本方法无须事先引入 $S_{\triangle ABC}$.

(7) $v_1^2 + v_2^2 + v_3^2 - 2u_1 u_2 u_3 - 2 = 0$,即

$$\sin^2 A + \sin^2 B + \sin^2 C - 2\cos A \cos B \cos C = 2.$$

(8) $u_1^2 + u_2^2 + u_3^2 + 2u_1 u_2 u_3 - 1 = 0$,即

$$\cos^2 A + \cos^2 B + \cos^2 C + 2\cos A \cos B \cos C - 1 = 0.$$

(9) $v_1 u_2 u_3 + u_1 v_2 u_3 + u_1 u_2 v_3 - v_1 v_2 v_3 = 0$,可推出非直角三角形中,

$$\tan A + \tan B + \tan C = \tan A \tan B \tan C,$$

这是因为

$$\frac{v_1}{u_1} + \frac{v_2}{u_2} + \frac{v_3}{u_3} - \frac{v_1}{u_1} \frac{v_2}{u_2} \frac{v_3}{u_3} = \frac{v_1 u_2 u_3 + u_1 v_2 u_3 + u_1 u_2 v_3 - v_1 v_2 v_3}{u_1 u_2 u_3}.$$

(10) $1 + u_1 u_2 u_3 - u_3 v_1 v_2 - u_2 v_1 v_3 - u_1 v_2 v_3 = 0$,即

$$1 + \cos A \cos B \cos C - \sin A \sin B \cos C - \sin A \cos B \sin C - \cos A \sin B \sin C = 0,$$

或

$$\cot A + \cot B + \cot C = \csc A \csc B \csc C + \cot A \cot B \cot C.$$

(11) $v_1 u_1 + v_2 u_2 - v_3 u_3 - 2u_1 u_2 v_3 = 0$,即

$$\sin 2A + \sin 2B - \sin 2C = 4\cos A \cos B \sin C.$$

之所以会产生如此多的结果,是因为消元顺序会影响消元结果.11 个等式中含有 9 个元素 $\{u_1, v_1, u_2, v_2, u_3, v_3, a, b, c\}$,全排列共 362880 种可能,这是一个很大的数字.

假设几何图形中有 n 个点,从中任选 3 点,即可得一组基本方程组,那么最终可得的方程组是相当多的.借助计算机强大的计算能力,自然会得到大量的结论(参看例 1 和例 5).而若不借助计算机,依靠人工手算,则所得结论便少得多.例 1 简单推导如下:

根据共轭复数的性质,由 $a - cr_2 + br_1 r_2 = 0$,得 $a - \dfrac{c}{r_2} + \dfrac{b}{r_1 r_2} = 0$.

$a - cr_2 + br_1 r_2 = 0$ 与 $a - \dfrac{c}{r_2} + \dfrac{b}{r_1 r_2} = 0$ 两式相加得

$$2a - c\left(r_2 + \frac{1}{r_2}\right) + b\left(r_1 r_2 + \frac{1}{r_1 r_2}\right) = 0,$$

即 $2a - 2c \cos B + 2b \cos(A + B) = 0$,亦即 $a = b \cos C + c \cos B$,此即射影定理.

$a - cr_2 + br_1 r_2 = 0$ 与 $a - \dfrac{c}{r_2} + \dfrac{b}{r_1 r_2} = 0$ 两式相减得

$$-c\left(r_2 - \frac{1}{r_2}\right) + b\left(r_1 r_2 - \frac{1}{r_1 r_2}\right) = 0,$$

即 $-2c \sin B + 2b \sin(A + B) = 0$,亦即 $\dfrac{\sin B}{b} = \dfrac{\sin C}{c}$,此即正弦定理.

如例 1 所示,向量方程消元法分为三步:

步骤 1 列出向量方程组:采用向量、复数的语言,列方程逐条描述几何关系,并写成方程组的形式.

步骤 2 消去向量,提取边角关系:利用线性方程组的基础知识消去向量,得到行列式并计算.

步骤 3 根据需要整理边角关系:基于行列式计算结果,消去若干变量,得到一些几何关系式.

27.2.4 更多案例

例 2 如图 27.9 所示,正方形内一点 P 满足 $PA : PB : PC = 1 : 2 : 3$,求 $\angle APB$.
(2015 年北京大学自主招生试题)

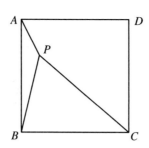

图 27.9

解 设 $\alpha = \angle APB, 0° < \alpha < 180°, r_1 = \mathrm{e}^{\mathrm{i}\alpha} = u_1 + v_1\mathrm{i}, \beta = \angle BPC, r_2 = \mathrm{e}^{\mathrm{i}\beta} = u_2 + v_2\mathrm{i}, PA = x, PB = y, PC = z, \dfrac{\overrightarrow{PA}}{x}r_1 = \dfrac{\overrightarrow{PB}}{y}, \dfrac{\overrightarrow{PB}}{y}r_2 = \dfrac{\overrightarrow{PC}}{z}, (-\overrightarrow{PB} + \overrightarrow{PC})\mathrm{i} = -\overrightarrow{PB} + \overrightarrow{PA}$, 于是有关于

$\{\overrightarrow{PA}, \overrightarrow{PB}, \overrightarrow{PC}\}^{\mathrm{T}}$ 的方程组 $\begin{vmatrix} \dfrac{r_1}{x} & -\dfrac{1}{y} & 0 \\ 0 & \dfrac{r_2}{y} & -\dfrac{1}{z} \\ -1 & 1-\mathrm{i} & \mathrm{i} \end{vmatrix} X = \mathbf{0}$. 计算行列式 $\begin{vmatrix} \dfrac{r_1}{x} & -\dfrac{1}{y} & 0 \\ 0 & \dfrac{r_2}{y} & -\dfrac{1}{z} \\ -1 & 1-\mathrm{i} & \mathrm{i} \end{vmatrix} = 0$, 并

将 $r_1 = u_1 + v_1\mathrm{i}, r_2 = u_2 + v_2\mathrm{i}$ 代入, 得

$$-x + u_1 y + v_1 y - u_2 v_1 z - u_1 v_2 z$$
$$= -u_1 y + v_1 y + u_1 u_2 z - v_1 v_2 z$$
$$= 0,$$

解得 $u_2 = \dfrac{-v_1 x + y}{z}, v_2 = \dfrac{-u_1 x + y}{z}$, 即

$$\left(\dfrac{-v_1 x + y}{z}\right)^2 + \left(\dfrac{-u_1 x + y}{z}\right)^2 - 1 = \dfrac{x^2 + 2y^2 - z^2 - 2u_1 xy - 2v_1 xy}{z^2} = 0,$$

亦即 $x^2 + 2y^2 - z^2 = 2xy(u_1 + v_1)$. 而 $\tan\alpha = \dfrac{v_1}{u_1} = -1 \Leftrightarrow \alpha = 135°$, 所以 $\angle APB = 135° \Leftrightarrow PA^2 + 2PB^2 = PC^2$. 说明 $PA : PB : PC = 1 : 2 : 3 \Rightarrow \angle APB = 135°$, 但反之则不能推出.

熟悉此题的读者肯定知道使用旋转法比较简单, 但对于此前没见过这一方法的读者来说, 未必能很快想到好的解法. 使用向量方程消元法, 无须动脑筋, 按部就班即能解决, 且能一次性得到一般的结论: $\angle APB = 135° \Leftrightarrow PA^2 + 2PB^2 = PC^2$.

例3 如图 27.10 所示, 正方形 $ABCD$ 中, $CE // BD$, 且 $BD = BE$, F 是直线 BE, CD 的交点, 求证: $DE = DF$.

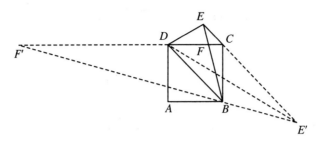

图 27.10

证明 设 $\alpha = \angle EBD, 0° < \alpha < 180°, r_1 = \mathrm{e}^{\mathrm{i}\alpha} = u_1 + v_1\mathrm{i}, \beta = \angle FDE, 0° < \beta < 180°, r_2 = \mathrm{e}^{\mathrm{i}\beta} = u_2 + v_2\mathrm{i}, \overrightarrow{FD} = t\overrightarrow{FC}, \overrightarrow{FB} = t\overrightarrow{FE}, (\overrightarrow{FC} - \overrightarrow{FD})\mathrm{i} = \overrightarrow{FC} - \overrightarrow{FB}, \overrightarrow{FD}r_2 = \overrightarrow{FD} - \overrightarrow{FE}, (\overrightarrow{FB} - \overrightarrow{FE})r_1 = \overrightarrow{FB} - \overrightarrow{FD}$,于是有关于 $\{\overrightarrow{FC}, \overrightarrow{FE}\}^{\mathrm{T}}$ 的方程组

$$\begin{pmatrix} (-1+\mathrm{i}) - \mathrm{i}t & t \\ t & -r_1 - t + r_1 t \\ -t + r_2 t & 1 \end{pmatrix} X = 0.$$ 计算行

列式,代入 $r_1 = u_1 + v_1\mathrm{i}, r_2 = u_2 + v_2\mathrm{i}$,消元得 $-2 + 2t + t^2 = 0, v_1 = \dfrac{1}{2}, v_2 = \dfrac{1}{2}, 1 + t + 2u_1 = 0, 1 + t + 2u_2 = 0$.

如何分析这些信息很关键.不能从 $v_1 = v_2 = \dfrac{1}{2}$ 简单得出 $\alpha = \beta$,因为 $\sin 30° = \sin 150° = \dfrac{1}{2}$.方程 $-2 + 2t + t^2 = 0$ 有两组解,但不管是 $t_1 = -1 - \sqrt{3}$ 还是 $t_2 = \sqrt{3} - 1, t$ 一旦确定,结合 $1 + t + 2u_1 = 0, 1 + t + 2u_2 = 0$ 可得 $u_1 = u_2$,加上 $v_1 = v_2 = \dfrac{1}{2}$,可得 $\alpha = \beta = 30°$(对应图 27.10 中的 E, F)或 $\alpha = \beta = 150°$(对应图 27.10 中的 E', F').

一些几何题仅凭文字题干存在多种情形.很多资料对此类题只给出一种情形以及对应的解答,这是不完全的.也有资料注意到有两种可能,针对两种图形分别解答,比较麻烦.使用向量方程消元法一次可证明两种情况(即便你原来不知道有两种情况,推导的结果也会提示),而且还可进一步求出夹角 α 以及线段比值 t.

例4 如图 27.11 所示,$\triangle ABC$ 中,D 是线段 AB 上的点,$CA \perp CB$,探索 CA,CB,CD,DA,DB 五条线段之间的关系.

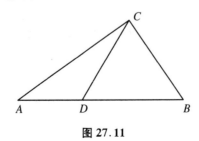

图 27.11

设 $\alpha = \angle ACD$，$r_1 = e^{i\alpha} = u_1 + v_1 i$，$CD = m$，$DA = x$，$DB = c - x$，$\dfrac{\overrightarrow{CA}}{b} i = \dfrac{\overrightarrow{CB}}{a}$，$\dfrac{\overrightarrow{CA}}{b} r_1 = $

$\dfrac{(c-x)\overrightarrow{CA} + x\overrightarrow{CB}}{\dfrac{c}{m}}$，于是有关于 $\{\overrightarrow{CA}, \overrightarrow{CB}\}^{\mathrm{T}}$ 的方程组 $\begin{pmatrix} \dfrac{r_1}{b} - \dfrac{c-x}{cm} & -\dfrac{x}{cm} \\ \dfrac{i}{b} & -\dfrac{1}{a} \end{pmatrix} X = 0$. 计算行列

式 $\begin{vmatrix} \dfrac{r_1}{b} - \dfrac{c-x}{cm} & -\dfrac{x}{cm} \\ \dfrac{i}{b} & -\dfrac{1}{a} \end{vmatrix} = 0$，即

$$bc - cmr_1 + iax - bx = 0,$$

将 $r_1 = u_1 + v_1 i$ 代入，得

$$bc - bx - cmu_1 = ax - cmv_1 = 0,$$

解得 $u_1 = \dfrac{bc - bx}{cm}$，$v_1 = \dfrac{ax}{cm}$，则

$$\left(\dfrac{bc - bx}{cm}\right)^2 + \left(\dfrac{ax}{cm}\right)^2 - 1 = \dfrac{b^2 c - cm^2 - 2b^2 x + cx^2}{cm^2},$$

即

$$b^2 c - cm^2 - 2b^2 x + cx^2 = 0.$$

如果熟悉斯特瓦尔特定理，可直接计算得到上述等式. 反之，上述思路也可证明斯特瓦尔特定理. 上述等式虽然每个变量都有明确的几何意义，但从形式上看，既不对称又不齐次，如果直接作为求证命题，可能不太符合人们的习惯，有必要加以改造. 在原式中，"设 $DA = x$，$DB = c - x$"存在不对称，需要使用强制法消除这种不对称.

尝试 1：若设 $k_1 = x + m = AD + CD$，$k_2 = c - x + m = BD + CD$，希望用 k_1, k_2 来代替 x, m，即 $m = \dfrac{1}{2}(-c + k_1 + k_2)$，$x = \dfrac{1}{2}(c + k_1 - k_2)$，代入 $b^2 c - cm^2 - 2b^2 x + cx^2 = 0$，可得 $a^2 k_1 + b^2 k_2 - ck_1 k_2 = 0$，于是 $\dfrac{AC^2}{AD + CD} + \dfrac{BC^2}{BD + CD} = AB$，或说成"$\dfrac{AC^2}{AD + CD} + \dfrac{BC^2}{BD + CD}$ 的值与 D 的位置无关".

尝试 2：若设 $k_1 = xm = DA \cdot DC$，$k_2 = (c - x)m = DB \cdot DC$，希望用 k_1, k_2 来代替 x, m，即 $m = \dfrac{k_1 + k_2}{c}$，$x = \dfrac{ck_1}{k_1 + k_2}$，代入 $b^2 c - cm^2 - 2b^2 x + cx^2 = 0$，可得 $c^2(a^2 k_1^2 + b^2 k_2^2) = 6k_1^2 k_2^2 + 4k_1^3 k_2 + 4k_1 k_2^3 + k_1^4 + k_2^4$.

尝试 3：若设 $k_1 = ax = DA \cdot BC$，$k_2 = b(c - x) = DB \cdot AC$，希望用 k_1, k_2 来代替 x，代入 $b^2 c - cm^2 - 2b^2 x + cx^2 = 0$，即 $b^2 c^2 - 2b^2 xc + c^2 x^2 = c^2 m^2$，亦即 $b^2 c^2 - 2b^2 xc + b^2 x^2 + a^2 x^2 = c^2 m^2$，可得 $k_1^2 + k_2^2 = c^2 m^2$，即 $(DA \cdot BC)^2 + (DB \cdot AC)^2 = (AB \cdot DC)^2$.

例 5 等边三角形内一点（重探维维安尼定理）. 如图 27.12 所示，P 是等边 $\triangle ABC$ 内

一点，$PD \perp BC$ 于点 D，$PE \perp CA$ 于点 E，$PF \perp AB$ 于点 F，设 $BC = a$，$BD = u$，$CE = v$，$AF = w$，$PD = x$，$PE = y$，$PF = z$，尝试自动发现关于 $\{a,u,v,w,x,y,z\}$ 的关系式.

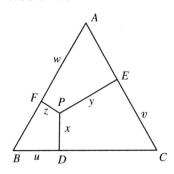

图 27.12

使用向量方程消元法(由于变量多，需借助计算机)，可得结论：

(1) $u + v + w = \dfrac{3}{2}a$，$x + y + z = \dfrac{\sqrt{3}}{2}a$. 这两个式子对称漂亮，因此容易被人发现.

(2) $u + 4v - 2w = 3\sqrt{3}x$，$4u - 2v + w = 3\sqrt{3}z$，$-2u + v + 4w = 3\sqrt{3}y$. 这三个式子由于探究的是四条线段之间的关系，且不是简单求和，因此隐藏很深，很难被人发现.

(3) $2(u^2 + v^2 + w^2) = a^2 + 2(x^2 + y^2 + z^2)$.

前 5 个等式仅对点 P 在内部成立. 维维安尼定理研究的是线段和不变量，但已有的研究只针对局部不变量. 具体表现在点 P 在内部才成立，在外部则等式要另写. 而第 6 个等式则对于平面上任意点 P 都成立. 有兴趣的读者可尝试推广到正 n 边形.

向量方程消元法涉及行列式计算和多项式消元，计算量大，与人工巧算相比，显得"笨拙"，但正所谓大巧若拙，适合交给计算机去完成，用于发现数学结论，供教学考试使用，有其价值. 对于一些计算量小的问题，人工算一算，锻炼一下基本功，也没坏处，可看作是行列式等知识的初等应用.

28 人工智能时代，我们怎么做数学研究

28.1 人工智能时代的初数研究[①]

28.1.1 研究背景

1950 年，图灵在论文《计算机器与智能》中提出"机器能否像人一样思考?"的问题，引起较大反响.1956 年，香农、明斯基等科学家在美国举行达特茅斯会议，首次提出"人工智能"概念，希望能模仿或扩展人类学习以及其他方面的智能，发展类人智能机器，标志着一门新兴学科正式诞生.之后几十年，人工智能发展起起落落，有过繁荣发展，也曾遭遇瓶颈，停滞不前，但最终于近年大放异彩.继 1997 年，超级计算机"深蓝"战胜国际象棋世界冠军之后，2016 年，"阿尔法围棋（AlphaGo）"横空出世，击败人类围棋世界冠军，人机博弈举世瞩目.因此，有专家称，人工智能时代已经到来.

2017—2019 年，人工智能连续三年被写入我国《政府工作报告》.为抓住人工智能发展机遇，国务院印发《新一代人工智能发展规划》，系统部署了我国人工智能发展的总体思路、战略目标和主要任务及保障措施，在 2030 年抢占人工智能全球制高点.不单中国，美国、英国、日本、德国、韩国等国家均将人工智能上升为国家战略，出台相关战略、计划.

人工智能包含但不限于以下课题：自然语言理解、数据库的智能检索、博弈、机器人学、自动程序设计、智能解答等.本章研究属于智能解答领域的分支，主要研究利用计算机自动出题以及解答.

解题研究是数学教学中极其重要的组成部分，而数学学习离不开解题.教师和学生面对各种难题，不会解怎么办？现在的考试繁多，题目需求量大，而且要求命题要有新意，对考试命题人造成很大压力，如果用计算机自动出题，可不受已有题目的干扰，创新性强.用计算机

---

① 本节与曹洪洋老师合作完成.

解题还可以与已有题库网站形成互补.因为题库网站能解决题库已有题目,而计算机解答系统则能解决题库中没有的题目.对于题库中已有题目,计算机解答系统也可生成解答,通过对照检验,看原有解答是否正确,还可以给学习者提供多种解答思路.这一研究成果如能应用推广,必将成为中学教与学的辅助工具.同时也为智能批改、学习诊断等研究打好基础.

目前人工智能的研究力量主要来自各高校、科研院所以及一些大的计算机企业,而初等数学的研究力量主要是中学数学老师,这两者交集较少,因此有必要在这两者之间搭建沟通的桥梁,使得先进成果得到更好的应用.

28.1.2 初等数学研究的三个时代

初等数学研究历史漫长,但从研究手段来说,却没有多大变化.计算机的出现,特别是近年来智能技术的发展,使初等数学的研究得到了很大的发展.根据研究手段的变化,笔者认为,可将初等数学研究分为三个时代或者说三个阶段.

1. 赤手空拳的"石器时代"

在很长的一段时间内,数学研究被认为只需一张纸、一支笔就够了,能不能做出有用的科研成果,关键取决于研究者下了多少工夫.由于使用的工具十分有限,因此创新极不容易.这一阶段不妨称为"石器时代",其特点是几乎没有工具辅助.

2. 机器辅助的"农业时代"

计算机出现后,自然也被用于数学研究.在初等数学研究中,几何画板、超级画板、网络画板、GeoGebra 等工具的应用越来越普遍.这些软件的一个基本功能就是绘制几何图形,使用较多的方式是通过绘制图形测量相关数据,拖动点或参数发现变化中的不变量,从而得出结论.实践表明,类似动态几何软件的出现,较之前的研究效率得到很大的提高,发现一些新结论也比以前更容易.这一阶段不妨称为"农业时代",其特点是应用了一些辅助工具,这些工具能帮助人们进行数学研究,只不过研究的效率还不是很高,成果出产较慢.

3. 批量生产的"智能时代"

科技的发展日新月异,特别是以"阿尔法围棋(AlphaGo)"为代表的智能技术举世瞩目.能不能将这些新技术应用于中学数学研究呢? 答案是肯定的.这一新的阶段不妨称为"智能时代",其特点是使用了智能工具,提高了研究效率,扩展了研究深度和广度.智能工具只是负责具体执行,要真正实现这一目标,根本源动力还在于努力去实现数学现代化.

28.1.3 数学机械化或算法数学

什么是数学现代化，怎样实现数学现代化，这是每个数学工作者应该关注的问题.数学家吴文俊院士曾提出一个令人深思的问题：农业、工业这样的体力劳动能机械化，数学研究这样的脑力劳动能否机械化？所谓机械化，吴院士认为无非就是刻板化和规格化.由于简单刻板，因而可以让机器来实现，又由于往往需要重复千百万次，超出了人力的可能，因而又必须借助机器来实现.

吴文俊院士进一步指出，数学机械化在中小学课堂就接触过，在小学里用纸笔进行的加减乘除四则运算，就完全是机械化的，正因为如此，才有可能在 17 世纪时帕斯卡利用齿轮转动制造成加法机器，稍后莱布尼茨又把它改进成乘法机器.而到现代，四则运算已可在电子计算机上实现.如果没有小学里那种已经成为机械化的算法，这些都将是不可能的.又如几何定理证明，添加辅助线往往是一种很高超的艺术，但出现了解析几何，证明定理就有些机械化而容易入手.虽然这些都还算不上真正的机械化或半机械化，但提高了机械化的程度，在机械化的道路上迈进了一大步，在历史上成为数学进展的划时代标志.

吴文俊院士认为，贯穿在整个数学发展历史过程中有两个中心思想，一是公理化思想，另一是机械化思想.著名数学教育家弗赖登塔尔也有类似观点，他认为，对于数学教育来说，数学可分为思辨数学和算法数学.算法中有思辨，思辨中有算法，但两者各有特点，有着显著不同.算法数学中，问题解决有较明确的步骤和法则可循；而在思辨数学中，解决问题只能根据一般的逻辑法则对问题中出现的数量关系与空间形式的特点去做具体分析.例如用算术方法解四则运算应用题是思辨数学，用列方程解四则运算应用题是算法数学；用综合法解平面几何是思辨数学，而解析几何与向量几何是算法数学.思辨数学更富于技巧，学习它需要更高的机智，从而也培养机智；算法数学是思辨数学的结晶，是从反复的技巧使用中凝成的法则（这种凝成往往是一种高超的数学思想的产物），使用这些法则可以少花脑力，因而也容易为更多的人所掌握，同时解决问题更具有普遍性.一般地说，算法数学一旦形成，相关的思辨数学便被扬弃.例如一个人一旦掌握了代数法解应用题的方法后，相应的算术法自然被抛弃.关于数学机械化或算法数学，这两位大家的看法可谓不谋而合.目前，数学机械化的研究已经取得一些成果，上一小节提到的超级画板便是其中的成果之一.下面通过例子说明智能技术在初等数学教学中的应用.

28.1.4 智能技术在初等数学教学中的应用

初等数学分支很多，各有特点，需要有针对性地进行研究.下面将从平面几何、代数恒等式（含不等式）、三角几何公式、三角不等式等方面分别举例介绍智能技术的应用.具体来说，就是面对若干已知条件,如何从中深入挖掘信息,推理出更深层的结论;或者面对已有命题,能否仿照其形式,构造出很多类似结论,再从中选取正确命题输出.

1. 深入挖掘已有条件得出新结论

例1 如图 28.1 所示,圆 O 是 $\triangle ABC$ 的外接圆,过 A 的切线与直线 BC 交于点 P,过 A 作 $AD \perp PO$ 于点 D.求证:$BD \cdot CP = BP \cdot CD$.(2002 年四川省初中数学竞赛试题)

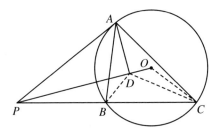

图 28.1

该题难度不大,图形也简单,可看作是两个常见基本模型的组合:直角三角形斜边高线模型、切割线模型.但组合起来之后,内涵丰富,远不是两基本模型性质的简单相加.

如果将 $BD \cdot CP = BP \cdot CD$ 看成一条线段比例信息,排除 $AD \cdot OA = AD \cdot OB$(化简后是 $OA = OB$,此类信息应归于线段相等信息),那么图中大概有多少条比例信息?是 5 条?10 条?15 条?还是 20 条以上?估计很少有人会选择 20 条以上.

需要指出的是,超级画板具备智能解答功能,只不过知道的人不多,应用较少.而网络画板、GeoGebra 等工具也在积极地增加智能推理功能.在吴文俊、张景中两位院士的带领下,我国在几何定理机器证明领域是处于世界领先地位的.笔者在广泛吸收已有成果的基础上,开发了一款能够自动发现几何结论的软件——几何神算.使用几何神算搜索,不到一秒钟就能得到几十条信息,列举如下.

线段比例信息:

$$\frac{DO}{AO} = \frac{BD}{BP} = \frac{AD}{AP} = \frac{AO}{OP} = \frac{CD}{CP},$$

$$\frac{BD}{AD} = \frac{AD}{CD} = \frac{AB}{AC} = \frac{BP}{AP} = \frac{AP}{CP},$$

$$\frac{DO}{CD} = \frac{BD}{DP} = \frac{AO}{CP},$$

$$\frac{DO}{AD} = \frac{AD}{DP} = \frac{AO}{AP},$$

$$\frac{DO}{BD} = \frac{AO}{BP} = \frac{CD}{DP},$$

$$\frac{BD}{AO} = \frac{BP}{OP} = \frac{DP}{CP},$$

$$\frac{AO}{CD} = \frac{BP}{DP} = \frac{OP}{CP},$$

$$\frac{AD}{AO} = \frac{DP}{AP} = \frac{AP}{OP},$$

......

角度相等信息：

$$\angle DPB = \angle DCO = \angle DBO,$$

$$\angle OCA = \angle CAO,$$

$$\angle OAD = \angle APD,$$

$$\angle DCA = \angle DAB,$$

$$\angle BOD = \angle BCD,$$

$$\angle CAD = \angle ABD,$$

$$\angle ODC = \angle OBC = \angle BDP = \angle BCO,$$

$$\angle OAB = \angle ABO,$$

$$\angle BCA = \angle BAP,$$

$$\angle DOA = \angle DAP,$$

$$90° = \angle PDA = \angle OAP = \angle ADO,$$

$$\angle PBA = \angle CAP,$$

$$\angle COB = \angle CDB,$$

$$\angle BDA = \angle ADC,$$

$$\angle PBD = \angle COD,$$

$$\angle PBO = \angle ODB = \angle CDP,$$

......

三角形相似信息：

$$\triangle ADB \backsim \triangle CDA,$$

$$\triangle BAP \backsim \triangle ACP,$$

$$\triangle OAD \backsim \triangle APD \backsim \triangle OPA,$$

$$\triangle OCP \backsim \triangle ODC \backsim \triangle BDP,$$

$$\triangle CDP \backsim \triangle OBP \backsim \triangle ODB,$$

......

该题中的结论,例如角度相等、比例线段、三角形相似,数量之多远远超出我们的想象. 这是一道较好的开放题,教师可让学生自己探索.特别是近年来,考试题型提倡多选题、多空题,由于受到思维的限制,有时候人们很难对问题有全面的认识,因此有必要借助智能技术进行教学和学习.该题简略分析如下:

由 $OC^2 = OA^2 = OD \cdot OP$，得 $\dfrac{OC}{OD} = \dfrac{OP}{OC}$，$\angle DOC = \angle COP$，于是 $\triangle DOC \backsim \triangle COP$，$\angle OCD = \angle OPC$.

由 $PB \cdot PC = PA^2 = PD \cdot PO$，得 B,C,O,D 四点共圆，于是 $\triangle PBD \backsim \triangle POC$.

由 $\triangle PBD \backsim \triangle POC$，得 $\angle DBP = \angle DOC$，结合 $\angle OCD = \angle BPD$，于是 $\triangle DBP \backsim \triangle DOC$，得 $\dfrac{DB}{DO} = \dfrac{DP}{DC}$，即 $DB \cdot DC = DO \cdot DP = AD^2$，$\dfrac{AD}{DB} = \dfrac{DC}{AD}$.

由 $\triangle PBD \backsim \triangle POC$，得 $\angle DBP = \angle DOC$，$\angle BDA = \angle ADC$，结合 $\dfrac{AD}{DB} = \dfrac{DC}{AD}$，于是 $\triangle ADB \backsim \triangle CDA$.

由 $\angle POB = \angle BOD$，$\angle OPB = \angle OBD$，得 $\triangle OPB \backsim \triangle OBD$.

根据以上所得的相似关系以及相等角度、相等比例线段，不难推出 $\triangle BAP \backsim \triangle ACP$，$\triangle OAD \backsim \triangle APD \backsim \triangle OPA$，$\triangle OCP \backsim \triangle ODC \backsim \triangle BDP$，$\triangle CDP \backsim \triangle OBP \backsim \triangle ODB$. 根据相似关系，可写出大量线段成比例. 根据上面的结论，即题目要求证的等式，还发现了相关等式：

$$BD \cdot CP = BP \cdot CD = AD \cdot AP = AO \cdot DP = BO \cdot DP = CO \cdot DP.$$

例 1 是基于已有条件生成结论. 几何题如此，代数题能否实行？下面通过例 2 继续进行研究.

例 2 已知 $a + b + c = 1$，$a^2 + b^2 + c^2 = 1$，你能探索出哪些结论？

不妨设 $abc = k_1$，$ab + ac + bc = k_2$，$a^3 + b^3 + c^3 = k_3$，$a^4 + b^4 + c^4 = k_4$，$a^5 + b^5 + c^5 = k_5$，$a^6 + b^6 + c^6 = k_6$，$a^2(b + c) + b^2(c + a) + c^2(a + b) = k_7$，$a^3 b^2 + b^3 c^2 + c^3 a^2 = k_8$，使用符号计算中的消元算法，能得到比较好的结论. 列举如下：

$\{k_2, -5k_4 + 4k_5 + 1, k_4 + 4k_8 - 1, 4k_3 - 3k_4 - 1, 4k_1 - k_4 + 1, 3k_8 - k_7, 3k_1 + k_7,$
$3k_5 + 5k_7 - 3, -3k_1^2 - 6k_1 + k_6 - 1, -3k_1 + k_3 - 1, 3k_4 + 4k_7 - 3\}$

$= 0$，

其中 $k_2 = 0$，意味着 $ab + ac + bc = 0$，以此类推.

计算机得出这些结论之后，还能进一步给出解释：

$2(ab + bc + ca) + (a^2 + b^2 + c^2 - 1) - (a + b + c - 1)(1 + a + b + c) = 0,$ ①

$2[4abc - (a^4 + b^4 + c^4) + 1] - (-2 - a - a^2 - b - b^2 - 2c + ac + bc)(a^2 + b^2 + c^2 - 1)$
$- (a + b + c - 1)(a - a^3 + b + 2ab + a^2 b + ab^2 - b^3 + 2c$
$+ 2ac + 2bc - 2abc + ac^2 + bc^2 - 2c^3)$

$= 0,$

②

基于上述恒等式，$ab + bc + ca = 0$，$4abc - (a^4 + b^4 + c^4) + 1 = 0$ 变得显然. 如果说式②太长，人们难以理解接受，那么式①完全可以理解和接受，甚至被人赞叹为"神证明".

例3 已知 $a > 0, b > 0, a^3 + b^3 = 2$，证明：$a + b \leqslant 2$．（2017年全国高考数学文科试题）

分析 因为

$$(a + b)^3 = a^3 + 3a^2 b + 3ab^2 + b^3 = 2 + 3ab(a + b)$$

$$\leqslant 2 + 3 \frac{(a + b)^2}{4}(a + b) = 2 + \frac{3(a + b)^3}{4},$$

所以 $(a + b)^3 \leqslant 8$，即 $a + b \leqslant 2$．

机器生成恒等式：

$$3(2 - a - b) = (a - 1)^2 (2 + a) + (b - 1)^2 (2 + b) + (2 - a^3 - b^3).$$

因为 $3(2 - a - b)$ 表示为若干非负项相加，所以必然非负，命题得证．恒等式证明简便快捷，给该题的解答带来新的启发．一些学习成绩优异的学生，特别是竞赛生，给出恒等式证明时，有的教师未必能很快反应过来．事实上，当学生给出恒等式证明时，他已经不自觉地向"多项式理想、零点集"这些高级知识点靠拢了，而不是简单掌握代数变形或者套用不等式定理．

2. 模仿已有命题得出新结论

三角形面积公式 $S = \frac{1}{2}ab \sin C$ 是我们熟知的．该公式可看成由三部分组成：系数 $\frac{1}{2}$、线段的二次方 ab、角度的函数 $\sin C$，那能不能让计算机根据这些特征，尝试生成另外的三角形面积公式呢？经过研究发现，这完全可以实现．计算机凭借高速的计算能力，在一两分钟内可尝试百万次．计算机输出结果如下（其中设 $\triangle ABC$ 的面积为 S，三边长为 a, b, c，三个角为 A, B, C，外接圆半径为 R，内切圆半径为 r）：

(1) $S = \dfrac{ab + bc + ca}{2\left(\dfrac{1}{\sin A} + \dfrac{1}{\sin B} + \dfrac{1}{\sin C}\right)}$；

(2) $S = \left(\dfrac{a + b + c}{2}\right)^2 \tan \dfrac{A}{2} \tan \dfrac{B}{2} \tan \dfrac{C}{2}$；

(3) $S = \dfrac{2ab + 2bc + 2ca - a^2 - b^2 - c^2}{4\left(\tan \dfrac{A}{2} + \tan \dfrac{B}{2} + \tan \dfrac{C}{2}\right)}$；

(4) $S = \dfrac{a^2 + b^2 + c^2}{4(\cot A + \cot B + \cot C)}$；

(5) $S = \dfrac{a(b + c) \sin B \sin C}{2(\sin B + \sin C)}$；

(6) $S = \dfrac{1}{4}(b^2 \sin 2A + a^2 \sin 2B)$；

(7) $S = \dfrac{1}{8}(a + b - c)(a - b + c)\left(-1 + \cot \dfrac{A}{4}\right)\left(1 + \cot \dfrac{A}{4}\right)\tan \dfrac{A}{4}$；

(8) $S = \dfrac{1}{4}(a+b-c)(a-b+c)\cot\dfrac{A}{2}$;

(9) $S = -\dfrac{1}{4}(a^2-b^2-c^2)\tan A$;

(10) $S = \dfrac{1}{2}(a+b+c)r(\cot 2A\cot 2B + \cot 2B\cot 2C + \cot 2C\cot 2A)$;

(11) $S = R(a\cos A + b\cos B - c\cos A\cos B)$;

(12) $S = rR(\sin A + \sin B + \sin C)$;

(13) $S = \dfrac{1}{2}R^2(\sin 2A + \sin 2B + \sin 2C)$;

(14) $S = r^2\cot\dfrac{A}{2}\cot\dfrac{B}{2}\cot\dfrac{C}{2}$;

(15) $S = r^2\left(\cot\dfrac{A}{2} + \cot\dfrac{B}{2} + \cot\dfrac{C}{2}\right)$.

以上关系式的证明并不难,但要在没有提示的情况下独立发现,也不容易.即便能发现一两个关系式,也很难发现这么多.也就是说,在不借助计算机的情况下,一次性得到这么多式子是不容易的,既需要有人一个个地去发现,还需要有人整理.在这些面积关系式中,还会有其他关系,譬如结合(14)和(15),可得 $\cot\dfrac{A}{2}\cot\dfrac{B}{2}\cot\dfrac{C}{2} = \cot\dfrac{A}{2} + \cot\dfrac{B}{2} + \cot\dfrac{C}{2}$.

能仿写得到等式,能否仿写得到不等式? 譬如例 4 这样的不等式,人工研究耗时费力,在中学也没有比较好的软件来辅助;而使用智能技术,则可在一分钟之内得到图 28.2.

例 4 在 $\triangle ABC$ 中,证明: $\dfrac{\sin\dfrac{A}{2}}{\cos\dfrac{B-C}{2}} + \dfrac{\sin\dfrac{B}{2}}{\cos\dfrac{C-A}{2}} + \dfrac{\sin\dfrac{C}{2}}{\cos\dfrac{A-B}{2}} \geqslant \dfrac{3}{2}$. (《数学通讯》2020

年第 8 期问题征解 459)

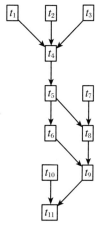

图 28.2

计算机模仿题目自动生成若干表达式,从中选取 11 个表达式,分别设为 t_i,并根据大小生成了关系图(图 28.2).图中箭头是较小者指向较大者(含相等),譬如例 4 就是

$$\dfrac{3}{2} \to t_4 \leqslant \sin\dfrac{A}{2}\sec\dfrac{B-C}{2} + \sin\dfrac{B}{2}\sec\dfrac{C-A}{2} + \sin\dfrac{C}{2}\sec\dfrac{A-B}{2} \to t_5,$$

其中

$$\sin\dfrac{A}{2}\tan\dfrac{B-C}{2} + \sin\dfrac{B}{2}\tan\dfrac{C-A}{2} + \sin\dfrac{C}{2}\tan\dfrac{A-B}{2} \to t_1,$$

$$\tan\dfrac{A}{2}\tan\dfrac{B-C}{2} + \tan\dfrac{A-B}{2}\tan\dfrac{C}{2} + \tan\dfrac{B}{2}\tan\dfrac{C-A}{2} \to t_2,$$

$$0 \to t_3,$$

$$\frac{3}{2} \to t_4,$$

$$\sin \frac{A}{2} \sec \frac{B-C}{2} + \sin \frac{B}{2} \sec \frac{C-A}{2} + \sin \frac{C}{2} \sec \frac{A-B}{2} \to t_5,$$

$$2 \to t_6,$$

$$\cos \frac{A}{2} \tan \frac{B-C}{2} + \cos \frac{B}{2} \tan \frac{C-A}{2} + \cos \frac{C}{2} \tan \frac{A-B}{2} \to t_7,$$

$$\tan \frac{A}{2} \sec \frac{B-C}{2} + \tan \frac{B}{2} \sec \frac{C-A}{2} + \tan \frac{C}{2} \sec \frac{A-B}{2} \to t_8,$$

$$\cos \frac{A}{2} \sec \frac{B-C}{2} + \cos \frac{B}{2} \sec \frac{C-A}{2} + \cos \frac{C}{2} \sec \frac{A-B}{2} \to t_9,$$

$$\cot \frac{A}{2} \tan \frac{B-C}{2} + \cot \frac{B}{2} \tan \frac{C-A}{2} + \cot \frac{C}{2} \tan \frac{A-B}{2} \to t_{10},$$

$$\cot \frac{A}{2} \sec \frac{B-C}{2} + \cot \frac{B}{2} \sec \frac{C-A}{2} + \cot \frac{C}{2} \sec \frac{A-B}{2} \to t_{11}.$$

28.1.5 结语

随着计算机的发展，人工智能在有些领域已经产生了深刻的影响．但人工智能在中小学教育中的应用仍处于起步阶段，有待于进一步摸索．

从宏观上来说，随着教育部相关的课程标准的制定，全国各地也出版了多种人工智能与教育应用的教材，其内容五花八门．在中小学阶段，进行人工智能相关研究，有助于学生应对智能时代的变革和挑战，也是国家培养高科技人才的迫切需要．笔者认为，对于有条件的学校，可以尝试教一教机器人、无人机等课程．而对于条件一般的学校，考虑到师资力量、学生课时、升学压力等众多因素，笔者建议可将人工智能的研究与具体的中小学学科教学研究结合起来，譬如尝试与数学学科结合起来，这样有助于培养学生的计算思维，花费的时间少，但取得的效果可能更加明显．

从微观上来说，人工智能教育应用的时代还没有真正来临．虽然人工智能已经有一些研究，也很有希望应用于教学，但离实际落地还有一定距离．以应用于初等数学研究而言，本节所述只是众多应用中的几个小案例而已，所述智能技术只是统称，目前大多数还是以算法形式散落在学术期刊中，并没有形成可直接使用的软件．要将这些算法一个个编程实现，融合成可供中小学老师简单操作的软件，还有很长的路要走．如果能将人工智能数学应用做成典型，不断科学规范，形成体系化、结构化的案例集和资源库，然后以点带面，带动其他学科，将有助于推进人工智能在中小学教育中的应用和发展．

28.2　计算机自动生成三元均值不等式①

　　数学命题是数学研究的重要部分.如果没有好的题目源源不断地"生产"出来,解题研究就难以持续发展.然而,发现一个好的命题并不容易.

　　设 a,b,c 为正数(下同),求证:

$$a^3 + b^3 + c^3 \geqslant 3abc + a(b-c)^2 + b(c-a)^2 + c(a-b)^2.$$

　　这是华东师范大学《数学教学》(1985 年第 3 期)上的一题.供题人冷岗松教授在《数学竞赛试题的若干命题策略》中介绍了此题的发现经历.他给学生讲解瑞典 1983 年试题 $abc \geqslant (-a+b+c)(a+b-c)(a-b+c)$ 时,一个学生采取"暴力展开",于是有了发现.

　　我们简单还原一下.展开计算:

$$abc - (-a+b+c)(a+b-c)(a-b+c)$$
$$= a^3 + b^3 + c^3 - a^2b - ab^2 - b^2c - bc^2 - a^2c - ac^2 + 3abc$$
$$= a^3 + b^3 + c^3 - 3abc - a^2b - ab^2 - b^2c - bc^2 - a^2c - ac^2 + 6abc$$
$$= a^3 + b^3 + c^3 - 3abc - a(b-c)^2 - b(c-a)^2 - c(a-b)^2.$$

于是 $abc \geqslant (-a+b+c)(a+b-c)(a-b+c)$ 等价于

$$a^3 + b^3 + c^3 \geqslant 3abc + a(b-c)^2 + b(c-a)^2 + c(a-b)^2.$$

　　这一发现的过程抽象出来,即曾经研究问题 A,后来研究问题 B,发现 A 和 B 之间的关联,于是得到命题 C.这从侧面反映出命题之艰辛.首先是命题者需要长期积累,掌握足够多的素材,然后在接收新信息时,新老信息相互撞击,才可能有新的发现.此题若没有学生的"鲁莽"计算,发现也将擦身而过.说明命题除了需要大量积累和广泛联系,有时可能还需要一点运气.

　　有没有简单的方法量产数学命题,就像现在的工农业已经实现机械化生产一样?本节将以三元算术几何均值不等式的加强为例,分享我们借助计算机探索命题的心得.

28.2.1　建立模型

　　由于目前的计算机还不能像人一样思考问题,因此我们需要将研究问题转化成计算机能处理的形式,或者说将研究问题具体化:探索 $a^3 + b^3 + c^3 \geqslant 3abc + T$,其中 $T \geqslant 0$.为了使研究不至于漫无目的,需确定 T 的形式以及相关参数的范围,以便操作.这也是建立模型的

---

　　① 本节与曹洪洋老师合作完成.

过程.

设
$$T = f(a,b,c) + f(b,c,a) + f(c,a,b),$$
$$f(a,b,c) = k_1(a + k_2 b + k_3 c)(k_4 a + k_5 b + k_6 c)^2,$$

其中 $k_1 \in S_1, k_2 \in S_2, k_3 \in S_2, k_4 \in S_2, k_5 \in S_2, k_6 \in S_2, S_1 = \left\{\frac{1}{2},1,2\right\}, S_2 = \{-2,-1,0,$
$1,2\}$.

这样所得的 T 是循环对称多项式,符合我们的审美习惯.而 $f(a,b,c)$ 的形式是凭经验建立的,并不能保证这样形式的 T 一定存在,还需试验检验.如不要求 T 是循环对称式,或是放开参数的范围,可得到更多的 T.

根据乘法原理,T 的可能取值有 $3 \times 5 \times 5 \times 5 \times 5 \times 5 = 9375$ 个,远超过人工所能处理的范围.由于变量实在太多,即使借助计算机,解不等式 $a^3 + b^3 + c^3 \geqslant 3abc + T \geqslant 3abc$ 也颇为不易.我们此处不解不等式,而是搜索验证给定范围内符合要求的 T.下面借助符号计算软件 Mathematica 来进行处理.

28.2.2 数据分析

对于可能的 9375 个 T,每一个 T 都对应着不等式 $a^3 + b^3 + c^3 \geqslant 3abc + T \geqslant 3abc$.这其中绝大多数 T 不符合要求.而排除不符合要求的 T,最直接的方式就是举反例.

筛选数据:计算机随机生成一组正数,赋值给 a,b,c,并对 9375 个不等式 $a^3 + b^3 + c^3 \geqslant 3abc + T \geqslant 3abc$ 进行验证,可排除部分 T.对这一操作重复执行 3000 次,能通过数值验算的 T 只有几十个.

数据精选:对筛选出来的几十个 T 还需做一些挑选,如 $a(b-c)^2 + b(c-a)^2 + c(a-b)^2$ 与 $\frac{1}{2}[a(b-c)^2 + b(c-a)^2 + c(a-b)^2]$,则选择前者(较大者);如 $a(b-c)^2 + b(c-a)^2 + c(a-b)^2$ 与 $a(c-b)^2 + c(b-a)^2 + b(a-c)^2$,看似有差别,实则一样,保留一个即可.最后,我们选取如下 8 个:

$$\frac{1}{2}a^2(a + b - 2c) + \frac{1}{2}b^2(-2a + b + c) + \frac{1}{2}c^2(a - 2b + c) \cdots\cdots(t_1),$$

$$\frac{1}{2}(b - a)^2(a + b - c) + \frac{1}{2}(c - b)^2(-a + b + c) + \frac{1}{2}(a - c)^2(a - b + c) \cdots\cdots(t_2),$$

$$\frac{1}{2}(a + b)^2(a - c) + \frac{1}{2}(b + c)^2(b - a) + \frac{1}{2}(c + a)^2(c - b) \cdots\cdots(t_3),$$

$$\frac{1}{2}(a - b)^2(b + c) + \frac{1}{2}(c - a)^2(a + b) + \frac{1}{2}(b - c)^2(c + a) \cdots\cdots(t_4),$$

$$\frac{1}{2}(a-b)^2(b+a)+\frac{1}{2}(b-c)^2(c+b)+\frac{1}{2}(c-a)^2(a+c)\cdots\cdots(t_5),$$

$$\frac{1}{2}(a-b)^2(a+c)+\frac{1}{2}(b-c)^2(b+a)+\frac{1}{2}(c-a)^2(c+b)\cdots\cdots(t_6),$$

$$a^2(a-b)+b^2(b-c)+c^2(c-a)\cdots\cdots(t_7),$$

$$a(b-c)^2+b(c-a)^2+c(a-b)^2\cdots\cdots(t_8).$$

28.2.3 证明检验

特例法在我们日常解题时也经常用到,只不过人工举例,特例的个数少,可能出错的可能性就大.而利用计算机的快速计算,经过上千次的检验,错误的可能性就低.因此所得的8个 T 大概率保证是符合要求的.为进一步检验这些不等式的正确性,我们将 Groebner Basis 算法加以改进,让计算机自动生成多项式之间的关系式,也就是将要求证的关系式改写成若干非负项之和.

对于 t_1,不妨设 $c=\min(a,b,c)$,

$$a^3+b^3+c^3-3abc$$
$$=\frac{1}{2}a^2(a+b-2c)+\frac{1}{2}b^2(-2a+b+c)+\frac{1}{2}c^2(a-2b+c)$$
$$+\frac{1}{2}(3a-c)(c-b)^2+\frac{1}{2}(a+b)(b-a)^2+c(a-c)^2,$$

而

$$\frac{1}{2}a^2(a+b-2c)+\frac{1}{2}b^2(-2a+b+c)+\frac{1}{2}c^2(a-2b+c)$$
$$=\frac{1}{2}a(c-a)^2+\frac{1}{2}b(a-b)^2+\frac{1}{2}c(b-c)^2,$$

因此 $a^3+b^3+c^3\geqslant 3abc+t_1\geqslant 3abc$ 得证.

对于 t_2,

$$a^3+b^3+c^3-3abc$$
$$=\frac{1}{2}(b-a)^2(a+b-c)+\frac{1}{2}(c-b)^2(-a+b+c)+\frac{1}{2}(a-c)^2(a-b+c)$$
$$+a(c-b)^2+b(a-c)^2+c(b-a)^2,$$

而

$$\frac{1}{2}(b-a)^2(a+b-c)+\frac{1}{2}(c-b)^2(-a+b+c)+\frac{1}{2}(a-c)^2(a-b+c)$$
$$=a(a-b)(a-c)+b(b-a)(b-c)+c(c-a)(c-b) \quad (舒尔不等式形式),$$

因此 $a^3+b^3+c^3\geqslant 3abc+t_2\geqslant 3abc$ 得证.

对于 t_3，

$$a^3 + b^3 + c^3 - 3abc$$

$$= \frac{1}{2}(a+b)^2(a-c) + \frac{1}{2}(b+c)^2(b-a) + \frac{1}{2}(c+a)^2(c-b)$$

$$+ \frac{1}{3}a(a-b)^2 + \frac{1}{3}b(b-c)^2 + \frac{1}{3}c(c-a)^2$$

$$+ \frac{1}{6}a(a-c)^2 + \frac{1}{6}b(b-a)^2 + \frac{1}{6}c(c-b)^2,$$

而

$$\frac{1}{2}(a+b)^2(a-c) + \frac{1}{2}(b+c)^2(b-a) + \frac{1}{2}(c+a)^2(c-b)$$

$$= \frac{1}{2}(a^3 + b^3 + c^3 + a^2b + b^2c + c^2a - 6abc) \quad (均值不等式形式),$$

因此 $a^3 + b^3 + c^3 \geqslant 3abc + t_3 \geqslant 3abc$ 得证.

对于 t_4，

$$a^3 + b^3 + c^3 - 3abc$$

$$= \frac{1}{2}(a-b)^2(b+c) + \frac{1}{2}(c-a)^2(a+b) + \frac{1}{2}(b-c)^2(c+a)$$

$$+ \frac{1}{2}a(a-b)^2 + \frac{1}{2}b(b-c)^2 + \frac{1}{2}c(c-a)^2,$$

因此 $a^3 + b^3 + c^3 \geqslant 3abc + t_4 \geqslant 3abc$ 得证.

剩余 4 式，证法基本类似，留与读者证明.

28.2.4　直观显示

一次得到多个结论的同时，又有新问题冒出，即所得这些 T 之间的相互比较. 首先要注意存在两个 T 无法比较的可能. 譬如 t_1 和 t_2：

当 $a = 1, b = 1, c = 2$ 时，

$$\frac{1}{2}a^2(a+b-2c) + \frac{1}{2}b^2(-2a+b+c) + \frac{1}{2}c^2(a-2b+c)$$

$$= \frac{3}{2} < 2$$

$$= \frac{1}{2}(b-a)^2(a+b-c) + \frac{1}{2}(a-c)^2(a-b+c) + \frac{1}{2}(c-b)^2(-a+b+c);$$

当 $a = 2, b = 1, c = 2$ 时，

$$\frac{1}{2}a^2(a+b-2c) + \frac{1}{2}b^2(-2a+b+c) + \frac{1}{2}c^2(a-2b+c)$$

$$= \frac{3}{2} > \frac{1}{2}$$

$$= \frac{1}{2}(b-a)^2(a+b-c) + \frac{1}{2}(a-c)^2(a-b+c) + \frac{1}{2}(c-b)^2(-a+b+c).$$

所以 t_1 和 t_2 之间不可比较.

我们仍采用数值检验方法.从 T 中任选两项 t_i 和 t_j,计算得到 $t_i - t_j$ 的正负号,随机对 a,b,c 赋值,重复执行 3000 次.若 3000 次结果都为非负,输出 $t_i \geqslant t_j$;若 3000 次结果都为非正,输出 $t_i \leqslant t_j$;其余情况,则不输出.

为了更直观地显示,有必要借助图论中有向图的概念,将一个 T 看成一个点,若 $t_i \leqslant t_j$,则 $t_i \rightarrow t_j$,即生成一条有向边,不等式中较小的项指向较大的项,于是可得到一个不等式的关系图(图 28.3).正如上文所说,t_1 和 t_2 之间不可比较,因此两者之间无边相连.另外,t_6,t_8 不在图 28.3 中,说明这两个 T 互相之间不可比较.

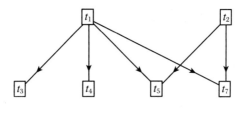

图 28.3

如果设 $a^3 + b^3 + c^3 \cdots\cdots (t_9)$,$3abc \cdots\cdots (t_{10})$,重新生成不等式关系图(图 28.4).因为多了可比较对象,所以 t_6,t_8 在图 28.4 中出现.显然 t_9 最大,而 t_{10} 与 $t_1 \sim t_8$ 无法比较强弱.

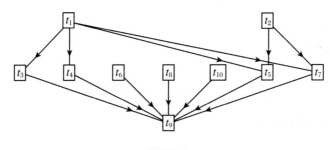

图 28.4

至此,我们通过建立模型、分析数据、证明检验、直观显示四个步骤,探索了三元均值不等式的加强,所得的结论可为教学、考试、研究等提供素材.本节研究如果单靠人工,需花费较多时间.而这样的工作量对于计算机来说则是小菜一碟.在考虑成熟、建立合适的模型以及编写好程序之后,计算机输出 8 个 T 以及作图 28.3、图 28.4,总共仅需 2 分钟,这样就能把节省下来的时间投入更有创造力的研究中去.

莱布尼茨认为,一个出色的人像奴隶一样把时间浪费在计算上是不值得的.如果有了机器,这种工作可以放心地交给任何人.意思是不要把时间浪费在加减乘除这样烦琐的脑力劳动上.推而广之,还有哪些脑力劳动可以让计算机来帮助完成? 吴文俊先生认为这其中大有可为.工业革命是使用某种机器来减轻甚至代替体力劳动,现在是信息技术时代,可利用计算机来减轻甚至代替脑力劳动.计算机对于数学家,势将如显微镜对于生物学家、望远镜对于天文学家那样不可或缺.计算机提供了有力工具,使数学有可能像其他自然科学一样,跻身实验科学行列.

目前初等数学的研究主要还是靠纸笔手算.在大数据时代,数学建模和数据分析已成为中学数学需要培养的核心素养.能否针对要研究的初等数学问题建立数学模型,并借助计算机进行数据计算和分析,批量处理一类问题? 本节的探索表明,完全可行.同时本节也为中学数学的建模提供了参考案例.由于中学生知识水平、投入精力等多方面的限制,研究一些生活、生产问题存在多方面的困难,而研究初等数学内部的一些问题可能更具有可操作性.

28.3　三元算几不等式隔离的自动生成[①]

目前初等数学的研究主要还是依赖于人工手算.由于人受到记忆力、计算能力等多方面的限制,因此每次研究的问题不能太复杂,包括问题的数量要少、涉及变量个数不能太多、变数次数不能太高等.而这些问题借助信息技术,是有可能解决的.

我们已经进入了大数据时代,数学建模和数据分析是中学数学需要培养的核心素养.能否针对要研究的初等数学问题建立数学模型,并借助计算机进行数据计算和分析,批量处理一类问题? 技术的飞速发展,使得农业、工业等都实现了机械化,初等数学的研究能否机械化? 我们近几年做了大量的实践,发现这完全是可能的.本节将以三元算几不等式的隔离为例,分享我们的探索思路和研究成果.

28.3.1　建立模型

三元算几不等式是初等数学研究的一个重要内容.除了其代数特征之外,由于三角形有三条边,三元算几不等式也常与三角形不等式混在一起出题,在各种竞赛中频繁出现.三元算几不等式基本形式是 $\frac{a+b+c}{3} \geqslant \sqrt[3]{abc}$（只考虑正数范围,下同）,由于根式书写和计算都不太方便,因此考虑等价形式 $a^3 + b^3 + c^3 \geqslant 3abc$.两个不等的量若存在大小关系,则可在中间插入新的量 T,使得 $a^3 + b^3 + c^3 \geqslant T \geqslant 3abc$,此称为不等式的隔离或加强.

---

① 本节与曹洪洋老师合作完成.

由于隔离可无止境地做下去,故有必要对 T 从形式上和研究范围上做进一步的限制,以便操作.这也是建立模型的过程.设 $T = f(a,b,c) + f(b,c,a) + f(c,a,b)$,其中

$$f(a,b,c) = \frac{k_1 a^{k_2} b^{k_3} c^{k_4} \left[(1 - k_6) a^{k_5} + k_6 b^{k_5} + k_6 c^{k_5} \right]}{(1 - k_7) a^{k_2 + k_3 + k_4 + k_5 - 3} + k_7 b^{k_2 + k_3 + k_4 + k_5 - 3} + k_7 c^{k_2 + k_3 + k_4 + k_5 - 3}},$$

$$k_1 \in S_1, \quad k_2 \in S_2, \quad k_3 \in S_2, \quad k_4 \in S_2, \quad k_5 \in S_2, \quad k_6 \in S_3, \quad k_7 \in S_3,$$

$$S_1 = \{1,2,3,4\}, \quad S_2 = \{-2,-1,0,1,2,3,4,5\}, \quad S_3 = \left\{ 0, \frac{1}{2}, 1 \right\}.$$

$f(a,b,c)$ 的分母中出现指数 $k_2 + k_3 + k_4 + k_5 - 3$,是为了确保 T 是三次式.确定 T 的形式后,因为变量实在太多,不太可能直接解不等式 $a^3 + b^3 + c^3 \geqslant T \geqslant 3abc$.我们不解不等式,而是搜索验证给定范围内符合要求的 T.根据乘法原理,T 的可能取值有 $4 \times 8 \times 8 \times 8 \times 8 \times 3 \times 3 = 147456$ 种.这远远超过人工所能处理的范围.下面将借助符号计算软件 Mathematica 来进行处理.

28.3.2 数据分析

对于可能的 147456 个 T,每一个 T 都对应着不等式 $a^3 + b^3 + c^3 \geqslant T \geqslant 3abc$.这其中绝大多数 T 不符合要求.要排除这些不符合要求的 T,最直接的方式就是举反例.

筛选数据:计算机随机生成一组正数,赋值给 a,b,c,并对 147456 个不等式 $a^3 + b^3 + c^3 \geqslant T \geqslant 3abc$ 进行验证,可以排除相当部分 T.对这一操作重复执行 1000 次,能通过数值验算的 T 只有几百个.

数据去重:几百个 T 中有重复,如 $\dfrac{2a^2 b^2}{a+b} + \dfrac{2b^2 c^2}{b+c} + \dfrac{2c^2 a^2}{c+a}$ 与 $\dfrac{2ab}{\frac{1}{a} + \frac{1}{b}} + \dfrac{2bc}{\frac{1}{b} + \frac{1}{c}} + \dfrac{2ca}{\frac{1}{c} + \frac{1}{a}}$

形式不同,实则恒等.需要对几百个 T 进行两两对比,若恒等,只保留其中形式较简单的.最后保留得到 89 个 T.限于篇幅,此处仅列出如下 17 个:

$$2abc \left(\frac{c}{a+b} + \frac{a}{b+c} + \frac{b}{c+a} \right) \cdots\cdots (t_1),$$

$$\frac{2a^2 b^2}{a+b} + \frac{2b^2 c^2}{b+c} + \frac{2c^2 a^2}{c+a} \cdots\cdots (t_2),$$

$$\frac{1}{2} a^2 (b+c) + \frac{1}{2} b^2 (c+a) + \frac{1}{2} c^2 (a+b) \cdots\cdots (t_3),$$

$$2abc \left(\frac{c^2}{a^2 + b^2} + \frac{a^2}{b^2 + c^2} + \frac{b^2}{c^2 + a^2} \right) \cdots\cdots (t_4),$$

$$\frac{c^2 (a^2 + b^2)}{a+b} + \frac{a^2 (b^2 + c^2)}{b+c} + \frac{b^2 (c^2 + a^2)}{c+a} \cdots\cdots (t_5),$$

$$\frac{ab(a^2 + b^2)}{a+b} + \frac{bc(b^2 + c^2)}{b+c} + \frac{ca(c^2 + a^2)}{c+a} \cdots\cdots (t_6),$$

$$a(b^2 - bc + c^2) + b(c^2 - ca + a^2) + c(a^2 - ab + b^2)\cdots\cdots(t_7),$$

$$\frac{c^2(a^3 + b^3)}{a^2 + b^2} + \frac{a^2(b^3 + c^3)}{b^2 + c^2} + \frac{b^2(c^3 + a^3)}{c^2 + a^2}\cdots\cdots(t_8),$$

$$\frac{ab(a^3 + b^3)}{a^2 + b^2} + \frac{bc(b^3 + c^3)}{b^2 + c^2} + \frac{ca(c^3 + a^3)}{c^2 + a^2}\cdots\cdots(t_9),$$

$$\frac{3(a^2 b^2 + b^2 c^2 + c^2 a^2)}{a + b + c}\cdots\cdots(t_{10}),$$

$$\frac{(a^2 + b^2 + c^2)^2}{a + b + c}\cdots\cdots(t_{11}),$$

$$\frac{(ab + bc + ca)(a^3 + b^3 + c^3)}{a^2 + b^2 + c^2}\cdots\cdots(t_{12}),$$

$$\frac{3(a^3 b + b^3 c + c^3 a)}{a + b + c}\cdots\cdots(t_{13}),$$

$$\frac{(ab + bc + ca)(a^2 + b^2 + c^2)}{a + b + c}\cdots\cdots(t_{14}),$$

$$\frac{1}{3}(a + b + c)(ab + bc + ca)\cdots\cdots(t_{15}),$$

$$a^2 b + b^2 c + c^2 a\cdots\cdots(t_{16}),$$

$$\frac{ab(a^4 + b^4)}{(a + b)(a^2 - ab + b^2)} + \frac{bc(b^4 + c^4)}{(b + c)(b^2 - bc + c^2)} + \frac{ca(c^4 + a^4)}{(c + a)(c^2 - ca + a^2)}\cdots\cdots(t_{17}).$$

28.3.3 证明检验

数值检验法的好处是指令周期快，经过上千次的检验，错误的可能性极低．因此所得的 89 个 T 大概率保证是符合要求的．为进一步检验这些不等式的正确性，我们使用了数学家杨路教授开发的 Bottema 软件，其中的降维算法能高效证明不等式，其原理详见《不等式机器证明与自动发现》[①]．譬如输入求证命令：

$$\text{xprove}\left(a^3 + b^3 + c^3 \geqslant 2abc\left(\frac{c^2}{a^2 + b^2} + \frac{a^2}{b^2 + c^2} + \frac{b^2}{c^2 + a^2}\right)\right).$$

Bottema 软件输出：The inequality holds，意味着该不等式成立．

Bottema 软件能在理论上保证不等式成立，但其过程涉及相当复杂的多项式运算，难以被初等数学研究者接受，有必要研究其他证明方法．配方法是一种相当经典巧妙的方法．配方法的思路很多，最简单的是待定系数法．此处我们使用在 Groebner Basis 算法基础上改进

---

① 杨路，夏壁灿. 不等式机器证明与自动发现[M]. 北京：科学出版社，2008.

得到的配方法,参看 *Ideals,Varieties and Algorithms*[①],于是计算机生成恒等式:

$$a^3 + b^3 + c^3 - \left[\frac{c^2(a^2 + b^2)}{a + b} + \frac{a^2(b^2 + c^2)}{b + c} + \frac{b^2(c^2 + a^2)}{c + a} \right]$$

$$= \frac{(a + b + c)[ab(a + b)(a - b)^2 + bc(b + c)(b - c)^2 + ca(c + a)(c - a)^2]}{(a + b)(b + c)(c + a)};$$

$$\frac{c^2(a^2 + b^2)}{a + b} + \frac{a^2(b^2 + c^2)}{b + c} + \frac{b^2(c^2 + a^2)}{c + a} - 3abc$$

$$= \frac{(a + b + c)[a^2(b + c)(b - c)^2 + b^2(c + a)(c - a)^2 + c^2(a + b)(a - b)^2]}{(a + b)(b + c)(c + a)},$$

因此 $a^3 + b^3 + c^3 \geqslant \dfrac{c^2(a^2 + b^2)}{a + b} + \dfrac{a^2(b^2 + c^2)}{b + c} + \dfrac{b^2(c^2 + a^2)}{c + a} \geqslant 3abc$ 得证.

$$a^3 + b^3 + c^3 - 2abc\left(\frac{c}{a + b} + \frac{a}{b + c} + \frac{b}{c + a} \right)$$

$$= \frac{c(a - b)^2(a^2 + b^2 + ab + bc + ca)}{(a + c)(b + c)} + \frac{a(b - c)^2(b^2 + c^2 + ab + bc + ca)}{(b + a)(c + a)}$$

$$+ \frac{b(c - a)^2(c^2 + a^2 + ab + bc + ca)}{(c + b)(a + b)};$$

$$2abc\left(\frac{c}{a + b} + \frac{b}{a + c} + \frac{a}{b + c} \right) - 3abc$$

$$= \frac{abc(a - b)^2}{(a + c)(b + c)} + \frac{abc(b - c)^2}{(b + a)(c + a)} + \frac{abc(c - a)^2}{(c + b)(a + b)},$$

因此 $a^3 + b^3 + c^3 \geqslant 2abc\left(\dfrac{c}{a + b} + \dfrac{b}{a + c} + \dfrac{a}{b + c} \right) \geqslant 3abc$ 得证. 顺便得到经典不等式

$$\frac{c}{a + b} + \frac{b}{a + c} + \frac{a}{b + c} \geqslant \frac{3}{2}.$$

限于我们的水平,还难以对所发现的这些不等式全部给出漂亮的恒等式证明.这有待进一步努力.也欢迎读者给出人工证明.

另外,在 89 个 T 之间也可得到一些恒等式.如:

$$\frac{(a^2 + b^2 + c^2)^2}{a + b + c} - \frac{1}{3}(a + b + c)(ab + ac + bc)$$

$$= \frac{[(a - b)^2 + (b - c)^2 + (c - a)^2](3a^2 + 3b^2 + 3c^2 + 2ab + 2bc + 2ca)}{6(a + b + c)};$$

$$a(b^2 - bc + c^2) + b(c^2 - ca + a^2) + c(a^2 - ab + b^2) - \left(\frac{2a^2b^2}{a + b} + \frac{2b^2c^2}{b + c} + \frac{2c^2a^2}{c + a} \right)$$

$$= \frac{(ab + bc + ca)[(c^2 + ab)(a - b)^2 + (a^2 + bc)(b - c)^2 + (b^2 + ca)(c - a)^2]}{(a + b)(b + c)(c + a)};$$

$$a(b^2 - bc + c^2) + b(c^2 - ca + a^2) + c(a^2 - ab + b^2)$$

---

① Cox D,Little J,O'Shea D. Ideals,Varieties and Algorithms[M]. New York:Springer-Verlag,1992.

$$-\left[\frac{a^2(b^2+c^2)}{b+c}+\frac{b^2(a^2+c^2)}{c+a}+\frac{c^2(a^2+b^2)}{a+b}\right]$$

$$=\frac{abc\{a[(a-b)^2+(a-c)^2]+b[(b-c)^2+(b-a)^2]+c[(c-a)^2+(c-b)^2]\}}{(a+b)(a+c)(b+c)}.$$

上述恒等式分别说明 $t_{15}\leqslant t_{11},t_2\leqslant t_7,t_5\leqslant t_7$.

这提醒我们，还有一个工作需要完成，即 89 个 T 之间的相互比较，譬如 t_2 和 t_5 孰大孰小？

28.3.4 直观显示

对 89 个 T 两两比较，有 $C_{89}^2=3916$ 种可能，但并不表示能生成 3916 个不等式，因为存在两个表达式无法比较的情况.譬如：

当 $a=1,b=1,c=3$ 时，

$$2abc\left(\frac{c}{a+b}+\frac{a}{b+c}+\frac{b}{c+a}\right)=12>10=\frac{2a^2b^2}{a+b}+\frac{2b^2c^2}{b+c}+\frac{2c^2a^2}{c+a};$$

当 $a=1,b=1,c=\frac{1}{2}$ 时，

$$2abc\left(\frac{c}{a+b}+\frac{a}{b+c}+\frac{b}{c+a}\right)=\frac{19}{12}<\frac{5}{3}=\frac{2a^2b^2}{a+b}+\frac{2b^2c^2}{b+c}+\frac{2c^2a^2}{c+a}.$$

所以 $2abc\left(\dfrac{c}{a+b}+\dfrac{a}{b+c}+\dfrac{b}{c+a}\right)\cdots\cdots(t_1)$ 和 $\dfrac{2a^2b^2}{a+b}+\dfrac{2b^2c^2}{b+c}+\dfrac{2c^2a^2}{c+a}\cdots\cdots(t_2)$ 之间不可比较.

我们仍然采用数值检验方法.从 T 中任选两项 t_i 和 t_j，计算得到 t_i-t_j 的正负号，随机对 a,b,c 赋值，重复执行 1000 次.若 1000 次结果都为非负，输出 $t_i\geqslant t_j$；若 1000 次结果都为非正，输出 $t_i\leqslant t_j$；其余情况，不输出.

如果将所得的不等式全部列出，篇幅庞大，且不能直观显示不等式之间的大小关系.限于篇幅，只考虑 28.3.2 小节所列的 17 个 T.为了更直观地显示大小关系，此处借助图论中有向图的概念，将一个 T 看成一个点，若 $t_i\leqslant t_j$，则 $t_i\rightarrow t_j$，即生成一条有向边，由不等式中较小的项指向较大的项，于是可得到一个不等式的关系图（图 28.5）.为使得图形简洁，需删除一些边.如 $t_1\rightarrow t_{13}$，$t_{13}\rightarrow t_{11}$，那么删除 $t_1\rightarrow t_{11}$ 这条边并不会丢失信息.通过图 28.5，容易得到不等式链条，如 $3abc\leqslant t_{15}\leqslant t_3\leqslant t_{14}\leqslant t_6\leqslant t_{12}\leqslant t_{11}\leqslant a^3+b^3+c^3$.

至此，我们通过建立模型、分析数据、证明检验、直观显示四个步骤，探索了三元算几不等式的隔离，研究所得的几百个不等式结论可以为教学、考试、研究等提供素材.从我们的实践来看，上述步骤可认为是借助计算机自动生成初等数学结论的一般方法.同时本小节也可以看作是中学数学建模的一个案例.因为中学生受知识水平、投入精力等多方面的限制，让他们研究一些现实问题可能比较困难，去研究初等数学内部的一些问题可能更具有可操作

性.考虑到中学生的实际水平,建议只完成基于数值检验法寻找 T,而这可以使用 Excel 完成.

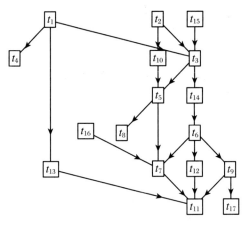

图 28.5

本小节研究看似涉及上万条信息,动辄测试上千次,实际上这样的运算量对于计算机来说不值一提.如果我们考虑成熟,在建立合适的模型以及编写好程序之后,计算机输出 89 个 T 以及图 28.5,总共用不了 2 分钟.而这一探索靠人工来完成的话,所花费的时间、精力难以想象.农业生产已经告别了刀耕火种的时代,但现在多数的初等数学研究者还是依赖纸笔在做研究,没有充分利用信息技术带来的便利.最后抄录吴文俊先生的话结束本小节.吴先生认为,工业时代主要是体力劳动的机械化,现在是计算机时代,脑力劳动机械化可以提到议事日程上来,数学研究机械化是脑力劳动机械化的起点,因为数学表达非常精确严密,叙述简明,我们要打开这个局面.

28.4　18 个三角表达式的大小比较与证明①

在 $\triangle ABC$ 中,求证: $\sin 2A + \sin 2B + \sin 2C \leqslant \sin A + \sin B + \sin C$.

偶然看到这个不等式,感觉很漂亮.那么能否找到更多类似的不等式呢? 这就是本节要研究的问题.

---

① 本节与童正卿、罗家亮两位老师合作完成.

28.4.1　建立模型

设 $T = \left\{ f\left(\dfrac{A}{t}\right) + f\left(\dfrac{B}{t}\right) + f\left(\dfrac{C}{t}\right), f\left(\dfrac{A}{t}\right)f\left(\dfrac{B}{t}\right)f\left(\dfrac{C}{t}\right) \right\}$，其中 $f \in \{\sin, \cos, \tan, \cot\}$，$t \in \left\{1, 2, \dfrac{1}{2}\right\}$.

根据乘法原理，T 的可能取值有 $2 \times 4 \times 3 = 24$ 种，分别如下：

$$\sin[A] + \sin[B] + \sin[C], \quad \sin[A]\sin[B]\sin[C],$$

$$\sin[2A] + \sin[2B] + \sin[2C], \quad \sin[2A]\sin[2B]\sin[2C],$$

$$\sin\left[\frac{A}{2}\right] + \sin\left[\frac{B}{2}\right] + \sin\left[\frac{C}{2}\right], \quad \sin\left[\frac{A}{2}\right]\sin\left[\frac{B}{2}\right]\sin\left[\frac{C}{2}\right]$$

$$\cos[A] + \cos[B] + \cos[C], \quad \cos[A]\cos[B]\cos[C],$$

$$\cos[2A] + \cos[2B] + \cos[2C], \quad \cos[2A]\cos[2B]\cos[2C],$$

$$\cos\left[\frac{A}{2}\right] + \cos\left[\frac{B}{2}\right] + \cos\left[\frac{C}{2}\right], \quad \cos\left[\frac{A}{2}\right]\cos\left[\frac{B}{2}\right]\cos\left[\frac{C}{2}\right]$$

$$\tan[A] + \tan[B] + \tan[C], \quad \tan[A]\tan[B]\tan[C],$$

$$\tan[2A] + \tan[2B] + \tan[2C], \quad \tan[2A]\tan[2B]\tan[2C],$$

$$\tan\left[\frac{A}{2}\right] + \tan\left[\frac{B}{2}\right] + \tan\left[\frac{C}{2}\right], \quad \tan\left[\frac{A}{2}\right]\tan\left[\frac{B}{2}\right]\tan\left[\frac{C}{2}\right]$$

$$\cot[A] + \cot[B] + \cot[C], \quad \cot[A]\cot[B]\cot[C],$$

$$\cot[2A] + \cot[2B] + \cot[2C], \quad \cot[2A]\cot[2B]\cot[2C],$$

$$\cot\left[\frac{A}{2}\right] + \cot\left[\frac{B}{2}\right] + \cot\left[\frac{C}{2}\right], \quad \cot\left[\frac{A}{2}\right]\cot\left[\frac{B}{2}\right]\cot\left[\frac{C}{2}\right]$$

如果直接比较这 24 项的大小，当然可以. 但我们观察前面两项，发现显然有 $\sin A + \sin B + \sin C \geqslant \sin A \sin B \sin C$. 感觉 $\sin A \sin B \sin C$ 根本不是 $\sin A + \sin B + \sin C$ 的"对手". 为了让比较更有意义，需要使得各项更均衡一些. 因此我们这样操作，先计算当 $A = B = C = \dfrac{\pi}{3}$ 时，上述 24 个 T 的值如下：

$$\frac{3\sqrt{3}}{2} \quad \frac{3\sqrt{3}}{8} \quad \frac{3\sqrt{3}}{2} \quad \frac{3\sqrt{3}}{8} \quad \frac{3}{2} \quad \frac{1}{8}$$

$$\frac{3}{2} \quad \frac{1}{8} \quad -\frac{3}{2} \quad -\frac{1}{8} \quad \frac{3\sqrt{3}}{2} \quad \frac{3\sqrt{3}}{8}$$

$$3\sqrt{3} \quad 3\sqrt{3} \quad -3\sqrt{3} \quad -3\sqrt{3} \quad \sqrt{3} \quad \frac{1}{3\sqrt{3}}$$

$$\sqrt{3} \quad \frac{1}{3\sqrt{3}} \quad -\sqrt{3} \quad -\frac{1}{3\sqrt{3}} \quad 3\sqrt{3} \quad 3\sqrt{3}$$

此处只考虑其中为正的 18 个 T,并将其分别除以对应系数,并依次标记为 t_i. 这样处理之后,我们不再比较 $\sin A \sin B \sin C$ 和 $\sin A + \sin B + \sin C$ 的大小,而是比较 $\frac{2}{3\sqrt{3}}(\sin A + \sin B + \sin C) \to t_1$ 和 $\frac{8}{3\sqrt{3}}\sin A \sin B \sin C \to t_2$ 的大小. 这样就能保证这些 T 不管大小如何,至少在 $A = B = C = \frac{\pi}{3}$ 时,大小相等.

$$\frac{2}{3\sqrt{3}}(\sin A + \sin B + \sin C) \to t_1, \qquad \frac{8}{3\sqrt{3}}\sin A \sin B \sin C \to t_2,$$

$$\frac{2}{3\sqrt{3}}(\sin 2A + \sin 2B + \sin 2C) \to t_3, \qquad \frac{8}{3\sqrt{3}}\sin 2A \sin 2B \sin 2C \to t_4,$$

$$\frac{2}{3}\left(\sin \frac{A}{2} + \sin \frac{B}{2} + \sin \frac{C}{2}\right) \to t_5, \quad 8\sin \frac{A}{2} \sin \frac{B}{2} \sin \frac{C}{2} \to t_6,$$

$$\frac{2}{3}(\cos A + \cos B + \cos C) \to t_7, \quad 8\cos A \cos B \cos C \to t_8,$$

$$\frac{2\left(\cos \frac{A}{2} + \cos \frac{B}{2} + \cos \frac{C}{2}\right)}{3\sqrt{3}} \to t_9, \qquad \frac{8\cos \frac{A}{2} \cos \frac{B}{2} \cos \frac{C}{2}}{3\sqrt{3}} \to t_{10},$$

$$\frac{\tan A + \tan B + \tan C}{3\sqrt{3}} \to t_{11}, \qquad \frac{\tan A \tan B \tan C}{3\sqrt{3}} \to t_{12},$$

$$\frac{\tan \frac{A}{2} + \tan \frac{B}{2} + \tan \frac{C}{2}}{3\sqrt{3}} \to t_{13}, \quad 3\sqrt{3}\tan \frac{A}{2} \tan \frac{B}{2} \tan \frac{C}{2} \to t_{14},$$

$$\frac{\cot A + \cot B + \cot C}{\sqrt{3}} \to t_{15}, \quad 3\sqrt{3}\cot A \cot B \cot C \to t_{16},$$

$$\frac{\cot \frac{A}{2} + \cot \frac{B}{2} + \cot \frac{C}{2}}{3\sqrt{3}} \to t_{17}, \qquad \frac{\cot \frac{A}{2} \cot \frac{B}{2} \cot \frac{C}{2}}{3\sqrt{3}} \to t_{18}.$$

28.4.2 数值实验和图形显示

对 18 个 T 进行排序,工作量很大. 初步估算,18 个 T 两两比较,有 $C_{18}^2 = 153$ 种可能,但并不表示能生成 153 个不等式,因为存在两个表达式无法比较的情况. 譬如:

当 $A = \frac{\pi}{2}$,$B = C = \frac{\pi}{4}$ 时,$\frac{\tan A \tan B \tan C}{3\sqrt{3}} \to t_{12} > 3\sqrt{3} \tan \frac{A}{2} \tan \frac{B}{2} \tan \frac{C}{2} \to t_{14}$;

当 $A = \pi - 0.2$,$B = C = 0.1$ 时,$\frac{\tan A \tan B \tan C}{3\sqrt{3}} \to t_{12} < 3\sqrt{3} \tan \frac{A}{2} \tan \frac{B}{2} \tan \frac{C}{2} \to t_{14}$.

所以 t_{12} 与 t_{14} 无法比较大小.

为提高工作效率，我们借助计算机，并采用数值检验方法。从 T 中任选两项 t_i 和 t_j，计算得到 $t_i - t_j$ 的正负号，随机对 a, b, c 赋值，重复执行 1000 次。若 1000 次结果都为非负，输出 $t_i \geqslant t_j$；若 1000 次结果都为非正，输出 $t_i \leqslant t_j$；其余情况，不输出。

如果将所得的不等式全部列出，篇幅庞大，且不能直观显示不等式之间的大小关系。限于篇幅，只考虑 28.4.1 小节所列的 18 个 T。为了更直观地显示，此处借助图论中有向图的概念，将一个 T 看成一个点，若 $t_i \leqslant t_j$，则 $t_i \to t_j$，即生成一条有向边，不等式中较小的项指向较大的项，于是可得到一个不等式的关系图（图 28.6）。为使得图形简洁，需删除一些边。如 $t_8 \to t_3, t_3 \to t_6$，那么删除 $t_8 \to t_6$ 这条边并不会丢失信息。

注意图 28.6 中还有三个"环"。如 $t_2 \to t_3, t_3 \to t_2$，这意味着 $t_2 \leqslant t_3, t_3 \leqslant t_2$，即 $t_2 = t_3$。在不等式的研究中，竟得到三个恒等式，确实是意外之喜。

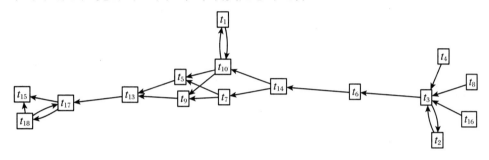

图 28.6

28.4.3　证明检验

下面对图 28.6 中的不等式进行严格证明。$\triangle ABC$ 中，$\sum\limits_{\text{cyc}}$ 表示轮换求和，如 $\sum\limits_{\text{cyc}} \sin A = \sin A + \sin B + \sin C$；$\prod\limits_{\text{cyc}}$ 表示轮换求积，如 $\prod\limits_{\text{cyc}} \cos 2A = \cos 2A \cos 2B \cos 2C$。

先整理一些使用频率较高的常见结论：

引理 1　①（$t_3 = t_2$）　$\sin 2A + \sin 2B + \sin 2C = 4\sin A \sin B \sin C$；

②（$t_1 = t_{10}$）　$\sin A + \sin B + \sin C = 4\cos \dfrac{A}{2} \cos \dfrac{B}{2} \cos \dfrac{C}{2}$；

③　$\cos A + \cos B + \cos C = 1 + 4\sin \dfrac{A}{2} \sin \dfrac{B}{2} \sin \dfrac{C}{2}$。

证明　①

$$\begin{aligned}
\sin 2A + \sin 2B + \sin 2C &= 2\sin(A+B)\cos(A-B) + 2\sin C \cos C \\
&= 2\sin C[\cos(A-B) + \cos C] \\
&= 2\sin C[\cos(A-B) - \cos(A+B)] \\
&= 4\sin C \sin A \sin B；
\end{aligned}$$

②

$$\sum_{\text{cyc}} \sin A = 2\sin\frac{A+B}{2}\cos\frac{A-B}{2} + 2\sin\frac{C}{2}\cos\frac{C}{2}$$

$$= 2\cos\frac{C}{2}\left(\cos\frac{A-B}{2} + \cos\frac{A+B}{2}\right) = 4\cos\frac{A}{2}\cos\frac{B}{2}\cos\frac{C}{2};$$

③

$$\sum_{\text{cyc}} \cos A = 2\cos\frac{A+B}{2}\cos\frac{A-B}{2} + 1 - 2\sin^2\frac{C}{2}$$

$$= 1 - 2\sin\frac{C}{2}\left(\cos\frac{A+B}{2} - \cos\frac{A-B}{2}\right) = 1 + 4\sin\frac{A}{2}\sin\frac{B}{2}\sin\frac{C}{2}.$$

引理 2 ① $\tan\frac{A}{2}\tan\frac{B}{2} + \tan\frac{B}{2}\tan\frac{C}{2} + \tan\frac{C}{2}\tan\frac{A}{2} = 1$;

② ($t_{17} = t_{18}$) $\cot\frac{A}{2} + \cot\frac{B}{2} + \cot\frac{C}{2} = \cot\frac{A}{2}\cot\frac{B}{2}\cot\frac{C}{2}$.

证明 ① 因为 $\tan\frac{C}{2} = \cot\frac{A+B}{2} = \dfrac{1 - \tan\frac{A}{2}\tan\frac{B}{2}}{\tan\frac{A}{2} + \tan\frac{B}{2}}$, 所以结论成立;

② 由①变形立得.

引理 3 ① $\sin A + \sin B + \sin C \leqslant \dfrac{3\sqrt{3}}{2}$;

② $\sin\frac{A}{2} + \sin\frac{B}{2} + \sin\frac{C}{2} \leqslant \dfrac{3}{2}$;

③ $\sin\frac{A}{2}\sin\frac{B}{2}\sin\frac{C}{2} \leqslant \dfrac{1}{8}$;

④ $\cos A + \cos B + \cos C \leqslant \dfrac{3}{2}$;

⑤ $\cos\frac{A}{2} + \cos\frac{B}{2} + \cos\frac{C}{2} \leqslant \dfrac{3\sqrt{3}}{2}$;

⑥ $\sin A \sin B \sin C \leqslant \dfrac{3\sqrt{3}}{8}$;

⑦ $\cos A \cos B \cos C \leqslant \dfrac{1}{8}$;

⑧ $\cos\frac{A}{2}\cos\frac{B}{2}\cos\frac{C}{2} \leqslant \dfrac{3\sqrt{3}}{8}$.

证明 ① 由琴生不等式,得

$$\frac{1}{3}(\sin A + \sin B + \sin C) \leqslant \sin\frac{A+B+C}{3} = \frac{\sqrt{3}}{2}.$$

② 类似①,由琴生不等式立得.

③ 由均值不等式和引理3②，得

$$\sin \frac{A}{2} \sin \frac{B}{2} \sin \frac{C}{2} \leqslant \left(\frac{\sin \frac{A}{2} + \sin \frac{B}{2} + \sin \frac{C}{2}}{3}\right)^3 \leqslant \frac{1}{8}.$$

④ 由引理1③和引理3③，得

$$\cos A + \cos B + \cos C = 1 + 4\sin \frac{A}{2} \sin \frac{B}{2} \sin \frac{C}{2} \leqslant 1 + 4 \times \frac{1}{8} = \frac{3}{2}.$$

⑤ 类似①，由琴生不等式立得.

⑥ 类似③，由均值不等式和引理3①立得.

⑦ 若 $\triangle ABC$ 中有非锐角，则 $\cos A \cos B \cos C \leqslant 0$，该不等式成立；

若 $\triangle ABC$ 为锐角三角形，则由均值不等式和引理3④，得

$$\cos A \cos B \cos C \leqslant \left(\frac{\cos A + \cos B + \cos C}{3}\right)^3 \leqslant \frac{1}{8}.$$

⑧ 类似③，由均值不等式和引理3⑤立得.

引理4 ① $\tan A + \tan B + \tan C = \tan A \tan B \tan C$；

② $\cot A \cot B + \cot B \cot C + \cot C \cot A = 1$.

证明 ① 因为 $\tan C = -\tan(A + B) = \dfrac{\tan A + \tan B}{\tan A \tan B - 1}$，所以

$$\tan A + \tan B + \tan C = \tan A \tan B \tan C.$$

② 由①变形立得.

引理5 对任意的实数 x, y, z，都有 $(x + y + z)^2 \geqslant 3(xy + yz + zx)$.

证明 由基本不等式，得

$$x^2 + y^2 \geqslant 2xy, \quad y^2 + z^2 \geqslant 2zy, \quad z^2 + x^2 \geqslant 2zx,$$

上述三式相加，得 $x^2 + y^2 + z^2 \geqslant xy + yz + zx$，于是

$$(x + y + z)^2 = x^2 + y^2 + z^2 + 2(xy + yz + zx) \geqslant 3(xy + yz + zx).$$

下面开始证明其他不等式.

1. $(t_4 \leqslant t_2)$ $\quad \sin 2A \sin 2B \sin 2C \leqslant \sin A \sin B \sin C.$

证明 由二倍角和引理3⑦，得

$$左 = 8\sin A \sin B \sin C \cos A \cos B \cos C \leqslant 8\sin A \sin B \sin C \times \frac{1}{8} = 右.$$

2. $(t_8 \leqslant t_2)$ $\quad 3\sqrt{3}\cos A \cos B \cos C \leqslant \sin A \sin B \sin C.$

证明 若 $\triangle ABC$ 中有非锐角，则 $3\sqrt{3}\cos A \cos B \cos C \leqslant 0 \leqslant \sin A \sin B \sin C$；

若 $\triangle ABC$ 为锐角三角形，则由引理4①和均值不等式，得

$$\tan A \tan B \tan C = \tan A + \tan B + \tan C \geqslant 3\sqrt[3]{\tan A \tan B \tan C},$$

所以

$$\tan A \tan B \tan C \geqslant 3\sqrt{3}.$$

3. $(t_{16} \leqslant t_2)$ $\cot A \cot B \cot C \leqslant \dfrac{8}{27} \sin A \sin B \sin C.$

证明 若 $\triangle ABC$ 中有非锐角,则左 $\leqslant 0 \leqslant$ 右,不等式成立;

若 $\triangle ABC$ 为锐角三角形,则只要证 $\cot^2 A \cot^2 B \cot^2 C (\cot^2 A + 1)(\cot^2 B + 1)(\cot^2 C + 1) \leqslant \left(\dfrac{8}{27}\right)^2$ 即可.

$$
\begin{aligned}
上式左 &= \prod_{\text{cyc}} \cot^2 A \cdot \prod_{\text{cyc}} (\cot A + \cot B)(\cot A + \cot C) \quad (引理4②) \\
&= \prod_{\text{cyc}} \left[\cot^2 A (\cot B + \cot C)^2\right] = \left[\prod_{\text{cyc}} (\cot A \cot B + \cot A \cot C)\right]^2 \\
&\leqslant \left(\frac{2\cot A \cot B + 2\cot A \cot C + 2\cot B \cot C}{3}\right)^6 = \left(\frac{2}{3}\right)^6 \\
&= \left(\frac{8}{27}\right)^2 \quad (三元均值不等式和引理4②).
\end{aligned}
$$

4. $(t_2 \leqslant t_6)$ $\sin A \sin B \sin C \leqslant 3\sqrt{3} \sin \dfrac{A}{2} \sin \dfrac{B}{2} \sin \dfrac{C}{2}.$

证明 由二倍角公式和引理3⑧,得

$$
\begin{aligned}
\sin A \sin B \sin C &= 8 \sin \frac{A}{2} \sin \frac{B}{2} \sin \frac{C}{2} \cos \frac{A}{2} \cos \frac{B}{2} \cos \frac{C}{2} \\
&\leqslant 8 \sin \frac{A}{2} \sin \frac{B}{2} \sin \frac{C}{2} \times \frac{3\sqrt{3}}{8} \\
&= 3\sqrt{3} \sin \frac{A}{2} \sin \frac{B}{2} \sin \frac{C}{2}.
\end{aligned}
$$

5. $(t_6 \leqslant t_{14})$ $8 \sin \dfrac{A}{2} \sin \dfrac{B}{2} \sin \dfrac{C}{2} \leqslant 3\sqrt{3} \tan \dfrac{A}{2} \tan \dfrac{B}{2} \tan \dfrac{C}{2}.$

证明 该不等式等价于 $\cos \dfrac{A}{2} \cos \dfrac{B}{2} \cos \dfrac{C}{2} \leqslant \dfrac{3\sqrt{3}}{8}$,这由引理3⑧立得.

6. $(t_{14} \leqslant t_{10})$ $27 \tan \dfrac{A}{2} \tan \dfrac{B}{2} \tan \dfrac{C}{2} \leqslant 8 \cos \dfrac{A}{2} \cos \dfrac{B}{2} \cos \dfrac{C}{2}.$

证明 为方便起见,设 $\tan \dfrac{A}{2} = x, \tan \dfrac{B}{2} = y, \tan \dfrac{C}{2} = z$,则只需证 $x^2 y^2 z^2 (1 + x^2)(1 + y^2)(1 + z^2) \leqslant \left(\dfrac{8}{27}\right)^2$ 即可.

由引理2①,得 $xy + yz + zx = 1$,所以有

$$1 + x^2 = xy + yz + zx + x^2 = (x + y)(x + z),$$

同理可得

$$1 + y^2 = (y + z)(y + x), \quad 1 + z^2 = (z + x)(z + y),$$

所以

$$x^2 y^2 z^2 (1 + x^2)(1 + y^2)(1 + z^2) = x^2 y^2 z^2 (x + y)^2 (y + z)^2 (z + x)^2 = \left[\prod_{cyc} x(y + z) \right]^2$$

$$\leqslant \left(\frac{2xy + 2xz + 2yz}{3} \right)^6 = \left(\frac{2}{3} \right)^6 = \left(\frac{8}{27} \right)^2.$$

7. $(t_{14} \leqslant t_7)$ $\quad \dfrac{9\sqrt{3}}{2} \tan\dfrac{A}{2} \tan\dfrac{B}{2} \tan\dfrac{C}{2} \leqslant \cos A + \cos B + \cos C.$

证明 为方便起见，设 $\tan\dfrac{A}{2} = x, \tan\dfrac{B}{2} = y, \tan\dfrac{C}{2} = z$，则由引理4②，得

$$xy + yz + zx = 1, \quad \sum_{cyc} x^2 (y + z) = \sum_{cyc} yz(y + z),$$

$$\sum_{cyc} \cos A = \sum_{cyc} \frac{1 - x^2}{1 + x^2} = \sum_{cyc} \frac{1 - x^2}{(x + y)(x + z)} \quad (\text{引理4②})$$

$$= \frac{1}{(x + y)(y + z)(x + z)} \sum_{cyc} (1 - yz)(y + z) \quad \left(\text{因为} \sum_{cyc} x^2(y + z) = \sum_{cyc} yz(y + z) \right)$$

$$= \frac{1}{(x + y)(y + z)(x + z)} \sum_{cyc} x(y + z)^2$$

$$= \sum_{cyc} \frac{x(y + z)}{(x + y)(x + z)},$$

所以有

$$\frac{\displaystyle\sum_{cyc} \cos A}{xyz} = \sum_{cyc} \frac{y + z}{yz(x + y)(x + z)}$$

$$\geqslant 3 \sqrt[3]{\frac{(x + y)(y + z)(x + z)}{x^2 y^2 z^2 (x + y)^2 (y + z)^2 (x + z)^2}} \quad (\text{三元均值不等式})$$

$$= 3 \sqrt[3]{\frac{1}{xyz(xy + xz)(yz + yx)(xz + zy)}}.$$

因为

$$xyz = \sqrt{(xy)(yz)(zx)} \leqslant \left(\frac{xy + yz + zx}{3} \right)^{\frac{3}{2}} = \left(\frac{1}{3} \right)^{\frac{3}{2}} = \frac{1}{3\sqrt{3}},$$

$$(xy + xz)(yz + yx)(xz + zy) \leqslant \left[\frac{2(xy + yz + zx)}{3} \right]^3 = \left(\frac{2}{3} \right)^3,$$

所以

$$\frac{\displaystyle\sum_{cyc} \cos A}{xyz} \geqslant 3 \sqrt[3]{\frac{1}{\dfrac{1}{3\sqrt{3}} \cdot \left(\dfrac{2}{3} \right)^3}} = \frac{9\sqrt{3}}{2},$$

因此

$$\frac{9\sqrt{3}}{2}\tan\frac{A}{2}\tan\frac{B}{2}\tan\frac{C}{2} = \frac{9\sqrt{3}}{2}xyz \leqslant \cos A + \cos B + \cos C = \sum_{\text{cyc}}\cos A.$$

8. $(t_1 = t_{10} \leqslant t_9)$ $\sin A + \sin B + \sin C = 4\cos\dfrac{A}{2}\cos\dfrac{B}{2}\cos\dfrac{C}{2} \leqslant \cos\dfrac{A}{2} + \cos\dfrac{B}{2} + \cos\dfrac{C}{2}.$

证明 由引理1②,得

$$\sin A + \sin B + \sin C = 4\cos\frac{A}{2}\cos\frac{B}{2}\cos\frac{C}{2};$$

由引理5可知 $xy + yz + xz \leqslant \dfrac{1}{3}(x+y+z)^2$,结合引理3⑤,得

$$\sum_{\text{cyc}}\cos\frac{A}{2}\cos\frac{B}{2} \leqslant \frac{1}{3}\left(\cos\frac{A}{2} + \cos\frac{B}{2} + \cos\frac{C}{2}\right)^2 \leqslant \frac{9}{4}.$$

所以由柯西不等式,得

$$\sum_{\text{cyc}}\frac{1}{\cos\dfrac{A}{2}\cos\dfrac{B}{2}} \geqslant \frac{9}{\displaystyle\sum_{\text{cyc}}\cos\dfrac{A}{2}\cos\dfrac{B}{2}} \geqslant 4,$$

即

$$\cos\frac{A}{2} + \cos\frac{B}{2} + \cos\frac{C}{2} \geqslant 4\cos\frac{A}{2}\cos\frac{B}{2}\cos\frac{C}{2}.$$

9. $(t_1 \leqslant t_5)$ $\sin A + \sin B + \sin C \leqslant \sqrt{3}\left(\sin\dfrac{A}{2} + \sin\dfrac{B}{2} + \sin\dfrac{C}{2}\right).$

证明 不妨设 $\sin\dfrac{A}{2} \geqslant \sin\dfrac{B}{2} \geqslant \sin\dfrac{C}{2} \geqslant 0$,则有

$$\frac{\sqrt{3}}{2} - \cos\frac{A}{2} \geqslant \frac{\sqrt{3}}{2} - \cos\frac{B}{2} \geqslant \frac{\sqrt{3}}{2} - \cos\frac{C}{2}.$$

由切比雪夫不等式,得

$$3\left[\sin\frac{A}{2}\left(\frac{\sqrt{3}}{2} - \cos\frac{A}{2}\right) + \sin\frac{B}{2}\left(\frac{\sqrt{3}}{2} - \cos\frac{B}{2}\right) + \sin\frac{C}{2}\left(\frac{\sqrt{3}}{2} - \cos\frac{C}{2}\right)\right]$$

$$\geqslant \left(\sin\frac{A}{2} + \sin\frac{B}{2} + \sin\frac{C}{2}\right)\left(\frac{3\sqrt{3}}{2} - \cos\frac{A}{2} - \cos\frac{B}{2} - \cos\frac{C}{2}\right),$$

所以

$$-\frac{3}{2}(\sin A + \sin B + \sin C) \geqslant -\left(\cos\frac{A}{2} + \cos\frac{B}{2} + \cos\frac{C}{2}\right)\left(\sin\frac{A}{2} + \sin\frac{B}{2} + \sin\frac{C}{2}\right),$$

因此

$$\frac{3\sqrt{3}}{2}\left(\sin\frac{A}{2} + \sin\frac{B}{2} + \sin\frac{C}{2}\right) \geqslant \left(\cos\frac{A}{2} + \cos\frac{B}{2} + \cos\frac{C}{2}\right)\left(\sin\frac{A}{2} + \sin\frac{B}{2} + \sin\frac{C}{2}\right)$$

$$\geqslant \frac{3}{2}(\sin A + \sin B + \sin C),$$

故

$$\sqrt{3}\left(\sin\frac{A}{2} + \sin\frac{B}{2} + \sin\frac{C}{2}\right) \geqslant \sin A + \sin B + \sin C.$$

10. $(t_7 \leqslant t_5)$ $\cos A + \cos B + \cos C \leqslant \sin\frac{A}{2} + \sin\frac{B}{2} + \sin\frac{C}{2}.$

证明

$$\cos A + \cos B = 2\cos\frac{A+B}{2}\cos\frac{A-B}{2} \leqslant 2\sin\frac{C}{2},$$

$$\cos B + \cos C \leqslant 2\sin\frac{A}{2},$$

$$\cos C + \cos A \leqslant 2\sin\frac{B}{2},$$

三式相加，得

$$\cos A + \cos B + \cos C \leqslant \sin\frac{A}{2} + \sin\frac{B}{2} + \sin\frac{C}{2}.$$

11. $(t_7 \leqslant t_9)$ $\sqrt{3}(\cos A + \cos B + \cos C) \leqslant \cos\frac{A}{2} + \cos\frac{B}{2} + \cos\frac{C}{2}.$

证明 不妨设 $A \leqslant B \leqslant C$.

① 若 $A \leqslant B \leqslant \frac{\pi}{3} \leqslant C$，则由 $t_7 \leqslant t_5$，得

$$\cos A + \cos B + \cos C \leqslant \sin\frac{A}{2} + \sin\frac{B}{2} + \sin\frac{C}{2},$$

只要证明 $\sqrt{3}\left(\sin\frac{A}{2} + \sin\frac{B}{2} + \sin\frac{C}{2}\right) \leqslant \cos\frac{A}{2} + \cos\frac{B}{2} + \cos\frac{C}{2}$ 即可。

设 $\frac{A}{2} - \frac{\pi}{6} = \alpha, \frac{B}{2} - \frac{\pi}{6} = \beta, \frac{C}{2} - \frac{\pi}{6} = \gamma$，则 $\alpha + \beta + \gamma = 0$，易知 $\sin\alpha + \sin\beta + \sin\gamma = -4\sin\frac{\alpha}{2}\sin\frac{\beta}{2}\sin\frac{\gamma}{2} \leqslant 0$，所以

$$\sqrt{3}\left(\sin\frac{A}{2} + \sin\frac{B}{2} + \sin\frac{C}{2}\right) - \left(\cos\frac{A}{2} + \cos\frac{B}{2} + \cos\frac{C}{2}\right) = 2\sum_{\text{cyc}}\sin\left(\frac{A}{2} - \frac{\pi}{6}\right)$$

$$= 2(\sin\alpha + \sin\beta + \sin\gamma)$$

$$\leqslant 0,$$

故

$$\sqrt{3}(\cos A + \cos B + \cos C) \leqslant \sqrt{3}\left(\sin\frac{A}{2} + \sin\frac{B}{2} + \sin\frac{C}{2}\right) \leqslant \cos\frac{A}{2} + \cos\frac{B}{2} + \cos\frac{C}{2}.$$

② 若 $A \leqslant \frac{\pi}{3} \leqslant B \leqslant C$，令 $f(A,B,C) = \sqrt{3}(\cos A + \cos B + \cos C) - \left(\cos\frac{A}{2} + \cos\frac{B}{2} + \cos\frac{C}{2}\right)$，于是

$$f(A,B,C) - f\left(\frac{A+B}{2}, \frac{A+B}{2}, C\right)$$

$$= \sqrt{3}(\cos A + \cos B) - \left(\cos \frac{A}{2} + \cos \frac{B}{2}\right) - 2\sqrt{3}\cos \frac{A+B}{2} + 2\cos \frac{A+B}{4}$$

$$= 2\sqrt{3}\cos \frac{A+B}{2}\left(\cos \frac{A-B}{2} - 1\right) - \left(\cos \frac{A}{2} + \cos \frac{B}{2}\right) + 2\cos \frac{A+B}{4}$$

$$= 4\sqrt{3}\left(2\cos^2 \frac{A+B}{4} - 1\right)\left(\cos^2 \frac{A-B}{4} - 1\right) - 2\cos \frac{A+B}{4}\left(\cos \frac{A-B}{4} - 1\right)$$

$$= \left(\cos \frac{A-B}{4} - 1\right)\left[4\sqrt{3}\left(\cos \frac{A-B}{4} + 1\right)\left(2\cos^2 \frac{A+B}{4} - 1\right) - 2\cos \frac{A+B}{4}\right].$$

由于 $\frac{\pi}{3} < A + B < \frac{2\pi}{3}$,因此 $\frac{\pi}{12} < \frac{A+B}{4} < \frac{\pi}{6}$,于是 $\frac{\sqrt{3}}{2} < \cos \frac{A+B}{4} < \frac{\sqrt{6}+\sqrt{2}}{4}$,所以

$$4\sqrt{3}\left(\cos \frac{A-B}{4} + 1\right)\left(2\cos^2 \frac{A+B}{4} - 1\right) - 2\cos \frac{A+B}{4}$$

$$> 4\sqrt{3}\left(\cos \frac{A-B}{4} + 1\right)\left(2 \times \frac{3}{4} - 1\right) - 2 \times \frac{\sqrt{6}+\sqrt{2}}{4}$$

$$= 4\sqrt{3} \times \frac{1}{2}\cos \frac{A-B}{4} + 2\sqrt{3} - \frac{\sqrt{6}+\sqrt{2}}{2} > 0,$$

故 $f(A, B, C) \leqslant f\left(\frac{A+B}{2}, \frac{A+B}{2}, C\right).$

又因为 $\frac{A+B}{2} = \frac{\pi - C}{2} \leqslant \frac{\pi}{3} \leqslant C$,所以由本题①知

$$f(A, B, C) \leqslant f\left(\frac{A+B}{2}, \frac{A+B}{2}, C\right) \leqslant 0.$$

12. $(t_9 \leqslant t_{13})$ $\frac{2}{3}\left(\cos \frac{A}{2} + \cos \frac{B}{2} + \cos \frac{C}{2}\right) \leqslant \tan \frac{A}{2} + \tan \frac{B}{2} + \tan \frac{C}{2}.$

证明 由引理 5 和引理 2,得

右式的平方 $= \left(\sum_{\mathrm{cyc}} \tan \frac{A}{2}\right)^2 \geqslant 3\left(\tan \frac{A}{2}\tan \frac{B}{2} + \tan \frac{B}{2}\tan \frac{C}{2} + \tan \frac{C}{2}\tan \frac{A}{2}\right) = 3.$

由引理 3⑤,得 $\cos \frac{A}{2} + \cos \frac{B}{2} + \cos \frac{C}{2} \leqslant \frac{3\sqrt{3}}{2}$,所以

$$\frac{2}{3}\left(\cos \frac{A}{2} + \cos \frac{B}{2} + \cos \frac{C}{2}\right) \leqslant \sqrt{3} \leqslant \sum_{\mathrm{cyc}} \tan \frac{A}{2} = \tan \frac{A}{2} + \tan \frac{B}{2} + \tan \frac{C}{2}.$$

13. $(t_5 \leqslant t_{13})$ $\frac{2}{3}\left(\sin \frac{A}{2} + \sin \frac{B}{2} + \sin \frac{C}{2}\right) \leqslant \frac{1}{\sqrt{3}}\left(\tan \frac{A}{2} + \tan \frac{B}{2} + \tan \frac{C}{2}\right).$

证明 由引理 3②,得 $\sin \frac{A}{2} + \sin \frac{B}{2} + \sin \frac{C}{2} \leqslant \frac{3}{2}.$

由 $t_9 \leqslant t_{13}$ 的证明过程知 $\tan \frac{A}{2} + \tan \frac{B}{2} + \tan \frac{C}{2} \geqslant \sqrt{3}$,所以

$$\frac{2}{3}\left(\sin \frac{A}{2} + \sin \frac{B}{2} + \sin \frac{C}{2}\right) \leqslant 1 \leqslant \frac{1}{\sqrt{3}}\left(\tan \frac{A}{2} + \tan \frac{B}{2} + \tan \frac{C}{2}\right).$$

14.（$t_{13} \leqslant t_{17}$）　$\tan \dfrac{A}{2} + \tan \dfrac{B}{2} + \tan \dfrac{C}{2} \leqslant \dfrac{1}{3}\left(\cot \dfrac{A}{2} + \cot \dfrac{B}{2} + \cot \dfrac{C}{2}\right).$

证明　设 $\cot \dfrac{A}{2} = x$，$\cot \dfrac{B}{2} = y$，$\cot \dfrac{C}{2} = z$，则只需证 $\dfrac{1}{x} + \dfrac{1}{y} + \dfrac{1}{z} \leqslant \dfrac{x + y + z}{3}.$

由引理2②，得 $x + y + z = xyz$，所以只要证 $(x + y + z)^2 \geqslant 3(yz + zx + xy)$ 即可，此式由引理5立得.

15.（$t_{17} = t_{18} \leqslant t_{15}$）　$\cot \dfrac{A}{2} + \cot \dfrac{B}{2} + \cot \dfrac{C}{2} = \cot \dfrac{A}{2} \cot \dfrac{B}{2} \cot \dfrac{C}{2} \leqslant 3(\cot A + \cot B + \cot C).$

证明　设 $\cot \dfrac{A}{2} = x$，$\cot \dfrac{B}{2} = y$，$\cot \dfrac{C}{2} = z$.

由引理2②，得 $\cot \dfrac{A}{2} + \cot \dfrac{B}{2} + \cot \dfrac{C}{2} = \cot \dfrac{A}{2} \cot \dfrac{B}{2} \cot \dfrac{C}{2}$，即 $x + y + z = xyz$. 只要证

$$3\left(\dfrac{x^2 - 1}{2x} + \dfrac{y^2 - 1}{2y} + \dfrac{z^2 - 1}{2z}\right) \geqslant xyz，即证$$

$$3\left[(x^2 - 1)yz + (y^2 - 1)xz + (z^2 - 1)xy\right] \geqslant 2x^2 y^2 z^2 = 2(x + y + z)^2,$$

即证

$$3\left[xyz(x + y + z) - (xy + yz + zx)\right] \geqslant 2(x + y + z)^2,$$

即证

$$3\left[(x + y + z)^2 - (xy + yz + zx)\right] \geqslant 2(x + y + z)^2,$$

即证

$$(x + y + z)^2 \geqslant 3(xy + yz + zx),$$

此式由引理5立得.

28.4.4　扩展应用

我们花费了较多的时间建立了不等式关系图，并加以证明. 除了得到上述已证明的不等式之外，如何才能在更大范围内发挥关系图的作用？

应用1　自动生成了大量比较"松"的不等式.

譬如已经证明

$$8 \sin \dfrac{A}{2} \sin \dfrac{B}{2} \sin \dfrac{C}{2} = t_6 \geqslant \dfrac{2(\sin 2A + \sin 2B + \sin 2C)}{3\sqrt{3}} = t_3$$

$$\geqslant 8 \cos A \cos B \cos C = t_8,$$

那自然生成不等式 $8 \sin \dfrac{A}{2} \sin \dfrac{B}{2} \sin \dfrac{C}{2} = t_6 \geqslant 8 \cos A \cos B \cos C = t_8$. 尽管这个不等式"不紧"，

但有时为了降低难度，也需要研究"宽松"一点的不等式. 特别是不等式 $\sin \dfrac{A}{2} \sin \dfrac{B}{2} \sin \dfrac{C}{2} \geqslant$

$\cos A \cos B \cos C$ 的系数简单,整体显得比较漂亮.除了之前的证明,也可重新考虑证明:△ABC 为钝角或直角三角形的情形显然成立.假设为锐角时,

$$\cos A \cos B \leqslant \left(\frac{\cos A + \cos B}{2}\right)^2 = \sin^2 \frac{C}{2} \cos^2 \frac{A-B}{2} \leqslant \sin^2 \frac{C}{2},$$

同理可得

$$\cos B \cos C \leqslant \sin^2 \frac{A}{2}, \quad \cos C \cos A \leqslant \sin^2 \frac{B}{2},$$

三式相乘即可得证.

应用 2 如果在别处遇到不等式,左右两项都在图 28.6 之中,则自动得到不等式链.

譬如本节开头的不等式 $\sin 2A + \sin 2B + \sin 2C \leqslant \sin A + \sin B + \sin C$.

既可直接证明:

$$\sin 2A + \sin 2B \leqslant 2\sin(A+B)\cos(A-B) \leqslant 2\sin C,$$

同理

$$\sin 2B + \sin 2C \leqslant 2\sin A, \quad \sin 2C + \sin 2A \leqslant 2\sin B,$$

三式相加即可得证.

也可将其加强,得到不等式链

$$\frac{2(\sin A + \sin B + \sin C)}{3\sqrt{3}} = t_1 \geqslant t_{14} \geqslant t_6 \geqslant \frac{2(\sin 2A + \sin 2B + \sin 2C)}{3\sqrt{3}} = t_3.$$

应用 3 假设已经证明 $\sin \frac{A}{2} + \sin \frac{B}{2} + \sin \frac{C}{2} \leqslant \frac{3}{2}$,即 $\frac{2}{3}\left(\sin \frac{A}{2} + \sin \frac{B}{2} + \sin \frac{C}{2}\right) = t_5 \leqslant 1$,根据图 28.6,马上产生连锁反应,得到系列不等式 $\cdots \leqslant t_3 \leqslant t_6 \leqslant t_{14} \leqslant t_{10} \leqslant t_5 \leqslant 1$ 等.也就是在不等式关系图建立好之后,再插入一个节点,看似只增加了一个小的信息,但实际上能得到相当丰富的信息.

28.4.5　小结

至此,我们通过提出问题、建立模型、数值实验和图形显示、证明检验、扩展应用等步骤,探索得到了一个三角函数不等式关系图.图 28.6 中的某些不等式在以往的研究中也常出现.如果有心人将其整理,也能得到类似的关系图.只不过,一方面,这需要耗费较多的时间精力,去查找文献、记录整理;另一方面,图 28.6 中的某些不等式未必能在已有文献中找到.以往的研究由于所使用工具的限制,很多是零散的,难成系统,因此较难得到本节中如此复杂的不等式关系图.这充分说明,当下我们从事数学研究,哪怕是初等数学研究,充分借助计算机是十分有必要的.为方便大家在教学中使用这些不等式,我们也花费了较多的时间来证明.这些证明未必是最佳的,欢迎读者朋友给出更优的证明.

28.5　数学实验法构造斐波那契恒等式[①]

著名的斐波那契数列 F_n 通常定义为 $F_1 = F_2 = 1$，$F_{n+2} = F_{n+1} + F_n$，n 为正整数，其中前 10 项为 $1,1,2,3,5,8,13,21,34,55$，这些数会在后面反复出现.

一些资料上记载了关于斐波那契数列的恒等式.这些恒等式如何得到？能不能批量生成？本节将利用数学实验的思路，通过解线性方程组，建立关于斐波那契数列的恒等式.

例1 假设我们尝试建立 F_n，F_{n+1}，F_{n+2}，F_{n+3} 这四项之间的关系，不妨设 $x_0 F_n + x_1 F_{n+1} + x_2 F_{n+2} + x_3 F_{n+3} = 0$.如果这个假设的关系式真的存在，则当 $n = 1,2,3,4$ 时，关系式都成立，即

$$\begin{cases} 1 \times x_0 + 1 \times x_1 + 2 \times x_2 + 3 \times x_3 = 0 \\ 1 \times x_0 + 2 \times x_1 + 3 \times x_2 + 5 \times x_3 = 0 \\ 2 \times x_0 + 3 \times x_1 + 5 \times x_2 + 8 \times x_3 = 0 \\ 3 \times x_0 + 5 \times x_1 + 8 \times x_2 + 13 \times x_3 = 0 \end{cases}$$

，亦即 $\begin{pmatrix} 1 & 1 & 2 & 3 \\ 1 & 2 & 3 & 5 \\ 2 & 3 & 5 & 8 \\ 3 & 5 & 8 & 13 \end{pmatrix} \begin{pmatrix} x_0 \\ x_1 \\ x_2 \\ x_3 \end{pmatrix} = 0$，解得

$\begin{pmatrix} x_0 \\ x_1 \\ x_2 \\ x_3 \end{pmatrix} = \begin{pmatrix} -1 \\ -2 \\ 0 \\ 1 \end{pmatrix}$ 或 $\begin{pmatrix} -1 \\ -1 \\ 1 \\ 0 \end{pmatrix}$，分别对应着关系式 $-F_n - 2F_{n+1} + F_{n+3} = 0$，$-F_n - F_{n+1} + F_{n+2} = 0$.

例1非常简单，但思路却是一般化的.后面的例子都仿照例1处理.

例2 尝试建立形如 $x_0 F_n^2 + x_1 F_{n+1}^2 + x_2 F_{n+2}^2 + x_3 F_{n+3}^2 = 0$ 的关系式.仿照例1，只需

解方程组 $\begin{pmatrix} 1 & 1 & 4 & 9 \\ 1 & 4 & 9 & 25 \\ 4 & 9 & 25 & 64 \\ 9 & 25 & 64 & 169 \end{pmatrix} \begin{pmatrix} x_0 \\ x_1 \\ x_2 \\ x_3 \end{pmatrix} = 0$，得 $\begin{pmatrix} x_0 \\ x_1 \\ x_2 \\ x_3 \end{pmatrix} = \begin{pmatrix} 1 \\ -2 \\ -2 \\ 1 \end{pmatrix}$，对应着关系式 $F_n^2 - 2F_{n+1}^2 - 2F_{n+2}^2$

$+ F_{n+3}^2 = 0$.将 $\begin{pmatrix} 1 & 1 & 2 & 3 \\ 1 & 2 & 3 & 5 \\ 2 & 3 & 5 & 8 \\ 3 & 5 & 8 & 13 \end{pmatrix}$ 中的每一项平方即可得到 $\begin{pmatrix} 1 & 1 & 4 & 9 \\ 1 & 4 & 9 & 25 \\ 4 & 9 & 25 & 64 \\ 9 & 25 & 64 & 169 \end{pmatrix}$.

---

① 本节与曹洪洋老师合作完成.

例3 尝试建立形如 $x_0 F_n^3 + x_1 F_{n+1}^3 + x_2 F_{n+2}^3 + x_3 F_{n+3}^3 + x_4 F_{n+4}^3 = 0$ 的关系式. 仿照

例1, 只需解方程组
$$\begin{pmatrix} 1 & 1 & 8 & 27 & 125 \\ 1 & 8 & 27 & 125 & 512 \\ 8 & 27 & 125 & 512 & 2197 \\ 27 & 125 & 512 & 2197 & 9261 \end{pmatrix} \begin{pmatrix} x_0 \\ x_1 \\ x_2 \\ x_3 \\ x_4 \end{pmatrix} = 0, 得 \begin{pmatrix} x_0 \\ x_1 \\ x_2 \\ x_3 \\ x_4 \end{pmatrix} = \begin{pmatrix} 1 \\ 3 \\ -6 \\ -3 \\ 1 \end{pmatrix}, 对应着关系式$$

$F_n^3 + 3F_{n+1}^3 - 6F_{n+2}^3 - 3F_{n+3}^3 + F_{n+4}^3 = 0$. 将 $\begin{pmatrix} 1 & 1 & 2 & 3 & 5 \\ 1 & 2 & 3 & 5 & 8 \\ 2 & 3 & 5 & 8 & 13 \\ 3 & 5 & 8 & 13 & 21 \end{pmatrix}$ 中的每一项三次方即可得

到 $\begin{pmatrix} 1 & 1 & 8 & 27 & 125 \\ 1 & 8 & 27 & 125 & 512 \\ 8 & 27 & 125 & 512 & 2197 \\ 27 & 125 & 512 & 2197 & 9261 \end{pmatrix}$.

例4 尝试建立形如 $x_0 F_{2n} + x_1 F_{2n}^3 + x_2 F_{2n+2}^3 + x_3 F_{2n-2}^3 = 0$ 的关系式. 仿照例1, 只需

解方程组 $\begin{pmatrix} 3 & 27 & 512 & 1 \\ 8 & 512 & 9261 & 27 \\ 21 & 9261 & 166375 & 512 \\ 55 & 166375 & 2985984 & 9261 \end{pmatrix} \begin{pmatrix} x_0 \\ x_1 \\ x_2 \\ x_3 \end{pmatrix} = 0, 得 \begin{pmatrix} x_0 \\ x_1 \\ x_2 \\ x_3 \end{pmatrix} = \begin{pmatrix} -9 \\ -18 \\ 1 \\ 1 \end{pmatrix}, 对应着关系式$

$-9F_{2n} - 18F_{2n}^3 + F_{2n+2}^3 + F_{2n-2}^3 = 0.$

例5 尝试建立形如 $x_0 F_{n+2m}^2 + x_1 F_n^2 + x_2 F_{2m} F_{2n+2m} = 0$ 的关系式. 当 $n = 1,2; m =$

$1,2$ 时, 假设关系式都成立, 只需解方程组 $\begin{pmatrix} 4 & 1 & 3 \\ 25 & 1 & 24 \\ 9 & 1 & 8 \\ 64 & 1 & 63 \end{pmatrix} \begin{pmatrix} x_0 \\ x_1 \\ x_2 \end{pmatrix} = 0, 得 \begin{pmatrix} x_0 \\ x_1 \\ x_2 \end{pmatrix} = \begin{pmatrix} -1 \\ 1 \\ 1 \end{pmatrix}, 对应着关$

系式 $-F_{n+2m}^2 + F_n^2 + F_{2m} F_{2n+2m} = 0.$

例6 尝试建立形如 $x_0 \sum_{k=1}^{n} F_{3k} + x_1 F_{3n+2} + x_2 = 0$ 的关系式. 当 $n = 1,2,3$ 时, 假设关

系式都成立, 只需解方程组 $\begin{pmatrix} 2 & 5 & 1 \\ 10 & 21 & 1 \\ 44 & 89 & 1 \end{pmatrix} \begin{pmatrix} x_0 \\ x_1 \\ x_2 \end{pmatrix} = 0, 得 \begin{pmatrix} x_0 \\ x_1 \\ x_2 \end{pmatrix} = \begin{pmatrix} 2 \\ -1 \\ 1 \end{pmatrix}, 对应着关系式 2\sum_{k=1}^{n} F_{3k}$

$- F_{3n+2} + 1 = 0.$

事实上，本节方法也可扩展到其他数列.《数学传播》曾介绍过 Padovan 数列，其定义是 $P_1 = 1, P_2 = 1, P_3 = 2, P_n = P_{n-2} + P_{n-3}$，也曾提出过 F-P 卷积恒等式：$\sum\limits_{i=0}^{n} F_i P_{n-i} - F_{n+3} + P_{n+3} = 0$. 类似的恒等式也可通过本节方法得到. 依照上述思路，我们基于数学软件 Mathematica 编写了计算机程序，10 分钟内得到几千个关系式，例如：

$$F_n^3 + F_{n+1}^3 + 3F_n F_{n+1} F_{n+2} - F_{n+2}^3 = 0,$$

$$F_n^3 - 9F_{n+2}^3 - 9F_{n+1} F_{n+2} F_{n+3} + F_{n+4}^3 = 0,$$

$$F_n^3 + 9F_{n+1}^3 + 18F_{n+1} F_{n+2} F_{n+3} - 9F_{n+3}^3 + F_{n+4}^3 = 0,$$

$$5F_n \sum_{i=1}^{n} F_i^2 + F_{n-1} F_{2n} - 3F_n F_{2n} - 2F_n F_{2n-1} = 0,$$

$$5\Big(\sum_{i=1}^{n} F_i\Big) \sum_{i=1}^{n} F_i^2 + 5F_n^2 + 5F_{n-1} F_n - 7F_{2n} F_n - 3F_{2n-1} F_n - F_{n-1} F_{2n} = 0,$$

$$-2F_{2n-1}\Big(\sum_{i=1}^{n} F_i^2\Big) + 5\Big(\sum_{i=1}^{n} F_i^2\Big)^2 - 6F_{2n} \sum_{i=1}^{n} F_i^2 + 2F_{2n-1}^2 + 3F_{2n} F_{2n-1} - 2 = 0,$$

$$-\sum_{i=1}^{n} P_i + P_{n+5} - 3 = 0,$$

$$\sum_{i=0}^{n} F_i P_{n-i} - 2F_{n+2} + F_n + P_{n+3} = 0,$$

$$F_n\Big(\sum_{i=0}^{n} F_i P_{n-i}\Big) - 2\sum_{i=1}^{n} F_i^2 + F_n P_{n+3} - F_n^2 = 0,$$

$$2P_{n+3}\Big(\sum_{i=0}^{n} F_i P_{n-i}\Big) + \Big(\sum_{i=0}^{n} F_i P_{n-i}\Big)^2 - F_n^2 - 4F_{n+1} F_{n+2} + P_{n+3}^2 = 0,$$

$$\sum_{i=1}^{n} P_i^2 + (P_{n+2} - P_{n+3})^2 - 2P_n P_{n+1} + 1 = 0.$$

其中有三点需要强调说明：

（1）本节介绍的是一种数学实验法. 既然是实验，就有失败的可能. 尝试建立某种形式的关系，但这种假设未必成立，如将例 6 稍加修改成 $x_0 \sum\limits_{k=1}^{n} F_{2k} + x_1 F_{3n+2} + x_2 = 0$，则后面的方程组就无解，意味着这种形式的关系式不存在.

（2）既然假设的关系式未必成立，如何才能更快地寻找形式多样的斐波那契数列恒等式，也就是如何提高实验效率？这需要借助计算机. 人可以随意提出，或者让计算机随机生成假设关系式，让计算机解方程，然后输出关系式.

（3）即便解方程成功，所得关系式一定成立吗？不一定. 因为关于 n 的关系式当 n 取一些特殊值时成立是必要条件，并不是充分条件. 因此数学实验所得这些关系式的正确性还需进一步确认. 由于 F_n 存在确切的表达式，可先用计算机进行计算验证. 通过验证者，再尝试寻找人工证明.

我们将所得的几千个关系式与文献资料做对比,初步发现至少有几百个是重复的.这说明,这些关系式虽然来得"容易",但质量并不低,否则没有可能被书籍、期刊收录.而其余关系式目前还没在文献资料中找到,可能是因为我们手头文献有限,也有可能确实是"新"的.

生成的这些关系式为初等数学研究提供了新的材料.如果要想进入课堂或考试使用,还得尝试找到一个好的手工证明.譬如例4的证明,可以与一个经典的恒等式结合,用到递推原理,计算量不大,适合竞赛使用.

证明:$-9F_{2n} - 18F_{2n}^3 + F_{2n+2}^3 + F_{2n-2}^3 = 0$.

证明 因为$F_{2n+2} + F_{2n-2} = \left[(F_{2n} + F_{2n-1}) + F_{2n}\right] + (F_{2n} - F_{2n-1}) = 3F_{2n}$,所以

$$3F_{2n} - F_{2n+2} - F_{2n-2} = 0.$$

结合恒等式$a^3 + b^3 + c^3 - 3abc = (a+b+c)(a^2+b^2+c^2-ab-bc-ca)$可得

$$27F_{2n}^3 - F_{2n+2}^3 - F_{2n-2}^3 - 9F_{2n}F_{2n+2}F_{2n-2} = 0.$$

与$-9F_{2n} - 18F_{2n}^3 + F_{2n+2}^3 + F_{2n-2}^3 = 0$相加,化简得

$$-1 + F_{2n}^2 - F_{2n+2}F_{2n-2} = 0.$$

因此我们只需证$-1 + F_{2n}^2 - F_{2n+2}F_{2n-2} = 0$,而

$$F_{2n+2}F_{2n-2} - F_{2n}^2 = (3F_{2n} - F_{2n-2})F_{2n-2} - F_{2n}^2$$
$$= F_{2n}(3F_{2n-2} - F_{2n}) - F_{2n-2}^2 = F_{2n}F_{2n-4} - F_{2n-2}^2$$
$$= \cdots = F_6F_2 - F_4^2 = 8 \times 1 - 3^2 = -1.$$

28.6 人算不如机算①

人类解决问题,凭借的是以往经验,加上临时的灵光闪现.有些问题相当复杂,超过人脑能处理的范畴,虽说人算不如天算,可惜天意从来高难问,还是借助计算机这个工具比较靠谱.君子生非异也,善假于物也.计算机的优势是不知疲惫,计算速度快,对于能够算法化、遍历穷举的问题,能较好地解决.本节将分享两则基于数学软件 Mathematica 辅助探索的案例,希望这两则案例探索所得结论或探索使用的方法能给读者朋友带来启发.

案例1 探索关联正多边形的面积相等问题.

如图 28.7 所示,分别以△ABC 的 AB,AC 边向外作正方形 $BADE$,$ACGF$,则 $S_{\triangle ABC} =$

----

① 本节与曹洪洋老师合作完成.

$S_{\triangle AFD}$. 这个几何性质常见,也显然. 如果将这一问题进行扩展,探索图 28.7 中 7 点所构成的三角形面积相等关系,就未必容易.

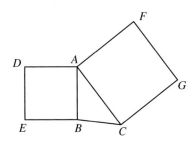

图 28.7

初步分析:

第 1 类:类似 $S_{\triangle ABE} = S_{\triangle ADE}$,结论极其显然,小学生都能轻松看出.

第 2 类:类似 $S_{\triangle ABC} = S_{\triangle AFD}$ 或 $S_{\triangle ADC} = S_{\triangle ABF}$,是中学数学中的常见结论.

第 3 类:类似 $S_{\triangle ADG} = S_{\triangle AEF}$ 或 $S_{\triangle AEC} = S_{\triangle ABG}$,可看作第 2 类结论的进一步加深.

是否还存在另外的形式?难找到,并不意味着就不存在. 7 个点选 3 个,可构成 $C_7^3 = 35$ 个三角形. 35 个三角形面积两两比较,有 $C_{35}^2 = 595$ 种可能. 只有遍历所有情况,才能得到确切的结论. 而这对于人工演算,工作量很大.

基于坐标,使用行列式计算三角形面积是比较方便的. 因此不妨设 $A = (0,0)$,$B = (1, 0)$,$C = (x_c, y_c)$,$D = (0, -1)$,$E = (1, -1)$,$F = (-y_c, x_c)$,$G = (x_c - y_c, x_c + y_c)$. 计算点的坐标,用向量和复数的性质比较简单. 如设 $D = (x_d, y_d)$,则根据 $\overrightarrow{AD}\mathrm{i} = \overrightarrow{AB}$,即

$$[(x_d + y_d\mathrm{i}) - (0 + 0\mathrm{i})]\mathrm{i} = (1 + 0\mathrm{i}) - (0 + 0\mathrm{i}),$$

解得 $x_d = 0$,$y_d = -1$. 其余点的坐标都可照此方法计算.

从点坐标集合 $\{A, B, C, D, E, F, G\}$ 中任取 3 个,然后利用三角形面积公式 $S_{\triangle ABC} = \dfrac{1}{2} \left\| \begin{matrix} x_A & y_A & 1 \\ x_B & y_B & 1 \\ x_C & y_C & 1 \end{matrix} \right\|$,公式里面的两竖线表示行列式,外面的两竖线表示绝对值. 计算 35 个三角形面积,计算机只需花费几秒. 除去上面讨论过的类型,计算机还发现以下 3 个结论(形式对称的只算一种). 为方便这些结论在教学、测试或竞赛中使用,我们另外给出证明.

结论 1 如图 28.8 所示,以 (x_c, y_c),$(0, -1)$,$(1, -1)$ 和 $(1, 0)$,$(1, -1)$,$(-y_c, x_c)$ 为顶点的三角形面积都为 $\dfrac{|1 + y_c|}{2}$,即 $S_{\triangle DEC} = S_{\triangle FEB}$.

证明 过点 F 作 $FK \perp AB$ 于点 K,过点 C 作 $CL \perp AB$ 于点 L.

$\triangle DEC$ 中 DE 所对的高为 $EB + LC = EB + AC\sin\angle BAC$;$\triangle FEB$ 中 EB 所对的高为 $BA + AK = EB + AF\sin\angle BAC$. 所以 $\triangle DEC$ 和 $\triangle FEB$ 等底等高,$S_{\triangle DEC} = S_{\triangle FEB}$.

结论 2 如图 28.9 所示,以 $(0,-1)$,$(1,-1)$,(x_c-y_c,x_c+y_c) 和 $(0,-1)$,$(1,0)$, $(-y_c,x_c)$ 为顶点的三角形面积都为 $\dfrac{|1+x_c+y_c|}{2}$,即 $S_{\triangle GDE}=S_{\triangle DBF}$.

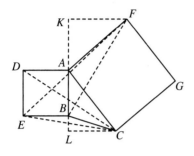

图 28.8

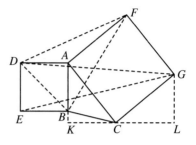

图 28.9

证明 过点 C 作 $CK\perp AB$ 于点 K,过点 G 作 $GL\perp CK$ 于点 L.

$$2S_{\triangle GDE}=DE\cdot(EB+KC+CL)=DE^2+DE\cdot KC+DE\cdot AC\cdot\cos\angle BAC$$
$$=2S_{\triangle ADB}+2S_{\triangle ABC}+DE\cdot AC\cdot\sin(\angle BAC+90°)$$
$$=2S_{\triangle ADB}+2S_{\triangle AFD}+2S_{\triangle ABF}=2S_{\triangle DBF}.$$

结论 3 如图 28.10 所示,以 $(1,-1)$,$(1,0)$,(x_c-y_c,x_c+y_c) 和 $(0,-1)$,$(1,0)$, (x_c,y_c) 为顶点的三角形面积都为 $\dfrac{|1-x_c+y_c|}{2}$,即 $S_{\triangle GEB}=S_{\triangle DBC}$.

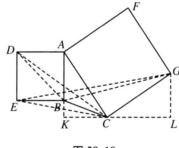

图 28.10

证明 过点 C 作 $CK\perp AB$ 于点 K,过点 G 作 $GL\perp CK$ 于点 L.连接 CE.因为

$$2S_{\triangle GEB}=EB\cdot(GL-BK)=EB\cdot(AC\cdot\sin\angle BAC+BC\cdot\cos\angle ABC),$$
$$2S_{\triangle DBC}=2S_{\triangle DEC}-2S_{\triangle DEB}-2S_{\triangle EBC}$$
$$=DE\cdot(EB+KC)-DE^2-EB\cdot BC\cdot\sin\angle EBC$$
$$=DE\cdot AC\cdot\sin\angle BAC+EB\cdot BC\cdot\cos\angle ABC,$$

所以 $S_{\triangle GEB}=S_{\triangle DBC}$.

以上 3 个结论的证明并不是太困难,但若要只凭借人的观察就能发现,则颇为不易.我们将上述问题扩展,即分别以 $\triangle ABC$ 的 AB,AC 边向外作正 n 边形,这些顶点构成的三角形的面积关系如何?事实上,基于上面的方法发现相等面积的三角形后,还可进一步将图形构造出来，这样就更直观一些．图 28.11 是基于 Mathematica 发现的结论，其中 $n = 4, 5$，供有兴趣的读者进一步探索．

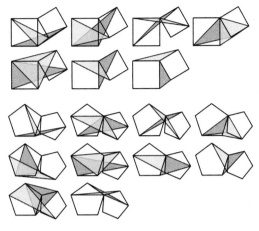

图 28.11

案例 2　探索三角形各边等分点连线的三线共点问题．

一本科普书上记载这样一道趣题．如图 28.12 所示，$\triangle ABC$ 中，将 BC 二等分，BA 三等分，AC 四等分，尝试连接这些等分点，尽可能多地找到三点共线的情况．类似 BA, DA, CA 三线共点的平凡情况忽略．

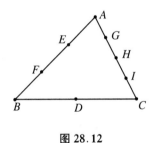

图 28.12

此题如何解，又如何推广？

用坐标容易表示等分点．设 C 是 AB 的中点，则 $x_C = \dfrac{x_A + x_B}{2}, y_C = \dfrac{y_A + y_B}{2}$，横、纵坐标两个式子形式上完全一样，使用向量表示 $\overrightarrow{OC} = \dfrac{\overrightarrow{OA} + \overrightarrow{OB}}{2}$ 可做到二合一．如果嫌向量符号麻烦，可把向量看作终点和起点之差，则 $\overrightarrow{AC} = \overrightarrow{CB}$ 转化为 $C - A = B - C$ 或 $C = \dfrac{A + B}{2}$，可看成是 $\overrightarrow{OC} = \dfrac{\overrightarrow{OA} + \overrightarrow{OB}}{2}$ 或 $x_C = \dfrac{x_A + x_B}{2}, y_C = \dfrac{y_A + y_B}{2}$ 的浓缩版．这里的字母 X 看作 $\overrightarrow{OX}$ 的省写，任意点 O 为原点．类似定义直线 AB 上的点 $C = tA + (1 - t)B$．当 $t = \dfrac{1}{2}$ 时，即为中点．扩展开去，$\triangle ABC$ 所在平面上任意点定义为 $P = xA + yB + (1 - x - y)C$．这样定义的好处是使用少量符号描绘几何事实，简明而几何意义丰富．

如著名的重心定理即可用恒等式表示(图 28.13)：

$$\frac{A+B+C}{3} = \frac{2}{3}\frac{A+B}{2} + \frac{1}{3}C = \frac{2}{3}\frac{A+C}{2} + \frac{1}{3}B = \frac{2}{3}\frac{B+C}{2} + \frac{1}{3}A.$$

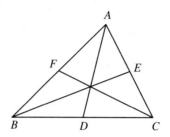

图 28.13

几何意义是存在点 $\frac{A+B+C}{3}$ 在 AD 上,因为 $\frac{A+B+C}{3} = \frac{2}{3}\frac{B+C}{2} + \frac{1}{3}A$,此处 $D = \frac{B+C}{2}$,还说明点 $\frac{A+B+C}{3}$ 是 AD 的三等分点.同理点 $\frac{A+B+C}{3}$ 在 BE,CF 上.

恒等式表示几何定理,既包括定理的叙述,同时也是定理的证明.

回到原问题,经过尝试,我们得到两组解,所对应图形(图 28.14)和恒等式如下：

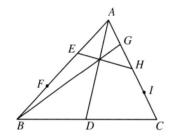 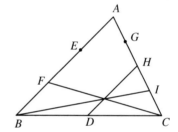

图 28.14

$$\frac{3A+B+C}{5} = \frac{2}{5}\frac{B+C}{2} + \left(1 - \frac{2}{5}\right)A = \frac{4}{5}\frac{3A+C}{4} + \left(1 - \frac{4}{5}\right)B$$

$$= \frac{2}{5}\frac{A+C}{2} + \left(1 - \frac{2}{5}\right)\frac{2A+B}{3},$$

$$\frac{A+2B+3C}{6} = \frac{2}{3}\frac{A+3C}{4} + \left(1 - \frac{2}{3}\right)B = \frac{2}{3}\frac{B+C}{2} + \left(1 - \frac{2}{3}\right)\frac{A+C}{2}$$

$$= \frac{1}{2}C + \left(1 - \frac{1}{2}\right)\frac{2A+B}{3}.$$

是否还存在其他情形?虽人工试验多次,但未必没有漏网之鱼.为了一网打尽,还得借助计算机进行遍历搜索.

思路:每次从点集合 $P = \left\{A, B, C, \frac{A+2B}{3}, \frac{2A+B}{3}, \frac{B+C}{2}, \frac{A+3C}{4}, \frac{A+C}{2}, \frac{3A+C}{4}\right\}$ 中选

取 6 个为一组 $\{P_1, P_2, P_3, P_4, P_5, P_6\}$，$P_i \in P$，表示三条直线 P_1P_2，P_3P_4，P_5P_6，若方程组 $xP_1 + (1-x)P_2 = yP_3 + (1-y)P_4 = zP_5 + (1-z)P_6$ 存在解，则符合要求. 遍历所有情况，发现确实只有上面两组解.

下面我们将上述问题进行扩展. $\triangle ABC$ 中（图 28.15），将 BC 五等分，BA 三等分，AC 四等分，尝试连接这些等分点，能找到哪些三点共线的情况？

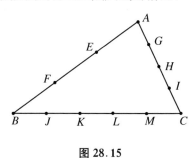

图 28.15

经计算机搜索，共 22 种可能，如图 28.16 所示.

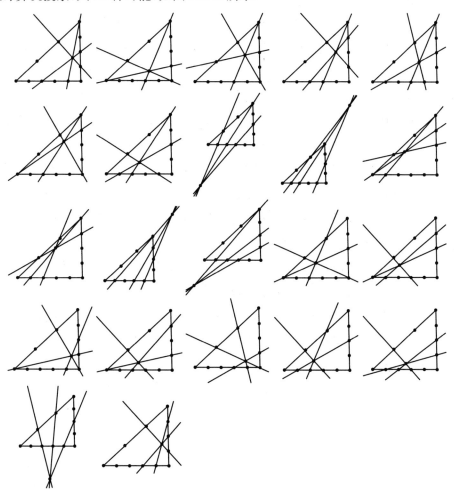

图 28.16

图 28.16 中前 3 个图形所对应恒等式如下：

$$\frac{10A + 3B + 12C}{25} = \frac{3}{5}\cdot\frac{B + 4C}{5} + \left(1 - \frac{3}{5}\right)A = \frac{16}{25}\cdot\frac{A + 3C}{4} + \left(1 - \frac{16}{25}\right)\frac{2A + B}{3}$$

$$= \frac{1}{5}\cdot\frac{3B + 2C}{5} + \left(1 - \frac{1}{5}\right)\frac{A + C}{2},$$

$$\frac{A + 2B + 3C}{6} = \frac{5}{6}\cdot\frac{2B + 3C}{5} + \left(1 - \frac{5}{6}\right)A = \frac{2}{3}\cdot\frac{A + 3C}{4} + \left(1 - \frac{2}{3}\right)B$$

$$= \frac{C}{2} + \left(1 - \frac{1}{2}\right)\frac{A + 2B}{3},$$

$$\frac{4A + 2B + 3C}{9} = \frac{5}{9}\cdot\frac{2B + 3C}{5} + \left(1 - \frac{5}{9}\right)A = \frac{2}{3}\cdot\frac{A + C}{2} + \left(1 - \frac{2}{3}\right)\frac{A + 2B}{3}$$

$$= \frac{C}{3} + \left(1 - \frac{1}{3}\right)\frac{2A + B}{3},$$

其余以此类推.

目前研究初等数学,多数时候还是纸笔手算,也有数学老师使用数学软件几何画板或 GeoGebra 等.这两个软件作几何图形方便,且具备测量多边形面积等功能,还能通过拖动点的方式来动态观察图形中蕴含的性质,为研究案例 1 这样的问题提供了便利.假设你猜想有两个三角形的面积相等,就可以通过测量的方式来验证.但问题是,有时根本提不出猜想,那就难办了.这种情况下,穷举是笨方法,也是好方法.而案例 1 涉及 35 个三角形,如果基于几何画板或 GeoGebra,靠手工一个个去测量,需要花费较多时间,且容易遗漏.案例 2 也是如此,不断地在图形中画三条直线,看是否交于一点,这样的操作提供给小学生练习观察力,让他们享受发现的乐趣,是可以的.但如果拿给中学生或者是成年人来做,就有点浪费时间.我们应该把精力留给更有创造力的事情,譬如设计思路和算法,具体的"画线和计算"的工作留给 Mathematica 这种具有强大程序设计功能的软件来完成.正如数学大师莱布尼茨所言,一个出色的人像奴隶一样把时间浪费在计算的劳动上是很不值得的,有了机器,这种工作可以放心地交给任何人.在计算机高速发展的今天,莱布尼茨的建议格外值得体味.

同时也要注意,目前的计算机虽然已经能自动求解一些数学问题,但离人的高级智能还有距离.在案例 1 中,如果希望计算机生成本节作者给出的证明,进而找到面积相等的三角形,恐怕难度较大.而基于坐标计算正是计算机所擅长的.所以我们要取长补短,人机协同,共同解决一些难题.

中国科学技术大学出版社中小学数学用书

原来数学这么好玩(3 册)/田峰

小学数学进阶.四年级上、下册/方龙

小学数学进阶.五年级上、下册/饶家伟

小学数学进阶.六年级上、下册/张善计 莫留红

小学数学思维 92 讲(小高版)/田峰

小升初数学题典(第 2 版)/姚景峰

初中数学千题解(6 册)/思美

初中数学竞赛中的思维方法(第 2 版)/周春荔

初中数学竞赛中的数论初步(第 2 版)/周春荔

初中数学竞赛中的代数问题(第 2 版)/周春荔

初中数学竞赛中的平面几何(第 2 版)/周春荔

初中数学进阶.七年级上、下册/陈荣华

初中数学进阶.八年级上、下册/徐胜林

初中数学进阶.九年级上、下册/陈荣华

新编中考几何:模型·方法·应用/刘海生

全国中考数学压轴题分类释义/马传渔 陈荣华

初升高数学衔接/甘大旺 甘正乾

平面几何的知识与问题/单墫

代数的魅力与技巧/单墫

数论入门:从故事到理论/单墫

平面几何强化训练题集(初中分册)/万喜人 等

平面几何证题手册/鲁有专

中学生数学思维方法丛书(12 册)/冯跃峰

学数学(第 1—6 卷)/李潜

高中数学奥林匹克竞赛标准教材(上册、中册、下册)/周沛耕

平面几何强化训练题集(高中分册)/万喜人 等

平面几何测试题集/万喜人

新编平面几何 300 题/万喜人

代数不等式:证明方法/韩京俊

解析几何竞赛读本(第 2 版)/蔡玉书

全国高中数学联赛平面几何基础教程/张玮 等

全国高中数学联赛一试强化训练题集/王国军 奚新定

全国高中数学联赛一试强化训练题集(第二辑)/雷勇 王国军

全国高中数学联赛一试模拟试题精选/曾文军

全国高中数学联赛模拟试题精选/本书编委会

全国高中数学联赛模拟试题精选(第二辑)/本书编委会

全国高中数学联赛预赛试题分类精编/王文涛 等

高中数学竞赛教程(第2版)/严镇军　单墫　苏淳　等

第51—76届莫斯科数学奥林匹克/苏淳　申强

全俄中学生数学奥林匹克(2007—2019)/苏淳

圣彼得堡数学奥林匹克(2000—2009)/苏淳

平面几何题的解题规律/周沛耕　刘建业

高中数学进阶与数学奥林匹克.上册/马传渔　张志朝　陈荣华

高中数学进阶与数学奥林匹克.下册/马传渔　杨运新

强基计划校考数学模拟试题精选/方景贤　杨虎

数学思维培训基础教程/俞海东

从初等数学到高等数学.第1卷/彭翕成

从初等数学到高等数学.第2卷/彭翕成

高考题的高数探源与初等解法/李鸿昌

轻松突破高考数学基础知识/邓军民　尹阳鹏　伍艳芳

轻松突破高考数学重难点/邓军民　胡守标

高中数学母题与衍生.函数/彭林　孙芳慧　邹嘉莹

高中数学母题与衍生.概率与统计/彭林　庞硕　李扬眉　刘莎丽

高中数学母题与衍生.导数/彭林　郝进宏　柏任俊

高中数学母题与衍生.解析几何/彭林　石拥军　张敏

高中数学一题多解.导数/彭林　孙芳慧

高中数学一题多解.解析几何/彭林　尹嵘　孙世林

高中数学一点一题型(新高考版)/李鸿昌　杨春波　程汉波

高中数学一点一题型/李鸿昌　杨春波　程汉波

高中数学一点一题型.一轮强化训练/李鸿昌　等

数学高考经典(6册)/张荣华　蓝云波

函数777题问答/马传渔　陈荣华

怎样学好高中数学/周沛耕

初等数学解题技巧拾零/朱尧辰

怎样用复数法解中学数学题/高仕安

直线形/毛鸿翔　等

圆/鲁有专

几何极值问题/朱尧辰

有趣的差分方程(第2版)/李克正　李克大

面积关系帮你解题(第3版)/张景中　彭翕成

根与系数的关系及其应用(第2版)/毛鸿翔

怎样证明三角恒等式(第2版)/朱尧辰

向量、复数与质点/彭翕成

极值问题的初等解法/朱尧辰

巧用抽屉原理/冯跃峰

函数与函数思想/朱华伟　程汉波

统计学漫话(第2版)/陈希孺　苏淳